主　编◎赵　峥

亚太城市绿色发展报告

——建设面向2030年的美好城市家园

ASIA-PACIFIC URBAN
GREEN DEVELOPMENT REPORT:
BUILDING BETTER CITIES FOR 2030

中国社会科学出版社

图书在版编目(CIP)数据

亚太城市绿色发展报告：建设面向2030年的美好城市家园/赵峥主编．—北京：中国社会科学出版社，2016.7

ISBN 978－7－5161－8611－4

Ⅰ．①亚…　Ⅱ．①赵…　Ⅲ．①城市环境—生态环境建设—研究报告—亚太地区　Ⅳ．①X321.3

中国版本图书馆CIP数据核字(2016)第170110号

出 版 人　赵剑英
选题策划　郭　鹏
责任编辑　郭　鹏
责任校对　周　昊
责任印制　李寡寡

出　　版　中国社会科学出版社
社　　址　北京鼓楼西大街甲158号
邮　　编　100720
网　　址　http://www.csspw.cn
发 行 部　010－84083685
门 市 部　010－84029450
经　　销　新华书店及其他书店

印刷装订　北京君升印刷有限公司
版　　次　2016年7月第1版
印　　次　2016年7月第1次印刷

开　　本　710×1000　1/16
印　　张　27.5
插　　页　2
字　　数　451千字
定　　价　99.00元

凡购买中国社会科学出版社图书，如有质量问题请与本社营销中心联系调换
电话：010－84083683

亚太城市绿色发展报告课题组

顾问：

卢中原（中华人民共和国国务院发展研究中心原副主任）

李晓西（北京师范大学学术委员会副主任、中华人民共和国教育部社会科学委员会经济学学部召集人）

郑永年（新加坡国立大学东亚研究所所长）

关成华（北京师范大学经济与资源管理研究院院长）

Osamu Mizuno（亚洲理工学院亚太地区资源中心主任）

杨沐（华南理工大学公共政策研究院执行院长）

倪鹏飞（中国社会科学院城市与竞争力研究中心主任）

主　编： 赵峥

副主编： 陈刚、梁莉

主编助理： 袁祥飞

编委会成员：

陈刚（Chen Gang）　新加坡国立大学东亚研究所研究员

弗兰克·伯金（Frank Birkin）　英国谢菲尔德大学管理学院教授

帕维尔·鲁金（Pavel Luzin）　俄罗斯彼尔姆国立大学世界经济与国际关系研究所研究员

苏珊·贝肯（Susanne Becken）　澳大利亚格里菲斯大学旅游学院教授

诺埃尔·斯格特（Noel Scott）　澳大利亚格里菲斯大学旅游学院教授

梁莉（Li Liang）　亚洲理工学院亚太地区资源中心项目官员

爱丽丝·夏普（Alice Sharp）　泰国国立法政大学诗琳通国际理工学院副教授

杨诗明（Shiming Yang）　美国南加利福尼亚大学政治学系博士

杰弗莱·M. 迈加（Jefferey M. Sellers）　美国南加利福尼亚大学政治学系教授

羽田翔　英国爱丁堡大学经济学博士

斯图尔特·麦克唐纳德（Stuart MacDonald）　马来西亚槟城学院城市研究部研究员、主任

唐以翔（Tong Yee Siong）　剑桥大学发展研究中心博士

艾玛·比约娜（Emma Björner）　瑞典斯德哥尔摩大学商学院博士

山姆·吉尔（Sam Geall）　英国萨塞克斯大学科学及技术政策研究中心研究员

余津嫺　西南财经大学发展研究院助理教授

丁锦秀　厦门大学财政系助理教授

韩嘉冠　香港总商会研究员

宋　瑞　中国社会科学院旅游研究中心主任、研究员

刘彦平　中国社会科学院城市与房地产经济研究室副主任、副研究员

刘　涛　国务院发展研究中心服务经济研究室主任、副研究员

魏劭琨　国家发展改革委城市和小城镇改革发展中心副研究员

唐斯斯　国家信息中心智慧城市发展研究中心副秘书长、副研究员

杨煜东　国家信息化专家咨询委员会研究处研究员

万海远　国家发展和改革委员会社会发展研究所副研究员

谢海生　住房和城乡建设部政策研究中心助理研究员

程红光　北京师范大学环境学院教授

林卫斌　北京师范大学能源与战略资源研究中心副主任、副教授

钱明辉　中国人民大学智慧城市研究中心副主任、副教授

任　苒　北京交通大学博士后、语言与文化传播学院讲师

肖博强　天津排放权交易所项目研究总经理

董晓宇　国家电网北京公司高级经济师

数据分析和编译组：

刘杨（清华大学）、杨杰（国土资源部）、王赫楠（北京师范大学）、闵德龙（中非发展基金）、万千（中国人民大学）、刘华辰（北京师范大学）、王琪（北京师范大学）、柴一恺（西安外国语大学高级翻译学院）、钟华（西安外国语大学高级翻译学院）、刘飒（西安外国语大学高级翻译学院）、何茵（西安外国语大学高级翻译学院）、冯一玮（西安外国语大学高级翻译学院）

研究支持单位：

亚太绿色发展中心

亚洲理工学院亚太地区资源中心

新加坡国立大学东亚研究所

联合国工业发展组织—联合国环境规划署绿色产业平台中国办公室

中国社会科学院城市与竞争力研究中心

北京师范大学经济与资源管理研究院

北京师范大学创新发展研究院

北京师范大学绿色经济研究所

中国人民大学智慧城市研究中心

华南理工大学公共政策研究院

首都科技发展战略研究院

城市绿色发展科技战略研究北京重点实验室

摘　要

绿色发展是城市的必然选择。亚太城市正处在转型与发展的十字路口。要实现更加美好的城市梦想，让环境更加优美宜人、经济更加充满活力、生活更加安宁富足，需要面向未来的准备与思考，取决于对未来的投资，更需要今天的决断和行动。本报告认为城市绿色发展是更有利保护环境、更高效创造财富、更广泛提供福利的可持续发展模式，是人与自然、经济与社会、政府与市场、城市与国家综合协调发展的表现，构建了城市绿色发展分析框架，设计了城市绿色发展评价指标体系，对亚太地区主要城市的绿色发展水平进行了评估和分析，并开展了城市绿色发展案例研究和中国城市绿色发展专题研究，总结和梳理了国内外城市绿色发展的经验，研究了中国城市绿色发展的重要问题，并在此基础上提出了城市绿色发展的思路和建议。

报告主要由五个主体篇章和三个附录组成。主体篇章包括理论篇、评估篇、国际篇、中国篇、战略篇。其中，理论篇主要分析了城市绿色发展的现实背景，尝试建立了城市绿色发展理论模型，从人与自然、经济与社会、政府与市场、城市与国家的角度解释了城市绿色发展的基本内涵，构建了包括环境宜居、经济富裕、社会包容、多元善治、国家繁荣的城市绿色发展五维分析框架。评估篇主要设计了城市绿色发展指数（UGDI），构建了5个一级指标18个二级指标的城市绿色发展评估指标体系，利用统计和调查数据，对亚太地区100个主要城市的绿色发展水平进行了评估和分析，并通过定量分析，研究了经济增长、收入分配、创新能力、服务业、治理水平、城市群等同城市绿色发展的关系，分析了“一带一路”城市、新兴市场国家城市、中美城市的绿色发展问题。国际篇主要通过新加坡、美国、俄罗斯、日本、韩国等国家的城市绿色发展案例研究，分析了各国城市在清洁技术应用、空气污染治理、绿色能源开发、城市规划建设、绿色经济发展等方面的经验，为城市绿色发展提供参考与借鉴。中国篇主要结合中国城市绿色发展实际，从中国城市在绿色发展方面取得的经验、存在的问题、未来绿色发展的机遇与挑战、实现绿色发展的路径等方面，围绕中国城市 PM2.5 污染、碳排放、能源消费、土地利用、智慧城市、服务业发展、绿色金融、绿色空间与休闲生活以及“一带一路”城市绿色增长和京津冀城市协同发展等主题，分析了中国城市绿色发展的动态和趋势。战略篇主要围绕亚太地区和中国城市绿色发展面临的现实问题，提出完善亚太城市绿色治理体系、提升亚太地区发展中国家城市绿色发展能力和构建亚太城市绿色发展支持体系的战略建议，设计了中国城市绿色发展的宜居战略、富裕战略、包容战略、善治战略和协调战略。附录部分包括城市绿色发展评估相关研究文献综述，城市绿色发展指标解释与数据来源，亚太主要国家内部城市绿色发展指数排名分析。

报告是由多国学者共同完成的研究成果。来自美国、俄罗斯、澳大利亚、新加坡、泰国、英国的知名智库、国际组织和大学与中国社会科学院、国务院发展研究中心、北京师范大学等高水平研究机构的50余位青年专家学者，共同组成研究团队，历时近两年时间，不断研究和完善，才终于形成了这份研究成果。报告试图将理论与现实结合起来，融参考书、实用手册、行动指南为一体，不仅宣扬一种绿色发展的理念，更要推进城市绿色发展的进程，引导读者进一步考察城市绿色发展的本质问题，思考城市绿色发展的实现途径。

Abstract

Green development is an inevitable choice for cities. As the Asia Pacific cities are at a turning point of transformation and development, to enjoy economic prosperity in an environmental friendly way depends not only on the investment for the future but the determination and action taking today. The report proposes that urban green development be a sustained development mode conducive to environmental protection, wealth creation and higher provision of welfare which is in accordance with an integrated coordination between human and nature, economy and society, government and market, and cities and countries. Under a framework for the analysis of urban green development, the report builds an evaluation indicator system in which the green development level of major cities in the Asia Pacific region is evaluated and analyzed. Through some case studies and special studies, the report presents and summarizes the green development experience at home and abroad, examines some key issues involved and concludes with some perspectives and proposals.

The report consists of five chapters including theory, evaluation, international cases, China and strategy respectively and three appendices. The theory chapter looks into the reality of urban green development and attempts to build a theoretical model for urban green development to interpret the implications of urban green development based on the correlation between human and nature, economy and society, government and market, and city and country, thereby building a framework for five green development dimensions such as Environmental? livability, economic prosperity, social inclusiveness, good governance and city - nation partnership. The evaluation chapter design the Urban Green Development Index (UGDI). The evaluation index system of UGDI contains 18 indexes. The report evaluates and analyzes the green development level in 100 major cities in the Asia Pacific region and conducts a quantitative analysis of its relationship with economic growth, income distribution, innovation capabilities, service sector, governance levels and city clusters. It also examines the green development in the cities in the Silk Road economic belt, emerging markets and America. Through the case studies of the urban green development in Singapore, America, Russia, Japan and Korea etc., the chapter of international cases analyzes these countries' experience in clean technology application, air pollution treatment, green energy development, city planning and development and green economic development etc. By integrating the reality of the Chinese green development, the chapter of China explores China's experience, problems, opportunity and threat, and its green development approach. It also analyzes the green development concerning China's city PM 2.5 pollution, carbon emission, energy consumption, land use, intelligent cities, service sector growth, green finance, green space and lifestyle, the Silk Road economic belt and collaborative development of Beijing, Tianjin and Hebei Province etc. Based on the reality of the urban green development in the Asia Pacific region and China, the chapter of strategy makes the proposals on the perfection of urban green governance system, the improvement on the urban green development capabilities and the establishment of a system supporting the urban green development in the Asia Pacific region along with the strategies for livability, prosperity, inclusiveness, governance and coordination. The appendices include a literature review of urban green development, explanation and data source of the green development indicators and an analysis of the green development index of some major cities in the Asia Pacific region.

The report is a two-year joint study by over 50 young scholars with well-known think tanks and institutes in America, Russia, Australia, Singapore, Thailand, UK and with the Chinese Academy of Social Sciences, the Chinese Development Research Center of the State Council and Beijing Normal University etc. in China. As a combination of theory and reality, reference and practical guide, it endeavors to advocate the green development as a philosophy and to push it forward while providing a deeper insight into the essence and realization of the urban green development.

前　言

城市是人类最伟大的发明和最美好的希望。城市的历史深刻影响着人类文明的进程，城市的未来将决定着人类的未来！伴随着一轮又一轮的技术和产业革命，全球各国纷纷进入“城市社会”，城市以前所未有的力量在世界范围繁衍成长，创造着巨大的物质和精神财富，并不断孕育和萌发着创新和改变的活力和动力，影响着人类发展的前途与命运。亚太地区幅员辽阔、人口众多，是全球经济发展速度最快、潜力最大、合作最为活跃的区域，也是世界经济复苏和发展的重要引擎。亚太地区的城市个性鲜明、发展多元，在全球城市网络中扮演着重要角色并具有着勃勃生机。但是，亚太地区传统的城市化发展模式在带来经济高速增长的同时，也造成了城市对能源和资源的过度消耗、生态环境的污染和破坏，甚至城市社会的割裂和不平等等“城市病”，加之金融危机后续影响尚未完全消除，亚太地区城市发展和转型的压力仍然巨大，面临着严峻的挑战。

亚太城市正处在转型与发展十字路口。要实现更加美好的城市梦想，让环境更加优美宜人、经济更加充满活力、生活更加安宁富足，需要面向未来的准备与思考，取决于对未来的投资，更需要今天的决断和行动。2015 年 9 月 25 日，联合国可持续发展峰会通过的纲领性文件——《改变我们的世界——2030 年可持续发展议程》，已经勾勒了未来 15 年全球发展的宏伟蓝图。在新的历史阶段，我们有必要对亚太城市的发展模式进行反思，充分理解与认识城市绿色发展的多样性和复杂性，在后 2015 可持续发展目标下，寻求可借鉴的方法和思路，以更好的分享城市增长与进步的成果。

本报告构建了城市绿色发展的分析框架，认为城市绿色发展是更有利保护环境、更高效创造财富、更广泛提供福利的可持续发展模式，是人与自然、经济与社会、政府与市场、城市与国家综合协调发展的表现，提出了环境宜居、经济富裕、社会包容、多元善治、国家繁荣的城市绿色发展五维分析框架。报告同时设计了城市绿色发展评价指标体系，对亚太地区100个主要城市的绿色发展水平进行了评估和分析，并开展了城市绿色发展案例研究和中国城市绿色发展专题研究，总结和梳理了国内外城市绿色发展的经验，研究了中国城市绿色发展的重要问题，并在此基础上提出了城市绿色发展的思路和建议。

完成本次报告是一项异常艰巨又富有挑战性的工作。来自美国、俄罗斯、澳大利亚、新加坡、泰国、英国与中国社会科学院、国务院发展研究中心、北京师范大学等知名大学、智库和国际组织的五十余位青年专家学者，共同组成研究团队，历时近两年时间，不断研究、探讨、交流、完善，才终于形成了这份研究成果。我们衷心地期待，通过跨国合作研究的尝试与努力，能够凝聚更多有识之士的真知灼见，为亚太地区乃至全球城市绿色发展做出贡献，共同建设面向2030年的美好城市家园！

目　录

第一篇　理论篇

第二篇 评估篇

第三篇　国际篇

第四篇　中国篇

第五篇　战略篇

第一篇　理论篇

城市绿色发展的现实背景和理论解释

赵 峥

城市是人类最伟大的发明。漫长的城市化进程，是人类对自然环境占有和改造的过程，也是人类对自身发展支持系统的认同与适应过程。无论是过去、现在还是未来，城市的发展质量在很大程度上取决于我们认识和建设城市的方式。在联合国2030年可持续发展议程推进之时，在不断经历生态恶化、环境破坏、经济衰退、贫困加剧、社会失衡等冲击的情况下，面对当代城市繁荣与贫困、进步与退化、机遇与挑战的尖锐对立形势，重新思考城市发展进程中的人与自然、经济、社会的关系，重新定义城市发展的方向与内涵，转变城市发展模式，走绿色发展之路，是城市发展的必然选择。

一 绿色发展：面向2030年可持续发展模式的选择

人类对自身发展的思考从未停止。特别是20世纪中期以来，在经历了大规模工业文明的洗礼后，伴随着机器的轰鸣、遍地的烟囱、随处可见的污水、杂乱无章的贫民住区，各种矛盾日趋激化，经济、资源、环境、社会等问题也日益尖锐，进一步引发了人类对发展模式的绿色反思。1962年，美国生物学家雷切尔·卡逊出版了《寂静的春天》一书，用假想的故事揭示了工业发展带来的环境污染对于自然生态系统的巨大破坏作用，倡导工业发展要注重减少对生态环境的污染和破坏。1972年，罗马俱乐部发布了《增长的极限》报告，警示人口和工业的无序增长终会遭遇地球资源耗竭与生态环境破坏的限制，认为地球上的资源是有限的，经济不可能永远的持续发展下去，并给出了著名的“零增长”的应对策略。同年，联合国在斯德哥尔摩召开了第一次人类环境会议，明确提出了“只有一个地球”的口号，通过了人类第一个国际性环境宣言——《人类环境宣言》，冲击了传统理念中社会与自然关系，促进了人类社会对可持续发展理念的认同。1987 年，以布伦兰特夫人为首的世界环境与发展委员会发表了《我们共同的未来》报告，正式使用了可持续发展概念，并将可持续发展被定义为能满足当代人的需要，又不对后代人满足其需要的能力构成危害的发展。1992 年，联合国环境与发展大会通过《21 世纪议程》，形成了世界范围内可持续发展行动计划，得到了最高级别的政治承诺，开始把可持续发展由理念和概念层面向行动层面推进。2000 年，联合国千年首脑会议通过《千年宣言》，制定了千年发展目标，第一次在全球范围内确立了发展的具体指标和落实时间表，是人类发展史上的一次创举。

2015 年 9 月 25 日，联合国可持续发展峰会在纽约联合国总部举行。峰会通过的纲领性文件《改变我们的世界——2030 年可持续发展议程》，描绘了未来 15 年全球发展的宏伟蓝图。2030 年可持续发展议程确立了 17 个大目标和 169 个具体目标，其内容可以归结为五大类，即人、地球、繁荣、和平和合作伙伴，继续将消除贫困列为首要目标，在保留教育、健康、性别平等、气候变化等议题的基础上，增加了水资源、能源安全、国内和国家间不平等、保护海洋资源等诸多议题，标准更高、覆盖面更广，最大限度地凝聚了发达国家和发展中国家的共识，是一张旨在结束全球贫困、为所有人构建尊严生活且不让一个人被落下的路线图（表 1 - 1）。

表 1 - 1　　**联合国 2030 年可持续发展议程的可持续发展目标**

序号	目标
1	在世界各地消除一切形式的贫穷
2	消除饥饿、实现粮食安全、改善营养和促进可持续农业
3	确保健康的生活方式、促进各年龄段所有人的福祉
4	确保包容性和公平的优质教育，促进全民享有终身学习机会
5	实现性别平等，增强所有妇女和女童的权能
6	确保为所有人提供可持续管理水平和环境卫生

续表

序号	目标
7	确保人人获得负担得起、可靠和可持续的现代能源
8	促进持久、包容性和可持续经济增长、促进实现充分和生产性就业及人人有体面工作
9	建设有复原力的基础设施、促进具有包容性的可持续产业化，并推动创新
10	减少国家内部和国家之间的不平等
11	建设具有包容性、安全、有复原力和可持续的城市和人类住区
12	确保可持续消费和生产模式
13	采取紧急行动应对气候变化及其影响
14	保护和可持续利用海洋和海洋资源促进可持续发展
15	保护、恢复和促进可持续利用陆地生态系统、可持续管理森林、防治荒漠化、制止和扭转土地退化现象、遏制生物多样性的丧失
16	促进有利于可持续发展的和平和包容性社会、为所有人提供诉诸司法的机会、在各级建立有效、负责和包容性机构
17	加强实施手段、重振可持续发展全球伙伴关系

资料来源：联合国环境规划署。

2030 年可持续发展议程是在全球日益面临的新问题、新挑战的环境下，实现消除贫困、保护地球、确保所有人共享繁荣的全球性目标和方案。与 2000 年确定的千年发展目标相比，2030 年可持续发展议程体现了世界各国对可持续发展的新认识，可持续发展目标无论是广度、深度都远远超越了千年发展目标，其包含了传统可持续发展概念中的代际平衡理念，又更广泛地覆盖了生态、经济、社会、治理等各个领域，强调保护所有生命赖以生存的生态和气候系统，构建创新且环保的经济体系，建设和平、包容各方和治理良好的社会，通过振兴全球伙伴关系来加强多边合作，根本性地改变片面追求经济增长的传统发展观，也改变了片面强调环境、社会等单一目标的发展局限，是经济、社会、环境协调发展的发展观，更是明确的行动方案。

绿色发展与可持续发展的理念一脉相承，特别与 2030 年可持续发展议程具有高度的兼容性。1989 年，英国环境经济学家戴维·皮尔斯等在其著作《绿色经济的蓝图》中，首次提出绿色经济一词，并将绿色经济等同为可持续发展经济，并从环境经济角度深入探讨了通过绿色经济实现可持续发展的途径。2008 年，面对日益严重的国际金融危机，联合国环境规划署启动了全球绿色新政计划，旨在使全球领导者以及相关部门的政策制定者认识到经济的绿色化不是增长的负担，而是增长的引擎，呼吁各国大力发展绿色经济，实现经济增长模式转型，得到了国际社会的积极响应。随后，2009 年，经济合作组织发布的《绿色增长宣言》，2010 年，欧盟出台的《欧盟 2020》，都将绿色发展作为提高区域和国家竞争力的核心战略，美、日等发达国家陆续出台绿色发展战略规划，力图通过科技、产业创新推动向绿色转型，走出危机。目前，绿色发展已经成为全球环境与发展领域新的趋势和潮流，一个普遍的认识是，推动绿色发展，从短期来看，可以迅速拉动就业、振兴经济，还能有效调整经济结构，理顺资源环境与经济增长的关系，从长期来看，更有利于可持续的、广泛的增长，避免危机重演，实现真正意义上的协调、可持续发展。① 总的来看，绿色发展是在可持续发展理论背景下逐渐兴起的发展模式。绿色发展以经济、社会、自然和环境的可持续发展为出发点，与 2030 年可持续发展议程的核心价值与理念高度一致，都是追求经济效益、生态效益和社会效益兼得的发展模式，同样强调发展的公平性、可持续性和发展性，二者的长期共同目标均可以理解为转变发展模式、增进人类福祉。与可持续发展理念一样，绿色发展同样是人类对传统文明形态特别是工业文明进行深刻反思的成果，是人类文明形态和文明发展理念、道路的重大进步，是人类对环境污染和生态破坏而造成的经济社会不可持续发展的应对之策，是人类对生活方式、生产方式和发展模式的重新选择。

尽管发展理念相通，但与目前的可持续发展概念内涵相比，绿色发展仍具有相对差异性，主要体现在三个方面。

第一，绿色发展更加强调发展而非简单的资源节约与环境保护。绿色发展强调在不损害资源与环境再生能力的基础上，不以降低经济社会福利水平为条件，是既要绿色、又要发展，更加突出在持续性基础上的“可发展”。

第二，绿色发展更加强调行动而非理念。绿色发展更加注重解决不可持续问题的能力和办法，更加注重构建理念公平到现实公平的通道，更加具有实践的可操作性，为发展在空间、时间、经济、社会等领域的多重平

---

① OECD, Cities and Green Growth: A Conceptual Framework , *OECD Regional Development WorkingPapers*, OECD Publishing, 2011, Paris.

衡提供现实可行的支撑与保障。

第三，绿色发展更加强调整体协调而非局部改善。绿色发展是一个经济、社会、环境协同作用和政府、企业、公众等不同主体共同发展的的过程，这个过程不仅要强调自然价值的提升和生态环境的改善，不单纯将资源与环境视为外生因子，更要统筹经济社会价值，兼顾各方利益，促进发展的整体协调。

可以说，绿色发展，关键是发展，是一种高效可持续发展模式，其核心将资源环境视为内生的增长因素，通过转变发展的动力机制和方式，用科学绿色的理念、智力、资本、技术、制度来实现高效率、高水平的发展，用高质量发展成效来增强绿色发展能力，解决经济增长、社会进步和生态平衡之间的矛盾关系，依此来实现发展模式的根本性转型，改善和提高人类的生活品质并促进人类共同、协调、公平的持续发展模式。

二　城市为什么要绿色发展?

城市是人类文明的载体。古希腊哲学家亚里士多德曾经提出，人们来到城市，是为了让生活更美好。德国著名历史学家斯宾格勒也曾说："一切伟大的文化都是市镇文化，这是一件结论性事实。"[①] 人类从早期的居无定所，随遇而栖，到现在的城郭安邦，经历了千年的演进与巨变。从历史的角度来看，人口、经济、社会活动在城市聚集是全球发展的一条普遍规律。进入21世纪，世界上绝大部分人口将会居住在城市中心，而不是居住在农村，这在人类历史上尚属首次。对全世界来说，包括低收入国家在内，城市化的速度不断加快可能会带来无数好处。[②] 绿色发展需要高度关注城市层面的努力与实践，城市绿色发展对绿色发展从理念到实践有着无可替代的影响。城市是绿色发展的空间载体，城市的产业、地理、人口发展格局影响着绿色发展的水平和质量，城市发展中的社会观念和风尚变迁影响到绿色发展理念的辐射与传播，城市本身就是绿色发展的集中表现。城市在追求绿色发展战略的方面也具有明显的经济优势，作为创新的

① ［德］奥斯瓦尔德·斯宾格勒：《西方的没落》，商务印书馆2001年版，第199页。

② ［美］萨克斯：《共同财富：可持续发展将如何改变人类命运》，中信出版社2010年版，第24页。

中心，城市通过集中技能和企业，促进集聚经济的发展，也促进了知识外溢、劳动力市场的统筹与投入共享，在实施应对气候变化和资源稀缺的战略中起到尤为关键的作用。[①] 绿色发展的原因、过程和成果也集中体现在城市层面，过去，城市创造了历史财富也造成了一系列褐色发展问题，目前，全球一半以上的人口生活在城市，大部分温室气体排放和能源消耗集中在这里，经济财富主要集中在城市区域，绿色发展创新实践大多发生在城市，城市已成为促进自然、经济、社会、文化、区域和全球联系等各因素之间互动的关键节点。面向未来，伴随着发达国家城市更新和新兴市场国家城市化进程的不断加快，城市绿色发展深刻影响着国家乃至世界的绿色发展能力和格局，也决定着国家和全球人类发展的命运。

（一）解决城市发展历史问题

城市发展创造了大量物质和精神财富。但自工业革命以来，在以增加物质财富为主要目标和经济增长至上的发展理念驱动下，伴随自然资源、能源和初级产品的高投入、高消耗，以及无节制的消费增长，也使得城市发展在积累财富、发展文明的同时，自然资源消耗严重、生态环境急剧恶化、污染事件频频发生、社会失衡等问题也日益凸显。现实中，城市褐色发展问题并不因城市经济发展水平不同而存在有或者无的选择，其在发达国家和发展中国家均以不同形式所表现。对于发展中国家城市而言，由于工业化发展水平一般较低，依靠工业发展改善经济状况的动力很强，很多城市都具有高密度的重化工业，空气、水、噪声和固体废物污染问题随着工业化不断加快在迅速增加，给城市居民的生活和健康，以及他们的经济和工作造成了巨大的影响。特别是在较小的城市，往往仅有一两个工厂向附近唯一的河流倾倒废物或向空气中大量排放废气，就会污染城市所有居民的用水和空气环境。同时，由于城乡二元结构的存在，城市内大量存在的贫民窟，也对城市发展提出了严峻挑战，拥挤的人口和糟糕的住房、教育、卫生、治安环境，分割了城市社会，也加剧了各种“城市病”的发生与蔓延。对于发达国家城市而言，尽管工业化程度较高，经济实力强，

---

① Lamia Kamal - Chaoui、Margo Cointreau、Wang Xao：《绿色城市：经合组织国家绿色增长的治理》，载倪鹏飞、卡尔·克拉索主编《全球城市竞争力报告（2011—2012）》，社会科学文献出版社 2012 年版，第 124—131 页。

许多发展中国家城市面临的问题并不明显，但这并不意味着问题的不存在。事实上，许多较早进入发达国家行列的城市都面临基础设施质量下降、市区萧条、住房老化、活力不足等问题，由于城市发展环境不断恶化，年轻人和受过良好教育的人往往迁移，面临严重的城市衰退压力，生态恶化、社会失衡、增长乏力等问题也很突出。历史问题不容回避，如果沿袭传统的城市发展模式，使城市长期致力于将经济增长作为首要目标，那资源、环境、社会还能支撑多久？这是我们需要反思的问题。而城市绿色发展作为一种均衡、协调、可持续的发展理念和发展方案，将有助于破解以往城市发展过程中积累的褐色发展难题。

（二）应对城市发展现实危机

伴随着全球可持续发展理念的传播，人类发展要尊重和保护自然的观点已在全球范围内达成共识，并形成了联合国2030年可持续发展议程这样的行动纲领。在各国城市发展实践中，越来越多的领导者和公众意识到，城市发展最重要的不再是有利投资的可得性，而是有利投资无限延续的结果，大自然虽然极其慷慨，但也具有很强的脆弱性，自然界存在着不可逾越的界限，如果超过这些界限而出现生态超载现象，自然系统的基本完整性就受到威胁，就会危及城市生存。同时，变革的动力同样来自于我们正在面临的全球范围内的金融和经济危机，危机凸显了世界经济科技创新滞后于实体经济，实体经济创新滞后于虚拟经济导致整体经济发展失去平衡的问题，也对城市发展形成了巨大的现实压力。在经济下行和缺乏活力的情况下，一些发展中国家的经济形势恶化和债务压力加大迫使其在制订城市和产业发展规划时往往忽视环境规划和自然资源保护，许多城市不可避免的紧缩方案使政府削减了相对软弱的环境机构的开支，改善城市褐色发展的能力受到了一定限制，原有应对城市褐色发展问题的许多途径不得不进行重新设计，许多相应的援助与合作也受到了影响。在这一背景下，城市绿色发展将格外重要，其不仅是城市转型发展的必然选择，更是应对城市发展现实危机的重要途径。有研究表明，执行绿色政策的城市往往更加富裕，绿色政策城市的平均贫困率为11.7%，而棕色政策城市为17%。① 通过绿色发展，推动经济绿色增长，可以把促进经济活动过程和

---

① ［美］马修·卡恩：《绿色城市》，中信出版社2008年版，第139—140页。

结果的"绿色化""生态化"，大大缓解城市资源能源的压力、有效改善供给结构，而且能创造出新的市场需求，可以激励绿色产品和服务的供给和需求，培育壮大新的增长点，扩展市场容量，显著提升城市增长活力。同时值得注意的是，应对危机需要把握机遇来转危为安，世界正面临第五次科技革命和第三次工业革命的重合期，与第一次工业革命和第二次工业革命不同，日渐兴起的第三次工业革命是以分布在世界各地、随处可见的可再生能源为基础，而第一次和第二次工业革命形成的传统、集中的经营活动，将被第三次工业革命的分散经营方式取代。[①] 城市拥有人才、技术和产业的研发与应用优势，是分布式智能能源网络和合作性组织结构的主要载体。推动城市绿色发展，将有助于城市把握第三次工业革命机遇，在利用与开发能源与资源方面的技术和组织中创新突破，创造新的需求与市场，创造新的经济模式，为城市经济复苏提供新的动力。

（三）实现城市发展未来目标

城市不仅是经济增长的发动机，还是为人类发展服务的综合栖息地，更蕴涵了人类对美好生活的向往与希望。从远古时期的居无定所、迁徙为生、渔猎而食，到奴隶时期"筑城以卫君，造郭以卫民"，再到封建时期市民社会的兴起，直到工业社会人口的急剧膨胀和生产力的迅猛发展，城市演进的轨迹恰恰是人类文明内在精神的集中体现。从公元前2000年至今，乌尔、底比斯、巴比伦、西安、洛阳、雅典、罗马、君士坦丁堡、开封、杭州、北京、伦敦、巴黎、纽约、东京等这些作为某一个时期人类文明中心的世界城市，实现了一个又一个的人类梦想，也创造着一个又一个的发展奇迹。未来，城市仍然是人类理想与现实的结合点。联合国人类居住中心（UNCHS）曾认为城市将为我们提供：找到维持生存的工作的诸多机会；接受良好教育的足够的途径；使用基本交通服务的机会；在经济能力承受范围之内的安全用水供应和健全的卫生设施；在经济能力承受范围之内的充分的医护服务；住房的使用权；良好的空气以及安全、多样、健康的环境；可以使用的公园、社区花园和公共空间；休闲与娱乐的大量

---

① ［美］杰里米·里夫金：《第三次工业革命：新经济模式如何改变世界》，中信出版社2012年版，第118—119页。

机会；踊跃参与当地民主管理的机会；享受自然的机会。[①] 联合国 2030 年可持续发展议程从根本上摒弃了片面追求经济增长的发展理念，转向“不落下一个人”的包容性发展和保护地球的绿色发展理念，提出要建设具有包容性、安全、有复原力和可持续的城市和人类居住区。城市绿色发展体现了城市从原始文明、农业文明、工业文明之后走向生态文明的前景，更将为我们实现城市理想建设目标提供有力支持。通过绿色发展，城市将围绕人的全面发展，把生态环境容量、资源承载能力作为城市社会经济发展的内在要素，提倡自然资源持续利用、生态环境的持续改善和生活质量持续提高、经济持续发展，不仅可以满足随着人口上升而对自然资源需求，还能够通过经济、环境、社会的系统性转变，将经济发展、自然发展、社会发展与人本身的发展统一起来，营造更好的城市家园，实现未来城市发展的远景目标，真正实现人类的城市梦想。

三 城市绿色发展的理论模型及实现机理

城市是一个包含经济、生态和社会要素的综合系统。[②] 城市绿色发展应重新审视传统城市发展观，需要将城市经济的持续增长、资源的永续利用、社会的和谐共生都纳入城市绿色发展的系统框架中。本报告在借鉴传统城市经济增长经典模型的基础上，构建城市绿色发展理论模型，探讨了城市绿色发展的实现机理，对城市绿色发展系统进行分析。

（一）模型构建：约束条件下的城市增长系统

城市绿色发展是数量增长和质量改进的过程。传统城市发展模型都将自然环境要素假定为外生变量，并未加入模型中进行讨论。我们认为，城市绿色发展是一个复杂而庞大的系统，发展程度由系统内部的所有状态变量决定，城市环境经济稳定、社会发展、环境保护、资源节约等问题都应该以内生变量形式加入到模型中进行讨论。具体来看，城市绿色发展追求的是在一定约束条件下的整体最优，即“1 + 1 > 2”的思路。需要整体系

---

① UNCHS, *Cities in a Globalising World: Global Report on Human Settlements*, Earthscan, 2001, London.

② ［英］诺南·帕迪森：《城市研究手册》，上海人民出版社 2009 年版，第 32—34 页。

统效用最优，而不是要求各个子系统同时达到最优。城市绿色发展要达到整体效用最优，关键是各要素间的平衡与协调，既包括系统内部各要素之间的协调，也包括系统与系统之间的协调，是约束条件下的城市增长系统。按照效应最大化理论，根据城市经济发展相关模型，报告从投入角度选择变量，进而构造城市绿色发展模型。

首先假设城市绿色发展系统共有五种投入要素，分别为劳动力、资本、资源、环境和技术。五种要素的效用方程如下：

劳动力效用函数：$U_p(t, s)=f_1(x_{pts}, M_{ts})$；资本效用函数：$U_c(t, s)=f_2(x_{cts}, M_{ts})$；资源效用函数：$U_r(t, s)=f_3(x_{rts}, M_{ts})$；环境效用函数：$U_e(t, s)=f_4(x_{ets}, M_{ts})$；技术效用函数：$U_f(t, s)=f_5(x_{fts}, M_{ts})$。

以上每个变量都有其约束条件，其中，劳动力容量约束：$X_{pt}\leqslant X_p^{\max}$，表示劳动力容量不超出城市劳动力容量最大值；资源承载力约束：$X_{rt}\leqslant X_r^{\max}$，表示资源使用量不超出城市资源承载力最大值；环境容量承载力约束：$X_{et}\leqslant X_e^{\max}$，表示环境使用量不超出城市环境容量承载力最大值。

另外还有两个约束：一是代际发展约束，表示后代人的总效用至少不低于当代人的总效用，即 $U(t, s)\leqslant U(t+1, s)\leqslant U(t+2, s)\leqslant\cdots\leqslant U(T+n, s)$；二是城际发展约束：$\partial U^2/\partial t\partial s\geqslant 0$，表示城市的发展不能削弱其他城市的总效用。

由此，我们可以构造城市绿色发展概念模型，即：

$$\max U=\pi_{pt}U_{pt}(t, s)+\pi_{ct}U_{ct}(t, s)+\pi_{rt}(t, s)+\pi_{et}U_{et}(t, s)+\pi_{ft}U_{ft}(t, s)$$

模型中有关变量说明如下：t 是时间变量，表示城市绿色发展所处的阶段；s 是空间变量，指处于不同空间的城市；$U(t, s)$ 为 s 城市第 t 代的总效用；$U_i(t, s)$ 为某个 s 城市第 t 代第 i 个系统要素（p，c，r，e，f 分别表示劳动力、资本、资源、环境和技术要素）发展的效用值；X_{it} 为第 t 代第 i 个要素发展的水平向量；π_{it} 为第 t 代第 i 个系统要素发展效用的权数；$X_p^{\max}$，$X_r^{\max}$，$X_e^{\max}$ 分别表示劳动力、资源承载力和环境承载力的阈值。

根据系统动力学原理，以上公式也满足贝塔朗菲方程，即：

$$\frac{\mathrm{d}x_{pt}}{\mathrm{d}t}=g_1(X_{pt}, X_{ct}, X_{rt}, X_{et}, X_{ft}, X\propto_1),$$

贝塔朗菲方程说明，城市绿色发展系统中的所有要素两两相关，任一要素并可能在影响其他要素变化的基础上，导致整个系统发生变化。

可以看出，目标函数（$\max U$）表示城市绿色发展所追求的目标是城市系统总体效用的最大，通过各个子系统效用值的加权平均数得到。各代的权数由于特定一代人的偏好不同因而不完全相同。例如，在经济社会相对发达的城市中，人们对资源和环境的重视程度可能更高，因此效用赋予的权数则可能更大；而发展中国家的城市，对于经济增长的需求迫切，那么赋予经济增长的效用值的权数则可能更高。因此，权数也可以表示为关于各个系统发展水平的函数，即：

$$\overrightarrow{\pi_t} = \theta\ (X_t)$$

其中，$\overrightarrow{\pi_t}$ 为权数向量，即 $\overrightarrow{\pi_t} = (\pi_{1t},\ \pi_{2t},\ \pi_{3t},\ \pi_{4t},\ \pi_{5t},)$；

X_t 为各系统发展水平向量，$X_t = (X_{pt},\ X_{ct},\ X_{rt},\ X_{et},\ X_{ft})$

一般而言，劳动力、资源、环境和技术的权数 π_i 是时间 t 的增函数，即：$d\pi_{pt}/dt>0$，$d\pi_{rt}/dt>0$，$d\pi_{et}/dt>0$，$d\pi_{ft}/dt>0$；而经济系统的权数 π_i 是时间 t 的减函数，即：$d\pi_{ct}/dt<0$。

以上城市绿色发展概念模型表明，城市绿色发展是一种具有阶段性、综合性、多维性的发展模式，它要求城市发展涉及的各个部分的全面提升与改善，包括各个系统发展水平的提高，发展潜力的改善和协调度的提高；同时，模型强调城市发展的整体性，认为城市系统的优化既是基于各个子系统的优化，又要求重视各个子系统之间及内部的要素、结构和均衡等。

（二）实现机理：从一般发展到绿色发展

根据城市经济学理论，城市复合系统的发展受两类因子的影响：第一类是支持发展活动的积极要素，称之为利导因子，在利导因子主导下，城市通过积极利用资源和迎接竞争的方式快速向前，该阶段的发展速度一般较快；第二类是制约发展活动的要素，称之为限制因子，随着利导因子的消耗和不断被利用，一些制约和限制因素逐渐凸显，这时城市发展过程则表现为在克服限制因子的情况下寻求发展，发展速度一般会受到限制。城市发展的实质就是城市复合系统发展条件的不断改善，即不断地促进利导因子而克服限制因子的过程。

1. 城市发展的一般机理

为了分析城市的发展机制，用 X 表示城市发展水平，$X\ (t)$ 表示城市的发展过程，城市的发展速度则表示为 dX/dt，相对发展速度表示为 dX/dt/X。由于随着城市的发展，限制因子的作用将逐渐突出，城市发展的速度将放慢，在此令相对发展速度为 X 的线性递减函数，即：

$$\frac{1}{X} \cdot \frac{dX}{dt} = r - \frac{r}{K} \cdot X$$

其中，K 表示城市在发展环境条件集合下，发展水平达到的最高发展程度，即 Xmax = K；r 表示城市在发展环境条件集合下，其限制因子所能推动的城市最大的相对发展速度；。

上述方程是变量可分离型一阶常微分方程，进行变量分离后，其 Logistic 曲线的微分方程如下：

$$\frac{dX}{dt} = r \cdot X \left(1 - \frac{X}{K}\right)$$

进一步考察城市发展水平（X）和发展速度（dX/dt）的变化。根据 Logistic 方程二阶导数和三阶导数为零的三个点，我们可将城市发展曲线划分为四个阶段，包括起步阶段、成长阶段、成熟阶段和顶峰阶段。在起步阶段，城市的发展速度较慢，从 0 逐渐上升到 $rK/6$；在成长阶段，城市处于迅速发展阶段，发展速度不但提高，由 $rK/6$ 逐渐上升至 $rK/4$；在成熟阶段，城市发展水平较高，发展速度逐步下降，但仍保持大于 $rK/6$ 的速度；在顶峰阶段，城市发展速度逐渐下降并趋近于零，发展程度不再提升。可见，在发展阶段和成熟阶段，城市发展水平（X）增长迅速且保持较高水平，这两个阶段可看作是城市发展的高速发展区，因此，应使城市发展尽可能长地停留在这两个阶段内（表 1－2）。

表 1－2　**城市发展的四个阶段**

t	X	dX/dt	$d2X/dt_2$	发展阶段
$(0, t_1)$	缓慢上升	上升	上升	起步阶段
t_1	K/2－K/2√3√3	rK/6	r2K/6√3√3	
(t_1, t_0)	迅速上升	上升	下降	发展阶段
t_0	拐点	rK/4	0	
(t_0, t_2)	继续上升	下降	下降	成熟阶段
t_2	K/2＋K/2√3√3	rK/6	－r2K/6√3√3	
$(t_2, +\infty)$	趋于平稳	下降	上升	顶峰阶段

表1－2给出了城市发展四个阶段的具体变化。处于起步阶段的城市，由于缺少可得性资源，技术落后，生产和消费水平不高的原因，整个城市系统增长缓慢；处于发展阶段的城市，由于科学技术手段的不断提高，可得资源不断增加，环境限制作用并不明显，因而城市呈现出快速发展的趋势；成熟阶段的城市，城市受到人口、环境容量、资源等约束，限制因子的作用逐步凸显，城市发展开始受到制约；当城市发展达到顶峰时，发展速度慢慢地趋于0，如果城市不能够克服系统的限制因素，则可能出现衰退的情况。

2. 城市绿色发展的机理

绿色发展的目的是希望城市复合系统能够维持正常的运转，并可持续增长，也就是说城市发展水平X不断增长，不会从顶峰阶段走向衰退。要达到这一目的，就必须克服城市发展的限制因子，从利导因子入手寻找发展的契机，使城市从较低发展层次跃迁到较高的发展层次，进入下一轮发展。因此，城市绿色发展曲线可以为一条组合Logistic曲线来表现，即虽然在短时间尺度上存在波动，但长期来看是平稳的、持续发展的过程（图1－1）。

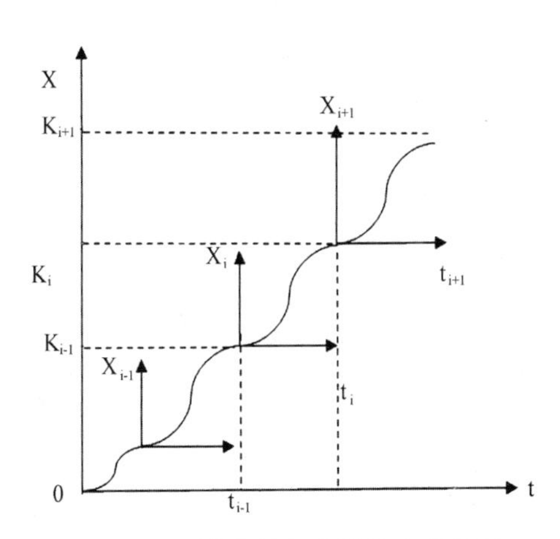

图1－1　城市绿色发展的实现机理

为了实现城市绿色发展，可以从两个角度考虑，一是延长发展期和成熟期的时间，即延长（t_1，t_2）区间；二是尽可能延迟进入衰退期，保持在成熟期，通过结构优化与系统配置，促使城市发展从当前均衡状态进入更优的均衡状态中。无论从哪个角度看，城市绿色发展都是不断从一个均衡状态进入更优的均衡状态的过程，促进影响城市绿色发展各子系统升级和协同，推动经济结构优化、科学技术创新、生活质量和社会福利等不断进步，都至关重要。因此，要促进城市绿色发展，就要努力引导城市系统和谐发展，向更加均衡和内部互补的状态进行演化。

城市绿色发展的基本内涵与分析框架

赵 峥

绿色发展是城市的必然选择，也是由多种因素决定的。城市绿色发展的构成和影响因素是复杂的，众多要素和环境系统以不同的方式共同和相互作用，共同形成城市绿色发展系统。尽管在实践中不同的城市，在社会经济发展的不同阶段，各种绿色发展因素表现可能各异，对绿色发展的作用程度和贡献不同，但长远来看，城市绿色发展是一个均衡的系统，需要各种因素有机耦合与叠加，形成绿色发展合力。

一 城市绿色发展的基本内涵:四组重要关系

城市绿色发展是以提升生活质量为核心，在尊重、保护和高效利用资源环境基础上，更多、更好、更节约、可持续地创造经济财富、增进社会福祉的发展模式。城市绿色发展的基本内涵主要体现了人与自然共生、经济与社会均衡、政府与市场协作、城市与国家互动的关系。

（一）人与自然共生关系

自然是城市赖以生存和发展的基础，城市从自然中汲取物质并对自然界、对其他生物以及它们的栖息地产生了很大影响。人与自然的关系讨论源远流长，中国古代“天人合一”的思想，就提出了源于自然，顺其自然，益于自然，反哺自然理念。但伴随城镇化加剧，人口的增多和生产力的进步，人与自然之间的二元对立思维日益明显，自然往往成为人类实现目的的工具和手段，地位不断被弱化，人类也以前所未有的速度和方式破坏着地球生态系统。破坏意味着惩罚，城市历史上出现过许多人与自然关系恶化的悲剧，其中很多是由于人们肆意破坏自然环境而最终导致的社会的崩溃。无论是亚特兰蒂斯的传说，还是楼兰古城遗失的史实，都清楚地说明，城市活动必须保持在一个良好的生态环境中，才能得以长久地生存与发展，如果不能处理好人与自然的关系，无节制地蔓延和开发，那无论多么辉煌的城市文明都将会受到严厉的惩罚，而当前的空气、水源、土壤污染也正在警示现代城市，破坏自然需要付出沉重的代价。

目前，世界上有一半人口生活在城市，另外的那一半人中绝大部分都在经济上依赖着城市。城市绿色发展，必须回答我们如何才能在不破坏自然环境的前提下维持城市延续的问题，重新审视和思考人与自然的关系。一是要转变观念。当今的价值观具有浓重的物质主义、人类中心主义和当代中心主义的色彩。消费观非常注重于通过不断加强购买物品和服务来满足人类需求。[①] 在城市发展中，一是需要转变观念。正确客观的审视我们正在创造和改造的自然环境。二是要高度重视自然的价值。将地球本身视为一个巨大的生命有机体，而不仅仅是用来实现人类目的的手段。[②] 在处理城市与自然之间关系的时候，应更加尊重和保护自然环境，强调城市与自然共生、共处、共存、共荣，直面城市资源过度开发、环境严重污染和贫富差距不断扩大等危机与挑战，实现城市发展与不可再生资源消耗、污染物排放的全面脱钩，减少城市扩张和资源损耗，修复自然生态系统。三是要发挥自然的价值。城市显然不能为了发展经济而破坏自然生态，因为经济是依赖自然环境为其提供物资和能源并反过来影响自然环境的开放系统。[③] 但同时也大可不必为了保护环境而停止发展的步伐。城市绿色发展不同于传统的环境保护，在于强调发展模式和治理模式的绿色化，才是最根本的资源环境问题解决之路。城市绿色发展需要寻找人与自然的平衡点，把城市的消费和生产建立在自然生态的合理性之上，科学发挥自然环境的优势或成功规避其劣势，重新整合自然资本、人力资本、物质资本、技术资本，积累城市生态资本和生态财富。

---

① ［美］詹姆斯·古斯塔夫·斯佩思：《世界边缘的桥梁》，北京大学出版社2014年版，第50—51页。

② ［英］詹姆斯·拉伍洛克：《盖娅：地球生命的新视野》，上海人民出版社2007年版，第11—14页。

③ ［加］彼得·A. 维克托：《不依赖增长的治理》，中信出版社2012年版，第61页。

（二）经济与社会均衡关系

城市绿色发展需要有增长的发展。绿色发展过程中的经济增长需要摒弃“增长高于一切”的观念，但没有必要放缓增长的过程，过分强调“零增长”。因为，经济繁荣是城市绿色发展的坚实基础。如果没有经济增长带来的物质财富的增加，我们将缺乏用于治理环境和改善生活的资金投入，经济增长应被看做是绿色发展的必由之路。只有在经济稳定增长的基础上，环境治理、生态保护才具有可持续性，城市居民的生存环境才能得到持续改善，各种极端主义才会失去存在和繁衍的土壤，民心才能思定，社会才能稳定。因此，城市的绿色发展需要正确认识和对待经济增长，强调质量而非仅仅是物质扩张，把物质增长视为一个可考虑使用的工具而不是一个永久的使命，既不追求增长也不反对增长，而是区别对待不同类型的增长和增长的不同目的，更多选择那些能满足重要社会目标并能强化可持续性的增长类型。[①] 城市绿色发展仍然需要促进经济繁荣稳定，特别需要鼓励城市通过产品、技术、文化、商业模式和制度上的创新实现经济增长所做的努力。

同时，我们不能犯上“增长狂热症”，仅仅关注国民生产总值、通货膨胀率等经济数据，而忽视经济增长背后的“经济增长的代价”和社会福利损失。[②] 城市绿色发展归根到底是人的发展。贫困人口的减少、市民的健康水平、安全状态、生活质量、文化素质不断提升，既是绿色发展的动力，也是绿色发展的目的。城市绿色发展需要反思当前西方主导范式所提出的“以市场为基础的经济效率”“民主政府的自我纠错能力”“化石燃料为基础的经济持续增长带来的好处”“通过自由贸易和全球化增加的福祉”之类的基本信念，打造一个在物质和精神上都是长期可持续的社会，提升“可持续的福祉水平”。[③] 不单纯追求发展增量的最大化，而是要不断增强城市抵抗自然灾害和风险的能力，构建有利于弱势群体成长的发展机制，形成稳定的城市健康发展支持系统，完善知识与文化传承、创

---

① ［美］德内拉·梅多斯、［美］乔根·兰德斯、［美］丹尼斯·梅多斯：《增长的极限》（珍藏版），机械工业出版社 2013 年版，第 238—245 页。

② ［英］米香：《经济增长的代价》，机械工业出版社 2011 年版，第 3—17 页。

③ ［挪威］乔根兰·德斯：《2052：未来四十年的中国与世界》，译林出版社 2013 年版，第 7—14 页。

新和传播体系，建立民主、平等、稳定的社会环境，增强城市发展过程和结果的包容性和共享性，实现城市发展机会的公平和福利最优化。

（三）政府与市场协作关系

城市是一个空间上的利益综合体。从各利益主体的角度来看，城市公共部门负责提供公共产品及服务，企业创造并提供私人产品及服务，个人和家庭提供要素同时需求产品。在市场经济条件下，无论是公共部门、企业还是个人、家庭都追求利益最大化，而城市绿色发展需要综合考虑不同利益主体的诉求，努力在平衡这些利益的基础上实现城市整体利益，其核心是要处理好政府与市场之间的关系。

在城市绿色发展进程中，从政府的角度来看，由于生态系统具有公共物品的属性，保护生态环境的社会收益与私人收益差距较大，因而市场机制并不必然激励人们保护生态环境。发挥政府的宏观调控力、行政组织力和行为引导力，制定严格且适宜的环境管理制度（如排污权和环境税），能够提高人们参与环境保护的积极性，让人们的行为变被动为主动，特别能够有效激励企业开展生产技术和组织方式创新，有利于提高企业的生产效率和市场竞争力，使企业有意愿进行绿色转型，提供和激发更多的绿色产品和服务。

从市场的角度来看，运作良好的市场有助于减缓城市增长对资源和环境的影响。当环境保护可以给人带来利益时，人们就会积极地选择从事这一行为，而且他们所获得的价格完全反映了该行为的社会成本，这就是由市场这只“看不见的手”所引导的自愿行为。假如不依赖任何市场交易，经济学方法无法对自然生态系统的整体和部分价值进行估算，因为只有市场交易和市场价格才能够说明生态系统的边际价值。[①] 随着城市的增长，根据供需规律，土地、水和其他自然资源等稀缺的商品的价格会上升，而价格的上升会刺激人们减少对资源的消费，激发企业研发和采用更绿色的技术，推动企业根据对绿色生产和消费市场的供求信息和价格信号的把握，将技术、资本、人力等要素进行合理配置，通过经济杠杆的作用，将生态价值纳入原有的价值体系之中，以在同等代价通过提升投入产出效率下生产更多的绿色产品和服务，并激发企业社会责任，通过促进城市绿色

---

① ［美］杰弗里·希尔：《自然与市场》，中信出版社 2006 年 1 版，第 116—122 页。

发展带来更多的品牌溢价和实际收益。而作为绿色生产要素的供给者和绿色消费产品的需求者，个人和家庭不仅将会在政府和企业的绿色发展过程中分享收益，还会通过绿色消费理念和行为影响收益。

（四）城市与国家互动关系

城市发展与国家发展密不可分。一个国家的成功往往取决于城市的成功。城市是国家经济增长不可替代的发动机，是一个国家与世界经济发生往来的桥头堡，是国家之间竞争的空间主阵地。如果一个国家能够形成包括大都市、大量的中等规模的城市和小城镇健全的城市体系，产生从中心地带的大都市区域向区域内陆地区的国家层面上的“扩散效应”，从高等级的中心向低等级的中心进行“等级扩散”和从城市中心区向其周边地区的内陆式的扩散模式，将会具有国家经济社会发展的强大动力。[①] 同时，城市的重要特征就是能为其居民生产出多样化的丰富的产品，并积极与腹地和其他城市进行贸易，通过增加市场品种来促进国家的生态多样性，应该将城市与其腹地紧密联系起来。[②] 城市置于国家之中，国家是城市发展的最大腹地和支撑，城市发展深深被国家发展状况、国情条件和发展战略所影响。实践中，一座开放的城市不可能存在于一个封闭的国家里。例如，在20世纪初，阿根廷曾经是全球最开放的国家之一，布宜诺斯艾利斯是一座充满了活力的国际化都市，到处都是来自英国、西班牙、意大利甚至瑞典的企业家。“到了20世纪末，阿根廷关闭了它的边境，布宜诺斯艾利斯变成了一座与世隔绝的城市，尽管它那比较古老的精美建筑仍然在向游客们讲述着更有活力、更加国际化的过去。”[③]

但是，值得注意的是，各国的经济发展水平呈现出不同的层次性，城市之间、城乡之间发展也呈现非均衡特征，城市发展如果不考虑国家的发展实际，将会增加非均衡发展的负面效应，扩大发展差距并激化不公平、不平等发展格局，从局部不公上升到整体不公，最终不仅将损害城市自身

① ［美］布赖恩·贝利：《比较城市化——20世纪的不同道路》，商务印书馆2008年版，第101—104页。

② ［美］理查德·瑞吉斯特：《生态城市——重建与自然平衡的城市（修订版）》，社会科学文献出版社2010年版，第76—82页。

③ ［美］爱德华·格莱泽：《城市的胜利：城市如何让我们变得更加富有、智慧、绿色、健康和幸福》，上海社会科学院出版社2012年版，第232页。

的利益，更会损害国家乃至全球发展的共同利益。对于整个国家而言，不同城市发展的机会并不相同，那些与全球和国家大型商业、金融、科技、文化和政治网络直接对接的大城市往往是绿色发展最重要的参与方，而一些中小城市则很难分享发展机会。但长期来看，大城市最终发展仍然需要建立在良好的城市网络关系基础之上，需要不同规模、层次、功能的城市通过彼此合作与支撑，共同为城市整体的福利作出贡献。[①] 同时，城市和乡村在绿色发展中的不平衡现象也非常突出，特别是在发展中国家里，由于二元经济社会结构的原因，城乡分割不仅体现在经济和社会发展水平上，也同样体现在把握绿色发展的机会和实现绿色发展的能力上。因此，促进城市绿色发展，要高度重视城市与国家的关系。在推进城市绿色发展的过程中，要体现城市自身对国家绿色发展的带动力和影响力，更要充分考虑国家的资源环境条件和经济社会发展水平，兼顾城际、城乡发展，实现城市与国家的共同繁荣进步。

二　城市绿色发展的五维分析框架

描述城市绿色发展系统需要一个合适的框架。根据对城市绿色发展理论和内涵的理解，我们构建了城市绿色发展的分析框架，该框架由环境宜居、经济富裕、社会包容、多元善治、国家繁荣五个方面组成。其中，城市宜居水平差异形成了具有一般意义的基础自然资源环境，即城市绿色发展的基本资源态势和现实环境背景。富裕水平体现了城市绿色发展的经济质量，即城市绿色发展的经济繁荣基础及其经济发展模式。包容水平则体现了城市绿色发展的社会进步程度，即城市绿色发展的社会支撑及多元、稳定、包容程度。善治水平则是体现了城市各利益主体交往的规则安排，即城市绿色发展的治理体系和治理能力的完善程度。繁荣水平则体现了城市绿色发展的潜在要素供给和需求条件，并反映了城市与国家在绿色发展方面的相互作用和影响机制（图 2 – 1）。

---

① Taylor, P. J., On City Cooperation and City Competition, in B. Derudder、M. Hoyler、P. J. Taylor and F. Witlox (eds), *International Handbook of Globalization and World Cities*. Cheltenham, UK: Edward Elgar, 2012, 56 – 63.

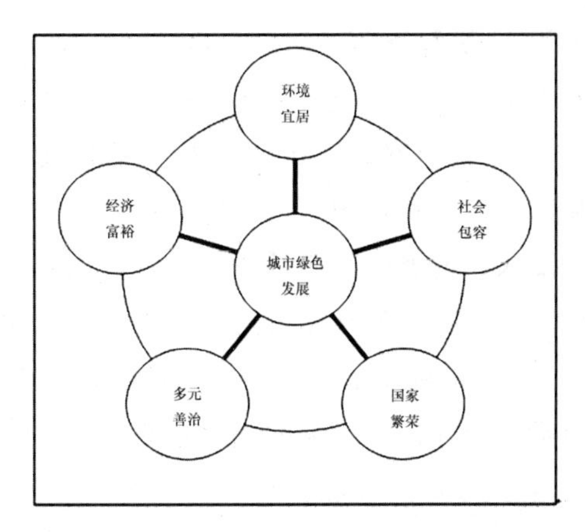

图 2-1 城市绿色发展的五维分析框架

城市绿色发展的分析框架不仅考虑城市绿色发展的现实条件，更注重考虑城市绿色发展的形成动力和广泛联系。从环境宜居、经济富裕、社会包容、多元善治、国家繁荣这五个维度来看，城市绿色发展的影响要素的性质特点和作用方式是不同的，在城市绿色发展的不同阶段也体现出不同的效应，但长远来看，在城市绿色发展过程中，这些要素都起着非常重要的作用，忽视了其中的任何一个方面，就不能确保形成稳定的城市绿色发展能力。促进城市绿色发展，需要立足城市绿色发展整体系统，促进这些方面全面、均衡、协调发展。

（一）环境宜居

环境宜居主要考量城市绿色发展的自然资源和环境要素禀赋状况。良好的自然资源和生态环境是城市绿色发展的前提条件，城市绿色发展在很大程度上依赖于自然环境。具体来看，自然生态系统决定了我们的城市生活甚至是生存的质量。它为我们提供空气、水以及食物；它使气候保持一种宜居的环境——不至于太热或者太冷，也不至于太潮湿或者太干燥；它还保护我们免受来自生物和非生物的威胁，使得害虫和紫外线辐射无法伤害我们；而它另一项功能则是清理环境中的废弃物。自然生态系统对于维持人类生命和提升社会福利至关重要。[①] 例如，根据肯尼思·凯伊（Ken-

① ［美］戴利：《新生态经济：使环境保护有利可图的探索》，上海科技教育出版社 2005 版。

neth Chay）和迈克尔·格林斯顿（Michael Greenstone）的研究，空气污染对婴儿死亡率有直接的影响，他们分析得出，空气中的颗粒每立方米减少10微克，婴儿死亡率就会降低0.055%。[①] 数量稀缺、难以流动、难以复制的资源要素和环境，如特殊的矿产资源、城市特殊的区位和气候环境等自然要素，在城市绿色发展中起着重要作用。例如，自然地理条件会直接影响城市健康水平。根据全世界城市的118个监测站对悬浮颗粒的检测数据，达斯古普塔（Susmita Dasgupta）等人探究了城市人口、城市治理、国民收入和地理因素对当地污染水平的相对重要程度。结果表明，对于一个贫穷、拥挤且治理差的城市来说，它的空气污染程度是达到危机水平（crisis－level），还是接近发达国家的城市的最优水平，完全取决于其所在的地理因素。同样，在经济活动水平相同的情况下，得天独厚的地理环境能使城市遭遇较少的公众健康问题。[②]

同时，气候、资源和环境仍然是提升城市竞争力的主要因素。尽管目前发达城市提升竞争力往往不再依靠它的资源禀赋，但便捷的获得自然资源仍然是这些城市发展的基础。[③] 因为维持要素禀赋使区域在相对价格、外部企业、产业要素、包括非价格和非贸易的要素等方面更具竞争力是非常重要的，它有助于提升区域吸收进一步增长的能力，热带地区相对落后的原因主要是当地的气温、土壤等方面的因素。[④] 同时，影响城市发展的人才对自然条件的要求也较高，越是高端人才和产业越需要高质量的生态环境。[⑤] 从实践中看，一个城市的自然要素禀赋的相对规模和范围将在很大程度上影响城市绿色发展方面的竞争优势和比较优势，这些要素的有无，决定城市在绿色发展中的地位和角色，较好的自然环境禀赋导致垄断优势，拥有这些要素可能给城市带来远高于成本的超额利润，形成先天竞

---

① Chay Kenneth and Michael Greenstone, The Impact of Air Pollutionon Infant Mortality: Evidence from Geographic Variation in Pollution Shocks Induced by a Recession, *Quarterly Journal of Economics*, 2003, 3: 1121－1167.

② Dasgupta, Susmita, Air Pollution during Growth: Accounting for Governance and Vulnerability, *Policy Research Working Paper* 3383. Washington: WorldBank, 2004, (August).

③ Porter, Michael E., Location, Competition and Economic Development: Local Clusters in a Global Economy, *Economic Development Quarterly*, 2000, 1: 15－34.

④ Bloom, D., Sachs, J., Geography, Demography, and Economic Growth in Africa, *Brookings Papers on Economic Activity*, 1998, 2: 207－273.

⑤ Florida, Richard, *The Rise of the Creative Class*, New York: Basic Books, 2002.

争优势。

因此，城市绿色发展，需要尊重自然、保护自然、合理开发利用自然，从人与自然共生关系的角度，保持城市宜居水平，特别重视保护城市赖以生存和发展的自然生态环境，在城市规划布局、产业选择时，充分结合城市自身的气候特征、地理特征、资源禀赋，通过合理的区域资源环境配置和完善的资源环境保护及利用体系，增强城市人口、产业、社会与自然生态系统的适宜性，保障城市的绿色宜居性。

（二）经济富裕

城市绿色发展需要富裕的物质基础。城市绿色发展不是反增长的，而只是不过分依赖经济增长，特别是牺牲资源环境和社会福利的经济规模增长。不依赖经济增长和不需要经济增长是有巨大差别的，正视经济增长，前瞻性地预见经济自身的问题，提前逐步优化我们所处的系统环境，有助于使人与自然和谐相处的不仅仅是理念，而成为一种能够实现的途径。长远来看，经济繁荣稳定、人民生活富裕是城市绿色发展最基本的标准，是城市居民满足生理需求和安全需求的基本保障，在富裕的基础上，才能实现爱和归属感的需求、尊重的需求和自我实现的需求。同时，城市绿色发展不仅要强调结果更需要强调“通过什么”来实现结果，既要体现经济发展规模、收入和福利的稳定增长，要有富裕的发展成果，更要有创造富裕发展结果的路径，关注影响城市富裕繁荣的各类经济要素的成长和相互作用关系。

1. 旺盛的创新活力

创新是城市绿色发展的关键，也是城市富裕繁荣的助推器。从城市发展史上看，14 世纪，意大利佛罗伦萨、威尼斯、热那亚、米兰或者薄洛尼亚等城市的居民人数还不到 10 万，但却取得了伟大的成绩，可以说，文艺复兴城市最大的财富在于超强的商业精神和接受古典城市传统的愿望，更为重要的是它们赖以发展的创造力。[①] 这其中，科学技术创新至关重要。科学技术是一个独立的生产要素并具有溢出效应。[②] 科技创新通过

① ［美］科特金：《全球城市史》，社会科学文献出版社 2014 年版，第 111 页。

② Romer, P. M., Endogenous Technological Change, *Journal of Political Economy*, 1990, 98: 71 - 102.

技术进步、科技成果产出、高技术产业推动，扩展了城市绿色发展的能力，在推进城市绿色发展中扮演专业性的关键角色。技术的进步有助于解决由城市人口增长带来的压力，还有助于解决城市资源消耗增加所引起的问题。正如威廉·诺德豪斯（William Nordhaus）所解释的那样：在19世纪和20世纪的大多数时间里，对资源枯竭的关注随着技术进步的幅度超过资源枯竭的幅度而减弱了。新的种子和化肥代替了开发更多的耕地；勘探和钻井技术的发展实现了钻更深的井或在严寒地带钻井，减轻污染的投资使经济在可持续发展的同时降低了有害物质的浓度。简而言之，在过去的两个世纪里，在资源消耗和边际收益递减的竞赛中，技术进步无疑是胜利者。①

在信息网络化和知识经济时代，信息革命像工业革命那样开始产生巨大的影响，从根本上改变着我们生活、工作、学习和创造的方式，也更加强化了城市作为生物与技术空前结合的综合体的“生态—科技系统”特征。② 它同迅速发展的通讯手段一起，能帮助提高生产率、能源和资源效率，以及改善工业的组织结构。城市绿色发展需要更多依靠科技创新驱动，致力于成为大量新想法和新发现转化新产品和新服务的关键点，利用科学活动实现城市区域再生，并提高城市创新产出、生产力和增长率。未来，在推进城市绿色发展的过程中，我们需要更加重视以科技创新为核心的、包含产品、技术、商业模式、体制机制创新在内的全面创新的作用，通过不断释放人的动力、能力和活力，形成创新型经济发展模式，通过创新形成促进城市经济高效、稳定增长的动力机制，摆脱经济对高排放、高资源消耗、环境破坏和社会失衡的依赖，促进城市的繁荣发展。

2. 合理的产业结构

城市经济的繁荣并非来源于经济增长本身，而是取决于城市采取什么样的经济增长模式。我们必须仔细分析并谨慎地选择这个模式，并且使其本质上包含对自然环境的重塑，满足人类幸福生活的需要，而非工业生产的需要。③ 在城市绿色发展过程中，经济增长模式往往集中在产业结构的合

① Nordhaus, William D., Lethal Model 2: The Limits to Growth Revisited, *Brookings Papers on Economic Activity*, 1992, 2: 1-59.

② ［英］吉拉尔德特：《城市·人·星球：城市发展与气候变化（第二版）》，电子工业出版社2011年版，第108—127页。

③ ［英］米香：《经济增长的代价》，机械工业出版社2011年版，第7页。

理性和高端性上。其中，产业结构合理化体现了产业间在生产规模上的比例关系，反映了产业结构量上的客观要求。产业结构高级化体现了资源要素在各产业之间的利用效率和产出效益，反映了产业结构质上的客观要求。城市产业结构的优化和升级，一方面可以利用集约、绿色、循环、低碳的先进模式和技术，提高传统产业部门能源和资源的利用效率，降低经济增长过程中的资源消耗和环境损失；另一方面推动新兴绿色产业以及包括新兴服务业在内的服务部门不断发展，为城市经济增长提供新的动力。从城市发展的整体而言，结构优化、技术先进、安全清洁、附加值高、吸纳就业强的现代产业体系，能够有效的实现产业结构的绿色重组，实现产业绿色化和绿色产业化的统一，为城市绿色发展提供繁荣稳定的经济支撑。

3. 完善的基础设施

城市绿色发展需要良好的基础设施条件。城市基础设施主要有三类：第一，为工作和创业服务的基础设施。主要包括通讯、交通、供水、供电、供气等，这类基础设施条件的优劣直接影响城市就业和创业的可能性。第二，为生活服务的基础设施。主要包括住宿、餐饮、购物、文化娱乐等方面基础设施，这类基础设施条件的优劣则直接影响着城市的生活成本。第三，为发展服务的基础设施。主要包括教育、卫生、养老设施以及为人口流动提供的各类服务场所，如人才市场、劳务市场等，这类设施有益于城市形成了强大的吸引力。对城市发展而言，密度大、覆盖面积广、质量与服务完善、价格低廉的基础设施是实现经济主体的交易和联系的手段，不仅能够使城市更多更好地利用外部的市场和资源，而且能提高城市的人才、科技、投资、贸易的吸引力，提高生产和交易的效率，降低成本，产生投资的乘数效应，促进城市空间形态的优化。一个城市如果拥有便捷、高效和高质量铁路、公路、港口、机场、电信等基础设施，将可以有效提高企业的生产效率、降低企业的生产和服务成本，并将更加便利城市吸引高端生产要素集聚，形成高端产业，生产和提供高附加值的产品和服务。同时，良好的基础设施还有利于增进城市活力，为城市交流与交往的多元化创造条件。[①] 在信息时代，随着信息技术和互联网的蓬勃兴起，健全的信息网络基础设施的作用更为突出，信息基础设施的发展不仅为城市绿色发展提供了更加便捷的平台和工具，更为分享、互动、合作的发展理念传播

---

① ［加］雅各布斯：《美国大城市的死与生》，译林出版社 2006 年版，第 341—346 页。

提供有力支撑。因此，城市绿色发展应高度重视铁路、公路、机场、供水、供电等基础设施的改善，并需要进一步发展和完善信息网络基础设施，充分发挥互联网和信息技术的优势，为城市绿色发展提供基础设施保障。

4. 优秀的城市企业

城市绿色发展需要有高效优质的企业支撑。因为城市之间存在竞争，需要通过企业发展吸引尽可能多的资本和质量尽可能高的劳动力来有效利用的土地资源，来为城市发展的提供持续的发展能力。[①] 同时，优秀的企业是创新的主体，新产品、新技术、新的商业模式往往在城市中最优秀的企业产生，并形成创新的溢出效应，带动创新型产业集群发展，是城市增长模式转变的核心力量。此外，优秀的企业往往拥有社会责任感、良好的治理结构、管理组织、运行机制和企业文化，能够适应和引领绿色发展投资和消费前沿，通过提高产品和服务的绿色科技含量和绿色附加值，保持自身竞争力并为城市绿色发展提供源源不断的动力。

5. 丰富的人力资本

城市绿色发展需要丰富的人力资本。因为人力投资是"人"的资本而非"物"的资本，作为一种资本形式，不仅能够创造出自身价值，而且能够将潜在的资源化为现实的资源，将潜在的财富化为现实的财富，创造出比自身价值更大的价值，实现价值增值，具有显著的收益递增性，其效益远大于物质投资的效益。[②] 而能够增强城市活力的创新过程的合作本质是指受过教育的人与具有创造力的人相结合。[③] 其中，具有创造力的人力资本将更富有价值，能够更多的提升生产率并更好的实现城市资源的优化配置。因此，城市绿色发展应更多集聚人才，使城市持续富裕繁荣不在单纯依赖资源消耗、环境损害和福利损失，而是主要依靠人才积累和创新驱动，形成城市发展为了人并依靠人的模式。

（三）社会包容

城市绿色发展是包容性发展。"当经济进步成为发展的一个必不可少

---

① ［美］彼得森：《城市极限》，上海人民出版社 2012 年版，第 27—30 页。

② Becker, Gary, and Casey Mulligan, The Endogenous Determination of Time Preference, *Quarterly Journal of Economics*, 1997, 3: 729 - 758.

③ ［美］阿瑟·奥沙利文：《城市经济学（第 8 版）》，北京大学出版社 2015 年版，第 27—29 页。

的组成部分时，它不是唯一的部分，发展不是一个纯粹的经济现象。从根本上讲，它包含了一个比人们生活的物质和金钱更丰富的内容。所以，发展应视为整个经济和社会体系的重组和重新定位的多方面的进程。"[①] 城市是经济、产业和社会活动的中心，也是人们进行文化创造、享受公民权力、追求公平正义的友好之地。富者愈富、穷者愈穷的城市不仅难以持续发展，也有违公平正义。"各美其美，美人之美，美美与共，天下大同"是人类最崇高的伟大的理想，也是城市发展的应有之义。城市绿色发展，要体现人文关怀和人本价值，要在发展的过程和结果上，坚持以人为本，体现不同地域、不同性别、不同群体的机会公平和权利公平，消除贫富差距，弥合制度鸿沟，坚持发展成果共享，关注人的价值、权益和自由，关注居民的生活质量、发展潜能和幸福指数，让所有生活在城市里的居民生活得更加幸福、更有尊严。

1. 增进福利

对于城市而言，人民也是一种富有创造性的资源，这种创造性是社会必须加以开发的财富。为了培养和增强这种宝贵财富，必须通过改善营养、保健等来提高人民的物质福利。必须向人民提供教育，使他们变得更加有能力、有创造力、有技能和有效率，能够更好地应付日常问题。[②] 城市绿色发展需要城市能够提供足够的基础福利产品和服务，干净的空气和水，每个人都可以公平便利的获得受基本的教育、健康、医疗和社会保障等权利，普惠性的增进城市居民福利。

2. 减少贫困

贫困不仅会带来城市居民经济上的困难，更会加剧城市褐色发展的影响程度。例如，有研究者对加利福尼亚州烟雾天气每天的记录进行研究后发现，富裕居民更有利于收集和传播有关当地环境质量的信息，城市中的穷人享受到减少受污染程度的政策的可能性较小。[③] 城市穷人的消费选择对一个正在发展的城市的可持续性会有更大的影响。随着城市经济的繁荣，随着贫困家庭在收入增加时同样会改变他们的消费方式，经常是选择能够改善环境质量的消费方式。如果家庭选择提高他们的消费质量而不是

---

① ［美］迈克尔·P. 托达罗：《经济发展》，中国经济出版社 1999 年版，第 61—62 页。

② 世界环境与发展委员会：《我们共同的未来》，吉林人民出版社 1997 版，第 136 页。

③ Bresnahan, Brian, Mark Dickie, and Shelby Gerking, Averting Behavior and Urban Air Pollution, *Land Economics*, 1997, 3: 340 - 57.

增加数量，收入的增长就会降低受污染的程度。[①] 因此，城市要实现绿色发展，减少贫困人口是非常必要的。同时，值得注意的是，城市不可避免存在贫困人口，但城市并非贫困的根源，它只是利用美好的生活前景吸引来了贫困人口。城市绿色发展应致力于帮助贫困的人口提升自己的社会和经济地位，为贫困人口提供更多的经济机遇、公共服务和生活乐趣。评价一个城市好坏的依据不应该是它存在的贫困现象，而应该是它在帮助比较贫困的人口提升自己的社会和经济地位方面所作出的成绩。“如果一座城市正在吸引着比较贫穷的人口持续地流入、帮助他们取得成功、目送他们离开，然后再吸引新的贫困移民，那么从社会的一个最为重要的功能来看，它是成功的。如果某个地方已经变成了那些长期处于贫困状态的贫困人口所默认的家园，那么它就是失败的。”[②]

3．改善教育

教育在城市绿色发展中发挥着重要作用。城市教育不仅仅培育人才而且吸引人才。一些城市的崛起往往归因于其久负盛名的学术和教育机构，如美国的波士顿，而底特律等城市经济地位的下降也显示了教育和人才对于维持城市长期稳定发展的重要性。具体来看，教育能够保持城市经济的稳定发展。在美国，通常以拥有本科学历的人口所占的比例来判定当地的技能水平。拥有学士学位的成人人口所占比例每提高10%，某地1980—2000年间的收入增长速度就相应地提高6%。拥有本科学历的人口所占比例每提高10%，城市的人均产值就相应地提高22%。[③] 同时，教育能为人们提供获得和处理信息的能力，从而了解到环境灾难对自身的利益以及对整个地球的影响，受教育更多的人比受教育少的人更有耐心，更愿意支持应对长期环境威胁的高成本投资，也更可能发现那些对环境有益的产品和服务。[④] 此外，教育与环保政策的偏好也具有直接联系。在过去的30年里，美国加利福尼亚的选民有机会向一系列的环境问题投票，包括增加

---

① Pfaff, Alexander S. P., Shubham Chaudhuri, H. Nye, Household: Production and Environmental Kuznets Curves: Examining the Desirabilityand Feasibility of Substitution, *Environmental and Resource Econotnics*, 2004, 2: 187 - 200.

② ［美］爱德华·格莱泽：《城市的胜利：城市如何让我们变得更加富有、智慧、绿色、健康和幸福》，上海社会科学院出版社2012年版，第75—77页。

③ 同上书，第26页。

④ Becker, Gary, and Casey Mulligan, The Endogenous Determination of Time Preference, *Quarterly Journal of Economics*, 1997, 3: 729 - 758.

公共交通的支出、提高汽油税、弱化反吸烟法、发行公债来改善城市供水的质量以及改善当地空气的质量等。而通过把选举数据和受教育数据结合起来分析，大学毕业生比例较高的地区支持环保的可能性更大。成人受大学教育的比例增加 10 %，环保的支持度就会增加 11%。[①] 更重要的是，教育不仅会为城市绿色发展提供高素质的市民和创新群体，改变一个城市的经济前景，还有助于开启民智，培育当代公平、代际公平的发展理念，建设一个更加公平和可持续的社会。

4. 拥有闲暇

早在 1933 年，《雅典宪章》就明确了城市的四项基本功能——生活、工作、休闲和交通。生活、工作和休闲三项功能相对独立，是城市生活的三个主要方面，而交通功能起连接作用，使城市居民可以在生活、工作和休闲之间便捷的转换。随着城市经济的不断发展，物质财富不断丰富，市民的文化层次不断提升，城市的休闲功能逐渐受到重视。现代意义上的休闲是伴随着城市化生活模式的确立而产生的，城市是休闲的最大供给者和需求者，满足人们的休闲需求是城市的基本功能。城市的绿色发展使规模化的休闲服务成为可能，应该创造更加良好的休闲设施和丰富的休闲活动，为城市居民提供享受闲暇的可能，从而提升城市居民的生活质量和生活品质。同时，如果城市具备良好的休闲设施，也有助于吸引大企业或政府机构驻留，提升城市的综合竞争力。例如，巴塞罗那、巴尔的摩等城市就是通过重点投资休闲旅游基础设施、改善城市景观、资助艺术与文化事业，成为城市复兴的代表。而一些由于资本撤离、工业凋敝而衰落的传统工业城市，也通过重新设计城市空间，将工业场地被改建为遗产公园、创意时尚基地等，提高了城市环境质量，展示了城市的新形象，通过休闲产业发展焕发了生机与活力。

5. 稳定安全

城市代表着人们对安定、秩序、祥和的期望和追求，平安的生产和生活环境是城市发展的保障。城市绿色发展不仅要注重生态环境、自然灾害可能引发的安全问题，同时应重视社会的安全与稳定。从城市发展历史上看，宏伟的建筑物和城市基本的物理属性——沿河、靠海、接近

---

① Kahn, Matthew, and John Matsusaka, Demand for Environmental Goods: Evidence from Voting Patterns on California Initiarives, *Journal of Law and Economics*, 1997, 1: 137 - 173.

贸易通道，吸引人的绿色空间，或高速公路交叉要道——这些都有助于促成一个伟大城市的产生，或可以帮助城市的发展，但不能够维持城市的长久繁荣，最终必须通过一种共同享有的认同意识将全体城市居民凝聚在一起。无论是在传统的城市中心，还是在新的发展模式下正在扩展中的城市地区，认同意识等问题很大程度上仍然决定着哪些地方将取得最后的成功。[①] 因为，与没有收入相比，那种相对贫困的感觉、失落感，再加上对自我认知的丧失，才更加容易导致暴力的出现。[②] 因此，从长远来看，多样带来交流，交流孕育融合，融合产生进步。城市绿色发展需要特别重视城市共同文化意识的塑造，增强城市社会接受度，为不同民族、不同文化、不同信仰的人们提供和谐共处的空间，促进城市居民在多样化发展中相互尊重、彼此借鉴、和谐共存，保持城市持久活力和生命力。

（四）多元善治

善治就是指良好的治理，是理想的城市治理方式的表现，而无论是从治理的来源看，还是从其概念和理论来看，多元主体参与都是治理最本质的特征。关于治理的概念，1995 年，联合国全球治理委员会的《我们的全球伙伴关系》研究报告认为，治理是各种公共的或私人的机构管理其共同事务的诸多方式的总和，是使相互冲突的或不同的利益得以调和并且采取联合行动的持续的过程，既包括有权迫使人们服从的正式的制度和规则，也包括各种人们协商同意的非正式的制度安排。在城市绿色发展的实践中，城市的决策者往往陷入两难的境地。一方面，他们期望城市经济和规模快速发展，因此制定各种相关优惠政策促进经济产业的增长，力争在全球投资中占据更大的份额，吸引到更多有技能、有创造力的流动人口，从而提高城市的全球竞争力。另一方面，又必须稳定社会的和谐度和凝聚力，面对高速经济增长和扩张性城市更新发展计划或项目所带来的严重的社会问题的挑战。特别是一些发展中国家的城市，都经历过同样的分裂：成为一个西化的现代大都市和更加贫困与传统的都市复合体。在这里，难

---

① ［美］科特金：《全球城市史》，社会科学文献出版社 2014 年版，第 292—293 页。

② ［瑞士］吕卡·帕塔罗尼、伊失·佩德拉齐尼：《不安全与割裂：拒绝令人恐惧的城市化》，载［法］皮埃尔·雅克、［印］拉金德拉. K. 帕乔里、［法］劳伦斯·图比娅娜《城市：改变发展轨迹（看地球 2010）》，社会科学文献出版社 2010 年版，第 155—163 页。

以言表的贫困、肮脏和疾病与巨大的财富和特权共生。此外，许多传统的道德体系施加的约束不再发挥作用。[①] 因此，促进城市绿色发展，需要面对利益冲突的挑战和困惑，通过正式规则和非正式的制度安排，完善治理机制，增加不同利益主体对发展目标和理念的共识和认同感，强化不同部门合作和交流的平台，丰富治理手段和工具，以“好的治理”实现“好的发展”。

1. 城市政府治理能力现代化

“治理的观念有多条发展途径，其交会点就归结到权力机构的实用指导。”[②] 城市政府在绿色发展中发挥着不可替代的作用，政府在经济开发、环境保护、生态建设、城市发展等方面的正确引导，会直接决定城市绿色发展系统的和谐与稳定。同时，贡献于城市的经济福利政策的发展政策、分配城市资源的分配政策、为城市社会贫困群体提供服务的再分配政策，也都依赖政府的治理能力。[③] 促进城市政府治理能力的现代化，需要重视以下几个方面。一是充分发挥城市政府促进绿色发展的角色。主要包括绿色产品和服务的直接提供者；公共利益协调者；绿色服务的支持者和购买者；绿色活动和组织的立法者和规制者。二是要推进城市政府治理要的有效性。即城市政府主动通过体制和组织转型，使得机构设置合理、程序科学、管理灵活，决策水平、执行能力与工作效率大幅提升，并对市民的绿色发展需求能够做出及时和负责的反应。三是城市政府治理要具有透明性，能够在保护隐私权的基础上，尽可能的做到信息及时公开，能够让市民更好的了解信息，并能够实际利用信息。四是能够长远规划和设计。由于世界上不存在一个提供未来资源和环境商品和服务的市场，因而就未来而言市场不可能通过供求关系有效地发挥作用，此外，市场中也没有足够的激励机制促使商品供给者去满足人们未来资源环境消费的需求。[④] 所以城市政府也需要在当下与未来之间做出公平合理的取舍，长远规划各类城市资源和环境开发、利用及保护的边界。

2. 公私部门合作治理

城市绿色发展过程本身就是一种市场力量和公共政策之间的相互作

① ［美］科特金：《全球城市史》，社会科学文献出版社2014年版，第233页。

② ［法］让-皮埃尔·戈丹：《何谓治理》，社会科学文献出版社2010年版，第15页。

③ ［美］彼得森：《城市极限》，上海人民出版社2012年版，第42—47页。

④ ［美］杰弗里·希尔：《自然与市场》，中信出版社2006年版，第116—122页。

用过程。在提供绿色产品和服务的过程中，公共部门和私人部门有合作的可能和条件。公共部门主要履行其市场监督、公共服务的职能，而私营部门履行自我治理、互相监督的职能。如果没有私营部门，绿色发展将缺乏效率，市场机制也将无法发挥作用。而如果没有足够的公共部门投资和领导，私营部门将会无法有效地运作。从治理的角度看，为促进城市绿色发展，公共部门的干预主要包括以下六个方面。一是帮助穷人，确保穷人享有基本的卫生保健服务、充足的营养、初级教育、安全饮用水以及其他基本服务。二是公共部门提供关键基础设施以及其他公益品，如传染病控制和环境管理。三是提供良好的经营环境，包括稳定的金融体系、知识产权保护、合同的强制执行以及开放的国际贸易。四是提供社会保险，以确保所有人在面对不可避免的经济混乱时都能够维持其经济安全和福祉。五是推广和普及现代科学技术。六是正确的自然环境管理工作。[①] 这其中，既包括维护社会公平的责任，也具有激励市场的作用。当然，更需要在实际操作中注重公私部门各自功能发挥的边界和范围。

3. 公众参与治理

治理之所以产生，最重要的原因就是社会公共事务日趋复杂、多样、动态，传统的政府单方面难以应对，所以要求相关各方共同参与决策和执行。城市绿色发展不单纯是政府或企业的发展，而是涉及全体城市居民利益和未来的发展。对每个居民个人而言，在现代社会，孤立排他的生活方式不可能获得高质量的生活，个体生活质量的实现离不开共同体之中每个人的积极参与，要求每个成员都具有高度的责任感，确保在追求发展的过程中的共同参与。[②] 从历史上看，在改善城市环境的重大运动中，公众的意见往往起了关键性的作用，在有些城市，公众的压力迫使政府废除了大规模的城市开发项目，促进发展更合理的居住规划，制止了盲目推倒历史文化古迹的行为，对城市环境改造和文化传承发挥了重要影响。因此，在城市绿色发展过程中，需要倾听普通居民的利益诉求，使城市绿色发展真正成为大多数人的发展。同时，非政府组

---

① ［美］萨克斯：《共同财富：可持续发展将如何改变人类命运命运》，中信出版社 2010 年版，第 211—212 页。

② ［美］杰里米·里夫金：《第三次工业革命：新经济模式如何改变世界》，中信出版社 2012 年版，第 232 页。

织具有贴近弱势群体、专业性强、善于沟通、勇于创新、良好社会形象等优势。在城市绿色发展过程中，也特别需要发展非政府组织来承担社会治理的部分责任，更高效地整合和配置各种社会资源，弥补单纯城市政府治理的某些缺陷。

4．城市社区治理

社区是城市绿色发展理念与实践的微观节点。美国社会学家刘易斯·沃思（Louis Wirth）在他的著作《城市化作为一种生活方式》中，将城市定义为大尺度、高密度、居民具有异质性的人口的集聚点。而社区“不仅仅是地域单位，而是由各种相互关系构成，这种相互关系存在于那些能在社会关系网中共享共同利益的人们之间”[①]，是城市作为一种生活方式和社会关系的集中体现。繁华的城市不应该仅仅为漂泊族提供各类消遣，城市还应当有尽职尽责的市民，他们的经济和家庭利益与城市命运密不可分。一个成功的城市不仅仅是新潮俱乐部、展览馆和酒店的所在地，也应当是专门化的产业、小企业、学校以及能够为后代不断创新的社区的所在地。[②] 城市绿色发展需要以社区为基点，培育个人和家庭的绿色发展价值理念和参与能力，使绿色发展不仅成为城市发展的理念，还成为城市居民生活的方式表现，充分体现城市绿色发展的活力。

5．电子治理

电子治理并不是单纯地把信息技术应用于政府和公共事务的处理上，也不是如何应用信息技术来提供信息和电子服务以提高行政效率的问题，而是政府面对信息技术所带来的新的社会范式的挑战，如何进行政府的再造，促进政府的转型，建立适应信息社会需要的新的政府治理范式，促进善治的问题。[③] 对城市绿色发展而言，电子治理的过程，即包括硬件设施的应用与更新，也包括软件系统的设计与升级，更包括政府部门执政理念的创新与突破，是城市政府定位转换，实现城市政府职能转变的过程，是帮助城市政府改善绩效，提供优质公共服务的过程，是增加城市政府与公众互动，提升城市政府公共形象的过程。电子治理需要与时俱进，20 世纪的工业城市大多需要集聚发展，因为对于那些彼此依赖的专业人员来

---

① Hill, D. M. eds. , *Citizens and Cities*, New York: Harvester Wheatsheaf, 1994, 34.

② ［美］科特金：《全球城市史》，社会科学文献出版社 2014 年版，第 285—286 页。

③ OECD, *The E Government Imperative*, OECD Publishing, 2003, 203.

说，他们不得不频繁地或密切地相互联系，而接近就意味着更低的交通和通信成本。[①] 而随着信息技术特别是互联网技术的深入发展和广泛应用，21 世纪的新的城市发展则更多的受到信息技术革命的影响，现代通信技术的发展为信息传递和社会事务的远程处理提供了更好的渠道，使得人们可以在距离活动中心更远的地方生活和工作，也使得信息使用者能够获取遥远地方的信息，形成了信息时代的网络化城市。信息网络技术不仅在一定程度上改变了城市发展的空间和经济形态，更改变了城市生活和社会组织方式，也需要城市治理适应分散化、透明化、便捷化、电子化的趋势，改变治理理念和模式，创新治理手段，以公开、分享、共建为主线，更好的利用大数据、互联网、新媒体等现代信息技术工具，构建政府、企业、公众互联互通的网络，走电子治理之路。

6．城市品牌

好的治理同样体现在城市品牌建设上。当前，越来越多的城市开始运用品牌化的理念、技术和方法谋求竞争优势，以提升市民对城市的自豪感、认同感，吸引企业、投资、游客、高素质的居民、公共机构、重要活动以及开拓出口市场等。[②] 从"首尔，你好"（Hi Seoul）到"非常新加坡"（Uniquely Singapore），从英国爱丁堡"激动人心之都"（Inspiring Capital）到加拿大"无限多伦多"（Toronto unlimited），一个又一个城市品牌建设的成功案例不断涌现。从理论和现实的角度看，城市绿色发展品牌应具备如下特征：一是城市品牌整体形象突出，能够充分彰显城市绿色发展功能和特色；二是城市品牌美誉度高，在投资者、旅游者等主要目标客户中被高度认同、欣赏和信任；三是城市品牌得到当地居民的广泛认同，能够凝聚绿色发展的社会共识，形成地方文化和价值的归属感。需要注意的是，城市不是"增长的机器"，不是通过城市企业化经营，单纯为增长服务，导致地租提升的方式。[③] 城市是一个利益的综合体，不是个人利益的简单组合，只有发展手段为了城市整体，为了保持或增进城市整体

① ［美］布赖恩·贝利：《比较城市化——20 世纪的不同道路》，商务印书馆 2008 年版，第 38—57 页。

② P. Kotler、D. Haider & I. Rein, *Marketing Places, Attracting Investment, Industry and Tourism to Cities, States, and Nations*, New York: Maxwell Macmillan Int; R. Paddison, 1993. City Marketing, Image Reconstruction and Urban Regeneration, *Urban Studies*, 2: 339 - 350.

③ ［美］哈维：《叛逆的城市：从城市权利到城市革命》，商务印书馆 2014 年版，第 100—113 页。

的经济地位、社会声望时，才是符合城市利益的手段和方法。[①] 因此，城市品牌营造与建设要充分体现城市整体发展利益，不能将城市品牌塑造视为一般意义上的城市宣传和推广活动，更不是通过城市土地和资源经营来达到招商引资目的的手段。城市品牌是城市发展长期积累物质和精神财富的沉淀，更体现了城市发展的导向、价值理念和治理方式，其不能以少数人获得短期利益却以牺牲多数人长期利益为代价，也不能以个别部门利益取代城市居民和公众的集体诉求。

（五）国家繁荣

城市与国家密不可分，需要相互促进、共同发展。“一个兴盛的经济体的城市化程度会提高，而农村地区会逐渐减小。”[②] 对于一个国家而言，其城市化水平往往与国家的发展水平息息相关，城市化水平的高低已经成为一个国家综合国力和国际竞争力的集中体现，成为了衡量国家经济社会进步状况的重要标志。城市是国家发展的引擎，国民经济深植于城市，并受控于城市，国家生产在城市中集中，国家财富在城市中产生，国家大部分的消费也发生在城市，它们也是国家经济、政治和媒体活动的中心，是国家绿色发展战略与实践的聚集地。但同时，国家发展也影响着城市的发展。国家和城市的命运总是纠缠在一起。一些城市位于大陆或国家停滞不前或者衰落的地方，无论多么地适宜居住、安全和具有文化气息，它们都会遇到发展的问题。[③]

在城市绿色发展中，不能把一个城市的绿色发展和其所在国家的绿色发展情况分离开来。具体来看，首先，国家自然资源条件将影响城市绿色发展，自然资源禀赋丰厚、生态环境好的国家将为城市绿色发展提供广阔的基础条件。其次，国家城乡之间、城际之间的均衡发展程度，直接影响到单独城市的绿色发展能力和潜力。同时，国家整体人民健康程度高、寿命水平高、教育水平高，将为城市提供高素质人力资源。最后，国家绿色发展战略明确，执行有力将减少跨区域的环境污染损害，为城市绿色发展提供良好的区域条件。所以，城市绿色发展必须充分考虑国家绿色发展的

---

① ［美］彼得森：《城市极限》，上海人民出版社 2012 年版，第 18—22 页。

② ［美］简·雅各布斯：《城市与国家财富》，中信出版社 2008 年版，第 154 页。

③ ［加］马里奥·波利斯：《富城市，穷城市：城市繁荣与衰落的秘密》，新华出版社 2011 年版，第 20 页。

综合情况，考虑所处国家城乡、城际和其他地区发展的综合水平，处理好中心与腹地发展的关系，置身于国家发展的背景和战略考虑城市绿色发展战略和路径，并通过城市的绿色发展提升国家绿色发展的影响力和竞争力。

第二篇　评估篇

城市绿色发展指数及评价指标体系

城市绿色发展指数课题组*

一　城市绿色发展指数

对于城市绿色发展的评估是理论界和实际部门都十分关注的重要问题，通过评估，可以更好地知道一个城市与其他城市相比，在绿色发展方面所存在的优势与不足，不仅有助于企业和居民了解城市绿色发展的状况和机会，也为政府部门改善城市绿色发展环境提供了参考。

城市绿色发展指数（Urban Green Development Index，UGDI）主要衡量和评估城市在绿色发展方面的综合表现。亚太城市绿色发展研究课题组负责具体研究方法的提出和论证。在构建过程中，课题组充分借鉴了国内外学者的研究，同时根据我们对绿色发展的理解，结合城市绿色发展系统分析框架，围绕环境宜居、经济富裕、社会包容、多元善治、国家繁荣五个维度，构建亚太城市绿色发展指数，用来测度亚太地区城市的绿色发展水平。具体表现为：城市绿色发展等于宜居、富裕、包容、善治、繁荣。

第一，宜居水平（Livability）。体现了城市绿色发展的基础资源环境状况，即城市绿色发展的基本资源环境禀赋、承载能力和适宜程度。

第二，富裕水平（Prosperity）。体现了城市绿色发展的经济质量，即城市绿色发展的经济繁荣基础及其经济发展模式匹配程度。

---

* 城市绿色发展指数课题组由“亚太城市绿色发展报告编委会”专家和数据分析组成员组成。课题组组长为赵峥；测算小组负责人为袁祥飞。

第三，包容水平（Inclusiveness）。体现了城市绿色发展的社会进步程度，即城市绿色发展的社会支撑及多元、稳定、包容程度。

第四，善治水平（Governance）。体现了城市绿色发展的利益主体交往、行为的规则安排，即城市绿色发展的治理体系和治理能力的完善程度。

第五，繁荣水平（Partnership）。体现了城市绿色发展的国家因素、城市与国家的相互关系和影响机制，即城市绿色发展所依赖的潜在要素、市场的供给和需求条件及其空间协调程度。

综合来看，城市绿色发展水平是被各方面共同决定的，每个方面均容纳了许多具体的影响因素，虽然这些因素对城市绿色发展的贡献和作用方式不同，但都是城市绿色发展的重要组成部分。

二　城市绿色发展指数的指标设计原则

第一，内在逻辑性原则。城市绿色发展指标体系不是指标的堆砌，而是具有严格内在逻辑的。同一层级的指标不应相互影响，各指标应能独立反映城市绿色发展的不同方面。

第二，数据可得性原则。要对不同城市的绿色发展程度进行比较，数据是否可得、口径是否统一决定着量化的科学性和可靠性，因此在设计指标时尽量使用国际城市通用的或是潜在的容易获取的指标。

第三，系统性与代表性结合原则。城市绿色发展评价指标体系是相关要素系统发展的集成结果，既要避免指标体系过于庞杂，又要避免由于指标过于单一而影响测评的价值。因此评价指标选取也需要具有代表性，尽量做到基本面广覆盖，重点领域选代表，以便更好地分析城市绿色发展特点，开展经常性动态监测。

第四，引导性与前瞻性结合原则。在指标选取时，我们特别注重指标内涵的现实指导意义，指标体系设计紧密围绕城市绿色发展实际，便于通过评价来引导实践；同时，评价指标体系中的个别指标注重前瞻城市绿色发展的方向与未来，希望通过指标设计和评价，鼓励城市超前布局和规划，引领全球绿色发展潮流。

第五，客观性与主观性结合原则。但由于统计指标和统计方法的限制，客观统计数据很难全面满足评价需要，所以评价指标体系中适当加入了主观性指标。这样将主客观数据结合起来，能够更加真实的反映城市绿色发展状况。

三 城市绿色发展指数指标体系

根据上述原则以及本课题组对城市绿色发展概念和内涵的理解，我们尝试构建了一个包含5个一级指标18个二级指标的指标体系（见表3-1）。其中，一级指标包括环境宜居指数、经济富裕指数、社会包容指数、多元善治指数和国家繁荣指数。二级指标包括气候指数、环境指数、人口指数、增长指数、创新指数、企业指数、安全指数、生活指数、教育指数、e政指数、品牌指数、NGO指数、收入指数、信息指数、卫生指数、能耗指数、排放指数、净水指数等。城市绿色发展指数指标体系包含环境宜居、经济富裕、社会包容、多元善治、国家繁荣五个城市绿色发展的核心内容，力求全面、简洁、准确地反映城市的绿色发展水平（表3-1）。

表3-1 城市绿色发展指数指标体系

一级指标	二级指标	权重	指标性质
环境宜居指数	气候指数	6.67%	客观指标
	环境指数	6.67%	客观指标
	人口指数	6.67%	客观指标
经济富裕指数	增长指数	6.67%	客观指标
	创新指数	6.67%	客观指标
	企业指数	6.67%	客观指标
社会包容指数	安全指数	6.67%	客观指标
	生活指数	6.67%	客观指标
	教育指数	6.67%	客观指标
多元善治指数	e政指数	6.67%	客观指标
	品牌指数	6.67%	主观指标
	NGO指数	6.67%	客观指标

续表

一级指标	二级指标	权重	指标性质
国家繁荣指数	收入指数	3.33%	客观指标
	信息指数	3.33%	客观指标
	卫生指数	3.33%	客观指标
	能耗指数	3.33%	客观指标
	排放指数	3.33%	客观指标
	净水指数	3.33%	客观指标

四　城市样本

亚太城市绿色发展评估样本的广泛性和典型性，关系到研究结论的准确性和价值。本报告在考虑城市统计数据的可得性、准确性、标准性的基础上，参考资深专家学者推荐意见，选取亚太地区[①]的100个重点城市进行量化研究。具体的城市样本选取标准包括以下几个方面：第一，城市的影响力与知名度；第二，城市在其所处国家和区域内的社会经济地位和代表性；第三，城市统计数据的可得性、准确性和标准性；第四，城市的研究价值。

依据城市样本选择标准，我们从亚太地区选取160个城市作为初始样本，然后再从中筛选出100个城市作为正式的研究样本。这100个城市覆盖了亚太地区发达国家和发展中国家，很多都是其所在国家的经济、政治、文化中心，具有较高的知名度，较好地代表了亚太地区不同国家、地域和发展水平的城市状况。

样本城市的具体构成上，包括中国城市43个，其中大陆地区35个，

① 亚太地区（Asia & Pacific）是亚洲地区和太平洋沿岸地区的简称。亚太地区的地域概念有广义和狭义的区分。在广义上，可以包括整个环太平洋地区。太平洋东西两岸的国家和地区，即包括加拿大、美国、墨西哥、秘鲁、智利等南北美洲的国家和太平洋西岸的俄罗斯远东地区、日本、韩国、中国大陆、中国台湾和中国香港地区、东盟各国和大洋洲的澳大利亚、新西兰等国家和地区。在狭义上，指西太平洋地区，主要包括东亚的中国（包括港澳台地区）、日本、俄罗斯远东地区和东南亚的东盟国家，有时还延伸到大洋洲的澳大利亚和新西兰等国。本报告主要以广义的亚太地区地域概念为基础进行城市样本选择。

包括31个省会、直辖市，以及深圳、大连、青岛、厦门4个重点城市；中国香港特别行政区、中国澳门特别行政区以及中国台湾地区的6个城市。美国城市19个，包括华盛顿、纽约、洛杉矶、芝加哥、波士顿、费城、西雅图、底特律、达拉斯、休斯敦、凤凰城、旧金山、丹佛、拉斯维加斯、亚特兰大、迈阿密、巴尔的摩、圣何塞以及圣迭戈。日本城市9个，包括：东京、大阪、京都、札幌、横滨、福冈、名古屋、广岛、神户。韩国城市5个，包括：首尔、釜山、大田、仁川、大邱。另外，还包括新西兰的惠灵顿和奥克兰，澳大利亚的堪培拉、悉尼、墨尔本以及布里斯班，俄罗斯的莫斯科、圣彼得堡以及符拉迪沃斯托克，加拿大的渥太华、多伦多以及温哥华，印度的德里、孟买、班加罗尔和加尔各答。越南的河内，菲律宾的马尼拉，印度尼西亚的雅加达，马来西亚的吉隆坡，新加坡，泰国的曼谷，秘鲁的利马和墨西哥的墨西哥城（图3－1）。

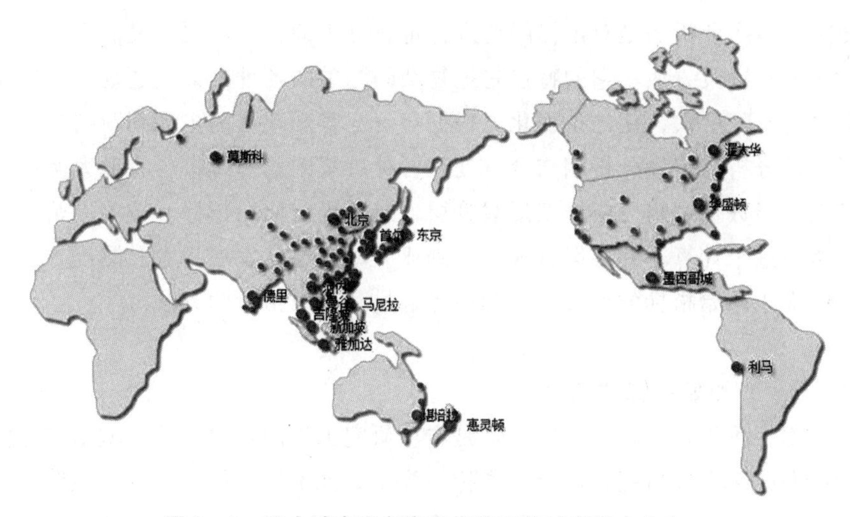

图3－1　亚太城市绿色发展指数评估城市样本分布

五　数据来源

对亚太地区不同国家的城市进行量化测度，要求各样本城市数据完整、可靠，可在同一维度进行比较。本报告城市相关数据主要来源于：城市政府、统计部门的官方网站；城市政府、统计部门的出版物；国家、地区、城市的统计年鉴（报告）等。除官方来源外，也从知名研究机构、咨询公司和网站获取部分数据，如联合国统计司、世界银行、亚太经合组织、城市市长网站（http：//www. citymayors. com）、维基百科网站（http：//wikipedia. jaylee. cn/）等。此外，还以知名媒体的相关主题报告和调查数据作为参考。在数据的搜集和整理过程中，得到了国内外许多研究机构和学者的大力支持与帮助。同时，由于不同国家对城市的具体定义和具体范围的界定可能有所不同，为便于比较，个别城市用都市区和城市化地区的数据进行了替代处理。另外，由于主客观条件限制，一些重要的指标仍然没有得到体现，希望能够在未来的研究中加以补充和完善。

六　评估方法

本报告主要采用层次分析法（Analytic Hierarchy Process，AHP）进行研究。层次分析法是对定性问题进行定量分析的一种简便、灵活而又实用的多准则决策方法。它的特点是把复杂问题中的各种因素通过划分为相互联系的有序层次，使之条理化，根据对一定客观现实的主观判断结构，通过定性分析与定量分析相结合，处理各种决策因素。本报告将亚太城市绿色发展指数按逻辑分析框架逐级分层，最终确定原始指标。按照原始指标的数值逐个计算，并逐级合成，得到亚太城市绿色发展指数。测度方法的关键在于原始指标的处理方法和指标合成到上级指标的方法。

（一）原始指标的处理

对评价指标进行一致性处理是本项研究工作的重要环节。城市绿色发展指数是多个评价指标的合成指标，为了保证不同量纲指标之间能够进行有效合成，在完成数据的收集后，需要先进行无量纲化处理，使不同指标可以相互比较。主要采用标准化计算和返回数据在数据集中排位的方法。由于指标的不同属性，我们将其分为正向和逆向指标。

正向指标：指标值越大，越有利于城市绿色发展。正向指标的标准化公式为：

$X_i = \frac{x_i - x_{\min}}{x_{\max} - x_{\min}}$，$X_i$ 为转换后的值，$x_{\max}$ 为指标最大样本值，$x_{\min}$ 为指标最小样本值，x_i 为指标原始值。

逆向指标：指标值越大，越不利于城市绿色发展。逆向指标的标准化方法为：

$X_i = \frac{x_{max} - x_i}{x_{max} - x_{min}}$，$X_i$ 为转换后的值，x_{max} 为指标最大样本值，x_{min} 为指标最小样本值，x_i 为指标原始值。

（二）指标合成

指标合成的关键在于合成时同级别指标权重的选择。由于指标体系在设计时已将同层级指标假定为同等重要，因此，本研究主要采用等权的方法逐级合成，最终得出亚太城市绿色发展指数。另外，在指标合成到上级指标之前，为便于比较，指标均经过无量纲化处理，使指标的样本值区间为［0，1］。

（三）指标分析

城市绿色发展指数不仅有总指数，也有分指数。具体来看“城市绿色发展指数”为总指数，而宜居指数、富裕指数、包容指数、善治指数和繁荣指数等均为分指数。总指数的评估排序会与分指数有区别，也反映了各城市绿色发展的总体和结构状况。因此，评价城市绿色发展，不仅需要分析城市绿色发展总指数，也需要分析各分指数，以更加全面地认识城市绿色发展水平。

亚太城市绿色发展评估结果和主要研究发现

城市绿色发展指数课题组

一 亚太城市绿色发展指数综合和分项排名

（一）综合排名

亚太城市绿色发展指数排名前15位的城市依次是：东京、首尔、纽约、香港、华盛顿、悉尼、新加坡、圣何塞、休斯敦、惠灵顿、渥太华、旧金山、墨尔本、洛杉矶、上海。（图4-1）。

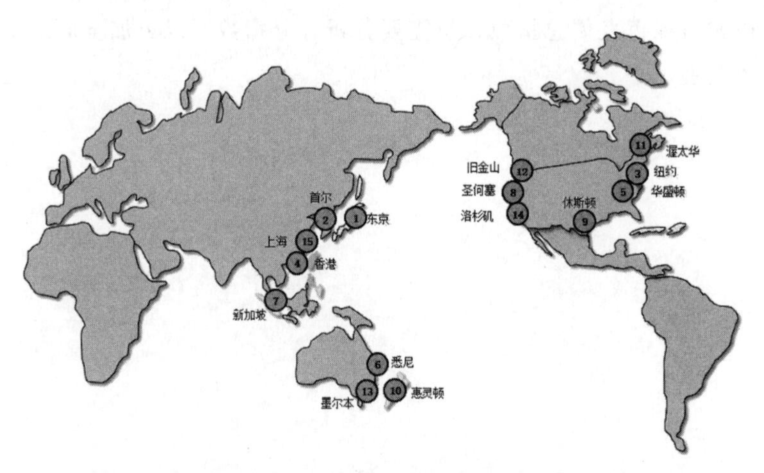

图4-1 亚太城市绿色发展指数排名前15位的城市分布

如下面的表4-1所示，从国家角度来看，亚太城市绿色发展指数排名前15位的城市中，美国最多，共有6个。中国、澳大利亚排名第2位，都有 2 个城市。另外，日本、韩国、新加坡、新西兰、加拿大各有 1 个城市入选。

排名第 16 位到第 30 位的城市是：西雅图、大阪、京都、圣迭戈、芝加哥、北京、名古屋、吉隆坡、费城、达拉斯、多伦多、凤凰城、莫斯科、横滨、迈阿密。

排名第 31 位到第 45 位的城市是：波士顿、奥克兰、广岛、福冈、布里斯班、长沙、亚特兰大、拉斯维加斯、利马、深圳、札幌、神户、成都、堪培拉、台北。

排名第 46 位到第 60 位的城市是：曼谷、台中、丹佛、温哥华、底特律、新竹、台南、巴尔的摩、武汉、釜山、澳门、雅加达、大田、广州、高雄。

排名第 61 位到第 85 位的城市是：西安、大邱、河内、仁川、厦门、南京、长春、马尼拉、墨西哥城、基隆、符拉迪沃斯托克、青岛、杭州、班加罗尔、天津、太原、宁波、重庆、德里、昆明、南昌、合肥、大连、福州、海口。

排名后 15 位的城市分别是：加尔各答、济南、圣彼得堡、南宁、呼和浩特、石家庄、郑州、孟买、沈阳、银川、乌鲁木齐、兰州、西宁、哈尔滨、贵阳。

表 4－1　亚太城市绿色发展指数总体排名

城市	得分	排名	城市	得分	排名
东京（Tokyo）	0.707	1	新竹（Hsinchu）	0.466	51
首尔（Seoul）	0.669	2	台南（Tainan）	0.463	52
纽约（New York）	0.650	3	巴尔的摩（Baltimore）	0.461	53
香港（Hong Kong）	0.611	4	武汉（Wuhan）	0.457	54
华盛顿（Washington D. C.）	0.611	5	釜山（Busan）	0.457	55
悉尼（Sydney）	0.600	6	澳门（Macau）	0.451	56
新加坡（Singapore）	0.599	7	雅加达（Jakarta）	0.450	57
圣何塞（San Jose）	0.580	8	大田（Daejeon）	0.450	58

续表

城市	得分	排名	城市	得分	排名
休斯敦（Houston）	0.578	9	广州（Guangzhou）	0.449	59
惠灵顿（Wellington）	0.577	10	高雄（Kaohsiung）	0.448	60
渥太华（Ottawa）	0.560	11	西安（Xi′an）	0.447	61
旧金山（San Francisco）	0.556	12	大邱（Daegu）	0.446	62
墨尔本（Melbourne）	0.555	13	河内（Hanoi）	0.444	63
洛杉矶（Los Angeles）	0.551	14	仁川（Incheon）	0.437	64
上海（Shanghai）	0.550	15	厦门（Xiamen）	0.437	65
西雅图（Seattle）	0.540	16	南京（Nanjing）	0.436	66
大阪（Osaka）	0.540	17	长春（Changchun）	0.432	67
京都（Kyoto）	0.536	18	马尼拉（Manila）	0.425	68
圣迭戈（San Diego）	0.535	19	墨西哥城（Mexico City）	0.425	69
芝加哥（Chicago）	0.527	20	基隆（Keelung）	0.420	70
北京（Beijing）	0.526	21	符拉迪沃斯托克（Vladivostok）	0.410	71
名古屋（Nagoya）	0.524	22	青岛（Qingdao）	0.410	72
吉隆坡（Kuala Lumpur）	0.517	23	杭州（Hangzhou）	0.410	73
费城（Philadelphia）	0.507	24	班加罗尔（Bangalore）	0.405	74
达拉斯（Dallas）	0.506	25	天津（Tianjin）	0.405	75
多伦多（Toronto）	0.506	26	太原（Taiyuan）	0.403	76
凤凰城（Phoenix）	0.504	27	宁波（Ningbo）	0.400	77
莫斯科（Moscow）	0.502	28	重庆（Chongqing）	0.399	78
横滨（Yokohama）	0.501	29	德里（Dehli）	0.398	79

续表

城市	得分	排名	城市	得分	排名
迈阿密（Miami）	0.496	30	昆明（Kunming）	0.393	80
波士顿（Boston）	0.494	31	南昌（Nanchang）	0.392	81
奥克兰（Auckland，NZ）	0.494	32	合肥（Hefei）	0.389	82
广岛（Hiroshima）	0.493	33	大连（Dalian）	0.388	83
福冈（Fukuoka）	0.490	34	福州（Fuzhou）	0.386	84
布里斯班（Brisbane）	0.490	35	海口（Haikou）	0.385	85
长沙（Changsha）	0.487	36	加尔各答（Calcutta）	0.385	86
亚特兰大（Atlanta）	0.485	37	济南（Jinan）	0.381	87
拉斯维加斯（Las Vegas）	0.484	38	圣彼得堡（Saint Petersburg）	0.377	88
利马（Lima）	0.480	39	南宁（Nanning）	0.372	89
深圳（Shenzhen）	0.480	40	呼和浩特（Huhehot）	0.370	90
札幌（Sapporo）	0.478	41	石家庄（Shijiazhuang）	0.368	91
神户（Kobe）	0.478	42	郑州（Zhengzhou）	0.365	92
成都（Chengdu）	0.477	43	孟买（Mumbai）	0.364	93
堪培拉（Canberra）	0.475	44	沈阳（Shenyang）	0.364	94
台北（Taipei）	0.475	45	银川（Yinchuan）	0.361	95
曼谷（Bangkok）	0.475	46	乌鲁木齐（Urumqi）	0.355	96
台中（Taichung）	0.474	47	兰州（Lanzhou）	0.346	97
丹佛（Denver）	0.473	48	西宁（Xining）	0.343	98
温哥华（Vancouver）	0.471	49	哈尔滨（Harbin）	0.337	99
底特律（Detroit）	0.468	50	贵阳（Guiyang）	0.337	100

（二）整体情况

从亚太城市绿色发展指数整体表现来看，指标均值为0.466，中位数为0.467，标准方差为0.08，变异系数为0.17，数据比较平稳。通过与正态曲线拟合，我们发现数据只是微右偏离，相对符合统计学规律，说明课题样本选择具有一定的代表性（图4－2）。

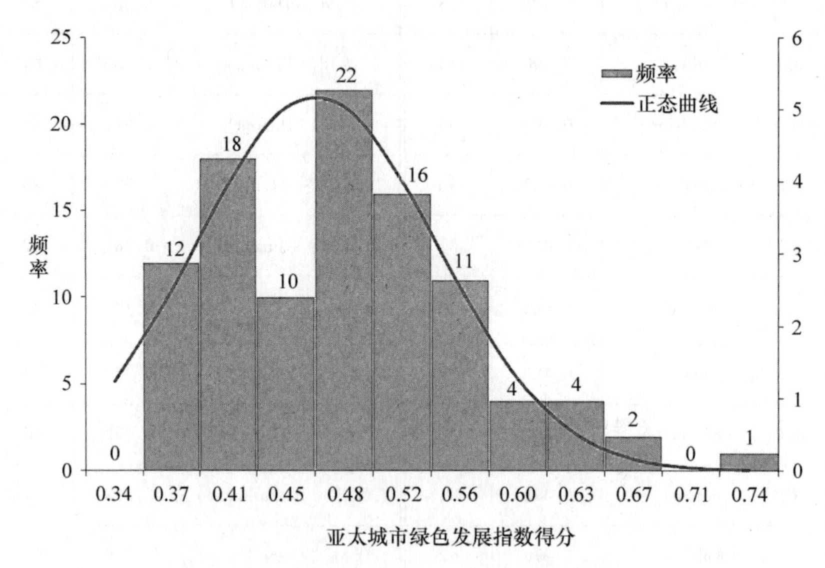

图4－2　亚太城市绿色发展指数得分直方图

在亚太地区100个城市中，绿色发展指数得分主要集中在0.41—0.52。得分最低的是哈尔滨和贵阳，为0.337分；得分最高的是东京，为0.707分。两者相差0.370分。从城市绿色发展指数总体反映上来看，处于城市样本两端的城市绿色发展水平总体差距非常明显，末端城市与顶端城市在城市绿色发展各方面均存在显著差异。

（三）环境宜居指数排名与分析

1. 分项排名

在环境宜居指数方面，排名前15位的城市是：华盛顿、达拉斯、休斯顿、墨尔本、亚特兰大、迈阿密、圣何塞、底特律、布里斯班、圣迭戈、凤凰城、堪培拉、费城、西雅图、拉斯维加斯（图4－3）。

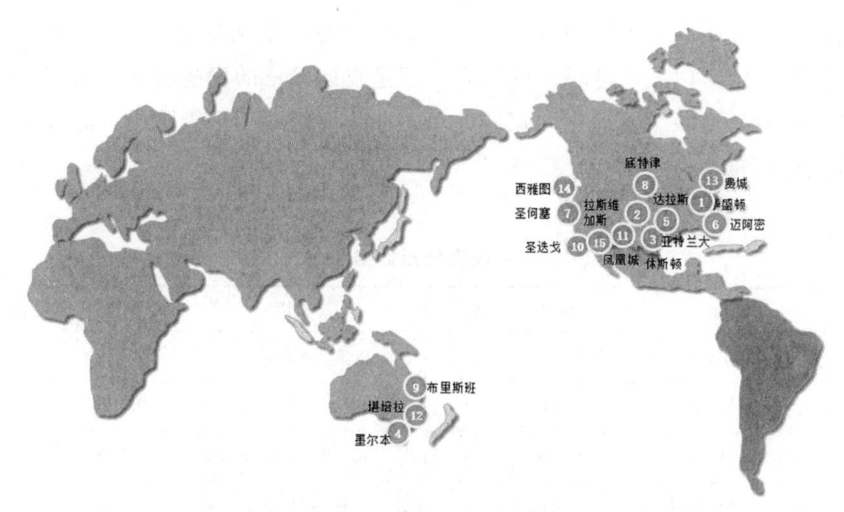

图 4－3　亚太城市环境宜居指数排名前 15 位的城市分布

如下面的表 4－2 所示，在环境宜居指数排名前 15 位的城市中，美国和澳大利亚囊括了全部席位，其中美国有 12 席之多，澳大利亚有 3 个城市入选。这些城市人口密度低，气候适宜，环境优美。

排名前 16 位到第 30 位的城市是：纽约、渥太华、波士顿、洛杉矶、芝加哥、悉尼、旧金山、巴尔的摩、名古屋、惠灵顿、横滨、丹佛、多伦多、奥克兰、广岛。

排名第 31 位到第 45 位的城市是：吉隆坡、京都、东京、大阪、福冈、神户、温哥华、台中、广州、曼谷、银川、台南、深圳、呼和浩特、班加罗尔。

排名第 46 位到第 60 位的城市是：大连、昆明、釜山、济南、新竹、高雄、墨西哥城、天津、利马、基隆、南昌、石家庄、海口、札幌、台北。

排名第 61 位到第 85 位的城市是：厦门、合肥、雅加达、上海、南京、太原、大田、沈阳、大邱、宁波、新加坡、杭州、武汉、首尔、成都、郑州、青岛、福州、加尔各答、仁川、北京、重庆、南宁、莫斯科、西安。

排名后 15 位的城市是：长沙、河内、圣彼得堡、马尼拉、长春、西宁、符拉迪沃斯托克、贵阳、哈尔滨、兰州、澳门、乌鲁木齐、香港、德里、孟买。

在前15位中没有一个是中国城市，而处于后15位的中国城市较多，反映了目前中国重点城市存在一定的环境问题。另外，前30位中同样缺少东南亚国家以及印度城市的身影，都是发展较早的发达国家的城市。这从一个方面反映了发展中国家还处于工业化初级或者中级阶段，经济发展方式还需转型。

表4-2 环境宜居指数排名

城市	得分	排名	城市	得分	排名
华盛顿（Washington D. C.）	0.951	1	高雄（Kaohsiung）	0.759	51
达拉斯（Dallas）	0.941	2	墨西哥城（Mexico City）	0.755	52
休斯敦（Houston）	0.940	3	天津（Tianjin）	0.753	53
墨尔本（Melbourne）	0.933	4	利马（Lima）	0.752	54
亚特兰大（Atlanta）	0.912	5	基隆（Keelung）	0.751	55
迈阿密（Miami）	0.909	6	南昌（Nanchang）	0.751	56
圣何塞（San Jose）	0.904	7	石家庄（Shijiazhuang）	0.750	57
底特律（Detroit）	0.903	8	海口（Haikou）	0.749	58
布里斯班（Brisbane）	0.899	9	札幌（Sapporo）	0.742	59
圣迭戈（San Diego）	0.898	10	台北（Taipei）	0.741	60
凤凰城（Phoenix）	0.890	11	厦门（Xiamen）	0.736	61
堪培拉（Canberra）	0.889	12	合肥（Hefei）	0.735	62
费城（Philadelphia）	0.888	13	雅加达（Jakarta）	0.733	63
西雅图（Seattle）	0.887	14	上海（Shanghai）	0.732	64
拉斯维加斯（Las Vegas）	0.882	15	南京（Nanjing）	0.731	65
纽约（New York）	0.881	16	太原（Taiyuan）	0.729	66
渥太华（Ottawa）	0.875	17	大田（Daejeon）	0.728	67
波士顿（Boston）	0.873	18	沈阳（Shenyang）	0.727	68
洛杉矶（Los Angeles）	0.871	19	大邱（Daegu）	0.723	69
芝加哥（Chicago）	0.863	20	宁波（Ningbo）	0.722	70

续表

城市	得分	排名	城市	得分	排名
悉尼（Sydney）	0.861	21	新加坡（Singapore）	0.721	71
旧金山（San Francisco）	0.861	22	杭州（Hangzhou）	0.719	72
巴尔的摩（Baltimore）	0.861	23	武汉（Wuhan）	0.719	73
名古屋（Nagoya）	0.861	24	首尔（Seoul）	0.714	74
惠灵顿（Wellington）	0.861	25	成都（Chengdu）	0.713	75
横滨（Yokohama）	0.860	26	郑州（Zhengzhou）	0.712	76
丹佛（Denver）	0.859	27	青岛（Qingdao）	0.712	77
多伦多（Toronto）	0.850	28	福州（Fuzhou）	0.712	78
奥克兰（Auckland，NZ）	0.846	29	加尔各答（Calcutta）	0.707	79
广岛（Hiroshima）	0.842	30	仁川（Incheon）	0.707	80
吉隆坡（Kuala Lumpur）	0.834	31	北京（Beijing）	0.705	81
京都（Kyoto）	0.833	32	重庆（Chongqing）	0.701	82
东京（Tokyo）	0.827	33	南宁（Nanning）	0.694	83
大阪（Osaka）	0.818	34	莫斯科（Moscow）	0.686	84
福冈（Fukuoka）	0.813	35	西安（Xi'an）	0.686	85
神户（Kobe）	0.813	36	长沙（Changsha）	0.683	86
温哥华（Vancouver）	0.808	37	河内（Hanoi）	0.682	87
台中（Taichung）	0.796	38	圣彼得堡（Saint Petersburg）	0.682	88
广州（Guangzhou）	0.792	39	马尼拉（Manila）	0.663	89
曼谷（Bangkok）	0.788	40	长春（Changchun）	0.662	90
银川（Yinchuan）	0.788	41	西宁（Xining）	0.661	91
台南（Tainan）	0.782	42	符拉迪沃斯托克（Vladivostok）	0.660	92
深圳（Shenzhen）	0.779	43	贵阳（Guiyang）	0.657	93

续表

城市	得分	排名	城市	得分	排名
呼和浩特（Huhehot）	0.778	44	哈尔滨（Harbin）	0.614	94
班加罗尔（Bangalore）	0.771	45	兰州（Lanzhou）	0.601	95
大连（Dalian）	0.762	46	澳门（Macau）	0.574	96
昆明（Kunming）	0.762	47	乌鲁木齐（Urumqi）	0.554	97
釜山（Busan）	0.762	48	香港（Hong Kong）	0.500	98
济南（Jinan）	0.761	49	德里（Delhi）	0.488	99
新竹（Hsinchu）	0.761	50	孟买（Mumbai）	0.410	100

2. 核心指标分析

一个城市的自然要素禀赋的相对规模和范围将在很大程度上影响城市绿色发展方面的竞争优势和比较优势，这些要素的有无，往往决定城市在绿色发展中的垄断地位和角色，容易形成先天竞争优势。城市绿色发展，需要保护城市赖以生存和发展的自然生态环境，更需要结合城市自身的气候特征、地理特征、资源禀赋，通过合理的区域资源配置和完善的资源利用体系，走适合自己的绿色发展道路。

在环境宜居方面，我们主要使用了三个指数来衡量，分别是：人口指数、气候指数和环境指数。其中，人口指数反映的是城市在人口规模和密度方面的情况。气候指数综合反映城市在温度、湿度、日照时间等方面宜居的程度。而环境指数则反映城市在环境尤其是空气质量方面的表现。

第一，人口指数。在人口指数方面，排名前10位的城市是：亚特兰大、波士顿、堪培拉、布里斯班、底特律、费城、达拉斯、休斯顿、西雅图和巴尔的摩。排名前10位的城市中有8个来自美国，另外2个来自澳大利亚。

排名后10位的城市是：仁川、兰州、新加坡、利马、德里、加尔各答、马尼拉、澳门、香港和孟买。其中主要以东亚城市为主，印度的三大城市（德里、加尔各答和孟买）都在其中，中国也有兰州、澳门和香港等3个城市位列后十名（图4-4）。

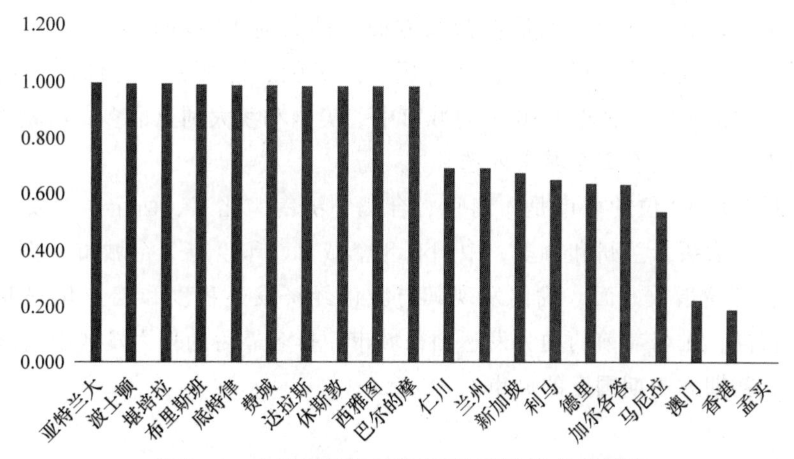

图 4－4　人口指数排名前 10 位和后 10 位的城市

第二，气候指数。在气候指数方面，排名前 10 位的城市是：华盛顿、班加罗尔、休斯顿、达拉斯、墨尔本、墨西哥城、德里、济南、加尔各答和利马。排名后 10 位的城市是：贵阳、温哥华、香港、长春、哈尔滨、札幌、乌鲁木齐、符拉迪沃斯托克、莫斯科和圣彼得堡（图 4－5）。与其他指标或指数相比，气候指数方面各个城市之间的差别略微小一些，因为选取的都是较为典型的大中城市，历史上之所以能够形成人口集聚，本身就表明了其在区域内的气候方面相对更为宜居。

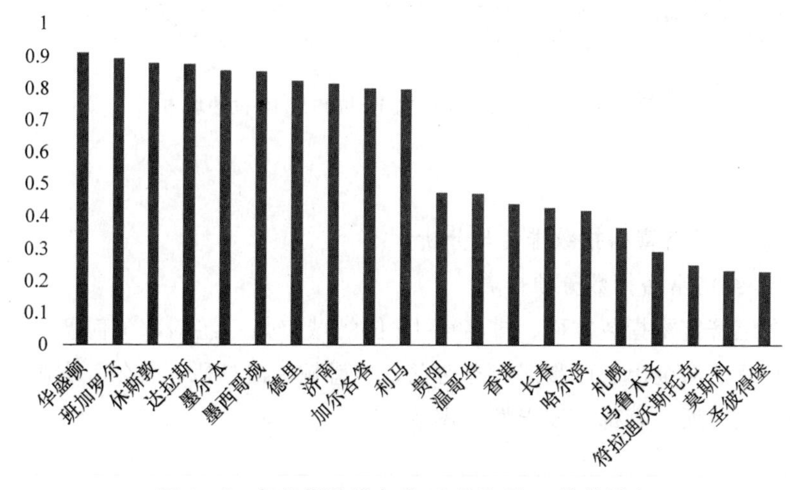

图 4－5　气候指数排名前 10 位和后 10 位的城市

第三，环境指数。在环境指数方面，排名前10位的城市是：悉尼、布里斯班、温哥华、堪培拉、名古屋、惠灵顿、迈阿密、丹佛、奥克兰（新）和圣何塞。排名前10位的城市中，美国和澳大利亚最多，分别有3个城市。新西兰有2个城市入选。

排名后10位的城市是：南京、合肥、济南、北京、西宁、西安、乌鲁木齐、孟买、兰州和德里，中国有8个城市，印度有2个城市（图4－6）。在环境指数方面，我们发现其与城市经济发达程度和工业化程度关联度很高，排名靠前的均为发达国家城市，排名靠后的均为发展中国家和工业化初期和中期国家的城市。

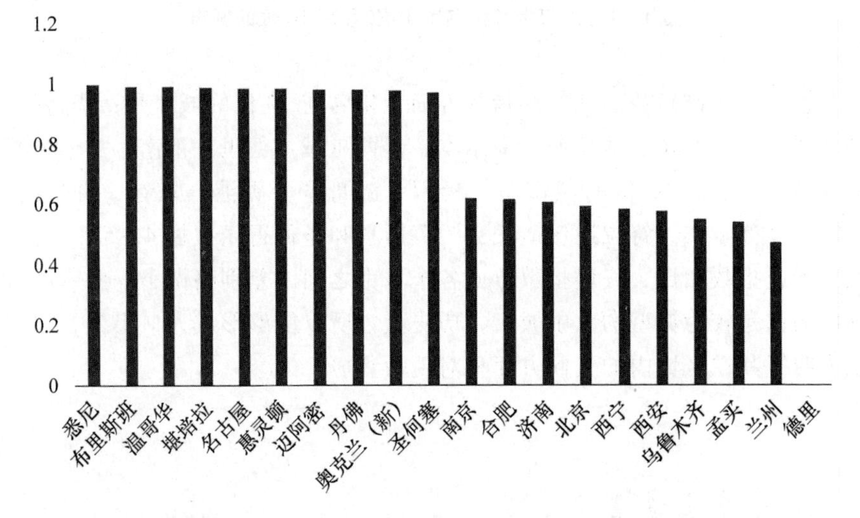

图4－6　环境指数排名前10位和后10位的城市

（四）经济富裕指数排名与分析

1. 经济富裕指数分项排名

在经济富裕指数方面，排名前15位的城市是：纽约、圣何塞、休斯敦、东京、旧金山、西雅图、圣迭戈、华盛顿、洛杉矶、首尔、大阪、芝加哥、达拉斯、京都、波士顿（图4－7）。

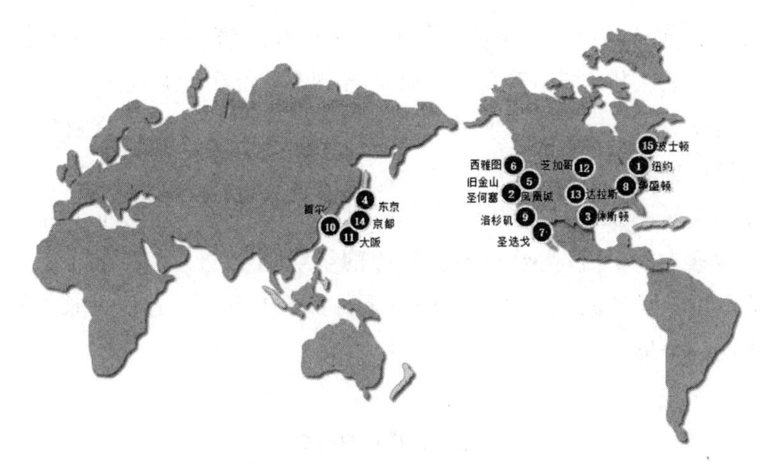

图 4-7　亚太城市经济富裕指数排名前 15 位的城市分布

如下面的表 4-3 所示，在排名前 15 位的城市中，美国占据了绝大部分，共有 11 席之多，超过一半。日本位列第二位，共有东京、大阪、京都等 3 个城市入选。另外，韩国的首尔排在第 10 位。

排名前 16 位到第 30 位的城市是：费城、深圳、丹佛、上海、凤凰城、巴尔的摩、墨尔本、亚特兰大、迈阿密、名古屋、惠灵顿、广岛、莫斯科、香港、新加坡。

排名第 31 位到第 45 位的城市是：多伦多、堪培拉、长沙、神户、渥太华、悉尼、拉斯维加斯、北京、底特律、奥克兰、温哥华、新竹、澳门、横滨、札幌。

排名第 46 位到第 60 位的城市是：福冈、布里斯班、台北、宁波、杭州、仁川、成都、大田、广州、高雄、天津、釜山、台中、大邱、墨西哥城。

排名第 61 位到第 85 位的城市是：基隆、台南、班加罗尔、大连、德里、孟买、武汉、青岛、南京、济南、沈阳、厦门、曼谷、重庆、西安、福州、哈尔滨、长春、郑州、呼和浩特、吉隆坡、合肥、南昌、石家庄、太原。

排名后 15 位的城市是：昆明、利马、圣彼得堡、兰州、银川、乌鲁木齐、贵阳、南宁、西宁、海口、符拉迪沃斯托克、雅加达、河内、马尼拉、加尔各答。

中国城市中，排名前 10 位的分别是：深圳、上海、香港、长沙、北京、新竹、澳门、台北、宁波、杭州。深圳在经济富裕城市中排名第1，在整个亚太地区排名第17位。上海排名第2，在整个亚太地区排名第19位。香港排名第3，在整个亚太地区排名第29位。深圳的企业创新能力在中国城市排名第1位，科技创新能力排名第2位，仅次于上海。香港的优势体现在居民收入水平很高，但是科技和企业创新能力不如深圳和上海。长沙进入前10位主要得益于较强的企业创新能力，在福布斯创新企业100强中，长沙的三一重工和中联重科都榜上有名。这也是长沙城市创新能力的一个缩影。

表4-3 **经济富裕指数排名**

城市	得分	排名	城市	得分	排名
纽约（New York）	0.830	1	仁川（Incheon）	0.111	51
圣何塞（San Jose）	0.800	2	成都（Chengdu）	0.110	52
休斯敦（Houston）	0.641	3	大田（Daejeon）	0.110	53
东京（Tokyo）	0.606	4	广州（Guangzhou）	0.109	54
旧金山（San Francisco）	0.554	5	高雄（Kaohsiung）	0.090	55
西雅图（Seattle）	0.534	6	天津（Tianjin）	0.089	56
圣迭戈（San Diego）	0.522	7	釜山（Busan）	0.089	57
华盛顿（Washington D. C.）	0.444	8	台中（Taichung）	0.087	58
洛杉矶（Los Angeles）	0.440	9	大邱（Daegu）	0.083	59
首尔（Seoul）	0.385	10	墨西哥城（Mexico City）	0.077	60
大阪（Osaka）	0.381	11	基隆（Keelung）	0.077	61
芝加哥（Chicago）	0.377	12	台南（Tainan）	0.075	62
达拉斯（Dallas）	0.367	13	班加罗尔（Bangalore）	0.074	63
京都（Kyoto）	0.347	14	大连（Dalian）	0.073	64
波士顿（Boston）	0.330	15	德里（Delhi）	0.072	65
费城（Philadelphia）	0.292	16	孟买（Mumbai）	0.072	66
深圳（Shenzhen）	0.283	17	武汉（Wuhan）	0.071	67
丹佛（Denver）	0.274	18	青岛（Qingdao）	0.068	68
上海（Shanghai）	0.269	19	南京（Nanjing）	0.064	69
凤凰城（Phoenix）	0.262	20	济南（Jinan）	0.064	70

续表

城市	得分	排名	城市	得分	排名
巴尔的摩（Baltimore）	0.254	21	沈阳（Shenyang）	0.055	71
墨尔本（Melbourne）	0.244	22	厦门（Xiamen）	0.051	72
亚特兰大（Atlanta）	0.241	23	曼谷（Bangkok）	0.051	73
迈阿密（Miami）	0.239	24	重庆（Chongqing）	0.046	74
名古屋（Nagoya）	0.236	25	西安（Xi′an）	0.041	75
惠灵顿（Wellington）	0.227	26	福州（Fuzhou）	0.041	76
广岛（Hiroshima）	0.218	27	哈尔滨（Harbin）	0.040	77
莫斯科（Moscow）	0.212	28	长春（Changchun）	0.040	78
香港（Hong Kong）	0.203	29	郑州（Zhengzhou）	0.039	79
新加坡（Singapore）	0.201	30	呼和浩特（Huhehot）	0.038	80
多伦多（Toronto）	0.194	31	吉隆坡（Kuala Lumpur）	0.038	81
堪培拉（Canberra）	0.194	32	合肥（Hefei）	0.034	82
长沙（Changsha）	0.194	33	南昌（Nanchang）	0.032	83
神户（Kobe）	0.189	34	石家庄（Shijiazhuang）	0.031	84
渥太华（Ottawa）	0.186	35	太原（Taiyuan）	0.030	85
悉尼（Sydney）	0.186	36	昆明（Kunming）	0.026	86
拉斯维加斯（Las Vegas）	0.185	37	利马（Lima）	0.023	87
北京（Beijing）	0.183	38	圣彼得堡（Saint Petersburg）	0.023	88
底特律（Detroit）	0.173	39	兰州（Lanzhou）	0.018	89
奥克兰（Auckland，NZ）	0.170	40	银川（Yinchuan）	0.018	90
温哥华（Vancouver）	0.168	41	乌鲁木齐（Urumqi）	0.017	91
新竹（Hsinchu）	0.168	42	贵阳（Guiyang）	0.017	92
澳门（Macau）	0.162	43	南宁（Nanning）	0.015	93
横滨（Yokohama）	0.161	44	西宁（Xining）	0.012	94
札幌（Sapporo）	0.151	45	海口（Haikou）	0.011	95
福冈（Fukuoka）	0.150	46	符拉迪沃斯托克（Vladivostok）	0.011	96
布里斯班（Brisbane）	0.141	47	雅加达（Jakarta）	0.010	97
台北（Taipei）	0.139	48	河内（Hanoi）	0.002	98

续表

城市	得分	排名	城市	得分	排名
宁波（Ningbo）	0.119	49	马尼拉（Manila）	0.001	99
杭州（Hangzhou）	0.117	50	加尔各答（Calcutta）	0.001	100

2. 核心指标分析

城市绿色发展需要富裕的物质基础，既要有富裕的成果，更要有创造富裕的手段，要利用知识和科技，通过创新形成促进城市经济高效、稳定增长的动力机制，摆脱经济对高排放、高资源消耗和环境破坏的依赖，实现创新驱动绿色增长。在城市经济富裕方面，我们用增长指数、创新指数和企业指数来考量。

第一，增长指数。增长指数排名前10位的城市是：圣何塞、旧金山、华盛顿、波士顿、洛杉矶、西雅图、纽约、休斯顿、费城和丹佛。

排名后10位的城市是：雅加达、贵阳、重庆、班加罗尔、郑州、德里、河内、加尔各答、马尼拉和孟买（图4-8）。亚太城市在增长指数方面的差距非常大。排名第一的圣何塞人均国内生产总值高达7.7万美元，而排名最后的孟买则人均不足1700美元，两者相差44倍之多。

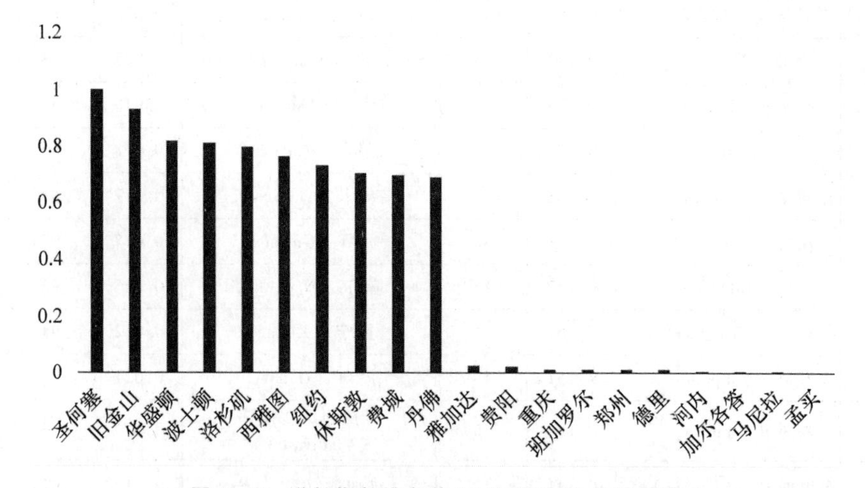

图4-8　增长指数排名前10位和后10位的城市

第二，创新指数。创新指数排名前10位的城市是：圣何塞、首尔、纽约、圣迭戈、上海、休斯顿、旧金山、洛杉矶、芝加哥、深圳。中国有2个城市位列其中，上海和深圳。美国的城市最多，共有7个入选，其中4个都是位于加州。排名后10位的城市是：马尼拉、雅加达、堪培拉、渥太华、基隆、符拉迪沃斯托克、澳门、多伦多、河内和加尔各答（图4-9）。

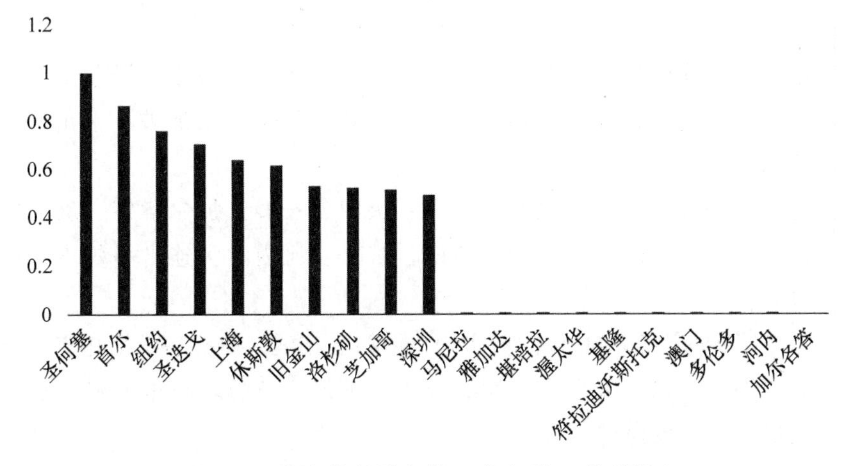

图4-9　创新指数排名前10位和后10位的城市

第三，企业指数。企业指数排名前15位的城市是：纽约、东京、休斯敦、圣何塞、西雅图、大阪、长沙、京都、圣迭戈、旧金山、深圳、华盛顿、墨尔本、新竹和孟买（图4-10）。

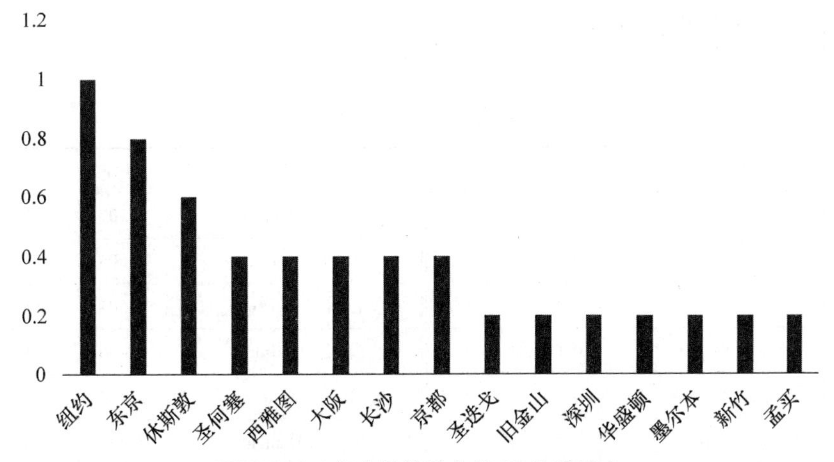

图4-10　企业指数排名前15位的城市

（五）社会包容指数排名与分析

1. 社会包容指数分项排名

如表4-4所示，在社会包容指数方面，排名前15位的亚太城市是：首尔、香港、武汉、北京、南京、南宁、兰州、合肥、海口、西安、重庆、西宁、贵阳、杭州和上海。

排名前16位到第30位的城市是：石家庄、昆明、成都、哈尔滨、乌鲁木齐、雅加达、郑州、南昌、太原、广州、孟买、新加坡、银川、福州、呼和浩特。

排名第31位到第45位的城市是：天津、长春、加尔各答、班加罗尔、沈阳、厦门、德里、长沙、济南、东京、河内、大连、墨尔本、利马、青岛。

排名第46位到第60位的城市是：澳门、宁波、符拉迪沃斯托克、吉隆坡、深圳、大田、大邱、仁川、釜山、悉尼、新竹、布里斯班、多伦多、马尼拉、圣彼得堡。

排名第61位到第85位的城市是：渥太华、札幌、名古屋、福冈、台南、惠灵顿、台北、底特律、京都、横滨、奥克兰、堪培拉、波士顿、广岛、芝加哥、亚特兰大、神户、费城、纽约、高雄、曼谷、休斯敦、大阪、温哥华、基隆。

排名后15位的城市是：圣迭戈、莫斯科、洛杉矶、西雅图、凤凰城、台中、巴尔的摩、迈阿密、拉斯维加斯、丹佛、达拉斯、华盛顿、旧金山、圣何塞、墨西哥城。

表4-4 社会包容指数排名

城市	得分	排名	城市	得分	排名
首尔（Seoul）	0.765	1	大田（Daejeon）	0.507	51
香港（Hong Kong）	0.743	2	大邱（Daegu）	0.505	52
武汉（Wuhan）	0.673	3	仁川（Incheon）	0.501	53
北京（Beijing）	0.631	4	釜山（Busan）	0.496	54
南京（Nanjing）	0.618	5	悉尼（Sydney）	0.484	55
南宁（Nanning）	0.607	6	新竹（Hsinchu）	0.483	56

续表

城市	得分	排名	城市	得分	排名
兰州（Lanzhou）	0.606	7	布里斯班（Brisbane）	0.478	57
合肥（Hefei）	0.606	8	多伦多（Toronto）	0.468	58
海口（Haikou）	0.605	9	马尼拉（Manila）	0.462	59
西安（Xi'an）	0.602	10	圣彼得堡（Saint Petersburg）	0.459	60
重庆（Chongqing）	0.601	11	渥太华（Ottawa）	0.458	61
西宁（Xining）	0.601	12	札幌（Sapporo）	0.457	62
贵阳（Guiyang）	0.598	13	名古屋（Nagoya）	0.452	63
杭州（Hangzhou）	0.597	14	福冈（Fukuoka）	0.448	64
上海（Shanghai）	0.595	15	台南（Tainan）	0.425	65
石家庄（Shijiazhuang）	0.594	16	惠灵顿（Wellington）	0.423	66
昆明（Kunming）	0.594	17	台北（Taipei）	0.420	67
成都（Chengdu）	0.594	18	底特律（Detroit）	0.419	68
哈尔滨（Harbin）	0.593	19	京都（Kyoto）	0.418	69
乌鲁木齐（Urumqi）	0.593	20	横滨（Yokohama）	0.417	70
雅加达（Jakarta）	0.591	21	奥克兰（Auckland，NZ）	0.415	71
郑州（Zhengzhou）	0.591	22	堪培拉（Canberra）	0.411	72
南昌（Nanchang）	0.590	23	波士顿（Boston）	0.409	73
太原（Taiyuan）	0.587	24	广岛（Hiroshima）	0.407	74
广州（Guangzhou）	0.585	25	芝加哥（Chicago）	0.406	75
孟买（Mumbai）	0.584	26	亚特兰大（Atlanta）	0.399	76
新加坡（Singapore）	0.583	27	神户（Kobe）	0.399	77
银川（Yinchuan）	0.579	28	费城（Philadelphia）	0.399	78
福州（Fuzhou）	0.578	29	纽约（New York）	0.390	79
呼和浩特（Huhehot）	0.578	30	高雄（Kaohsiung）	0.383	80
天津（Tianjin）	0.575	31	曼谷（Bangkok）	0.381	81
长春（Changchun）	0.575	32	休斯敦（Houston）	0.371	82
加尔各答（Calcutta）	0.574	33	大阪（Osaka）	0.370	83
班加罗尔（Bangalore）	0.573	34	温哥华（Vancouver）	0.368	84
沈阳（Shenyang）	0.572	35	基隆（Keelung）	0.364	85

续表

城市	得分	排名	城市	得分	排名
厦门（Xiamen）	0.570	36	圣迭戈（San Diego）	0.360	86
德里（Delhi）	0.568	37	莫斯科（Moscow）	0.358	87
长沙（Changsha）	0.567	38	洛杉矶（Los Angeles）	0.357	88
济南（Jinan）	0.566	39	西雅图（Seattle）	0.345	89
东京（Tokyo）	0.550	40	凤凰城（Phoenix）	0.334	90
河内（Hanoi）	0.548	41	台中（Taichung）	0.330	91
大连（Dalian）	0.543	42	巴尔的摩（Baltimore）	0.320	92
墨尔本（Melbourne）	0.542	43	迈阿密（Miami）	0.313	93
利马（Lima）	0.536	44	拉斯维加斯（Las Vegas）	0.303	94
青岛（Qingdao）	0.531	45	丹佛（Denver）	0.302	95
澳门（Macau）	0.527	46	达拉斯（Dallas）	0.297	96
宁波（Ningbo）	0.524	47	华盛顿（Washington D. C）	0.276	97
符拉迪沃斯托克（Vladivostok）	0.522	48	旧金山（San Francisco）	0.275	98
吉隆坡（Kuala Lumpur）	0.520	49	圣何塞（San Jose）	0.245	99
深圳（Shenzhen）	0.511	50	墨西哥城（Mexico City）	0.214	100

2. 核心指标分析

城市发展是包容性发展。城市应具有较高的社会接受度，为不同民族、不同文化、不同信仰的人们提供和谐共处的空间。在社会包容分项指数方面，我们采用了安全指数、生活指数和教育指数等3个核心指标。

第一，反映城市安全状况，生活成本和教育发展水平。安全指数方面，排名前10位的城市是：澳门、京都、横滨、大阪、新加坡、札幌、广岛、名古屋、东京和奥克兰（新）。日本占据了前10位的绝大部分，共有7个城市。

排名后10位的城市是：圣彼得堡、新竹、台南、基隆、台北、高雄、台中、莫斯科、曼谷和墨西哥城（图4－11）。

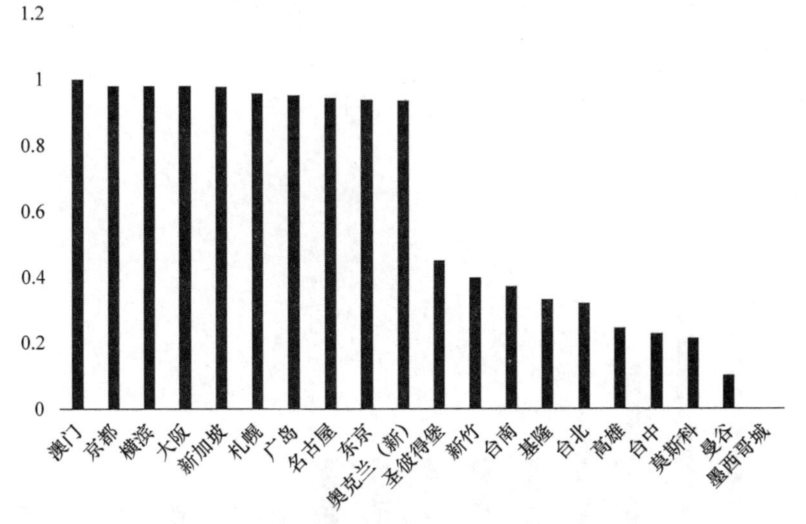

图 4－11　安全指数排名前 10 位和后 10 位的城市

第二，生活指数。生活指数方面，排名前 10 位的城市是：加尔各答、德里、班加罗尔、孟买、符拉迪沃斯托克、圣彼得堡、南宁、兰州、西安和重庆。排名后 10 位的城市是：洛杉矶、芝加哥、墨尔本、巴尔的摩、华盛顿、京都、大阪、悉尼、纽约和东京（图 4－12），这些城市生活成本普遍较高。

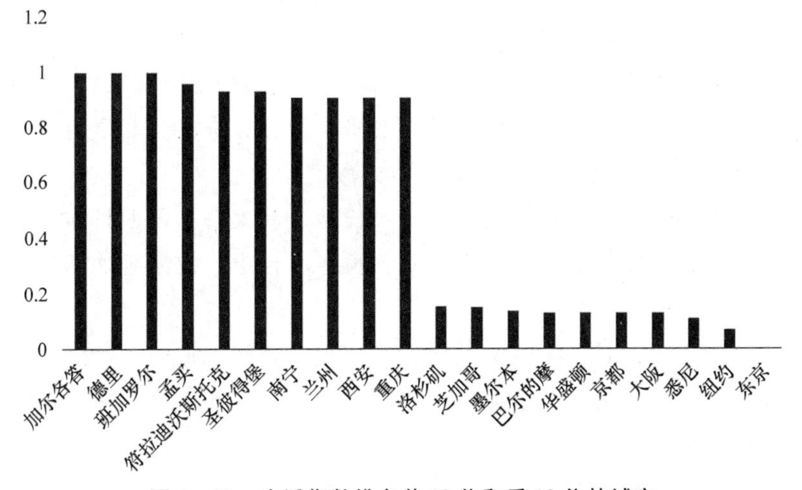

图 4－12　生活指数排名前 10 位和后 10 位的城市

第三，教育指数。教育指数方面，排名前15位的城市是：首尔、香港、东京、墨尔本、悉尼、纽约、芝加哥、波士顿、北京、布里斯班、新加坡、台北、新竹、渥太华、多伦多（图4－13）。

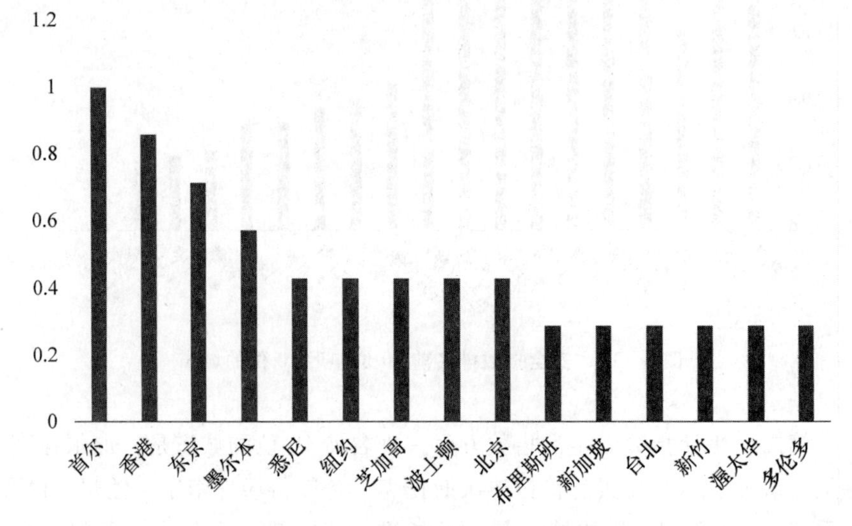

图4－13 教育指数排名前15位的城市

（六）多元善治指数排名与分析

1. 多元善治指数排名

如下面的表4－5所示，在多元善治方面，排名前15位的城市是：悉尼、华盛顿、东京、首尔、莫斯科、上海、曼谷、香港、北京、新加坡、利马、雅加达、吉隆坡、惠灵顿和马尼拉。

排名前16位到第30位的城市是：长沙、渥太华、墨西哥城、成都、纽约、德里、西安、旧金山、洛杉矶、长春、台中、拉斯维加斯、河内、凤凰城、迈阿密。

排名第31位到第45位的城市是：深圳、孟买、厦门、武汉、台北、芝加哥、墨尔本、大阪、费城、南京、广州、圣何塞、符拉迪沃斯托克、台南、休斯敦。

排名第46位到第60位的城市是：西雅图、青岛、丹佛、达拉斯、多伦多、高雄、温哥华、加尔各答、京都、名古屋、圣迭戈、横滨、亚特兰大、巴尔的摩、班加罗尔。

排名第61位到第85位的城市是：福冈、札幌、太原、波士顿、奥克兰、布里斯班、底特律、重庆、新竹、宁波、广岛、釜山、基隆、神户、圣彼得堡、杭州、大邱、乌鲁木齐、堪培拉、天津、福州、大田、南昌、昆明、合肥。

排名后15位的城市是：大连、海口、仁川、南宁、济南、兰州、澳门、郑州、沈阳、石家庄、呼和浩特、西宁、哈尔滨、银川、贵阳。

在多元善治方面，排名靠前的城市主要是国家首都，这些政治中心城市在城市治理方面拥有特别的优势。排名靠后的中国城市居多，其中一个重要指标是NGO发展和电子政务比较落后。随着中国逐步鼓励民间社团的发展，这一指标有望得到改善。电子政务的发展同样值得期待。中国政府对互联网发展极为重视，信息技术正飞速发展，这最终必将推动城市电子治理水平的提升。

表4－5　**多元善治指数排名**

城市	得分	排名	城市	得分	排名
悉尼（Sydney）	0.784	1	高雄（Kaohsiung）	0.316	51
华盛顿（Washington D.C）	0.781	2	温哥华（Vancouver）	0.314	52
东京（Tokyo）	0.777	3	加尔各答（Calcutta）	0.306	53
首尔（Seoul）	0.763	4	京都（Kyoto）	0.304	54
莫斯科（Moscow）	0.745	5	名古屋（Nagoya）	0.295	55
上海（Shanghai）	0.745	6	圣迭戈（San Diego）	0.294	56
曼谷（Bangkok）	0.711	7	横滨（Yokohama）	0.290	57
香港（Hong Kong）	0.702	8	亚特兰大（Atlanta）	0.272	58
北京（Beijing）	0.699	9	巴尔的摩（Baltimore）	0.269	59
新加坡（Singapore）	0.663	10	班加罗尔（Bangalore）	0.269	60
利马（Lima）	0.652	11	福冈（Fukuoka）	0.266	61
雅加达（Jakarta）	0.591	12	札幌（Sapporo）	0.265	62
吉隆坡（Kuala Lumpur）	0.591	13	太原（Taiyuan）	0.262	63
惠灵顿（Wellington）	0.585	14	波士顿（Boston）	0.258	64

续表

城市	得分	排名	城市	得分	排名
马尼拉（Manila）	0.585	15	奥克兰（Auckland，NZ）	0.249	65
长沙（Changsha）	0.582	16	布里斯班（Brisbane）	0.247	66
渥太华（Ottawa）	0.581	17	底特律（Detroit）	0.242	67
墨西哥城（Mexico City）	0.577	18	重庆（Chongqing）	0.236	68
成都（Chengdu）	0.556	19	新竹（Hsinchu）	0.230	69
纽约（New York）	0.549	20	宁波（Ningbo）	0.224	70
德里（Delhi）	0.526	21	广岛（Hiroshima）	0.223	71
西安（Xi′an）	0.494	22	釜山（Busan）	0.221	72
旧金山（San Francisco）	0.488	23	基隆（Keelung）	0.217	73
洛杉矶（Los Angeles）	0.485	24	神户（Kobe）	0.213	74
长春（Changchun）	0.475	25	圣彼得堡（Saint Petersburg）	0.211	75
台中（Taichung）	0.467	26	杭州（Hangzhou）	0.206	76
拉斯维加斯（Las Vegas）	0.452	27	大邱（Daegu）	0.200	77
河内（Hanoi）	0.449	28	乌鲁木齐（Urumqi）	0.199	78
凤凰城（Phoenix）	0.433	29	堪培拉（Canberra）	0.198	79
迈阿密（Miami）	0.419	30	天津（Tianjin）	0.196	80
深圳（Shenzhen）	0.417	31	福州（Fuzhou）	0.189	81
孟买（Mumbai）	0.416	32	大田（Daejeon）	0.187	82
厦门（Xiamen）	0.415	33	南昌（Nanchang）	0.175	83
武汉（Wuhan）	0.413	34	昆明（Kunming）	0.172	84
台北（Taipei）	0.387	35	合肥（Hefei）	0.158	85
芝加哥（Chicago）	0.387	36	大连（Dalian）	0.154	86
墨尔本（Melbourne）	0.370	37	海口（Haikou）	0.150	87
大阪（Osaka）	0.357	38	仁川（Incheon）	0.147	88
费城（Philadelphia）	0.357	39	南宁（Nanning）	0.131	89

续表

城市	得分	排名	城市	得分	排名
南京（Nanjing）	0.354	40	济南（Jinan）	0.106	90
广州（Guangzhou）	0.348	41	兰州（Lanzhou）	0.092	91
圣何塞（San Jose）	0.348	42	澳门（Macau）	0.075	92
符拉迪沃斯托克（Vladivostok）	0.346	43	郑州（Zhengzhou）	0.070	93
台南（Tainan）	0.346	44	沈阳（Shenyang）	0.055	94
休斯敦（Houston）	0.336	45	石家庄（Shijiazhuang）	0.053	95
西雅图（Seattle）	0.334	46	呼和浩特（Huhehot）	0.043	96
青岛（Qingdao）	0.328	47	西宁（Xining）	0.029	97
丹佛（Denver）	0.327	48	哈尔滨（Harbin）	0.027	98
达拉斯（Dallas）	0.325	49	银川（Yinchuan）	0.010	99
多伦多（Toronto）	0.319	50	贵阳（Guiyang）	0.010	100

2. 核心指标分析

善治就是指良好的治理，是理想的城市治理方式。城市绿色发展的善治性主要是指为了实现绿色发展目标，需要完善多元治理机制，增加不同利益主体的共识和认同感。我们主要通过e政指数、品牌指数和NGO指数等3个指标来评估城市多元善治情况。我们这里重点分析一下品牌指数。

品牌指数和城市品牌对于城市绿色发展非常重要。城市品牌是城市在过去很长一段时间内在各个利益关联者心目中的形象的累积，是城市环境、经济和社会等因素在受众认知中的“镜像”。

城市品牌排名前15位的城市是：纽约、洛杉矶、香港、新加坡、旧金山、拉斯维加斯、悉尼、东京、首尔、深圳、厦门、上海、曼谷、北京和华盛顿（图4-14）。其中中国有5个城市入选，香港排名第3位，深圳排名第10位，厦门排名第11位，上海排名第12位，北京排名第14位。

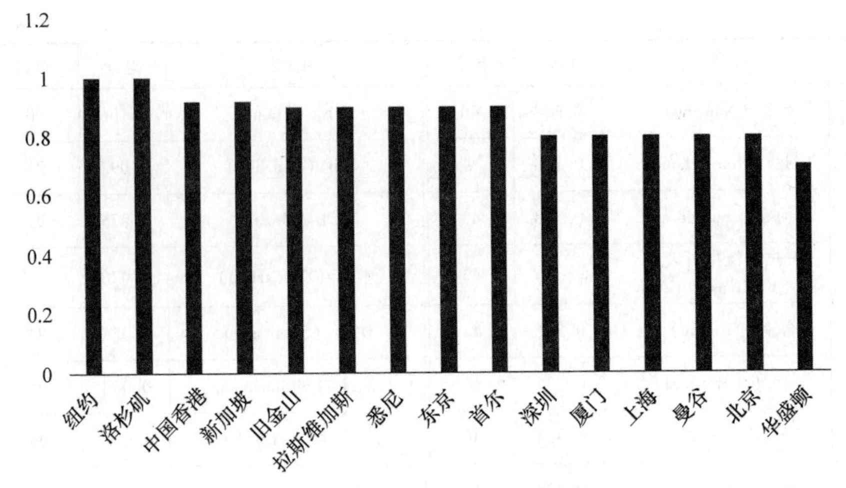

图 4－14 品牌指数排名前 15 位的城市

（七）国家繁荣指数排名与分析

1. 国家繁荣指数分项排名

城市与国家密不可分，需要相互促进、共同发展。国家繁荣整体上采用的是国家层面的数据，因此在具体城市排名上，基本上同一个国家和地区的城市在该项指数方面得分是一致的。①

如表 4－6 所示，在国家和地区繁荣指数方面，国家和地区排名依次为：中国澳门、中国香港、新加坡、新西兰、日本、韩国、加拿大、中国台湾、澳大利亚、美国、马来西亚、越南、俄罗斯、墨西哥、泰国、秘鲁、菲律宾、中国、印度和印度尼西亚。

表 4－6 国家繁荣指数排名

城市	得分	排名	城市	得分	排名
澳门（Macau）	0.915	1	丹佛（Denver）	0.602	51
香港（Hong Kong）	0.908	2	吉隆坡（Kuala Lumpur）	0.601	52

① 中国港澳台地区的部分数据采用和中国大陆地区不同的数据，以更真实地反映当地发展水平。

续表

城市	得分	排名	城市	得分	排名
新加坡（Singapore）	0.826	3	河内（Hanoi）	0.540	53
惠灵顿（Wellington）	0.789	4	莫斯科（Moscow）	0.510	54
奥克兰（Auckland，NZ）	0.789	5	圣彼得堡（Saint Petersburg）	0.510	55
名古屋（Nagoya）	0.775	6	符拉迪沃斯托克（Vladivostok）	0.510	56
横滨（Yokohama）	0.775	7	墨西哥城（Mexico City）	0.500	57
广岛（Hiroshima）	0.775	8	曼谷（Bangkok）	0.444	58
京都（Kyoto）	0.775	9	利马（Lima）	0.436	59
东京（Tokyo）	0.775	10	马尼拉（Manila）	0.415	60
大阪（Osaka）	0.775	11	广州（Guangzhou）	0.411	61
福冈（Fukuoka）	0.775	12	银川（Yinchuan）	0.411	62
神户（Kobe）	0.775	13	深圳（Shenzhen）	0.411	63
札幌（Sapporo）	0.775	14	呼和浩特（Huhehot）	0.411	64
釜山（Busan）	0.717	15	大连（Dalian）	0.411	65
大田（Daejeon）	0.717	16	昆明（Kunming）	0.411	66
大邱（Daegu）	0.717	17	济南（Jinan）	0.411	67
首尔（Seoul）	0.717	18	天津（Tianjin）	0.411	68
仁川（Incheon）	0.717	19	南昌（Nanchang）	0.411	69
渥太华（Ottawa）	0.698	20	石家庄（Shijiazhuang）	0.411	70
多伦多（Toronto）	0.698	21	海口（Haikou）	0.411	71
温哥华（Vancouver）	0.698	22	厦门（Xiamen）	0.411	72
台中（Taichung）	0.689	23	合肥（Hefei）	0.411	73
台南（Tainan）	0.689	24	上海（Shanghai）	0.411	74
新竹（Hsinchu）	0.689	25	南京（Nanjing）	0.411	75
高雄（Kaohsiung）	0.689	26	太原（Taiyuan）	0.411	76
基隆（Keelung）	0.689	27	沈阳（Shenyang）	0.411	77
台北（Taipei）	0.689	28	宁波（Ningbo）	0.411	78

续表

城市	得分	排名	城市	得分	排名
墨尔本（Melbourne）	0.685	29	杭州（Hangzhou）	0.411	79
布里斯班（Brisbane）	0.685	30	武汉（Wuhan）	0.411	80
堪培拉（Canberra）	0.685	31	成都（Chengdu）	0.411	81
悉尼（Sydney）	0.685	32	郑州（Zhengzhou）	0.411	82
华盛顿（Washington D. C.）	0.602	33	青岛（Qingdao）	0.411	83
达拉斯（Dallas）	0.602	34	福州（Fuzhou）	0.411	84
休斯敦（Houston）	0.602	35	北京（Beijing）	0.411	85
亚特兰大（Atlanta）	0.602	36	重庆（Chongqing）	0.411	86
迈阿密（Miami）	0.602	37	南宁（Nanning）	0.411	87
圣何塞（San Jose）	0.602	38	西安（Xi'an）	0.411	88
底特律（Detroit）	0.602	39	长沙（Changsha）	0.411	89
圣迭戈（San Diego）	0.602	40	长春（Changchun）	0.411	90
凤凰城（Phoenix）	0.602	41	西宁（Xining）	0.411	91
费城（Philadelphia）	0.602	42	贵阳（Guiyang）	0.411	92
西雅图（Seattle）	0.602	43	哈尔滨（Harbin）	0.411	93
拉斯维加斯（Las Vegas）	0.602	44	兰州（Lanzhou）	0.411	94
纽约（New York）	0.602	45	乌鲁木齐（Urumqi）	0.411	95
波士顿（Boston）	0.602	46	班加罗尔（Bangalore）	0.338	96
洛杉矶（Los Angeles）	0.602	47	加尔各答（Calcutta）	0.338	97
芝加哥（Chicago）	0.602	48	德里（Delhi）	0.338	98
旧金山（San Francisco）	0.602	49	孟买（Mumbai）	0.338	99
巴尔的摩（Baltimore）	0.602	50	雅加达（Jakarta）	0.327	100

2. 核心指标分析

我们使用收入指数、信息指数、卫生指数、能耗指数、排放指数和净水指数等6个指标来衡量国家繁荣情况。我们重点分析一下排放指数和净水指数。

第一，排放指数。从亚太地区国家和地区人均二氧化碳排放量来看，排名从高向低依次是：美国、澳大利亚、加拿大、俄罗斯、韩国、中国台湾、日本、马来西亚、新西兰、中国大陆、中国香港、泰国、墨西哥、新加坡、秘鲁、中国澳门、印度尼西亚、越南、印度和菲律宾（图4－15）。

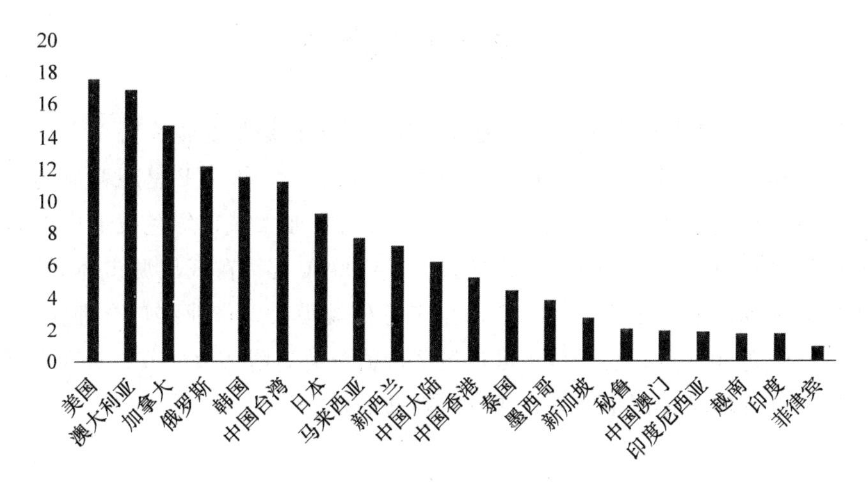

图 4－15　2010 年人均二氧化碳排放量国家和地区排名

第二，净水指数。从亚太地区国家和地区城市改善水源比例来看，排名从高向低依次是：美国、澳大利亚、加拿大、韩国、中国台湾、日本、新西兰、中国香港、新加坡、中国澳门、马来西亚、越南、泰国、墨西哥、秘鲁、菲律宾、俄罗斯、中国大陆、印度尼西亚和印度（图 4－16）。

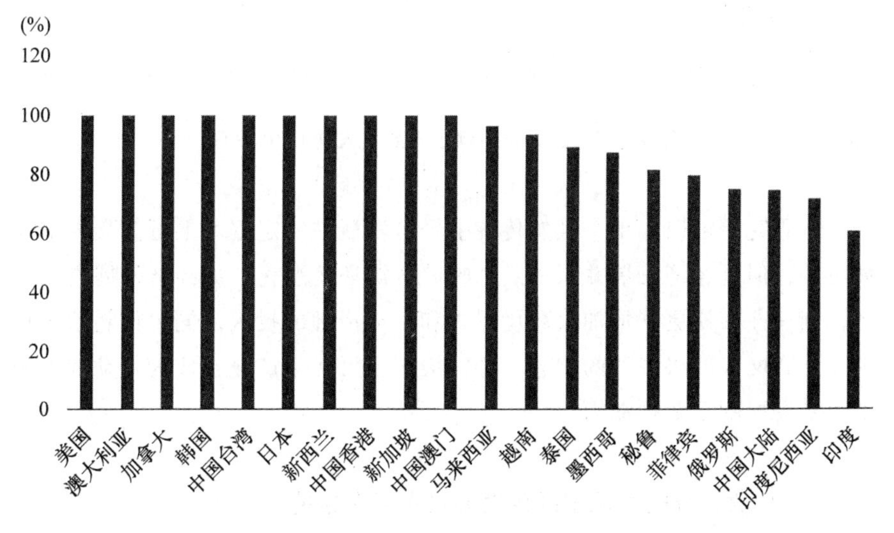

图 4－16　城市改善水源比例方面国家和地区排名

二　主要研究发现

（一）经济发展水平在一定程度上决定了城市绿色发展状况

根据我们的研究，亚太城市绿色发展指数与人均 GDP 呈现明显的相关关系，相关系数为 0.68（图 4－17）。目前在亚太城市绿色发展中排名前 15 位的城市，人均 GDP 全部超过了 14000 美元，在区域城市体系中，保持着强劲的增长态势，经济活动生产总值规模大，产业结构合理完善，新兴产业蓬勃发展，总体位于区域经济价值链的高附加值环节，对区域经济发展和区域城市网络体系升级具有强劲的带动作用。

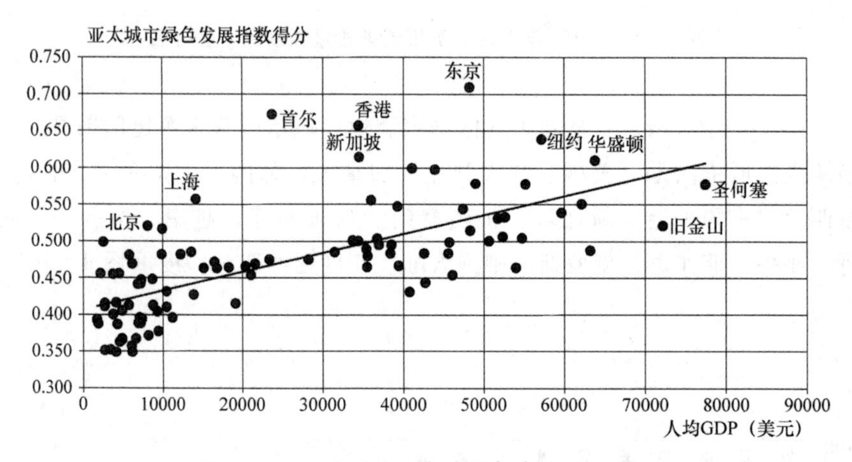

图 4－17　亚太城市绿色发展与人均 GDP 关系

从研究上可以看出，虽然传统上经济发展在一定程度上可能会带来环境污染，但是经济发展并不一定意味着资源环境恶化。如经济发展方式适宜，则往往容易更好地加大环境保护和环境治理的投入，同时伴随信息技术、互联网等新兴产业的崛起，轻污染甚至无污染产业正成为带动亚太城市经济发展的重要推动力。

（二）收入分配与城市绿色发展水平紧密相关

我们对纳入样本的所有城市，按照国家进行了绿色发展指数平均，并研究了与人均国民总收入的关系。经过研究发现，两者存在明显的相关性，相关系数达到0.60。我们又将不平等调整后收入指数与亚太城市绿色发展指数进行了比照研究，发现两者呈现更明显的相关关系，相关系数为0.72（见图4-18）。

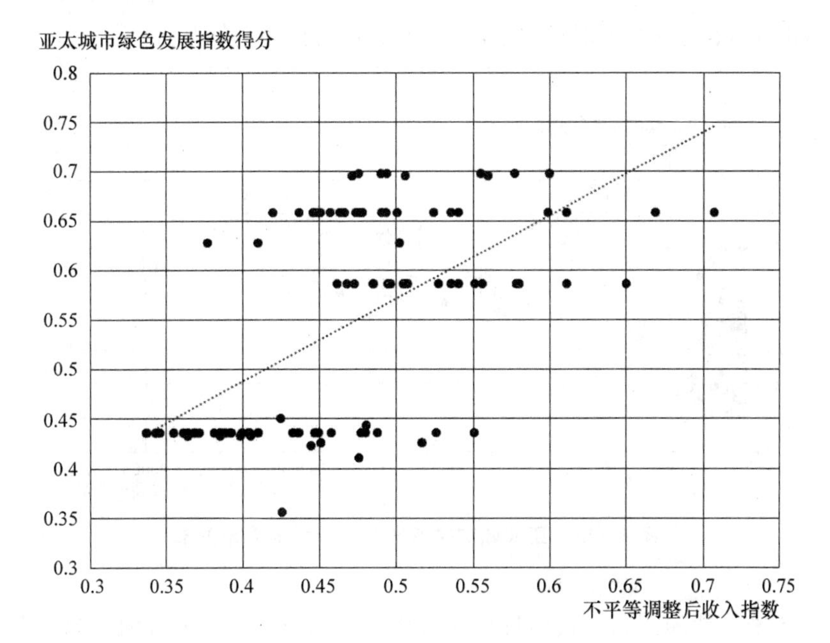

图4-18 亚太城市绿色发展与不平等调整后收入指数关系

居民收入和绿色发展高度相关。同时随着居民收入水平的提高，城市居民日益重视健康和生活品质问题，更加关注环境和环境保护，环保意识开始觉醒，从北京等城市居民应对雾霾的态度和行动中可以得到体现。而在经济欠发达地区，人们虽然也关注环境问题，但是在面临就业与环境两难选择时，往往不得不选择前者。长期来看，促进城市绿色发展，需要不断提升居民收入水平，并不断缩小收入分配差距，培育更多具有较高收入、有责任意识的市民群体，促进共享，实现共治，共同为城市绿色发展贡献力量。

（三）创新能力是影响城市绿色发展的关键因素

创新对于城市经济和社会发展的重要性，已经有大量的学术专著进行过论证，也已经被世界上诸多国家或城市管理者所认识。我们使用专利作为衡量亚太城市创新水平的一个重要指标，并发现亚太城市绿色发展与创新具有明显的相关性，达到了0.55（图4－19）。绿色发展水平高的城市创新能力也相对较强。它们通常是一个区域和国家的创新中心，往往能够通过不断创新，保持和拓展优势领域，通过自身创新能力的释放在城市内部产生规模经济效益，发挥知识生产、加工与传播、创新功能，在城市外部产生辐射效应，引领城市经济社会发展的时代潮流，保持城市的可持续竞争力。

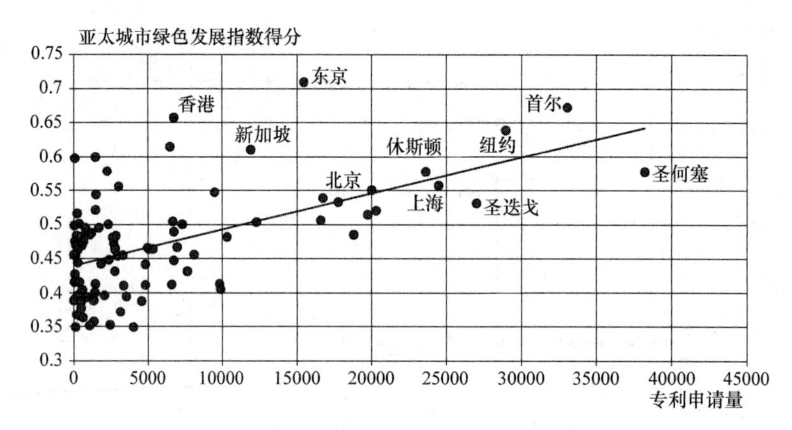

图4－19　亚太城市绿色发展与专利申请量关系

未来，伴随着新一代信息技术的普及，在城市中，富有创意的个人网络有可能相互连接而获得创新协同效应，大多数后工业时代的创新和创新环境可能出现在城市。① 创新将对于改造、升级传统制造业，提高劳动生产率，减少对环境的影响等方面有明显作用。创新将带来的新型能源技术和绿色建筑技术为城市减少污染和排放起到积极效果。创新将引发信息化水平提高，帮助城市管理者提高城市治理水平，缓解和改善"城市病"。城市绿色发展需要高度重视创新的价值，鼓励以技术创新为核心，包括产品创新、业态创新、模式创新、制度创新等的全面创新，通过创新提升绿色发展能力，共享绿色发展成果。

（四）高端服务业是城市绿色发展的必然选择

通过研究，我们发现，在亚太城市绿色发展指数中排名前30位的城

---

① Fathy, Tarik, *Telecity: Information Technologyand its Impact on City Form*, New York: Praeger Publishers, 1991, 81－101.

市中，几乎全都是由服务业占主导的城市，而且一些城市服务业占比超过80%（表4－7）。而且，这些城市的服务业主要以金融、信息、科技研发等高端服务业为主，很多城市，如东京、纽约、新加坡、悉尼都是地区乃至全球金融业中心，另外一些城市，如圣何塞、旧金山都是全球有影响力的研发服务中心。

表4－7 **亚太地区主要城市服务业占城市GDP份额**

城市	建筑业占城市GDP份额（%）	制造业占城市GDP份额（%）	服务业占城市GDP份额（%）
东京	4.66	8.67	84.9
纽约	3.15	5.4	91.2
新加坡	4.3	19.0	65.4
北京	4.42	19.6	75.1

注：（1）东京数据年份为2009年，根据《东京都统计年鉴2009》计算；（2）纽约数据年份为2009年，根据U. S. Bureau of Economic Analysis，*Gross Domestic Product by State*，2011年数据计算；（3）新加坡数据年份为2011年，根据新加坡统计局网站数据计算；（4）北京数据年份为2010年，根据《北京统计年鉴2011》计算 。

因此，城市绿色发展应高度重视服务经济发展，注重不断推动产业结构转型升级，助力服务业特别是高端服务业的成长，通过构建发达的生产性服务业和生活性服务业体系，促进产业融合、产城融合，实现城市产业结构合理化和高端化演变，将城市发展建立在稳定的高端产业体系基础之上。

（五）“治理鸿沟”是造成城市绿色发展水平差距的重要原因

通过研究，我们发现，绿色发展水平落后的城市与绿色发展水平领先城市之间存在较大差距。绿色发展水平落后的城市往往各项指标均表现不佳。而从各分项指标得分差距比较来看，多元善治指标的差距为0.784，紧随经济富裕指标之后，成为影响城市绿色发展的重要原因（表4－8）。

表4－8 **亚太城市绿色发展指数各分项指标得分差距比较**

	绿色发展总指数差距	经济富裕指数差距	社会包容指数差距	多元善治指数差距	国家繁荣指数差距
各分项指数得分最高与最低城市	0.541	0.829	0.552	0.784	0.588

"治理鸿沟"的存在直接影响到城市绿色发展水平。对于绿色发展水平相对落后的城市而言，要实现长期、稳定、持续、绿色的进步，不仅需要进一步推动经济上生产与消费的绿色化，更要注重绿色发展治理体系构建，通过不断提升城市治理能力、社会组织和公众参与水平，改善城市绿色发展环境，提升城市绿色发展能力，弥补与领先城市之间的差距。

（六）城市群对城市绿色发展的作用不容忽视

研究表明，城市绿色发展水平与其所在的城市群息息相关。例如，与美国的"波士华"城市群（波士顿、纽约、华盛顿等）、太平洋沿岸城市群（旧金山、洛杉矶、圣迭戈等）等城市群相比，中国京津冀、长三角、珠三角城市群的绿色发展水平仍然落后较多。在亚太城市绿色发展指数总体排名中，位居前15位的城市中有5个属于"波士华"城市群和太平洋沿岸城市群。而中国则没有出现相类似的情况，城市绿色发展仍然没有"集群化"，城市群内部城市绿色发展水平也不均衡，以长三角城市群为例，上海城市绿色发展指数在亚太地区排名第15位，而南京则排在第66位，绿色发展仍没有形成整体协同效应（图4－20）。

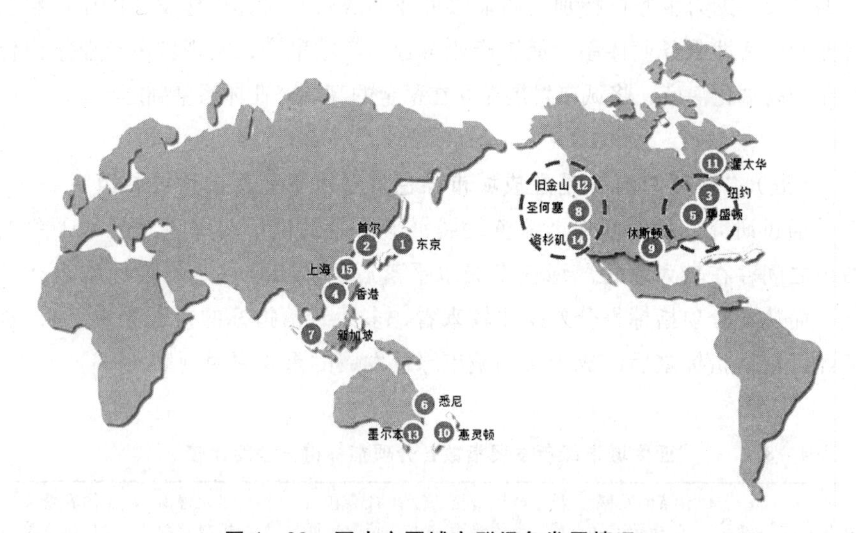

图4－20　亚太主要城市群绿色发展情况

从单一城市向都市圈、城市群转变是城市发展的必然规律。可以推断，未来城市绿色发展不再是单个城市的绿色发展，而是大都市区或城市群的绿色发展，是由不同规模、不同等级城市在特定空间范围内构成的布局合理、联系紧密、分工明确的城市体系的绿色发展。因此，城市绿色发展应高度重视城市群的作用，在更广阔的空间上整体统筹资源配置，优化城市群布局和基础设施，改善城市群公共服务，形成整体演进、分工合理、联动协作的城市绿色发展网络。

（七）绿色发展需要城市与国家共进退

研究发现，亚太城市绿色发展指数排名靠前的城市，在国家繁荣分项指数方面也排在前列（图 4－21）。这表明国家绿色发展水平与城市绿色发展水平存在密切的关系。对于城市绿色发展而言，城市绿色发展不是孤立的，城市绿色发展不能脱离所在地区和国家，其所处国家绿色发展的影响举足轻重，是城市绿色发展的重要基础。

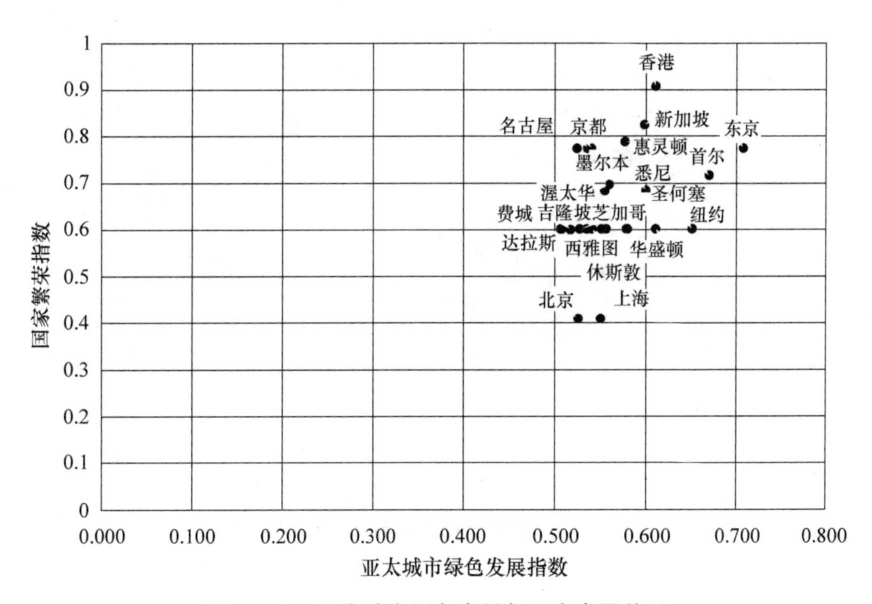

图 4－21　亚太城市绿色发展与国家发展关系

在全球化不断推进的背景下，随着现代经济、社会与科学技术的发展，城市和国家共同构成了统一、开放的巨型系统，城市与国家发展的整体水平越高，它们之间的相互作用就越强，城市与国家都将受益。实现城市绿色发展，也需要与国家绿色发展进程紧密结合，构建协调的城市—国家关系，依托国家实现绿色发展，服务国家绿色发展，在绿色发展浪潮中实现共同进退。

（八）“一带一路”城市绿色发展面临基础设施压力

通过对亚太城市绿色发展指数的整体分析，我们发现排名靠前的城市基础设施都非常完善。不论是卫生基础设施，还是新型的互联网基础设施，都远远好于排名靠后的城市。基础设施条件不仅影响着单个城市绿色发展的水平，也是重大区域合作战略中需要考虑的重要因素。重点考察海上丝绸之路沿线的重点城市——福州、厦门、河内、曼谷、马尼拉、雅加达、吉隆坡、新加坡、加尔各答、孟买等的绿色发展指数排名，可以发现，除了新加坡（第 7 位）和吉隆坡（第 23 位）外，其他海上丝绸之路沿线城市在亚太城市绿色发展指数排名中都处于中下游位置（图 4 - 22）。

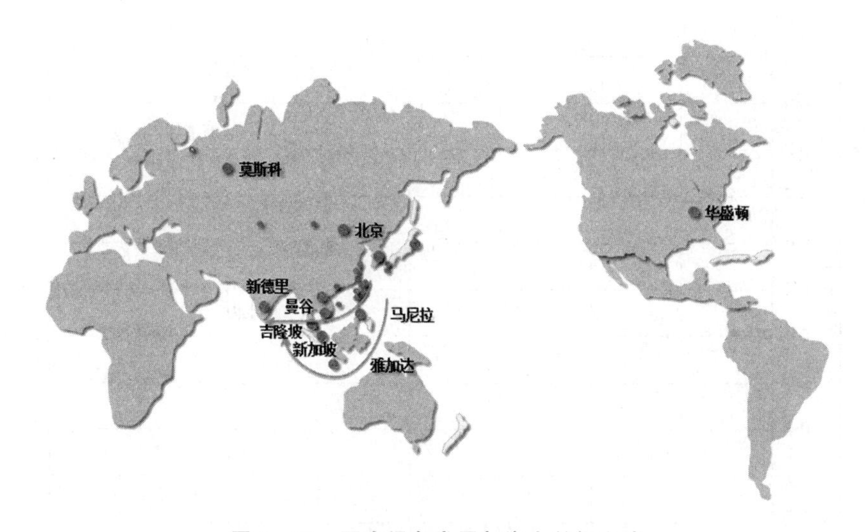

图 4 - 22　亚太绿色发展与海上丝绸之路

可以看出，“一带一路”城市绿色发展面临的基础设施压力，是制约沿线城市整体绿色发展的“短板”。因此，在推动“一带一路”城市绿色发展过程中，特别需要加大城市基础设施投入，特别需要加强沿线各城市在供水、能源、信息基础设施等领域的合作，共同努力改善落后城市的基础设施条件，促进“一带一路”沿线城市的健康发展。

（九）新兴市场国家城市绿色发展非均衡特征明显

新兴市场国家城市绿色发展非均衡特征主要表现为总体非均衡和内部非均衡两个方面。就总体而言，新兴市场国家城市绿色发展水平同发达国家相比，呈现明显非均衡性。例如，从亚太城市绿色发展指数综合排名情况来看，印度4个城市绿色发展指数内部排名依次是：班加罗尔、德里、加尔各答和孟买。其中，印度所有4个城市绿色发展指数得分均低于亚太城市总体平均分，班加罗尔绿色发展指数排在亚太城市总体第74位，德里绿色发展指数排在第79位，加尔各答绿色发展指数排在第86位，孟买绿色发展指数排在第93位。就新兴市场国家内部而言，城市绿色发展的非均衡特征也非常显著。例如，从亚太城市绿色发展指数综合排名情况来看，俄罗斯3个城市绿色发展指数内部排名依次是：莫斯科、符拉迪沃斯托克、圣彼得堡。其中，只有莫斯科的城市绿色发展指数得分高于亚太城市总体平均分，排在亚太城市总体的第28位，而圣彼得堡绿色发展指数排在第88位（表4－9）。

表4－9　**印度和俄罗斯主要城市亚太绿色发展综合指数排名**

国家	城市	亚太城市平均得分	亚太城市总体排名
印度	班加罗尔（Bangalore）	0.466	74
	德里（Dehli）	0.466	79
	加尔各答（Calcutta）	0.466	86
	孟买（Mumbai）	0.466	93
俄罗斯	莫斯科（Moscow）	0.466	28
	符拉迪沃斯托克（Vladivostok）	0.466	71
	圣彼得堡（Saint Petersburg）	0.466	88

城市绿色发展的均衡性是新兴市场国家亟须解决的问题。未来，新兴市场国家应更多关注城市的绿色发展，通过发挥城市绿色发展增长极的作

用，提升城市乃至国家整体绿色发展能力，以缩小同发达国家的差距。同时高度重视国家内部城市绿色发展水平不平衡问题，支持绿色发展领先城市保持竞争优势，鼓励绿色发展落后城市发挥后发优势，并通过城际协调机制，促进城市整体绿色发展。

（十）中美城市绿色发展差距仍然较大

从亚太城市绿色发展指数综合排名情况来看，中国城市绿色发展水平与美国城市相比，仍然存在较大差距。中国城市绿色发展指数得分高于亚太城市总体平均分的城市有9个，分别是：香港、上海、北京、长沙、深圳、成都、台北、台中、新竹，分别在亚太所有城市中排名第4、15、21、36、40、43、45、47和51位。美国则有18个城市的城市绿色发展指数得分高于亚太城市总体平均分，依次是：纽约、华盛顿、圣何塞、休斯敦、旧金山、洛杉矶、西雅图、圣迭戈、芝加哥、费城、达拉斯、凤凰城、迈阿密、波士顿、亚特兰大、拉斯维加斯、丹佛、底特律（表4－10）。

表4－10　**中美城市绿色发展指数排名比较**

中国城市	国内排名	亚太城市总体排名	美国城市	国内排名	亚太城市总体排名
香港（Hong Kong）	1	4	纽约（New York）	1	3
上海（Shanghai）	2	15	华盛顿（Washington D. C.）	2	5
北京（Beijing）	3	21	圣何塞（San Jose）	3	8
长沙（Changsha）	4	36	休斯敦（Houston）	4	9
深圳（Shenzhen）	5	40	旧金山（San Francisco）	5	12
成都（Chengdu）	6	43	洛杉矶（Los Angeles）	6	14
台北（Taipei）	7	45	西雅图（Seattle）	7	16
台中（Taichung）	8	47	圣迭戈（San Diego）	8	19
新竹（Hsinchu）	9	51	芝加哥（Chicago）	9	20
台南（Tainan）	10	52	费城（Philadelphia）	10	24

作为世界上最大的发展中国家和最大的发达国家，中美两国都在推动城市绿色发展方面做出了积极努力。但中美城市之间绿色发展水平的差距

仍需正视。美国城市在绿色发展整体水平上表现出了较强的竞争力。中国香港、上海、北京等城市绿色发展水平较高，已经进入亚太地区前列，但多数城市仍处于相对落后地位。未来，中国城市应不断扩大开放步伐，积极学习和借鉴美国城市绿色发展经验，提升城市绿色发展水平。美国城市也应加强同中国城市在资源环境保护、绿色经济发展、城市治理等方面的合作，积极分享中国绿色城镇化的发展和改革红利，在互惠互利中实现共赢。

第三篇　国际篇

新加坡清洁技术及可持续城市解决方案

陈　刚（Chen Gang）*

飞速发展的工业化、城市化以及全球化给我们带来了日益增多的环境挑战，如气候变化、水污染、酸雨、危险性废弃物、雾霾、臭氧层退化、生物多样性减少、沙漠化等，这些无不威胁着人类社会的可持续发展。越来越多的国家在工业规划和城市规划中将环境因素看得越来越重要。尽管在2000年之前大部分的城市可持续性发展问题仍处于国际大都市、国际捐助者、政策机构、企业和大城市所倡导的增长和经济发展这些主流议程的边缘，然而低碳城市、弹性城市、可持续城市和生态城市的愿景贯穿于与城市发展有关的各种社会和经济利益中。在发展清洁技术和寻找可持续城市解决方案的背景下，新加坡已然成为一个全球杰出典范，其在减少碳足迹，优化资源消耗，改善能源资源利用效率方面取得了很大的成就。联合国人居署发布的《世界城市状况报告（2012）》在污染控制、交通管理和水处理领域给予了新加坡很高的分数。除了精心设计的城市规划外，清洁技术也是城市可持续发展的关键。

今天，新加坡不仅仅是一个绿化带和林地环绕的“花园城市”，它更是一个现代意义上的生态城市，通过巧妙地应用尖端的清洁技术和精心制定的奖罚政策得以实现节约水资源、能源和其他资源。近日，新加坡宣布该国已大幅度地减少了碳排放强度，即指每单位国民生产总值的增长所带来的二氧化碳排放量，2000年到2010年之间降幅达到30%，同期的全球平均降幅仅为0.12%。在大多数大城市竭尽全力应对气候变化、雾霾、

* 陈刚（Chen Gang），新加坡国立大学东亚研究所研究员。

水污染以及资源短缺时，我们是时候回顾结合城市生态与现代清洁技术的成功典范——新加坡，其在“重建城市并与自然平衡发展”中所坚持的原则。

一　低碳城市规划

为了减少人们对私家交通工具的依赖，缓解交通拥堵，新加坡的城市规划者在设计交通系统和城市布局时优先考虑人行道、自行车道和公交车道。同时新加坡面积并不大，具有多个中心，因而鼓励在中心地带建高楼大厦。密集的分中心和紧凑的居民区离城市枢纽很近。在每个中心或分中心，大多数居民可以享受餐饮，教育，医疗，体育及购物服务。新加坡紧凑的城市布局和高人口密度对城市可持续发展必不可少，因为它不仅要实现四通八达的公共交通，减少人均占有土地的需求，还要削减自来水、污水管道系统、垃圾回收、邮递以及其他公共服务的人均成本。一个生态城市必须通过步行、骑行或乘公交的出行方式让人们享受日常生活和娱乐服务。建设新的交通体系时应该优先考虑步行、骑行、地铁、公交车这些出行方式，最后考虑私家车。道路可以窄一些，让步行容易驾车难。

新加坡的城市规划已经将生态建筑学列入其中，即使用更少的土地、能源和像管道和电线这样的连接材料进行规划。在一个像新加坡这样的生态建筑城市，人们在短距离内可以参与重要的社会、经济和公民活动，而农业生产被置于城市以外的地区进行。单体建筑、社区以及城市是作为一个整体通过高效率和低消耗来维持的。

二　广泛使用可再生能源、节能的建筑材料和技术

新加坡在建筑项目中广泛使用新型节能（绿色）建筑材料。为了实现低排放，当地的建筑师有时需在建筑中安装太阳能电池板来发电，用于照明、办公设备和空调；需要更好的通风策略减少对空调的依赖；需要规范整栋楼的百叶窗、窗子的透明度以及气流来节省用于发热和平衡自然光照的能源。

新加坡已经在大力推进绿色建筑，即在一个建筑的生命周期内采用环保和资源节约型建筑结构和使用过程，专注于使用和维护。绿色建筑强调

使用可再生资源，如使用自然风来散热，通过被动式太阳能、主动式太阳能和光伏发电采光，以及通过用植物和树木绿化屋顶、通过雨水花园来减少雨水流失。还有许多其他技术，如使用碎石子或渗水的混凝土来取代传统的混凝土和沥青柏油以增强地下水的补给，也是应该被采纳的。为了减少运营中能源的使用，在墙、天花板和地板上采用高效率的窗户和隔热层来增加围护结构的效率。有效的窗户安装（采光）可以提供更多的自然光，减少在白天的用电照明。太阳能热水器进一步减少了能源的成本。

新加坡建设局（BCA）在 2005 年 1 月推出了“绿色标志建筑奖励机制”的倡议，推动新加坡的建筑业建设更加环保的建筑，旨在促进建筑环境的可持续性以及提升开发者、设计者和施工人员在项目概念化、设计以及施工过程中的环保意识。通过鼓励采用创新性建筑设计和节能技术，新加坡已成为亚洲绿色建筑的典范。新加坡一直致力于绿色建筑，通过慷慨的激励计划和一个建筑评级工具鼓励建筑商使用遮阳外墙、节水设备和基于计算机建模的能量流和碳排放。

打造太阳能光伏发电技术的太阳能能力是可持续发展的关键，这将为新加坡提供一个可替代性的再生能源。2011 年，新加坡建屋发展局（HDB）正式授予一家太阳能系统开发商 Sunseap 一项投标，允许其租用 2 兆峰瓦太阳能光伏系统来为位于榜鹅的新加坡建屋发展局的 45 个住宅小区供电。这是新加坡第一个太阳能租赁项目，以新加坡一个政府补贴住房（HDB）集中的新镇作为试验田。这种太阳能租赁模式帮助私营部门下决心在新加坡的公共住房项目中设计、融资、安置、运行和维护太阳能光伏系统。当地的市议会与 Sunseap 达成协议为太阳能发电和消耗埋单，价格优惠，不高于零售电价。太阳能发电已经被用于公共的供电业务，如电梯用电、走廊和楼梯照明以及水泵用电。

该实验项目中，相关部门承担了 30% 的启动成本，随后由建屋发展局大力发展太阳能实验项目以促进住宅区的可持续发展。新加坡政府预计随着时间的推移，伴随着光伏技术不断完善以及更多规模经济的实现，太阳能光伏发电的成本将下降。2013 年，建屋发展局授予 Sunseap 另一项投标，允许其租用 3 兆峰瓦太阳能光伏系统来为位于榜鹅生态城的新加坡建屋发展局另外 80 个住宅小区供电。通过扩展太阳能光伏发电装置，能源使用随着更低的电网发电使用率实现优化，从而长远地减少了碳排放。随着本次的太阳能租赁项目，建屋发展局离在 2016 年前将榜鹅转变为一个公共服务能源零消耗的宏伟目标更近了一步。

三　城市地区保护水资源以及水资源循环再利用

由于水资源短缺是很多城市扩张方面的一大难题，所以生态友好型城市应该节省水资源，最低限度地干涉生态系统中固有的水循环模式。紧凑的城市布局在减少渗透性土壤的场地足迹是必要的，新加坡已经能够将先进的水处理技术应用到其水循环系统中，充分地利用溪流和水库。

作为一个水资源有限的城市国家，新加坡制定了相应的政策，发明了相关的技术，实现了水资源的高度自给自足以及可使用和可饮用淡水资源的可持续性。新加坡的水资源供应有以下四个来源：当地的集水区，进口水，再生水（NEWater）和脱盐水。通过几十年的努力以及开创性的水处理和管理技术的广泛使用，新加坡已经成功地减少了对邻邦马来西亚的水资源依赖。新加坡公用事业局（PUB）倡导大规模地使用 16 英寸的反渗透膜系统。该系统在 2003 年被率先引入到废水回收工厂。今天，这种优质的超洁净再生水主要用于非住宅用途。NEWater 品牌再生水约占新加坡整体供水的 30%，在 2020 年这一比例将增加到 40%。

由于新加坡国土面积有限，所以维护水资源安全的重中之重是最大限度地从当地集水区收集雨水。新加坡年降雨量为 2400 毫米。现在，新加坡三分之二的土地已经实现对这些雨水进行高效的收集和贮存。近几年新加坡在市区修建了一片一万亩的集水区，现取名为滨海堤坝集水区，相当于新加坡总面积的六分之一。滨海堤坝集水区今天不仅仅是新加坡最大的、最城市化的集水区，还成为了每年吸引大量游客的旅游景点。

新加坡利用近期的技术成果和反渗透膜的成本优势，使淡化水切实可行、更加经济。新加坡近年来一直利用这些有利条件。2005 年 9 月，新加坡公用事业局在大士创建了新泉海水淡化厂，日均生产 3000 万加仑（136000 立方米）淡水，是该区域最大的海水反渗透工厂之一。在海水淡化流程中，第一步，海水经过预处理阶段，去除悬浮颗粒。第二步，经预处理的海水进行反渗透处理，该技术和生产 NEWater 所采用的技术相同。这样生产的水非常纯净。第三步，往纯净的水中添加矿物质。经过处理后，淡化水与处理过的水进行调配之后供应给家庭和工业。今天，淡化水能满足新加坡 25% 的用水需求。

四　可持续交通系统

毫无疑问，生态城市规划应该将公共交通作为首要重点来应对空气污染和气候变化问题。新加坡采取了关于汽车停放、可达性和保有等政策措施以减少私家车出行，还采取了对重型卡车和私家车收取过路费而对铁路和公共汽车交通方式实行补贴的经济措施来鼓励人们选择低碳交通方式。生态城市规划者首先应该考虑的是减少交通需求，其次是鼓励低速出行的方法，再次是考虑公共交通和大众运输，最后是限制使用私家车。新加坡紧凑且多中心的城市布局让大多数人能够以步行、骑自行车和乘公共交通工具的方式出行。只有一小部分人驾驶私家车，但同时有相应的专门税收措施鼓励他们购买或租赁更高效节能的混合动力汽车。不过，城市规划者应该记住的是，替代方案必须确保在减少汽车可达性方面是最优选择，否则交通不便会招致公众不满甚至尖锐批评。

今天，交通系统对城市环境有着重要影响，约占世界能源消耗和二氧化碳排放的25%。清洁能源技术必须与可持续城市规划相结合。改善城市的步行和骑行环境并提升公共交通和绿色车辆的作用，可以减轻传统交通对环境的影响。

快捷的轨道交通系统（地下通道、高架铁路、地下铁路）是市区高容量、高频率、以电力牵引的客运铁路，与其他交通方式无平交。快捷的轨道交通系统在车站之间的指定路线上，通过轨道上电力驱动的多组动车提供服务，尽管有的系统采用导引橡胶轮胎、磁悬浮或单轨等方式。今天，技术进步带来了新型无人驾驶路线。新加坡自动无人驾驶快捷轨道交通路线有武吉班让轻轨、盛港轻轨、榜鹅轻轨、东北线地铁、环线地铁和滨海市区线地铁。

新加坡地铁第一期和第二期车辆分别由日本川崎和德国西门子生产制造。由于该高密度系统的容量所需，这两期车辆比传统欧洲地铁大得多。这些动车配有750伏直流电源，最高时速达80公里（即50英里/小时）。樟宜机场延长路段和东北线都采用了最先进系统，旨在保证运作轻便以及乘客和工作人员的安全。信号控制采用先进的诊断和监测系统，并与操作控制中心建立起紧急联系。

在气候变化背景下，为了减少碳足迹，新加坡一直致力于推广以储存在电池或其他储能装置中的电能为能源并由电动机驱动的电动汽车。目前，新加坡陆路交通管理局（LTA）正致力于制定一份关于如何实现在新加坡大规模使用电动汽车的蓝图。LTA 管理者期望顾问团研究技术上的差距、充电基础设施安装的落实问题以及使用这些绿色环保车辆后对能源节约和碳排放水平的评估。电动汽车在运营中车载电源不会排放有害尾气污染物，能很大程度减少城市空气污染，车载电源的碳排放减少，取决于给电池充电的发电所需的燃料和技术，油耗减少。由于锂离子电池组的额外成本，电动汽车比普通汽车和混合动力汽车要昂贵很多。其他不利因素有公共和私人充电基础设施的缺乏以及由于现有电动汽车行使范围有限，司机对汽车在到达目的地之前耗尽电能的担心。

所以需要政府补贴。新加坡政府启动了电动汽车共享试验，该试验长达 10 年，以 1000 辆电动汽车为试验对象。在新加坡政府支持下，新加坡私人有限公司 Clean Mobility 启动了名为 SMOVE 的电动汽车共享计划，该计划提供环保按需移动（MOD），可视为保有私家车的很好的替代方案。在新加坡，电动汽车还包括把内燃机与一个或多个电动机组合的混合电动车，车型包括土星 Vue、丰田普锐斯、丰田凯美瑞 Hybrid、福特 Escape Hybrid、丰田 Highlander Hybrid、本田 Insight、本田思域 Hybrid 、雷克萨斯 RX 400h 和雷克萨斯 RX 450h。电动汽车低噪音和零尾气排放的优点将使其成为解决城市交通问题最佳且生态友好的方案。

新加坡还致力于推广使用清洁的压缩天然气（CNG）替代汽油的天然气汽车（NGV）。压缩天然气汽车行驶等量距离的碳排放量和颗粒物排放量更少。压缩或液化的天然气必须储存在气缸里，气缸通常置于汽车后备箱里，减少尤其是长途行驶所需的备用空间。政府的绿色环保汽车回扣（GVR）计划，出台激励措施推广比传统汽油车和柴油车燃料效率更高、空气污染物排放更少的绿色环保车辆，截至 2011 年 12 月 31 日，压缩天然气汽车和生物燃料汽车能享受特殊的免税政策。除了新型汽车外，绿色环保汽车回扣计划已扩展至包括 2010 年 7 月 1 日以来登记的进口二手电动汽车和石油电混合动力汽车。

五　发电

发电是碳排放和空气颗粒物（PMs）的主要来源之一。这些颗粒物可以进入人的肺部和血液，引起严重的呼吸道和心脏问题。为了减少空气污染，完成减排目标，自2000年以来，新加坡用于发电的天然气百分比从19%增加到90%。天然气是一种比煤和石油更加清洁的化石燃料。在所有的化石燃料中，天然气单位发电量的碳排放量最少。通过这些举措，新加坡进一步改善了空气质量，减少了大气中的碳排放量。新加坡现在依赖于来自马来西亚和印度尼西亚的管输天然气。为了使天然气的供应多样化并利用国际天然气市场，新加坡正在裕廊岛建造一个液化天然气接收站。此外，新加坡还在建造第三个液化天然气储罐，预计2013年年底完工，并宣布计划建造第四个储罐，进一步扩增接收站的容量。

为了在各个部门以一体化可持续方案完成城市发展项目，生态城市指导方针和目标必须与当地需求相匹配。面对城市建设实际过程的复杂性，城市规划者需要促进多学科规划团队内部以及所有利益相关方之间的合作。生态城市应该是单一的整合系统（全局考虑），而不是孤立规划的多部门发展状况的一种结合或结果。就新加坡而言，一体化规划理念是可持续城市化的基础，要求重复持续的分析过程和以多学科为途径实现可持续发展。新加坡有关城市新陈代谢和环境功能的部门（交通、能源物质流通和社会经济方面），被传统规划认为是城市附属结构，现在都被赋予同等重要地位。许多利益相关方参与的清洁技术的应用得到优先考虑。在不同领域相关利益方的积极参与下，生态城市规划和建设的整个过程通常集中于城市结构、交通、能源与其他资源利用效率、社会经济方面等关键领域。在应用现代技术时，应该始终遵守城市可持续发展的主要原则，即尽量减少使用土地、能源和物质，并尽量减少对自然环境的破坏。

参考文献

[1] Harriet Bulkeley and Simon Marvin, Urban Governance and Eco - cities: Dynamics. Drivers and Emerging Lessons. in Wilhelm Hofmeister, Patrick Rueppel, Lye Liang Fook eds, *Eco - cities: Sharing European and Asian Best Practices and Experiences*, Singapore: Konrad - Adenauer Stiftung. 2014. p. 1.

[2] *State of the World's Cities 2012/2013. Prosperity of Cities. UN Habitat 2012 report*, http://mirror.unhabitat.org/pmss/listItemDetails.aspx?publicationID=3387&AspxAutoDetectCookieSupport=1.

[3] Singapore Cut Carbon Intensity by 30 per Cent, *Today Newspaper*, 11 December 2014, p. 1.

[4] Mark Roseland, Dimensions of the Eco - City, *Cities*, (1997) 14, pp. 197 - 198.

[5] *About BCA Green Mark Scheme*, BCA website, http: //www. bca. gov. sg/greenmark/green_ mark_ buildings. html.

[6] First Solar Leasing Project in Singapore, *HDB Press Release*, 2011 (9).

[7] Another Step Closer to a Net Zero Energy Punggol Town, *HDB Press Release*, 2013 (1).

[8] Tan Say Tin et al, *Economics in Public Policies*, Singapore: Marshall Cavendish Education, 2009, p. 92.

[9] Desalinated Water, *The 4th National Tap*, PUB website, http: // www. pub. gov. sg/water/Pages/DesalinatedWater. aspx.

[10] LTA to Develop A Road Map for Electric Vehicles, *Today Newspaper*, 2014 (4), p. 1.

[11] Plans for Electric Car - sharing Trial for up to 1. 000 Vehicles, *The Straits Times*, http: //www. straitstimes. com/news/singapore/transport/story/plans - electric - car - sharing - trial - 1000 - vehicles - 20141208 # sthash. p7gniY6F. dpuf.

[12] *Green Vehicle Rebate*, National Environment Agency website, http: //app2. nea. gov. sg/grants - awards/green - technology/green - vehicle - rebate.

[13] *Power Generation*, NCCS (National Climate Change Secretariat) website, http: //app. nccs. gov. sg/ (X (1) S (4ujvw0jlrgj1lo55c0ucax55)) / page. aspx? pageid = 167&secid = 193&AspxAutoDetectCookieSupport = 1.

[14] Philine Gaffron、Ge Huismans. Franz Skala, *Ecocity Book Ⅱ: How to Make it Happen*. Vienna: Facultas Verlags - und Buchhandels AG. 2008, p. 37.

[15] Philine Gaffron、Ge Huismans、Franz Skala, *Ecocity Book Ⅱ: How to Make it Happen*, Vienna: Facultas Verlags - und Buchhandels AG. 2008, p. 18.

英国伦敦空气治理：经验与策略

弗兰克·伯金（Frank Birkin）[*]

一　伦敦空气：一个持久的问题

关于应对空气污染，亚洲城市能从伦敦学到什么呢？答案很简单，但不讨喜。应对空气污染，对伦敦来说，既是历史问题又是现实问题，既是技术问题又是社会问题，既是经济问题又是自然问题，既具体又一般，既简单又复杂，既是短期问题又是长期问题。总之，伦敦空气污染曾经是，现在依旧是一个复杂、棘手、致命的问题。

所以简答之："没有容易的解决方案。"但是当应对这个问题或被这个问题影响的人完全领会这个答案时，它是有价值的。它意味着我们不能孤立对待这个问题，不能把它留给专家或把责任归咎于政府。要想在城市呼吸到新鲜、干净、健康的空气，每个人都要有所作为，都要积极行动，而不应满足现状。

空气污染自古就存在。埃及木乃伊的肺部被火产生的烟熏至发黑。古罗马哲学家塞内卡晚年时，医生告知他要逃离罗马才能更健康（塞内卡于公元前 65 年在罗马去世）。鼻窦炎和其他鼻炎在古英国的盎格鲁—撒克逊村民中发生率持续上升，部分原因是盎格鲁—撒克逊人建筑师设计的棚屋排风不良。

据记载，英国第一次空气污染事件发生在 1257 年，当时埃莉诺皇后

---

* 弗兰克·伯金（Frank Birkin），英国谢菲尔德大学管理学院教授，主要从事可持续发展核算研究。

由于国内烧炭产生很多烟而被迫离开诺丁汉。她的儿子国王爱德华一世，因而成立了英国历史上第一个委员会应对空气污染。这个委员会于1285年召开第一次会议，但直到31年后才出台禁止燃煤的禁令，而该禁令收效甚微。

问题悬而未决，直到中世纪黑死病的暴发才使得伦敦的空气最终改善。25%的英国人死于黑死病传染，这使得土地无人耕作，树木重新生长起来。木材比煤炭更便宜，于是人们用木材取暖，伦敦空气才得以逐渐改善。

但是在伊丽莎白一世统治时期，木材又变得稀缺和昂贵，伦敦人又开始在家燃烧煤炭取暖。伊丽莎白一世对伦敦空气的味道和烟“悲愤交加”。得知污染的空气正在侵蚀圣保罗大教堂的石碑，1603年继位的詹姆士一世则“心生同情”，他推出了一项法案禁止在他宫殿一英里以内燃烧煤炭。

然而随着城市的发展，伦敦的空气恶化。约翰·伊夫琳（1620—1706）把伦敦描述成“被硫之云侵蚀，纵使太阳也无法穿越”。他问：“在吼叫和吐唾沫声不绝于耳、最恣意妄为的伦敦教堂和集会上，究竟能不能听到咳嗽和呼哧呼哧的呼吸声呢？”（布林布尔科姆，2012）

1679年11月，伦敦首次出现恶臭的雾，空气污染导致的死亡人数也随之上升。在整个维多利亚时代，烟雾持续笼罩着伦敦街道，为臭名昭著的连环杀手开膛手杰克的令人发指的罪行充当掩护，为那个伟大的文学作品人物福尔摩斯侦探的历险制造着麻烦。

1952年，伦敦大雾事件导致约4000人死亡，约10万人健康严重受损。在这样的烟雾笼罩下，由于观众看不见舞台，萨德勒威尔斯剧院不得不取消演出，皇家伦敦医院的医护人员说，站在病房门口从这头看不到那头。但是即使发生了这样严重的灾难，时任首相哈罗德·麦克米伦也没有立即采取措施，声称必须考虑很多相关的经济因素。

然而一次经济论证更好地算了这笔账，最终带来了改变。一项政府发起的调查表明空气污染造成一年1亿英镑的损失，远远高出治理伦敦空气的预算。于是，1956年英国议会通过了《清洁空气法》。

根据该法案，在城市中控烟的区域只能燃烧无烟燃料，污染空气的发电站从城市中心迁出，增加烟囱高度。该法案在应对伦敦空气污染方面是一个重要的里程碑，仅凭该法案就使得伦敦冬季的阳光增长了70%之多。

作为几个世纪致命污染的源头，伦敦烧炭时代走向终结。

但是好景不长，伦敦烧炭减少了，而城市街头的车辆却增多了。目前，伦敦是欧洲空气质量最差的首都城市之一。2005 年，以世界卫生组织的指导方针为基础，欧盟就空气污染规定了强制性的法律限制，而伦敦在其后的每一年都有一项或几项超标，其中，布里斯顿路、帕特尼大街和其他地区来自于柴油发动机的二氧化氮的排放量超标三倍多。

因此说伦敦人的健康由空气污染说了算就不奇怪了。为政府工作的科学家估计，主要由交通导致的空气污染致使全国每年 29000 人早逝，其中 4200 例发生在伦敦。据伦敦国王学院的环境研究小组发起的伦敦空气研究发现，牛津大街的二氧化氮水平是全世界最高的地区之一（London Air, 2014）。

一项麻省理工大学自 2005 年的数据研究表明，汽车尾气、卡车尾气、飞机和发电厂的废气是英国每年约 13000 人早逝的元凶。而汽车和卡车尾气是其中的罪魁祸首，导致每年 3300 人死亡。在英国，可能由于本身的故事性和更直观的原因，交通事故导致的死亡往往能吸引更多的公众注意，而 2005 年由交通事故导致的死亡人数是 3000 人，比同期空气污染导致的死亡人数少 300 人。

空气污染对人类的影响的重要性被全球对气候改变的担忧掩盖。然而空气污染是世界十大致死因素之一。来自 2013《全球疾病负担研究》的一篇文章估计全球空气污染导致每年超过 43 万人早逝。当然也有其他影响，如影响健康人类的最终因素需要考虑残疾人的总人数和那些影响家庭、朋友和经济的患者的总人数（Horton，2014）。

伦敦空气污染是一个严重、持久的问题。如果没有更多更好的干预，问题只能更趋严重。英国国家统计局预计 2022 年伦敦将有 13% 的人口增长率，其人口届时将超过 1000 万。伦敦交通局（Transport for London，TFL）预计，随着越来越多的人涌入，至 2030 年，伦敦中心的拥堵将比以往严重 60%，街道上除了原有的 260 万辆车，将增加 35 万辆车。这项严峻的评估建立在伦敦市长目前的交通规划全部实施的假设基础之上。

二　伦敦交通策略

伦敦交通局是一个英国政府组织，负责伦敦交通的大部分内容。它作为大伦敦政府的正式组成部分，于 2000 年建立。在其网站上（TFL，2014）你能找到与伦敦交通有关的各种信息，如规划战略、投资、企业社会责任 、文化、遗址、地图、收费和旅游向导。

伦敦交通策略的创建历史在网站上也有介绍。2008 年时任伦敦市长的鲍里斯·约翰逊宣布计划建立一个新的伦敦交通策略，展开了广泛的信息收集工作，包括针对伦敦本地人散发名为“帮助改变伦敦的未来”的宣传单和问卷调查表（HCLF，2008）。不幸的是，由于伦敦空气污染问题最多在改善生活质量的标题下被提及，这个问题被轻描淡写。

鲍里斯的计划最终于 2010 年 5 月 10 日出台，提案涉及内容广泛，包括以下三个方面。

第一，基础设施投资。改造伦敦地铁系统、提升包括新伦敦地铁系统路线的铁路连线、改善交通交会处、更加便捷的交通系统、新河流交叉和更好地利用泰晤士河。

第二，改变生活方式。展开自行车革命和倡导步行的活动。

第三，更优的管理。针对通畅的交通、更好的公交车服务、增加的信息渠道和改善的街道。

该计划还包括针对减少空气污染的行动，尤其是扩大低排放区，并通过推广电动车减少二氧化碳排放。低排放区旨在减少伦敦柴油商业机动车的尾气排放。未满足排放标准的机动车须缴费，其他进入限制区域的车辆不罚款。低排放区全天候的适用于大伦敦的大部分地区（LEZ，2014）。第一个伦敦 980 平方公里的低排放区由前伦敦市长肯·利文斯通于 2008 年设立，为高排放的公交车、卡车和柴油机动车制定了高昂的缴费和罚款标准。低排放区的划分遭到机动车制造商协会和其他相关组织的强烈抗议。这些团体抱怨缴费和罚款将严重影响到高排放卡车车主和建筑机械主。

鲍里斯市长的 2010 年规划出台后一年，遭到了路面交通专家组的抨击，作为审查机构，该专家组由伦敦交通局建立，以监管交通问题。批评人士指出其减少拥堵的力度不够充分，只够在几年之内缓解问题。

专家组的观点来自伦敦交通局对伦敦持续上升的拥堵问题的最新研究。这些研究强调更好利用汽车共享俱乐部、改变货物运输政策和建设新隧道。总之，专家组青睐的新举措所需要的预算比市长的 2010 交通规划整整高出 300 亿英镑。

政府减少空气污染的战略依然受困于政治和经济考量，从技术角度来看就成为一个次优选项。尽管空气污染问题逐渐得到重视，但不是英国政治议程上的一个非常重要的议题。

三 加强空气污染防治意识

众所周知，人们对于环境恶化的许多方面反映淡漠。长久以来的小的环境恶化问题实际上可能正变得更糟——最终变得更糟——但是他们却没有引起很多人的足够重视。我们人类进化至今，对直接和明显的危险，如弱肉强食反应迅速。环境学家对此引用了水煮青蛙的故事：如果水温变化足够缓慢，冷水中的青蛙不会随着水温上升跳走，最终将被活活烫死。空气污染当然不仅仅是伦敦的问题。笔者经常往返于英国郊区和中国城市，深受城市的空气污染问题的困扰。笔者患有哮喘病，身体状况在某段时间会恶化，这让接待笔者的人很是惊讶和担忧。

我们从伦敦空气治理的悠长历史中可以看到，改善空气质量不单是一个技术问题，因为会触及庞大的经济既得利益。因而解决空气污染顽疾，加强意识非常必要。

加强对空气质量的意识，有两个相辅相成的途径：一是加强认知；二是沟通。科学的认识空气污染更有效果。越来越灵敏的测量技术毫不例外地表明空气污染比我们认为的更加严重。医学研究清楚表明空气污染对健康不利的影响。

英国政府环境食品与农业部提供空气污染信息，为英国所有地区发布空气污染数据和相关的健康指导。这些信息发布在一个专门网站上，推特和脸书账户也可以访问，内容包括每日空气质量指数和预报，人们通过邮编和位置就可以搜索到这些信息，清楚了解他们所在地的空气质量。

四 更多关于空气污染的知识

（一）纳米粒子

科技发展让我们有机会洞悉我们的世界和我们与环境间的许多互动。纳米科技是有关分子、原子制造和组合的科学技术，最早在 1974 年提出。纳米微粒简直无所不在，自然本身会产生，生产过程也会产生这样的微粒。但在城市中，这种通过空气传播的微粒 90% 由汽车产生，城市空气中包含成千上万这样的微粒，城市居民大约每小时会吸入 100 亿—800 亿的纳米微粒。然而，长期暴露在高浓度废气中会对肺部造成危害，并进一步引起心血管疾病。

纳米微粒体积极小，只有 1 纳米—100 纳米，比头发丝还要细 700 倍—7 万倍。因为体积小，其聚合体也很小，因此空气质量监管对他们几乎可以说是无效的。

纳米粒子之所以会严重危害到人体健康，是因为其巨大的表面积，会加快化学反应及吸收速率。纳米粒子一旦通过呼吸系统进入人体，就会与肺组织产生反应并进入血液。

过去 10 年，我们对纳米粒子及大气污染等的了解虽大大加深，但就其产生于新型原料如生物能源的问题却并不十分清楚。生物能源虽能减少碳排放量，但有证据称其会增加纳米粒子的排放量。因此，如何控制纳米粒子排放量迫在眉睫，但前提是我们要发现并掌握纳米测量技术。

（二）交通废气污染研究

健康空气运动组织（HAC）联合一家坐落在卡姆登市的环境研究机构及伦敦一名自行车运动员共同研究最健康的交通方式。6 名志愿者分别从林肯广场不同地方出发，到达共同的目的地——城堡会议中心。5 月的某个周五下午，正是交通高峰期，此次研究正式启动。

其中 4 名志愿者选择了同一路线，均在伦敦最拥堵繁华的街道上，但交通方式不同，分别是：走路，骑车，坐公交和开车。另两名志愿者则选择了一条背街的小路，沿河通往目的地，一个走路一个骑车。每个志愿者都随身携带有便携式黑碳测量仪，用来测量他们一路上受空气污染指数及黑碳吸入量。

结果出人意料。选择走大路的四名志愿者，走路与骑车的两名虽穿行在汽车尾气中，但并不是他们受空气污染指数最高，反而是选择开车的那名。结果如下：

第一，开车的志愿者受空气污染最严重；

第二，坐公交的志愿者受污染指数排名第二；

第三，选择走路的志愿者排名第三；

第四，选择骑车的志愿者受黑碳排放量最小。

这个结果表明，穿行在车流中时，前面汽车排放的尾气会通过通风系统进入后面的车内，坐公交车也是一样的道理。

选择走路的志愿者因为走在车流旁边，因此虽然到达目的地要花费更多时间，但其吸入的大气污染浓度较小，基本是开车人的一半。

同样的，骑车的志愿者为避免空气污染选择在车流旁骑车，因此空气流通是自由的，并非强行挤入某个封闭空间让人吸入。且在高峰期时候骑车是最快捷的方式，比开车还早到13分钟。减少暴露在尾气中的时间也能有效降低黑碳吸入量，因此，骑车者吸入的废气是开车者的1/8。

可想而知，另两名选择走背街小道的志愿者吸入废气量最小。对比两名都选择走路的志愿者，一名走拥挤大街，另一名选幽静小道，后者废气吸入量是前者的1/3；另外两名都骑车的志愿者，后者比前者废气吸入量低30%。

研究结果表明，走路和骑车更有益健康，因为对比开车的人，他们不仅吸入废气量小，排放废气量也小。而选择幽静少车的小路，会进一步减少废气吸入量。

五 开展交流

交流的信息必须清晰、准确且相关，但即使这样，沟通的效果也并不尽如人意。这种局限性体现在价值观、态度、知识量与行动间的差异。人们对环境问题非常了解，打心眼里也想有所改善，但是日常互动、需求和常规意味着行动跟不上最好的想法，因此，将最好的想法和行动结合起来，就必须开展交流。

开展交流意味着不仅告诉人们他们面临的现状或者指示他们应该如何应对，更应告诉他们做出改变后，会对日常生活有什么积极影响。例如，仅仅只是说开车会吸入废气，不如告诉人们还有其他更健康的交通方式，详情参见上一研究结果。或者说，警告公司他们排放的废气会造成大气污染，不如给他们提供改善和执行的方法。伦敦市和英国国民医疗服务体系通力合作制定的“伦敦空气质量改善计划——城市商业区实用指南”，就是一个很好的例子。

在实用指南中，清晰简明地列出了公司如何在生产活动中减少废气排放量，包括将保护空气质量作为企业责任的一部分，加强企业所有人、工厂管理者及租客间的合作等。其中核心的方法经沟通讨论后附录在实用指南中，包括：企业社会责任；空气质量监管及上报；建立环境合作谅解备忘录；改进工序；能源审查；绿化屋顶和墙壁；绿色出行；供应链政策以及废物回收。这一报告旨在让企业用最简单的方式达到保护环境的最大效果，其宗旨就是：不管做什么，先考虑对空气质量的影响。

伦敦肯辛顿区及彻西区受任联合发布“14 种有效降低伦敦中心区废气污染报告”（帕・希儿，2012），其宗旨与上述指南无异，但所含范围更广。报告中的建议列举如下：

第一，联合企业；

第二，扩大汽车俱乐部以提高收益减少汽车使用量；

第三，训练出租车司机“环保开车法”，省钱且环保；

第四，转向价格有竞争力的零排放服务（如果有这样的服务）；

第五，要求出租车司机等待时熄火；

第六，向摩托车司机实时报道各道路的空气质量，便于司机重新选择路线。

据估计，此举将减少该区域年均废气排放量的 2%，如果能够长期执行以下政策，每年还将节约 2.48 亿英镑。

第一，公交顶部垂直排气可减少废气排放量约 90%。

第二，所有新建建筑需对空气质量无害，且应更新老式锅炉。

第三，将自行车作为伦敦市民出行的首选。扩大现有自行车网络，拓宽自行车道，争取伦敦中心区超过 60% 的行程由自行车完成。

第四，附近周边。通过低成本种植植物减少污染，绿化环境。

对伦敦市肯辛顿区及彻西区建议的低成本行动的预算见表 6－1。

表 6－1 伦敦市肯辛顿区及彻西区低成本行动预算

治理手段	计划执行开始至产生影响所需时间	总收益/总成本	收益（净现值）	氮氧化物减量	PM10 减量	二氧化碳减量	噪声改善
用极低氮氧化物设备替换老式锅炉	数年—数十年	极大（无法衡量）	无法衡量	566. 00	8.00	无法估测	0
企业参与（持续 6 年）	数月	22.11					+1

续表

治理手段	计划执行开始至产生影响所需时间	总收益/总成本	收益（净现值）	氮氧化物减量	PM10 减量	二氧化碳减量	噪声改善
汽车俱乐部规模扩大计划	数月	13.58					+1
自行车上班计划	数月	6.22					+1
训练出租车司机环保行车	数月	5.75					+1
零排放车辆最后一公里交付	数周—数月	5.05					+3
自行车停靠站巡管	数月—数年	4.12					0
自行车基础设施的完善/拓宽自行车道	数年	2.49					+3
公交顶部垂直排气	数月	2.46					0
出租车安装柴油颗粒过滤器	数月—数年	2.01					0
总计							+1 有所改善 +2 有显著改善 +3 有巨大改善

近几年有多个有关伦敦空气污染的文件发布，由于试图效仿上述肯辛顿区及彻西区联合发布的报告内容，是重复性劳动。但事实上，这些文件目的及针对的读者不尽相同。如“2011—2015 伦敦空气质量战略计划”（伦敦市，2011），制定了 2011—2015 年间伦敦市减少废气污染的政策，此文件由环保部门正式制定，旨在履行法定义务以及实施交流、激励和合作等活动。

同样的，作为伦敦市官方监管部门的伦敦议会，于 2012 年发布了有关空气污染的文件（伦敦议会，2012）。该文件是伦敦市健康与环境协会应对空气污染的总结，也同时提供了一些应对的方法和对伦敦政府的上下策略，从政府到下议院环境监督协会再到伦敦市市长。

应对空气污染，伦敦市缺少的不是信息、建议或计划。欧盟委员会同样也在想方设法净化欧洲空气。欧盟委员会下属环境机构的成员称2013年是“空气之年”，并要求重新回顾之前颁布的有关空气质量的政策和策略。欧盟也发布了一个小册子，名为“净化空气的重要性及我们该怎么做”（欧盟委员会，2013），表明了应对空气污染的坚定立场及行动。欧盟为其所有成员国设立了空气指标，为英国一些城市设定了空气质量指标，其中就包括伦敦，据悉，在2030年前，伦敦市都无法达到欧盟为其设定的空气指标。

六　净化伦敦空气的一些新近提议

经济因素对净化伦敦空气的影响在过去一直被考虑在内，现在也不例外。重建伦敦从而方便骑车、步行等无污染的出行方式，建造零排放的新型建筑以及翻新旧建筑使其减少污染排放或许是净化空气的最终解决办法。但这样的改变需要大量开销。此外，主要基础设施的改造完成后，在一二十年内它却可能不足以满足新的需要了。这样的情况以前也有发生：20世纪下半叶许多城市都经历了持久的改造以容纳大量的私人汽车。因而净化伦敦空气的举措不仅要卓有成效，还要花销不多。

小范围地对伦敦街头设施做出一些改动，例如安装一些固定装置，往往能低廉而又有效地清洁空气。可以为自行车设立安全停车处及与机动车禁行的自行车道，为电动车辆提供充电站，为参与汽车共享俱乐部和汽车俱乐部计划的车辆提供专属停车位，为清洁能源出租车在出租车站提供优先的位置。

（一）街头空气清洁“胶”

伦敦市长鲍里斯·约翰逊最近提出一项经济的空气清洁举措。那就是在街面上覆盖一层“胶”（实则为醋酸钙镁盐），以便粘住空气污染颗粒，使它不再在空气中循环流动。在2012年的一次试验中，伦敦污染最严重的15条街被喷洒上了这种胶。人们希望污染颗粒被“粘住”后，最终会被雨水冲走，抑或是被车胎带走。但是一旦停止在街头喷洒这种胶，其带来的好处也就渐渐消失。而这个举措也引起了欧盟的关注，因为这可以被理解成一种短期内用来清洁空气的欺骗行为，可能还会招致罚款。一项对这种胶的作用过程的细致研究发现它不能粘住车辆污染产生的颗粒。（虽然它能从空气中分离出工业污染物）总而言之，这项耗费 143 万英镑的“粘住”车辆污染物的项目没能持续下去。

（二）电动车辆

2012 年，伦敦运输局携手气候集团、Cenex 公司、节能信托公司及 TNT 快递集团，为使用电动车辆系列准备了指导（Plugged in Fleets, 2012）。运用一种全面的终身成本核算方法，这个指导特意强调了投资电动车辆系列的成本效率。虽然起初电动车辆支出可能更高，但是运行费用低，公司车辆税率为零，提供资本减免，道路税有 100% 折扣，在伦敦时拥堵费可免除以及燃料价格只有传统车辆的四分之一都意味着长期的经济效益很可观。

电动车辆充电站的数量在整个英国都呈增加趋势，电动车辆的销量也超过了 1 万辆。高速公路服务站安装的 170 个充电机的使用次数在不到一年内增加了两倍。然而相比于伦敦 3500 万的注册车辆，1 万辆电动车还只占很小的比例。不过电动车辆增长的势头还有，电动车主也在不断增加。

（三）汽车俱乐部

汽车俱乐部出现背后的逻辑是：一辆车每天一般也用不了几个小时，所以为什么要买一辆呢？

Car Lite 声称自己是为世界最大的汽车分享及共享汽车俱乐部服务提供者。它是由英国热布卡有限公司运营，并且据其统计每成立一个共享汽车俱乐部，大路上就相应减少 17 辆车。此外，共享汽车俱乐部的成员行驶五公里以下的短途路程的次数相比拥有车的人要少七倍。他们一般也不开车上下班。因为谁也不会花钱租车却把它停到办公室旁一整天。

根据共享汽车俱乐部计划，汽车和货车都停在遍布伦敦的指定停车位。人们可通过手机或电脑随时预定车辆。租车时间可以短至半小时，一天或长至任何天数。预定的时间结束后，车辆会被返还至之前的停车处。所以不用担忧最后的停车问题。共享汽车俱乐部的成员只有在使用车时才交钱。对一年行驶 6000 英里左右的普通用户来说，这意味着可能省下几千英镑。同时因为用车时需交钱，共享汽车俱乐部成员相比之下更善于利用公共交通、骑车、步行等开车以外的交通方式。

Car Lite 对伦敦地区 2020 年共享汽车俱乐部的展望包括：

第一，往返车辆共享成为伦敦地区主流出行方式的一部分；

第二，共享汽车俱乐部成员将增加 2.5 倍，至 351000 人；

第三，汽车减少 7900 辆及行程减少 6.5 亿英里；

第四，每年为伦敦人减少 2.38 亿英镑开支；

第五，伦敦因道路堵塞的状况得到改善而每年增加 1.2 亿英镑的生产值；

第六，空气状况得到改善：PM 10 减少 18 吨；NO_x 排放量减少 432 吨。

（四）汽车共享

Carplus 是一家致力于为英国传统的汽车使用提供环境友好替代方式的非营利民间组织（Carplus，2014）。它提供在线工具帮潜在的用户计算他们汽车的花费，寻找共享俱乐部的车辆或者加入车辆共享计划。他们认为车辆共享计划需更明确地成为伦敦交通解决方案的一部分，而且应该采取更多的行动激励人们参与这个计划。

当有两个或以上的人想要共乘一辆车出行时，他们就可以通过参与汽车共享计划来实现。对于他们而言，这样既能享受到绝大部分自己独自开车的便利，又可以多一些人承担费用。与此同时，交通堵塞也能得到缓解，空气污染也减少了。实行这个计划花费很少，而且如果组织得当，它还能把兴趣相同的人联络在一起，从而丰富人们的生活方式，增进团体凝聚力。

汽车共享能带来很多好处，但不是每个人都能得到。但通过国家或地方上的一系列计划，人们就可以利用汽车共享去某个活动现场，每天往往返返，为商务园区的员工们提供服务或仅仅是前往市中心。还能有更多的人去享受汽车共享带来的大笔好处，然而奇怪的是这些计划并没有得到伦敦官方足够的关注。

（五）骑车

正如我们所知，骑车有益于健康，可以改善空气质量，同时又是一项低成本、低强度的交通运输方式。为鼓励更多人骑车，伦敦街道需要更为安全的交通环境，最好有自行车专用道且没有其他车辆穿梭其中。现任伦敦市长对于骑车的设想包括以下目标：

第一，设立大容量交通网络，建造荷兰式的为骑车者专用的隔离自行车道和交通枢纽；

第二，改善交通枢纽，采取措施使大型车辆危险性降低，使得伦敦街道更适合骑车；

第三，到2020年，使伦敦骑车人数增加一倍；

第四，在伦敦城通过植树，建立绿色通道村，从汽车所占空间中节省部分空间，提供给行人和骑车者（Vision for Cycling，2014）。

目前已有人对于可能增加的骑车数量做出了估计。在伦敦每天大约有430万次的出行是适合骑车的。而这些出行采取的都是其他方式。在这430万次潜在的骑车出行中，其中350万次出行只需要花费骑车者最多20分钟。

伦敦自行车共享计划由市长鲍里斯·约翰逊提出。目前已有700多个停车点和超过10000辆自行车。根据上述估计，使用自行车的前半个小时是免费的。这就意味着，大约350万次出行将是免费的。在半小时后，将会收取每24小时2英镑的使用费。此项“鲍里斯自行车”计划是在和巴克莱银行共同合作下开展的。巴克莱银行在停车点提供巴克莱自行车出租网页和信用卡设施（Barclays Cycle，2014）。

不只是伦敦人需要骑车，新上任的英国自行车部长认为整个英国都需要更多人每天骑车。不仅仅是穿着莱卡面料衣服的自行车英雄需要每天骑车出行，穿着普通衣服的人也该养成每天借助自行车来短途出行的习惯。该部长指出在英国只有2%的出行是借助自行车，而在荷兰和丹麦，这一比例要超过20%。

增加骑自行车的英国人数量需要花费钱。自行车经费方面，荷兰平均每年在每人身上支出20英镑，英国只有2英镑。2014年英国政府承诺接下来五年将花费3.75亿英镑在自行车骑车上。这一数字比之前承诺的都要多，但还是远远低于自行车之国荷兰和丹麦的资金投入水平。如果真的想要英国人去骑车，必须至少每年在每人身上花费10英镑。

（六）伦敦村

在以上市长周期战略概述中，想法之一就是为行人和骑车族建立一个伦敦村，把汽车占据的植被和空间更多地划分过来，但这绝不是一个世外桃源式怀旧的村子。伦敦的树木和植物所起的绿化作用对创建一个更为健康，更少污染的城市大有裨益。将盆栽移植到户外的做法的适用范围也不只限于伦敦街道两侧。

（七）绿色屋顶

绿色屋顶从空气中吸收污染颗粒和污染混合物，掩埋在植物本身或者是栽培介质中。植物从大气中吸收二氧化碳，放出氧气。通过绿色屋顶，植物降低热岛效应，从而减少臭氧的产生。绿色屋顶可吸收重金属，悬浮粒子和挥发性有机化合物。单个的绿色屋顶不会有显著影响，但是城市中密集区大范围的绿色屋顶一定会带来巨大的转变

活屋顶组织是英国发展绿色屋顶的先驱，同时是屋顶绿化协会欧洲联合会的一员。大伦敦当局气候变化适应性小组已确认，一些区域的绿色屋顶可以进一步改进，并足以创造出面积超出 70 平方英里的绿色区域，大小相当于里士满公园的 28 倍。

因此，在 2008 年伦敦计划修正案中，出现了关于绿色屋顶的独特政策。伦敦市和所有自治城市可以并且应该期待将主要的发展并入到“活屋顶”和“活墙”中。此项措施切实可行，这在本地发展框架政策中得以体现。有人预计，此举措将包括屋顶和墙面植物栽培，同时可以尽可能实现下列目标：

第一，屋顶空间触手可及；

第二，适应并缓和气候变化；

第三，城市排水可持续；

第四，生物多样性得到发展；

第五，城市外观得以改善。

据估计，如果在伦敦西区实施此项绿色屋顶发展政策，并且屋顶的面积达到 320 万平方米，若环境方面支出为 5550 万英镑，那么，在此方面的收益也将达到 5550 万英镑。也就是说，这是有限的短期的全部回报。

（八）绿色墙体

伯明翰大学和兰卡斯特大学的研究人员估计，绿化街道的墙体可以减少 30% 的污染。树木、灌木、青草形成的绿色墙体，攀爬的常春藤，以及其他植物可以提供低成本且有效的减少空气污染的方法。这种方法可以应用于大城市，人们亟须解决空气污染的“峡谷”地带。

曾经有人认为，此项措施仅可将空气污染降低 1% 或 2% 。然而，研究表明，此项措施可以减少至少相当于预期十倍的污染量。通过电脑建模技术和对几百种化学反应效果的评估，科学家已确定绿色墙体明显是控制空气污染的佼佼者。绿色墙体净化进入其中并停留在街道“峡谷”中的空气，以此提供了一种改善空气质量的简单方法。伦敦交通局已安装两条绿色墙体轨道，并在报告中对其经验进行了详述，报告题为“垂直绿色的诞生”（Transport for London，2012）。

在经济紧张时期，在我们的城市中发展绿色屋顶和绿色墙体似乎是愚蠢的行为。但是以后确凿的科学证据显示，这不是愚蠢的行为。我们对于绿化城市所带来的优势的认识仍不断深入。在城市中栽种绿色植被对于环境、公共卫生、社会、经济和其他方面都大有裨益，而且成本相对合算。

伦敦城是由泰晤士河边的绿色田野发展而来，现在是绿色田野回归的时候了。

参考文献

［1］ Barclays Cycle、Barclays Cycle Hire、Barclays Bank PLC，http：//www. tfl. gov. uk/modes/cycling/barclays – cycle – hire？ cid = fs008.

［2］ Bell，M. L. 、Davis，D. L. 、Fletcher，A. ，A Retrospective Assessment of Mortality from the London Smog Episode of 1952：The Role of Influenza and Pollution，*Environmental Health Perspectives*，112（1）. pp. 6 – 8.

［3］ Brimblecombe，P. ，*The Big Smoke*，London：Methuen. London.

［4］ Car Lite London，*London's Car Conundrum*，Zipcar（uk）Ltd. ，http：//www. zipcar. co. uk/car – lite – london.

［5］ *City Air*，*Improving Air Quality in the City of London*，City of London and National Health Service，http：//www. cityoflondon. gov. uk/business/environmental – health/environmental – protec – tion/air – quality/Documents/improving – air – quality – city – of – london – best – practice – general. pdf.

[6] Carplus, *Carplus: Rethinking Car Use*, Carplus U. K., http: //www. carplus. org. uk/.

[7] City of London, *City of London Air Quality Strategy 2011 – 2015*, City of London, http: //www. cityoflondon. gov. uk/business/environmental-health/environmental-protection/air-quality/Documents/City% 20of% 20London% 20Air% 20Quality% 20Strategy% 20Jan% 2012. pdf.

[8] DEFRA, *About Air Pollution. Department for Environment*, Food and Rural Affairs, http: //uk – air. defra. gov. uk/air – pollution/.

[9] HCLF, Help Change London's Future, Mayor of London, https: //www. tfl. gov. uk/cdn/static /cms/documents/mts – leaflet. pdf.

[10] Horton. R. ed., *Global Burden of Diseases. Injuries. and Risk Factors Study 2013*, The Lancet, http: //www. thelancet. com/themed/global – burden – of – disease.

[11] Kumar. K.、Morawska. L.、Birmili. W、Paasonen. P、Hu. M、Kulmala. M、Harrison. R. M、Norford、Britter. K., *Ultrafine particles in cities*. Environment International. 66 (May). pp. 1 – 10.

[12] LEZ., *Low Emission Zone. Transport for London*, https: //www. tfl. gov. uk /modes/ driving/low – emission – zone.

[13] Livingroofs. org, *On Green and Brown Roofs. Livingroofs. org*, http: // livingroofs. org/.

[14] *London Air*, Environmental Research Group, http: //www. kcl. ac. uk/ lsm/research/ divisions/aes/research/ERG/About – us. aspx.

[15] London Assembly, *Air Pollution in London*, Issues Paper, London Assembly, http: // www. london. gov. uk/sites/default/files/Air% 20pollution% 20issues% 20paper% 20pdf_ 0. pdf.

[16] Par Hill Research, *14 Cost Effective Actions to Cut Central London Air Pollution*, Royal Borough and Kensington and Chelsea, http: //www. rbkc. gov. uk/pdf/air_ quality_ cost_ effective _ actions_ full_ report. pdf.

[17] Plugged in Fleets, *Plugged in Fleets: a Guide to Deploying Electric Vehicles in Fleets*, Transport for London, http: //www. theclimategroup. org/_

assets/files/EV_ report_ final_ hire s. pdf.

[18] TFL, *Transport for London*, Greater London Authority, https: //www. tfl. gov. uk/.

[19] Thomas. A. M、Pugh. A、MacKenzie. A. R、Whyatt. J. D、Hewitt. C. N. , *Effectiveness of Green Infrastructure for Improvement of Air Quality in Urban Street Canyons*, Environmental Science and Technology. 46 (14), pp. 7692 –7699.

[20] Transport for London, *Delivering Vertical Green*. Transport for London Surface Transport, https: //www. london. gov. uk/sites/default/files/2012 – 10 – 15%20Delivering%20Vertical%20Greening. pdf.

[21] Vision for Cycling, *The Mayor's Vision for Cycling in London*, Transport for London, https: //www. tfl. gov. uk/corporate/about – tfl/how – we – work/planning – for – the – future/vision – for – cycling.

[22] Yim. S. H. L. 、Barrett . S. R. H. , *Public Health Impacts of Combustion Emissions in the United Kingdom*, Environmental Science and Technology. 46 (8) . pp. 4291 –4296.

俄罗斯城市绿色能源发展：以符拉迪沃斯托克市为例

帕维尔·鲁金（Pavel Luzin）*

人们通常只在安全环境和人类健康范畴内探讨城市绿色能源问题。本研究在政治经济和国际关系体系变化的范畴内对其进行讨论，这个视角使人理解为什么地球高峰会的宗旨在俄罗斯尚未实现。本研究的核心是俄罗斯在绿色能源方面的经验和符拉迪沃斯托克集聚化（包括符拉迪沃斯托克，双城子甚至纳霍德卡港）案例，该集聚区是俄罗斯远东地区中心和俄罗斯通向亚太地区的门户。

一 俄罗斯绿色能源政治经济框架

政治经济视角有助于研究绿色能源的经济趋势和其政治后果之间的综合关系，研究国内外时事变化和绿色能源发展的政治原因之间的综合关系。

首先，我们需要研究绿色能源经济学，并与传统电力工业进行比较。全国主要电力生产（67.9%）基于矿物燃料，这是俄罗斯特色，包括采用天然气（70%）和煤（25%）发电的电力发电厂。核能源占16%，其中30%分布在俄罗斯欧洲地区，37%分布在西北地区如列宁格勒和摩尔曼斯克地区。水力发电厂占15.6%，主要分布在卡马河—伏尔加河和西伯利亚盆地。然而，替代（绿色）能源占比在2008年约为1%，该比例

* 帕维尔·鲁金（Pavel Luzin），俄罗斯彼尔姆国立大学世界经济与国际关系研究所国际关系学博士、研究员。

至今没有呈现很大变化。

因此，俄罗斯目前的能源结构可持续 7—10 年，但从长远来看（十多年后）俄罗斯的能源部门仍存在几个经济挑战：

第一，采用天然气发电的俄罗斯电力发电厂正在经历现代化，这是能源公司的唯一首要任务，也意味着向新电力发电厂的投资今后几年是有限的。

第二，俄罗斯水力发电厂的现代化和安全设施需要投资，这一点在 2009 年位于西伯利亚的萨扬—舒申斯克水力发电厂的重大事故中显得尤为重要。安装现代化的水力发电的成本是每千瓦 200 美元。

第三，与相同气候地区的发达国家（加拿大、芬兰、挪威等）相比，根据目前的电力使用水平，俄罗斯电力发电人均产能需要增加一倍。

因此，今后几十年，俄罗斯电力发电产能需要大量投资。重要的是，采用天然气或水力发电的电力发电厂产生的每千瓦电力安装成本与绿色发电厂产生的每千瓦电力成本相当。如采用天然气发电的能源单位成本和采用风力发电的能源成本为每千瓦 1000—1500 美元。太阳能发电系统和潮汐能发电系统成本虽然更高，但将随着技术进步降低。

俄罗斯对其经济生活和隶属于俄罗斯政府的主要能源公司利益的官僚管制决定了俄罗斯政治体系是以大型电力发电厂和能源系统发展为导向，并伴随着高度集中化。而且对俄罗斯能源平衡多元化的话语权更多由传统能源工业（汽油、水力发电、核能、煤炭和能源设备）不同部门的公司游说掌握，而不是由政治战略意愿决定。[①]

在库页岛至哈巴罗夫斯克、符拉迪沃斯托克以及堪察加半岛的汽油管道建设完成后，位于远东地区采用煤炭和取暖油的电力发电厂正在重新装配天然气。俄罗斯其他地区几十年前走的也是这样的路子。

同时俄罗斯远东地区的能源系统有其特殊性：既高度集中化，电力发电厂又遍布农村和地方。根据联合政府对远东地区的发展规划，将在该地区尤其是难以到达的地区发展风力和太阳能这样的绿色能源系统。然而包括阿姆尔河地区的“东方港”装箱集散港在内的城市、港口和工业场所的

① 然而，俄罗斯最大的绿色能源项目是位于卡尔梅克（里海附近地区）的风力发电厂开发项目，其一期电力达到 300 兆瓦，由官方支持。卡尔梅克农业萧条，工业和自然资源发达，因此该项目应该能为当地 28 万居民提供可持续的能源系统。卡尔梅克的这种绿色能源模式根本不适用于俄罗斯，只与非洲的绿色能源经验具有可比性。

能源系统均是在传统框架之内发展，尽管这些框架在经济发展和对外政策方面均同俄罗斯国家利益自相矛盾。

俄罗斯绿色能源发展的复杂远景由世界银行国际金融公司于 2011 年规划，这很重要。专家强调有三种适用于俄罗斯不同地区的主要绿色能源：风力、生物气能源和小型水力发电厂。但是除非是一些上述的特殊情况，绿色能源对于俄罗斯政府而言依旧属于次要的优先考虑事务。

因此，如果能源市场没有私人投资或自由化，俄罗斯想创造可持续的 GDP 增长是不可能的。安装传统电力发电厂的高额成本以及能源规划的官僚作风应该保证能源需求，这就意味着每个城市和地区的工业发展和人口数量也应该重新设计，但是在现代市场经济中这是不可能的。那就是为什么我们没有看到俄罗斯的私企向新的电力发电厂进行大规模投资的原因。

经济自由化将为电力发电市场带来投资，而且仅绿色能源就能让私人投资者获得必要的灵活性并能够在自由化的市场中降低经济不确定性的风险。当投资人能够逐步建设太阳能、风力或生物气能发电厂，并且当需求下降时能够化解过剩发电产能，这种灵活性就随着绿色能源的科技应运而生。而且对于俄罗斯正在变化的城市而言，灵活的电力发电产能是核心内容。

二　“灵活城市”的定义

当代城市越来越灵活。当然，每个城市的灵活性取决于特殊的历史和经济原因，但似乎存在于现实之中。这种灵活性意味着长期趋势无法预测或城市发展没有模式，这种灵活性由城市间尤其像活跃的亚太地区的城市间的经济和社会竞争界定。我们研究中使用的“灵活城市”这一可行的定义，包括以下内容。

第一，自苏联解体后俄罗斯的城市开始改变，这种向开放经济的痛苦适应至今尚未结束。包括能源系统在内的城市发展遵循的是苏联的集权化式官僚规划。之后俄罗斯的官僚主义控制了能源发展，而不是控制城市发展。

这种适应过程有两个与电力发电产能有关的主要趋势：人口变化和工业转型。这些趋势的确对俄罗斯的电力发电资产产生了巨大影响。传统的电力发电工业依靠可持续的需求，而如果当城市经历像俄罗斯那样的经济和社会转型时，这些工业发展就会停滞。

第二，俄罗斯地区中心人口已经趋于稳定：2011 年，秋明地区每 1000 位居民中新增居民为 40 人，此为最大增量。包括俄罗斯远东地区的符拉迪沃斯托克和哈巴罗夫斯克在内的大多数城市的人口增量为每 1000 位居民新增居民为 15 人，此增量主要是移民增量。这种移民来源于农村地区的城镇。这意味着当代居民对电力发电的需求结构与 20 世纪时不同，当时需求通过城市化和技术进步的发展迅速增长。

然而俄罗斯的这种需求不断增长，而且如上所述，几十年后人均需求将加倍，但是城市社区的不同阶层和城市不同部分对电力发电有不同需求。

第三，至于俄罗斯工业，大型机器制造工厂由于经济原因自苏联时代起开始走下坡路，但是新商业和工厂需要可持续的、可获得的和高效的电力发电资源。如果每个城市的能源市场被大型和国有电力公司垄断，或市场由官僚管制，商业发展机遇将受限。

因而，传统的电力发电工业不能适应这样的环境。所以俄罗斯的电价自 2002 年至今已经增长 4 倍之多，超过了联合国的电价。这通过全国范围的绿色电力发电厂的发展就可以改变，并将在电力供应商之间创造竞争以创造一个灵活的能源环境。

第四，我们也需要讨论城市失去部分经济基础的一些例子。从亚太地区俄罗斯的工业城市到美国的底特律，这样的例子比比皆是。主要原因是大型工厂失去了具有竞争力的市场地位，而这些工厂在城区的衰落和结构调整中均扮演着领头羊的角色。在变化中的市场环境尤其是经济动荡中，传统的电力发电厂的脆弱是一个问题。因而当代电力能源产业不仅需要具备灵活性，而且需要为了适应全球经济变化具备可持续性。绿色能源系统具备这样的可持续性。

第五，“灵活城市”需要居民高度的公共责任心，这正是绿色能源发挥作用的地方。商业或个人在建设风力、太阳能或小型水力发电系统的过程中增加了公民在城市生活中的参与度并使得城市更加强大。所以，可以说这将革新城市的公众意识并随着经济和社会发展带来政治可持续性。

第六，亚太城市之间的竞争存在的主要问题是：地区经济和政治体系中每个城市的地位是什么？这是关于城市的吸引力和他们的合作能力问题，而不是他们之间的支配力或森严的等级排序问题。这样的话符拉迪沃斯托克（或任何其他俄罗斯城市）将来不会成为一个强大的亚太城市。但是为了要独立自主、在知识范围内自行其事或用充足的剩余价值创业的居民，符拉迪沃斯托克需要变得有吸引力。绿色技术可以通过高效的电力能源系统和改善环境使符拉迪沃斯托克实现这个目标。

当然，目前很难以官僚和非市场作风占支配地位的俄罗斯为例谈论“灵活城市”，但是要想从目前的发展僵局中成功走出来，这似乎是唯一的路径。

三 符拉迪沃斯托克：绿色能源设想

符拉迪沃斯托克作为一个典型的俄罗斯城市，在某些方面是俄罗斯在西比利亚、乌戈尔一带或欧洲地区的城市的参考，在俄罗斯整个远东地区是俄罗斯通往亚太地区的唯一门户。在目前的政治经济轨道内，其发展是政府的首要任务之一。远东地区在绿色能源发展方面仅在自然资源方面最优厚。这都意味着我们能为符拉迪沃斯托克的未来绿色能源发展寻求一些可能的方案。

（一）绿色电力产能的集约式发展

方案建立在俄罗斯政治经济体系内的现有问题会迫使不同类型绿色电力发电厂发展（如符拉迪沃斯托克和俄罗斯整个远东地区）的假设基础之上。这种发展通过私人实业公司和外资公司实现，这些私人实业公司和外资公司则需要电力产能发展他们的商业项目。

为了吸引外资给远东经济投资，与中国、日本和韩国当地的商业利益抗衡，以及吸引当地的俄罗斯公司和居民，方案显示俄罗斯官方对符拉迪沃斯托克的绿色能源集约式发展将会感兴趣。这将使俄罗斯政府在亚太地区保持竞争力。

方案实施面临的问题是俄罗斯投资环境差。所以为了创造强大透明的政治经济系统，俄罗斯首先需要深化制度改革，这之后用于电力发电产能的几十亿美元商业投资才可能到位，因此在未来的5年之内该方案实现的可能性很低。

（二）辅助发展绿色电力发电产能

方案假设当传统方法力度不够或无效时，如果技术必要，俄罗斯政府和国有能源公司将继续发展绿色电力发电产能。而且这种产能的发展将由它们的政治和国际形象方面的原因确定。

方案框架内的绿色能源系统将在当地和区域能源平衡方面发挥更多的作用。前面所述在难以到达的地区尤其是俄罗斯远东地区的电力发电厂的绿色技术前景，但是电力能源不足的挑战甚至在符拉迪沃斯托克以及俄罗斯其他地方的大城市中存在，如在符拉迪沃斯托克人口稀少的岛屿上，人们还在使用汽油发电机。没有可持续的电力发电厂，这些岛屿不可能发展起来，而绿色系统能够解决这个问题。

方案实施面临的主要问题是官僚和国有公司占主导地位，而私人公司没有参与进来。如果不考虑私人（市场）和地方社区利益，规划有可能失败。因而这种绿色能源发展之路会导致低效。尽管如此，它却可以在未来几年解决一些地方的能源问题，也可以使绿色发展构想成为俄罗斯的公众话题。

（三）绿色能源产能发展停滞

方案假设国家经济危机导致俄罗斯政府实际上会暂停绿色能源发展。这样的话，国有能源公司也将暂停这方面的工作，而由于政治经济原因私企没有绿色能源发展的动机。另外今天的俄罗斯社会出现反对现代化的倾向，这也会导致绿色能源发展停滞。

这种停滞并不意味着全面排斥，但它却是一种惯性和衰退，阻碍俄罗斯克服能源瓶颈和挑战。符拉迪沃斯托克将不能成功融入亚太经济体系或与亚太其他城市进行竞争，它和整个俄罗斯的电力能源系统将继续依赖传统的化石燃料。

这样的话符拉迪沃斯托克的经济发展将需要政府大量向电力发电厂投资，并保留能源部门的官僚和非市场模式，结果是因为没有绿色能源的发展，符拉迪沃斯托克、远东地区以及整个俄罗斯将在亚太事务中被边缘化，这种可能性也很高。

四　结论

基于俄罗斯绿色能源系统发展的官僚规划以及国有企业的相关利益，我们讨论了俄罗斯政治经济模式的影响。目前俄罗斯亟需实现现有电力发电厂现代化，但是同时为了国民经济发展也需要人均电力发电产能增加一倍。为了走出这个困境，电力能源生产的绿色技术应用似乎是唯一出路。

电力能源生产的绿色技术为商业和城区带来了必要的灵活性，这种灵活性使城市社区和国家适应变化中的亚太经济、政治和社会环境，而且能源部门的灵活性规避了私人投资的经济风险。

以俄罗斯亚太地区主要门户符拉迪沃斯托克为例，我们得出发展绿色电力发电的三个设想，以及两个消极可能：第一，俄罗斯政府和国有能源公司辅助发展绿色电力发电，这个前景不够乐观；第二，经济危机导致相关发展停滞，这是最糟糕的情况。不幸的是，未来几年，俄罗斯对以集约化、市场为导向和私人投资为导向的绿色能源生产进行集约化发展，其可能性很低。

参考文献

［1］ *Analysis of the Results of Russian Electric Power Sector Reform and Proposals to Change Its Regulatory Approaches*, IPEM, http://ipem.ru/eng/energy_studies/study_27052013.html.

［2］ *Federalnaya tselevaya programma Ekonomicheskoe isotsialnoe razvitie Dalnego Vostoka i Baikalskogo regionov na period do* 2018 *goda* , Federal program Economic and social development of the Far East and Baikal regions till 2018, The Government of the Russian Federation, Edition of 06.12.2013.

［3］*Godovoi otchet OAO "E.ON Rossiya" za 2013 god, Annual report of JSC "E.ON Russia" 2013* , E.ON Russia, http://eon-russia.ru/files/7146/.

［4］ Going Green, How cities are leading the next economy, *The London School of Economics and Political Science*, 2013.

［5］ Hill F.、Gaddy C., *The Siberian Curse, How Communist Planners Left Russia Out in the Cold*, Washington: The Brookings Institution. 2003.

［6］ Krasnyanskiy G. Khozhdenie po energeticheskim uglyam [Walking on energy coals], *RBC Daily*, 29. 10. 2012, http: //www. rbcdaily. ru/industry/opinion /562949985021503.

[7] *Migration / Demography / Population* . The Federal State Statistics Service of the Russian Federation, http: //www. gks. ru/wps/wcm/connect/rosstat_ main/rosstat/ru/statistics/population/ demography/#.

[8] Munitsipalnaya programma *Energosberezhenie. povyshenie enrgeticheskoi effektifnosti i razvitie gazosnabzheniya vo Vladivostok skom gorodskom okruge* na 2014 - 2018 gody [*Municipal program "The energy delivery. the increase in energy efficiency and the development of the gas delivery in the city district of Vladivostok" in* 2014 - 2018] . Annex to the Order of the administration of Vladivostok of 20. 09. 2010 No. 2070, http: //www. vlc. ru/docs/npa/78917/.

[9] Novye rynki vozobnovlyaemoi energii [*The new markets of renewable energy*], Polit. Ru, 16. 04. 2013, http: //polit. ru/article/2013/04/16/ps_ energy/.

[10] Perspektivy i strategicheskie initsiativy razvitiya toplivno - energetiche-skogo kompleksa [*The prospects and long - term initiatives for the development of the fuel and energy industry*] / *Energy strategy // Ministry of Energy of the Russian Federation*, http: // minener - go. gov. ru/aboutminen/energostrategy /ch_ 6. php.

[11] Politika Rossii v oblasti vozobnovlyaemyh istochnikov energii, *probuzhdenie zelenogo velikana* [*The Russian policy towards the renewable sources of energy: the waking of the green giant*], Washington: International Finance Corporation, 2011.

[12] *Proizvodstvo elektroenergii* [*The producing of the electricity*], *Rosatom*, http: // www. rosatom. ru/aboutcorporation/activity/energy _ complex/electricit - ygeneration/.

[13] Putin dal komandu na zapusk gidroagregata "*odnoi iz luchshih GES v mire*" [*Putin commanded to start the hydro power unit on the "one of the world best HPPs"*], Vedomosti. 12. 11. 2014, http: //www. vedomosti. ru/companies/news/35856381/putin - dal - komandu - na - zap - usk - gidroagregata - odnoj - iz - luchshih? full#cut.

[14] Reiting stran mira po urovnju potrebleniya elektroenergii [*The world*

ranking of the electric power concumption], Tsentr gumanitarnyh technologiy, http: //gtmarket. ru/ratings /electric – power – consumption/info.

[15] Renewable Energy in Isolated Systems of the Far East of Russia, Ⅲ International Conference. JSC RAO Energy systems of the East, http: // www. eastrenewable. ru/en/.

[16] *Rost tsen i tarifov infrastruktirnyh otrasley: suschestvuet li predel?* [*The growth of the prices and tariffs in the infrastructure industries: where is the limit?*] . IPEM, http: //ipem. ru/news/publications/519. html.

[17] Struktura toplivnogo balansa [*The fuel balance*], *E. ON Russia*, http: //eon – Russia. ru/activities/fuel_ balance/.

[18] Teplovye elektrostantsii na osnove gazoturbinnyh ustanovok – sroki okupaemosti i stoimost proizvodimoi elktroenergii [*Thermal electric power stations with gas turbine installation – the payback period and the cost of electricity produced*], Novaya Generatsiya Company, http: //www. manbw. ru/analitycs/ power_ stations_ basis_ gas_ turbine_ units_ paybackperiods _ cost_ electric_ power_ produced. html.

[19] Tsena 1 kW na rossiiskom rynke vetroenergeticheskih ustanovok ot 15 do 215 tysyach rublei [*The installation cost of* 1 *kW is from* 15 *to* 215 *thousand rubles on the Russian market of the wind power systems*], RBC Markets Research. 23. 01. 2013, http: //marketing. rbc. ru/news _ research /23/01/ 2013/562949985572852. shtml.

[20] *UNEP*. 2011. *Towards a Green Economy: Pathways to Sustainable Development and Poverty Eradication*, http: //www. unep. org/greeneconomy/.

[21] V Permi vveden v stroi novyi energoblok Permskoi TEC – 9 KES Holdinga [*KES Holding started the new energy power unit on the Perm TPP* – 9]. PROPerm. Ru. 05. 02. 2014, http: //properm. ru/ busine – ss/news/75248/.

[22] Vozobnovlyaemye istochniki energii [*Renewable sources of energy*], Ministry of Energy of the Russian Federation, http: //minenergo. gov. ru/activity/vie/.

[23] Zubarevich N. , "*Otlichniki*" *i* "*neudachniki*" *rossiiskih gorodov* [*The* "*high achievers*" *and the* "*losers*" *among the Russian cities*], Open Economy. 23. 05. 2013, http: //opec. ru/15355 29. html.

亚太地区绿色城市发展

——旅游业的水问题

苏珊·贝肯（Susanne Becken）、
诺埃尔·斯格特（Noel Scott）*

一 引言

全球淡水消耗量在过去的50年里增加了两倍，缺乏清洁的饮用水是亚太地区许多国家面临的一个关键问题。亚太地区居住着世界上60%的人口，却只拥有世界上36%的水资源。人口增长是水需求的一个主要推动力，全球大约2/3的人口增长出现在亚洲，未来10年将新增5亿人。气候变化有可能加剧现有的水压力和水短缺。

亚太地区的水资源面临着许多复杂的挑战，由此产生了一些地区热点。热点地区面临多重问题，包括获得水与卫生受限、水资源可利用量有限、水质欠佳以及气候变化和自然灾害的增多。热点地区包括巴基斯坦（洪水的高危地区），柬埔寨、印度尼西亚和老挝人民民主共和国（自然灾害、获得饮用水和卫生设施受限），印度的旁遮普和中国的华北平原（面临每年水位下降2到3米），以及一些水资源丰富的国家（由于水质恶化和污水未经处理而导致的高水平的污染）。

农业是全球主要用水产业，在亚太地区亦然。然而，旅游业在一些地区已成为越来越重要的用水产业，是因为其对饮用水的需求在增长。旅游业将会影响未来的水资源短缺，也必将成为关于城市水管理的讨论和活动

---

* 苏珊·贝肯（Susanne Becken），澳大利亚格里菲斯大学旅游学院教授；诺埃尔·斯格特（Noel Scott），澳大利亚格里菲斯大学旅游学院教授。

中的推动因素。到目前为止，大部分与旅游相关的可持续发展研究关注于欧洲和北美的经验数据和指标。

亚太地区在用水方面差别迥异，在一些国家一个旅客每晚消耗的水是别人的五倍。在澳大利亚一些城市，旅游运营商因过度用水已经跟当地社区产生了冲突。印度尼西亚的巴厘岛在旅游业上消耗着当地65%的水资源，酒店行业和当地社区的冲突显而易见。

上述全球挑战和地理压力对亚太地区的旅游业有着重大的影响。水的四个问题维度，即使用、成本、可用性和质量，对旅游业的设计、规划、采购和发展有着清晰的影响。本章概述了旅游业中有关水的一些关键挑战，对旅游业中的水需求提出了深刻的见解，以及对不同的游客居住地提出了关于水消耗的基准从而作为“最佳实践”。

二 用水量

旅游业是重要的用水产业。一般来说，游客在旅游时比在家时用水多，这一行为增加了全球整体的用水量。全球超过10亿的国际游客使得这一增长很是显著。游客间接或直接地在用水、废水和固体废物服务。当人们度假时，会喝水、洗漱或上厕所，并从事一些活动或使用游泳池。旅游业也会用水来维护花园、注满游泳池或冲洗设施。广泛意义上说，旅游业是活动的发起者，比如基础设施建设、食品和燃料生产、公共厕所的供应和维护，这些都会用到水。

许多形式的旅游业都直接或间接地依赖于水。其中包括高尔夫、探险旅游业、生态旅游业和休闲旅游业。水的供应变化会不利于这些活动。而且，许多旅游区都位于沿海地区或岛屿，这些地方极易造成水污染。由于旅游业的瞬息万变，游客随着时间和位置的推移对水的需求产生不均匀。旅游业活动具有季节性，游客通常喜欢在降水量低、水资源可利用量减少的旱季来玩。然而，水是一种自然资源，通常是现成的，高质量的饮用水需要基础设施和持续的运作支出。随着人口的增长和旅游业的发展，很难找到资金来支付所需的额外的基础设施和花销，特别是在人口不多也不富裕的地区。虽然旅游业会为过度用水买单，但通常他们跟其他产业支付的费用是一样的，因此游客的用水通常是常住人口在资助。最后，与诸如农业这样的经济产业不同，旅游业用水量的统计是有限的。

Gossling 等人（2012）的研究表明，在许多亚洲国家的旅游业相关用水在民生用水份额中所占比例越来越大，尤其在印度尼西亚（8%）、印度（7.6%）和泰国（6%）。联合国粮农组织（UNFAO）水温自动调节仪数据库是一个关于水和农业的全球信息系统，用来收集和分析水资源和用水信息。EC3's 地球检测数据库（http：//es. earthcheck. org/）显示着亚太地区每位客人每晚在酒店的用水数据。对比联合国粮农组织的城市人均用水量和每位客人在酒店每晚用水量，为 21 个国家的酒店提供了一个有相对影响的指标，其中 12 个国家属于亚太地区（图 8－1）。

每位客人每晚用水最多的国家是菲律宾（981 升/每晚每人），中国（956 升/每晚每人）和马来西亚（914 升/每晚每人）。虽然旅游业用水在城市用水中所占比例相对较少，但斐济就创造了高达 7.2% 的比例。同时，像斐济和大多数亚洲国家，城市每天人均用水量却很低（少于 150 升），所占用水比例通常非常小，这表明在发展中国家和新兴经济体中家庭用水和旅游业用水存在着较大的限制。

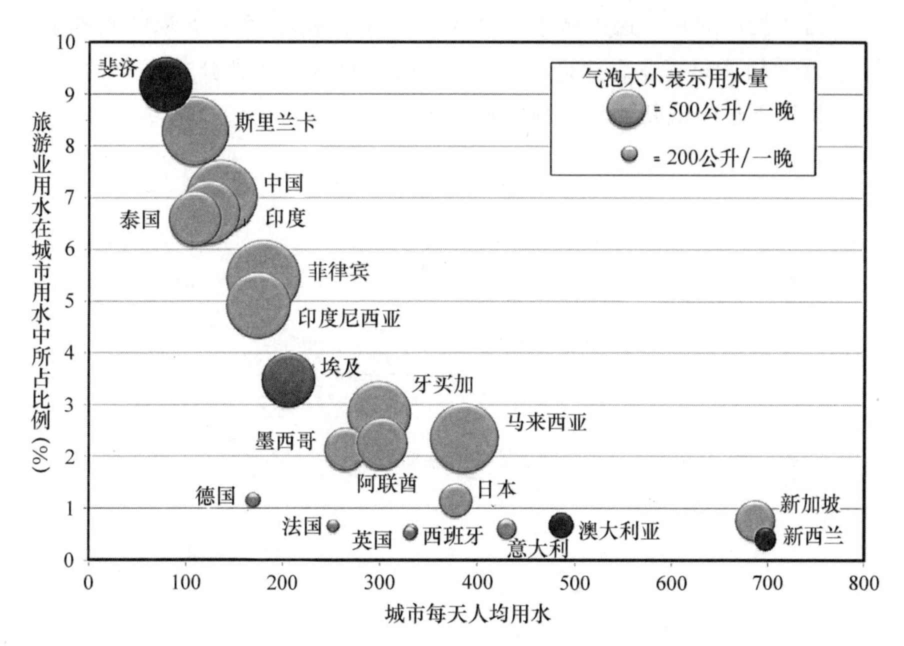

图 8－1　人均每天城市用水和旅游用水对比

资料来源：联合国粮食与农业组织和地球检测；Rajan 博士设计。

三　水的成本

一些住宿提供商在用水上的花费能占总效用费用的20%。这在水资源稀缺的环境中尤为明显，比如小岛，那里通常依赖海水淡化或水路运输。减少用水不仅仅是一种可持续发展措施，它对财务底线来说也越发重要。

水的成本在不同地方差别悬殊。图8－2展示了在澳大利亚五个城市的水价情况，从佩斯的2.40美元/立方米到阿德莱德3.88美元/立方米价格不等。同时可以看出，2006年到2012年间，澳大利亚的城市水价以每年14%的幅度在攀升（从1.43美元/立方米涨至3.22美元/立方米）。

相比之下，中国的公用水价远远低于澳大利亚。水价最贵的是香港和天津，大约0.65美元/立方米。2006年至2012年间，中国城市的水价以平均每年9%的幅度在攀升（从0.29美元/立方米涨至0.47美元/立方米），增长多发生在2008年至2010年之间。2010年以后，水价一直处于持平状态（图8－3）。

需要指出的是，这些城市供水成本是基于每天15立方米的基准消费水平的（相关的商业企业而非住宅）。通过对近360种公共事业的调查，得出了以下这一最新的全球城市水价数据。

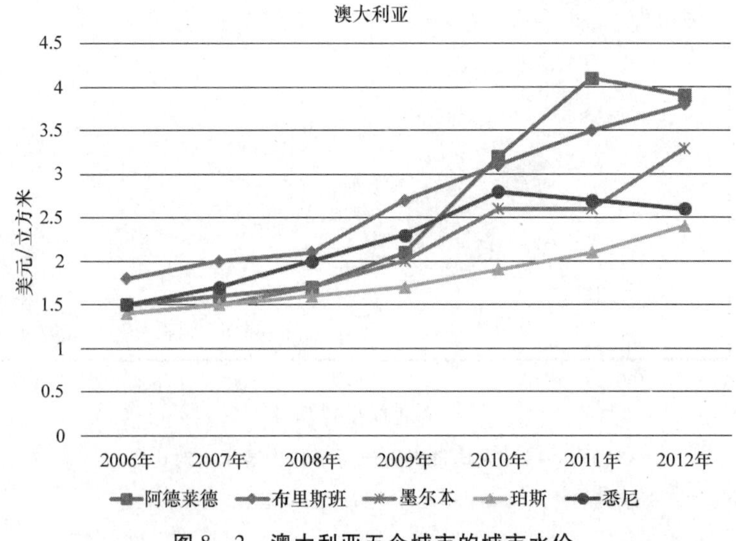

图8－2　澳大利亚五个城市的城市水价

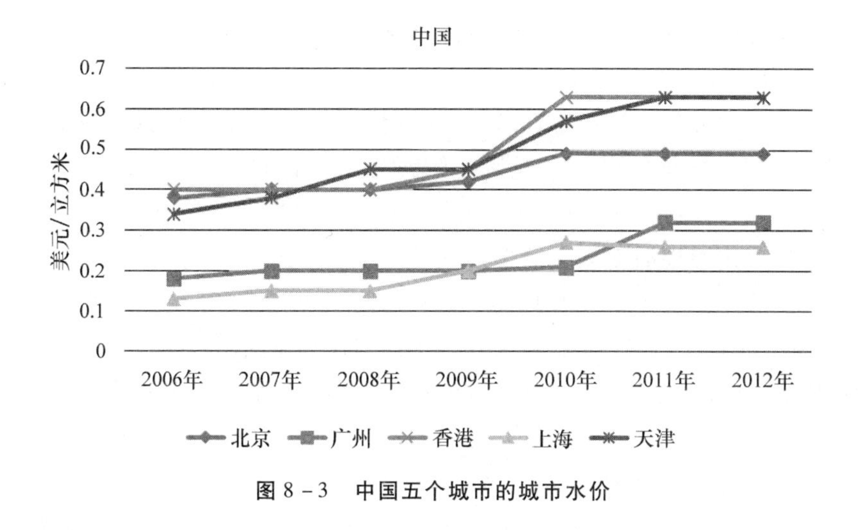

图 8－3　中国五个城市的城市水价

四　水的可用性和质量

农业生产强度不断增加以及快速的发展和城市化这些近期趋势已致使淡水资源的取用日渐增多，水资源压力越来越大。在全球范围内，在过去的 60 年里，仅生活用水就以每年 2.2% 的幅度在增加。旅游是一个主要的全球化产业，对于当地的水需求起着实质性的作用。在未来，水的可用性和质量将深受全球气候变化的影响。亚太地区气候趋势的分析给人们呈现出一个复杂的画面。例如，中国在过去的 50 年里降水量整体减少，而中西部地区以及长江下游的降水量却有所增加。东南亚和南太平洋西部地区降水在增加，而斐济、澳大利亚的西部和新西兰的东部降水却在减少。

（一）基准管理

文献表明，世界范围内在居住行业目前可以获得的用水量数据有限且分散，测量的指标也有所不同。这就使得我们需要用一种统一且及时的方式来度量和报道用水量。

建立和分析用水量的基准，重要的是区分不同的住宿类型：商务酒店还是度假酒店，服务周全的豪华酒店还是中档或经济型酒店。显然需要在住宿类型、定义以及度量用水量的方法上达成一致。显然是一个需要达成最好的住宿类别、定义和方法用于测量水使用。从地球检测数据库得到的数据已经被用来对比亚太地区商务酒店的情况。结果相去甚远，澳大利亚一个客人每晚用水 292 升，中国则是 956 升。香港、日本、韩国和新加坡用水呈现中等水平的效能，而其余国家则表现出高强度用水。亚洲一些国家的这一现象或许跟广泛给园艺设施浇水有关，包括楼内楼外精心设计的水景。

（二）旅游接触点

在酒店或度假村，重要的是了解水的使用和管理的关键接触点。水需要一系列的服务，特定的配置文件因不同的住宿设施而不同。文献中关于不同的服务内容起着多少作用存在着巨大差异，但似乎最重要的用水地方就是：

第一，客房，消耗 25%—56% 的水。

第二，冷却塔（空调），消耗 10%—34%，在温度较高和热带国家中消耗得更多。

第三，游泳池，消耗 15%—20%。

第四，厨房和饭店，最终消耗大约 20%。

用水量会因冷却塔以及内部或外包洗衣服务的存在而不同。例如，一个没有冷却塔和内部洗衣房的酒店可能大部分的用水量来自客房（56%）。第二大用水的地方是厨房。在一个有冷却塔和洗衣房的酒店，客房仍然是最重要的用水地方，但其重要性会稍微小一点。

设计最佳方案来使锅炉系统的性能和效率最大化需要详尽的系统审计和诊断。一个有效的锅炉水处理项目对于客房、厨房、洗衣房和空间加热至关重要。对冷却塔（包括补充水处理）进行有效的机械操作和化学管理对于空间冷却至关重要。需要详细的系统审计和诊断开出最好的项目锅炉系统性能和效率最大化。一个有效的锅炉水处理项目对客房、厨房、洗衣房的空间加热是至关重要的。有效的机械操作和化学管理冷却塔包括补充水处理、空间冷却是至关重要的。公共事业用水的另一个方面与公共空间有关，在旅游胜地颇为重要，如水池、温泉浴场、园林和水景，前沿的化学制剂和水调节方法为再生水的使用提供了契机。

有效的清洁和卫生解决方案，结合最佳的化学制剂、药剂师、设备和自动控制系统可以显著地减少厨房、餐厅和客房的用水量。化学分配器设备和自动控制可以显著减少水消耗在厨房、餐厅和客房。用来洗碗、擦地和洗衣的资源最优化型化学制剂可以进一步减少酒店的用水量。个人在进行以上活动，如果使用净水器或管水回收方案，可以显著地减少位于水资源紧张社区的酒店的用水量。

五 减少用水量的方法

旅游景点或旅游区的供水应根据水的用途来区别质量；生活用水要供应饮用水，而非公众用水的地方可以供中水。因为生产饮用水和更高质量的水需要耗能，所以根据用水需要的标准来供水既经济又环保。将水质和用途相匹配的做法有利于可持续发展。

根据澳大利亚旅游局提供的数据，在不影响游客体验的前提下，该国酒店的用水量可以减少 20%。解决旅游住宿业务的用水量问题主要涉及三个方面：组织/管理、技术和行为。

（一）组织改革和管理

通过采用最佳的水管理原则可以减少水需求。例如，需求管理、基础设施维护和更新政策以及一个细化到污水池、水源和如何进行节水的管理文件。此外，处理过的废水和雨水用于非饮用用途可以减少饮用水的使用，如浇灌花园和水景用水。这也将减少水处理的量，因而可以实现双赢。再者，水管理需要确保配水和浇灌系统效率高且维护良好。漏水需要最小化。积极的泄露维修和检测项目的费用通常可以通过以下途径解决：减少了的水生产成本、省下来的由管道水压下降而产生的额外泵水成本和减少了的未来维修成本。漏水也会影响建筑结构和服务，成为健康和安全的隐患，影响到游客的舒适感。除了漏水管理，通过财务部门的账单监督项目跟踪公共设施成本是很关键的。

（二）技术改革

有一些技术需要进行改革。比如，收集雨水作为主要的饮用水来源。此外，取水时要依照地理环境避免使蓄水层下沉。选择既环保又划算的技术很重要，比如流量小的莲蓬头和双排水马桶。

（三）行为改变

改变行为涉及全体民众和游客。首先，关键的是管理者应增加水问题方面的知识；然后，再给公众提供学习更多关于节水和有效利用水的机会。发展一些特别的全民参与的项目，给在水管理方面表现杰出的个人或集体给予奖励与表扬。这些可以跟游客教育项目相结合。

六　结论

本文首先讨论了全球和地区环境，然后论述了亚太地区旅游业的水管理和水的有效利用。在人口不断增加、工业化不断发展和全球气候变化导致水循环变化的背景下，本文讨论了缺水和水压力，以及日益严重的水污染。为了未来的生存，旅游业必须考虑供水成本、可用性和质量。

旅游业虽然不像农业一样用水那么多，但在有关水的讨论中将变得越来越重要，原因如下：首先，从来自地球检测的数据库中，我们可以看出每位客人每晚在酒店的用水量远远超过了当地的用水水平；其次我们也可以看出用水量在国与国之间的差别也很大；最后旅游业的用水强度不仅对运营方面有所暗示，也对名声方面有所暗示，不管是对企业还是对景区。

旅游业的运营往往是趋向于在城市地区。旅游业也具有高度的季节性，水需求在顶峰的时候供水（如通过雨水收集）往往很小。有时候对供水系统要有最高要求（如通过雨水收集）。这就暗示着需要我们根据季节来确定供水和污水服务的价格，来解决旅游高峰期游客对水的高需求。

本文对关于减少酒店用水量的问题提供了一个简要的概述。除了不断增加的能源审计，用水审计是一个重要的起点，用来度量和分析一个企业的用水量。这也为随后的投资具体的项目和技术提供一个商业机会。本文提到了一些高效用水的技术和实践方案。一个关键的领域是园艺和室外娱乐场所的维护，再生水的使用对于减少饮用水的使用也是个可行的选择。

本文沿用商业风险方面的三个维度评估了水挑战：成本、可用性和质量。并提出了对地理水压力的思考。了解水在成本、可用性和质量上的重要性为旅游业在设计、规划、采购和发展路线等方面提出了重要的问题。水的成本很有可能会增加，在中期，某种形式的“水足迹”估计是不可避免的。

总的来说，上述基准数据呈现出一些重点。首先，各国家和地区之间有着纷繁复杂的差异。在某些情况下，每个客人每晚的用水量是常住人口用水量的五倍。关于是什么因素造成了如此显著的差异的研究将非常有益。有些原因包括地区和酒店在类型、大小和风格方面的特征，有些原因包括不同的法律、设备的质量（比如在一些国家漏水率普遍很高）、文化习惯以及价值观。其次，通过对比每位客人每晚用水量和世界上不同地区的非农业用水强度，很显然，旅游业是一个非常重要的用水产业。有必要对这一领域进行进一步的研究。

参考文献

[1] Alonso, A. D. , How Australian hospitality operations view water consumption and water conservation: An exploratory study, *Journal of Hospitality & Leisure Marketing*, 17 (3 –4) . pp. 354 –372.

[2] Barberán, R. 、Egea, P. 、Gracia – de – Rentería. P、Salvador, M. Evaluation of water saving measures in hotels: A Spanish case study, *International Journal of Hospitality Management*, 34. pp. 181 –191.

[3] Becken. S. , Water Equity – Contrasting Tourism Water Use with that of the Local Community, *Water Resources and Industry*. pp. 7 –8, 9 –22.

[4] Becken. S、Garofano. N、Mclennan. C. –l、Moore. S、Rajan. R、Watt. M, 2*nd White Paper on Tourism and Water*: *Providing the business case. Gold Coast*, Griffith University.

[5] Becken. S、Rajan. R、Moore. S、Watt. M、Mclennan. C. –l, *White Paper on Tourism and Water*, Brisbane: EarthCheck Research Institute.

[6] Bohdanowicz. P、Martinac. I、Determinants and benchmarking of resource consumption in hotels – Case study of Hilton International and Scandic in Europe, *Energy and Buildings*, 39. pp. 82 –95.

[7] Charara. N、Cashman. A、Bonnell. R、Gehr. R, Water use efficiency in the hotel sector of Barbados, *Journal of Sustainable Tourism*, 19 (2). pp. 231 –245.

[8] Cole. S, A political ecology of water equity and tourism: a case study from Bali, *Annals of Tourism Research*, 39 (2) . pp. 1221 – 1241. doi: 10. 1016/j. annals. 2012. 01. 003.

[9] Cullen. R、Dakers. A、Meyer – Hubbert. G, *Tourism. water. wastewater and waste services in small towns*: *TRREC Report* 57, New Zealand: Lincoln University.

[10] Deng. S、 - M, Burnett. J, Water use in hotels in Hong Kong, *International Journal of Hospitality Management*, 21 (1) . pp. 57 - 66.

[11] Dore. M. H, Climate change and changes in global precipitation patterns: what do we know? *Environment international*, 31 (8), pp. 1167 - 1181.

[12] Flrke. M、 Kynast. E、 Brlund. I、 Eisner. S、 Wimmer. F、 Alcamo. J, Domestic and industrial water uses of the past 60 years as a mirror of socio - economic development: A global simulation study, *Global Environmental Change*, 23 (1) . pp. 144 - 156.

[13] Garcia. C、Servera. J, Impacts of tourism development on water demand and beach degradation on the island of Mallorca (Spain), Geografiska Annaler: Series A, *Physical Geography*, 85 (3 - 4) . pp. 287 - 300.

[14] Gssling. S, The consequences of tourism for sustainable water use on a tropical island: Zanzibar. Tanzania, *Journal of environmental management*, 61 (2) . pp. 179 - 191.

[15] Gssling. S、 Peeters. P、 Hall. C. M、 Ceron. J. - P、 Dubois. G、 Lehmann. L. V、 Scott. D, Tourism and water use: Supply. demand. and security. An international review, *Tourism Management*, 33 (1) . pp. 1 - 15. doi: 10. 1016/j. tourman. 2011. 03. 015.

[16] Kent. M、Newnham. R、Essex. S, Tourism and sustainable water supply in Mallorca: a geographical analysis, *Applied Geography*, 22 (4) . pp. 351 - 374.

[17] McLennan. C. - l、 Becken. S、 Stinson. K, A Water - Use Model For The Tourism Industry In The Asia - Pacific Region The Impact Of Water - Saving Measures On Water Use, *Journal of Hospitality & Tourism Research*. 1096348014550868.

[18] Tortella. B. D、Tirado. D, Hotel water consumption at a seasonal mass tourist destination. The case of the island of Mallorca, *Journal of environmental management*, 92 (10) . pp. 2568 - 2579.

[19] UNWTO, UNWTO Tourism Highlights, Madrid: UNWTO.

东南亚城市资源利用效率及改进措施

梁　莉（Li Liang）[*]、
爱丽丝·夏普（Alice Sharp）[**]

21世纪人类通常选择居住在城市，尤其是发展中国家，因为这些国家农村人口比重更大。2008年，亚洲开发银行（ADB）预测，相较于2005年，世界各城市将于2030年新增11亿城市居民。1950年，亚洲有2.45亿城市居民，到2010年，这个数字已增长至18.5亿，并预计将于2050年增至33亿（UNESCAP，2012）。东南亚一些国家的城市人口所占比重已超过世界平均水平，如：文莱、马来西亚以及印度。城市迅速扩张是亚洲经济活跃的主要原因，城市人口大大促进了国家生产力。但城市扩张也给社会多个领域施加了不小的压力，如：能源、运输及废弃物管理。加之经济迅速增长，城市生产水平上升，消耗加大，更多垃圾和废弃物产生，这些都是可持续发展之路上的阻碍。

经济增长并不能代表居民生活质量也在增长，尤其对于发展中国家来说，人民仍面临着贫穷、不平等及资源短缺的困扰。因此，城市的可持续性取决于城市如何计划并管理，以及对消费和生产效率的关注。由于认识到了可持续消费及生产的重要性，在2012年的联合国可持续发展大会上提出了资源节约型城市全球倡议（GI－REC）。该倡议旨在确保政策涵盖资源利用率、可持续消费和生产等，以及其他方法共同促进该倡议的成功执行并在各层次上实现可持续发展。

---

* 梁莉（Li Liang），亚洲理工学院亚太地区资源中心项目官员。

** 爱丽丝·夏普（Alice Sharp），泰国国立法政大学诗琳通国际理工学院生物化学工程技术研究所生化工程暨科技学院副教授。

本文回顾了东南亚城市及相关地区其他城市的资源利用现状，运用了一系列关键的社会以及环境参数。案例中所讨论的三个城市可用作参考，旨在宣传其成功的实践。对这三个成功案例的讨论将从影响倡议顺利执行的角度来进行。

一　资源消耗趋势

（一）全球资源受限

能否清晰预测出资源可利用情况的局限性是全球倡议被广泛采纳的前提。这一部分将讨论资源利用的全球趋势。

20 世纪，全球原材料耗费量翻了 8 番。2005 年，世界人口共消耗了 500 万兆焦耳的原始能量以及 600 亿吨的原材料，而城市在其中就占了 60% 到 80%（Krausmann et al.，2009）。据悉，75% 的资源消耗及 70% 的二氧化碳排放由城市造成（UN. 2011）。

2008 年，国际能源署（IEA）预测，全球石油需求将于 2030 年上升 45%。这无疑会对交通、工业、食品生产与供给方面造成巨大影响。国际能源署曾在 2012 年发布报告称，经济增长需要更多石油供给，尤其是交通领域。

由于水资源短缺以及对水资源在其他，如能源生产等方面的征用，如何喝到纯净水已经成为一大难题和挑战。城市水资源的需求大大阻碍了城市的可持续发展。

除去对化石燃料及水资源的需求，城市对食物的需求也不容忽视。然而，由于城市居民自己不生产粮食，他们对食品价格的变化更为敏感。从 2007 年至 2008 年的情况我们已经能够清楚地了解到，一旦石油价格上升，食品价格也随之上升（IEA，2008）。

城市人口增加及现代资源消耗模式都造成了固体废物的大量产生。在发展中国家，固体废弃物的产生导致对新的垃圾填埋场的需求，而如果不能合理地处理以及管理这些垃圾填埋场，它们将会成为排放温室气体的主要来源。

上述信息让我们认识到资源之间的种种关联。对一种资源的过度消耗或者管理不当都会对另一种资源造成负面影响。因此，必须有效利用各种资源。

（二）东南亚经济，人口及社会变化

由于死亡率下降，生育率提高，19 世纪 50—60 年代，东南亚人口呈持续上升趋势。这一情况造成 70 年代时，不得不采取计划生育政策来降低人口增长率。因此，东南亚区域在这一期间生育率普遍下降。在新加坡、泰国等国家，由于教育，工业化，城市化及家庭生育计划的变化，其生育率一度下降到更替水平以下。

尽管一定程度上控制了人口增长率，但是由于人们想要更好的工作，城市化的水平仍在上升。在经历了 2011—2012 年的经济萧条后，现在东南亚经济增长呈复苏态势。经济平均增速计划在 2013 年至 2017 年间达到 5.5%。这样的经济计划表示出东南亚的某些国家，如印度尼西亚，柬埔寨和老挝都已步入早期经济发展阶段，并有着巨大的发展空间。国内需求增长，尤其是私人消费和投资需求，被认为是拉动区域经济增长的主要动力。城市化必然会对需求结构，消费水平及区域生产带来一定影响。

（三）亚太国家资源消耗趋势

21 世纪初，亚洲和太平洋地区曾是世界最大的资源消耗区域，大约占据了全球每年消耗掉的 600 亿吨原始材料的 60%。从实现每单位 GDP 增长所耗能源的角度看，这两个区域为实现每单位 GDP 的增长所投入的能源是世界其他区域的三倍之多（UNEP，2011）。

从图 9 - 1 可看出，在 1970 年至 2008 年期间，资源消耗模式从数量和质量上都有所改变。以 1970 年为例，该区域主要是以生物质为基础，其中农作物、动物饲料、薪柴及建筑所需木材占据了所有物质材料的一半以上。然而在 2008 年，这一消耗模式发生了巨大的变化：建筑矿业成为了该区域材料使用的主力，所占比例高达 50% 以上。

目前，亚太各国及城市已针对资源利用效率低下而产生的众多环境问题提出了各种倡议，也已经投入执行。这一节将讲述主要环境问题的现状及其与资源利用效率之间的关联，以及改善这些问题的倡议。大部分环境问题之间以及环境问题与气候变化间都有着一定程度的联系。

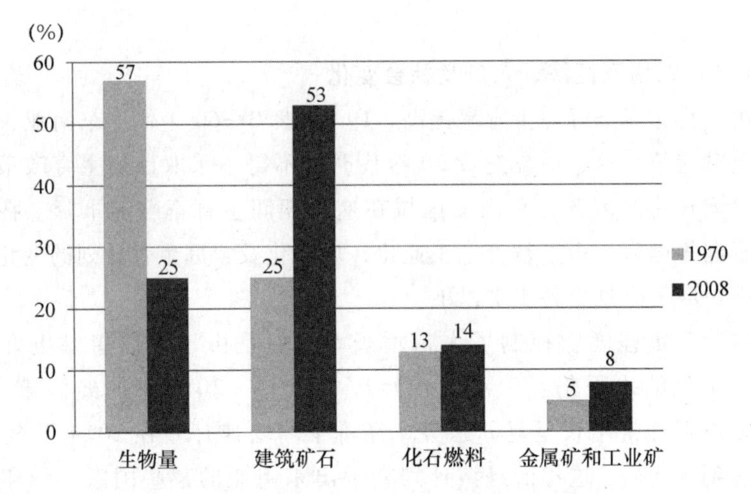

图 9-1　1970 年及 2008 年亚太区域资源消耗模式变化

资料来源：CSIRO 及联合国环境规划署亚太资源流动数据库（2013）。

二　资源利用效率及环境问题

（一）自然资源保护

亚太区域对生产和消费的需求已远超该区域自然资源的再生能力。城市虽然只占该地区土地面积的3%，但其消耗的资源却占了全球的75%。据某一生态足迹估算，人均所占土地面积达1.8公顷，在某些城市这一数字更大。需求的增长大大改变了土地利用模式：森林面积减小，农业用地扩张并强化，以及由于城市化而不断扩大的城市面积。东南亚地区森林净减少量达到33.2万平方公里，而其中印度尼西亚就占了24.1万平方公里。

除了土地利用模式的变化，该区域在过去的几十年中，土地利用密度却有所下降。这意味着每单元经济产出所需土地在减少，换句话说，就是食品生产效率提高了，但土地资源的压力加大了。

森林已从原先的木材“提供者”变成了环境保护的对象。菲律宾坚持贯彻执行“参与式林业”，越南将森林的所有权下分给家庭、个人和私企。其他一些国家也正在实行用法律手段保护森林所有权的政策。

（二）能源管理

全球发电量年增长量从2000年至2008年提高了3.4个百分点，同时期，亚太区域电力生产量平均上涨了6.1个百分点。电力生产的主要子区域集中在亚洲东部及东北部。对于东南亚来说，印度尼西亚和泰国则是两个发电主力，其一共生产了2970亿度电，占据东南亚各子区域生产总量的51%。

发电主要依靠化石能源，如天然气和煤。东南亚每人所需能源在1990年到2011年间上涨了5倍，达到712千瓦时。工业消耗能源所占比例逐渐提高，反映出生产、消费活动更加活跃。由于能源利用效率的提高，能源密度（就是每产生一单位GDP所需的能源）在整个区域内都有所下降。然而，能源利用率还有很大的提升空间。如2011年，该区域能源密度比世界水平高1/3还不止，比经济合作与发展组织国家也高出两倍。

提高该区域能源利用效率的一大阻碍就是化石燃料补贴政策的出台。2012年该补贴达到510亿元，不仅扰乱了能源市场价格，妨碍了对能源基础设施的投资，也同时阻碍了能源利用效率的提高和可再生资源发展的进程。

根据《东南亚能源展望》（2013），由于倡议的执行，相关政策的出台，能源利用情况已有好转。泰国出台的法定标准提倡低碳经济，限制车辆使用，并对购买少于20公里/升汽油耗费量汽车的消费者提供17%的减税。印度尼西亚也准备出台对小客车二氧化碳排放量的限制标准。

（三）人类定居

亚洲2.4亿至2.6亿的城市人口日消费不足1美元，占据了世界城市贫困人口的70%。这些人大多数居住在人口密集的临时棚户区。若不采取措施改变这种现状，那么据预测，这些贫民将会以平均每年1.1亿的数量增加，并在2015年达到69.2亿（ADB，2008）。

显而易见，城市规划必须提上日程，以应对人口、环境、经济和社会空间结构带来的种种挑战（UN Habit，2009）。之前传统的城市规划并未囊括进21世纪城市所面临的挑战，包括气候变化、石油依赖、食品安全和利益相关者等。

创新型城市规划包括发展可再生资源，以削弱对不可再生资源的依赖，以及发展小型电力、水利系统。作为发展绿色基础设施的一部分，增加绿化用地能够扩大可再生能源和当地食品生产规模，也可纳入到创新型城市规划中。“城市无贫民窟”（CWS）这一倡议是为了确保饮用水的安全和卫生并防止环境恶化。CWS 倡议执行过程中已发掘出不少方法策略，如菲律宾加洛坎市的低成本住宅和贫民窟升级计划，越南岘港市改善主要基础设施的政策等，都可供借鉴。

（四）交通和人口流动

东南亚的很多城市公共交通系统不合理、不完善，导致机动车数量飙升，也因此对城市基础设施造成了更大的压力。从图 5 可知，东南亚城市机动车，尤其是电动两轮车的数量正不断上升。机动化指数预期 2035 年（327 辆车/1000 人）相较于 2005 年（150 辆车/1000 人）翻两番。

尽管公路运输在传送货物或人方面是必不可少的，但也同时消耗了大量液体化石燃料，并排放了大量温室气体（GHG），尤其是二氧化碳，造成空气污染（CAI – Asia Center，2013）。2011 年，东南亚交通运输方面所耗能源占据了全部能源的 25%。缓解交通拥堵的一个传统办法就是提高道路通行能力，然而这也同时意味着会有更多车辆参与其中。现在，政府采取经济手段（奖惩并施）治理交通问题，并鼓励私企和个人使用清洁型汽车或清洁型燃料，支持交通的可持续发展。菲律宾采用经济激励举措等多种方式来改善公共交通情况，如用更清洁的能源，液化石油气和电力等，来代替原本用柴油发动的汽车。

城市交通系统再设计正备受关注，这一系统旨在削弱对化石燃料的依赖，缓解交通拥堵，减轻空气污染，同时提高城市居民的流动性。因此，东南亚城市从以公路为基础的交通系统转变为以铁路为基础。马来西亚、菲律宾、泰国和越南的公共交通都已是以铁路为基础了。

（五）废弃物管理

随着城市化进程和人民生活方式的不断加快，如何合理处理废弃物成为很多发展中国家面临的主要挑战。尽管垃圾填埋池被认为是温室气体、水污染、空气污染和土地退化的重要源头之一，遭到批判，但是发展中国家的大多数城市仍然首选这种方法来处理垃圾。如下面的表 9 – 1 总结了南亚国家一些城市废弃物的产生、利用和处理设施情况。

固体废弃物一是数量庞大，二是种类混杂。固体废弃物源头分类技术在发展中国家没有广泛使用，因此这些废弃物中包含家庭垃圾、有毒垃圾、工业垃圾和传染病垃圾，这些可能会严重威胁人类健康和生态环境。发展中国家废物再利用率仍然很低，城市化不断推进会促进资源的高效利用。

该地区实施的废弃物管理措施中，3R 法是其中之一，该方法是通过利用更清洁的生产和废物处理技术对生产系统进行重新设计。显然，单一的方法不能解决与固体废弃物相关的所有问题，对可持续发展和资源合理利用来说，采取一项综合的管理措施尤为重要。来自泰国彭世洛（Phitsanulok）的案例分析进一步阐释了废物管理措施综合使用的重要性，后文将有介绍。

表 9 - 1　　市政固体废弃物生产和治理设施

国家	年废弃物产出量（吨）	人均废弃物产出量（千克/卡路里/天）	市政固体废弃物回收比率	废弃物回收设施数量	公共垃圾倾倒场数量	市政管理垃圾掩埋场数量	符合卫生标准垃圾掩埋场数量
文莱	189.000	1.4	N/A	-	6	-	-
柬埔寨（金边）	324.159	0.67	N/A	-	2	-	-
印度尼西亚	40.150.000	0.49	5	80	400	70	10
老挝	1.204.400	0.64	N/A	-	-	-	5
马来西亚	5.781.600	0.90	4（科伦坡）	-	-	261	10
缅甸（曼德勒）	109.500	0.46	10	-	2	-	
菲律宾	10.539.375	0.34	28	2361	826	273	19
新加坡	1.490.000	0.94	54	-	-	-	1
泰国	14.640.000	0.64	22			20	91
越南	12.800.000	0.41	18 - 22		49	91	17

资料来源：编自亚洲理工大学/联合国环境计划署地区资源中心大气计划（2010）

（六）水资源管理

水资源是社会活动和经济活动相融合的媒介，也是生态系统各要素相联系的重要环节。生态系统的运转、社会各部门发展都取决于可利用水资源的质量和数量。进一步来说，水资源的重要性应该被提升到全球角度，因为某个地方水资源的利用会影响到地区甚至全球。各部门也要协调水资源的分配，以保证不会因为某个部门的发展进步而影响到其他部门的发展机会。

一系列全球政策已经体现出水资源在可持续发展中处于中心地位，水资源管理也受到高度重视，例如，联合国千年发展目标已经制定计划：到2015 年将全世界没有安全卫生饮用水的人口降低一半。联合国大会和人权观察委员会也发表声明，将使用安全卫生饮用水作为基本人权，联合国成员国必须保障本国人口的这项人权。

为了更高效地分配水资源，必须懂得对水资源的需求来自哪些方面。从地区角度看，亚太地区在全世界各地区中年水资源利用量最高。从发展部门角度来看，农业部门对地区发展十分重要，因此，根据经济活动情况，农业对淡水资源的需求占 60%—90%；此外，工业部门对水资源需求量也在增加。由于该地区工业发展、城市化以及农业活动密度增加，水资源遭受污染。根据 10 个种类的环境威胁，划分了该地区用水密集的十个热点地区，很多南亚地区的国家和热点地区包含多达 6 种环境威胁。应对这些威胁给水资源管理带来了许多挑战，包括：（1）水资源可利用率，（2）与水相关的灾难带来的脆弱性和风险，（3）家庭用水量是否适当。确定了存在哪些难题之后，地区水资源管理问题就从源头供应问题转变为需求管理问题，该地区政府正在实施三项主要的水资源管理项目：

第一，发展生态城市——河流修复整治，激流水源管理，分散整治，洗涤水再利用。

第二，农村地区发展——使用现代灌溉设施，进行雨水收集，分散式饮用水。

第三，废水改革——废水循环利用，设立低成本废水处理工厂。

（七）食品安全

食品安全是该地区的重要挑战，因为全世界 65% 营养不良人群集中在该地区七个国家，其中五个包括印度、巴基斯坦、中国、孟加拉国和印度尼西亚。人口不断增长对粮食的需求也上升，当地居民没有能力自给自足，他们极易受到全球市场粮价变化的冲击，因气候变化引起的油价上升，气象波动也极大地影响着农业生产和粮食供应。

各城市必须通过促进粮食生产和消费来提高粮食的抵抗力，激活当地粮食市场是一项重要措施，这项措施将会促进减少粮食碳足迹，提高当地市场的抵御能力，以应对全球粮食供应的不稳定性。

从地区层面看，东盟已敦促东盟一体化粮食安全倡议和其相应的战略行动计划实现东盟地区的粮食安全，以应对国际市场粮价波动，其中一些行动计划包括：

第一，加强东盟粮食安全数据资料信息库，为东盟国家粮食安全储备委员会及秘书处提供技术和制度上的支持，帮助其编制、管理和分析关于食品和食品安全的资料信息，这将为高效规划食品生产和贸易铺平道路。

第二，制定东盟地区食品安全信息系统，帮助成员国利用最新技术高效预测、计划、管理粮食供应和基本生活用品利用，为投资商提供信息，便利投资商在粮食生产方面进行投资或设立合资企业。

第三，研究主要粮食商品的长期供应和需求预期，主要粮食商品如大米、玉米、大豆、蔗糖等。

从国家层面来看，各国政府正在实施不同类型的项目，例如，印度尼西亚实施了一项食品安全计划，该计划的目的不仅在于解决粮食供应问题，而且也致力于解决粮食短缺问题，印尼政府根据当地情况制定了政策来应对粮食安全，大多数印尼城市地方政府都致力于改善交通、鼓励市民粮食消费和生产多样化，创造足够的收入来购买足够的食物。

（八）气候变化

现代化城市发展是全球气候变暖的诱因之一，大中型城市活动，例如交通、生产、消费活动等都是温室气体排放的源头，温室气体的主要源头与电力供应、交通和工业领域消耗化石燃料有关。城市气候变化可能会威胁水资源和能源供应、生态系统、影响工业能量供给，破坏当地经济。发展中国家城市极易受到气候变化的威胁，对贫困人口尤为如此。

城市活动是气候变化的重要诱因，因此有必要为各部门制定适应措施，表 9 - 2 总结了该地区采用的措施。

表 9－2　　各部门为提高资源利用率而采取的具体措施

部门	措施	案例
水资源	雨水收集水资源； 储存和保存水资； 源再利用灌溉提效	新加坡采用了综合措施从供应和需求方面对水资源进行循环利用，包括水源纯化，收集，净化，饮用水供应，废水再利用，海水脱盐
基础设施设计	重新安置，保护天然堤，挡水板，建筑设计，设立贫困人口安置房项目	泰国和新加坡实施建筑强制规范，包括照明设备，交流电，通风和替代能源方面 马来西亚、菲律宾和越南实施建筑行业非强制性规范 新加坡推行公共经济房政策
人类健康	安全饮用水，提高卫生条件，预防灾难，医疗应急服务	柬埔寨、印尼、老挝和泰国都制定了灾难管理政策和计划 菲律宾实施了应急预防和相应项目，包括在私有和公有企业设立灾害防控活动队
交通	重新设计公共交通以应对气候变暖和干旱情况；实施智能交通计划；进行燃油补贴和征税	印尼缩减燃油补贴计划 泰国、老挝、菲律宾和越南以燃油税代替燃油补贴
废弃物处理	3R 措施；废弃物量缩至最小程度；生产过程重新设计，更清洁的生产科技	泰国实行 3R 法 菲律宾将废弃塑料转变为能量 曼谷和河内采用植物堆肥方法
工业	能源管理；清洁科技； 产品周期分析	马来西亚、新加坡、泰国、越南和印尼实行强制能源管理命令 柬埔寨和老挝实施能源管理
能源	能源效率； 可再生能源； 能源安全	泰国致力于多样化发电能源 老挝的目标是成为亚洲水能蓄电池 新加坡和菲律宾旨在最小化能源浪费，实现最低能源密度

三　南亚城市的能源提效措施

在印度尼西亚的苏门答腊，越南的顺化和泰国的彭世洛这三个南亚城市中选取了泰国的彭世洛作为案例分析，展示这些城市如何采用综合措施减少碳排放、保护各自独特的生态环境。

（一）低碳排放城市：印度尼西亚苏门答腊

印度尼西亚的苏门答腊市被选为日本政府倡议的亚洲国家协助项目城市，在此项目中，日本先进的科技与联合信贷机制双边抵消信贷机制相结合，为实施这项计划提供一个可测量、可报告、可验证的信贷机会。该项计划旨在援助苏门答腊市从能源、交通、固体废弃物、水资源和废水处理五个方面努力转变为低碳排放城市。

世界环境策略机构和苏门答腊市2013年联合组织了“亚洲低碳排放大型可行性研究”，这项研究包含两部分，①通过追踪计算二氧化碳排放量将泗水工业产地公司热量和功率结合；发展测量、报告和核查方法；扩展可行性研究。②研究非工业领域节能和安装色散型能量源，以及在高速公路上安装发光二极管照明设备节能的潜力；预期在泗水工业产地公司安装热量和功率追踪器每年节能38000吨，建筑每年节能10000吨，安装发光二极管照明设备每年节能630吨。

此外，在这四个方面温室气体排放将每年减少130.000吨，能源相关部门方面每年节能48.630吨，交通相关部门每年节能29.000吨，固体废弃物相关部门方面每年节能41.000吨，水资源相关部门每年节能7.060吨—11.960吨。

（二）提高节能意识活动：越南顺化市

顺化市是顺化省省会城市，顺化省是越南最易受气候变化影响的省份之一。顺化市被选为2013年亚洲理工学院组织的题为“亚洲能源节约和低碳城市”项目的十座城市之一，该项目旨在帮助这十个亚洲城市通过提高能源利用效率和环境可持续能力、加强市政府和利益相关方解决气候变化问题，努力实现低碳城市的目标。顺化市为降低碳排放重点强调四个方面：固体废弃物处理、能源改进、发展旅游业和提高环保意识活动。

该组织取得的成果总结如下：一、提高了人们对减少气候变化所带来影响的意识；二、通过专业训练加强了市政和顺化大学相关人员应对气候变化的能力；三、制作了提高低碳意识的宣传册（包括手册和海报），同时市长官方下令要求相关部门相应贯彻宣传；四、由于使用了节能紧凑型荧光照明，温室气体排放降低19吨碳当量（亚洲理工学院，2013）。

顺化市的案例阐明了根据越南的国家指导方针制定市政级别的节能计

划十分重要，有利于减少碳排放，让气候变化的影响最小化，确保了“自上而下”和“自下而上”方针相结合，从国家层面和市政层面实施行动计划。为确保计划的顺利进行并取得最终成功，还必须进行定期技术研讨。

（三）零废弃物计划：泰国彭世洛

在实施零废弃物管理计划之前，泰国清迈区的彭世洛市在废弃物处理方面面临着很多困难。例如，废物清理费无法按时收齐，政府收的废物清理费仅为600铢/年，而花费却要1.8万铢/年。当地居民也不参与废物减少活动，1996年废物垃圾量高达142吨/天，而其中45%—50%都是可回收垃圾；同时，市政府既没有清晰的废物处理方案也没有相关人员着手解决废物处理这个复杂的问题。

如今，彭世洛市采用了综合方案来实施零废物计划，这个方案的主要思想是“零废物概念”，首先，各个社区从看似废物的垃圾中分离出有价值的部分；然后，市政府办公室帮助促进这项概念的实现，市政高管市场深入社区倾听计划实施中遇到的问题。因而，彭世洛市从源头上将废物垃圾产出量减少了40%。在政策干预方面政府贯彻了四项主要政策：

第一，废物收集和处理费。市政府对垃圾处理进行收费，1995年垃圾处理费收集额为60万泰铢，2010年这一数额达到1000万泰铢。

第二，收集路线和交通工具。实施这项计划之后，彭世洛的垃圾收集效率几乎为100%，收集频率也从每天降至每周，将收集成本降低70%；收集路线为每家每户、路边垃圾桶和废物站。市民也知晓垃圾收集安排，收集路线的设计也尽量将交通成本减至最小。

第三，垃圾中转站。垃圾掩埋场距离城市40公里，交通成本高，而建造垃圾中转站有效地减少了垃圾处理车在各个社区之间的往返次数，产生了良好的环保效果。垃圾中转站的建立节省了1/3的交通成本。

第四，废物处理。采用机械生物处理方法在将垃圾倾倒至掩埋场前进行预处理，这种方法将废物减少了50%。在堆肥之后进行分离能够提供一种有机物质，这种有机物可以产生催化能量，促进废物气化过程。目前，市政府利用废物转能源技术建立了预处理设施，这将极大地减少废弃物中的废塑料物质。

四 测量能效实施效果的参数

从资源利用趋势和前面提到的案例分析中可以明显看出，各种资源的利用都是相互联系的，因而城市规划和管理就不能只采用一维措施，而要采用综合措施。测量资源利用行动是否成功的社会和环境参数如下：

良好的政治管理和坚定的政策决心。管理城市资源需要各个利益相关方的有效参与，很多发展中国家最常采用的自上而下的方法常常不见效果，必须形成一种机制，决策制定过程中协调各个部门各利益相关方。地方政府和他们的政治决心在各个社会经济群体的资源分配中将起到重要作用。

整体管理方法。资源的可持续利用需要理解社会新陈代谢流向（联合国环境计划署，2012），这包括资源（能源和材料）定量化消费，生态系统退化情况定量化，与城市发展相关的其他环境损害定量化。

城市设计和规划。目前资源利用低效部分是因为不合理的城市设计和规划，许多城市最初规划时没有对城市快速发展做好准备，因此许多设施不足以承载来自人口快速增长的压力，城市个部门（交通、能源、建筑）的低碳足迹设计需要给予高度重视，融入到政策制定过程中。

人力资源发展。一些发展中国家的人力资源通常缺乏可持续发展的技能和能力，从发达国家转移的科技需要适应当地情况，对管理、维护这些科技来说这是基本知识。此外，了解社会新陈代谢流向及对自然资源的影响意识还未充分培养，因此需要制定应对这些问题的发展项目。

为可持续发展概念注入资金。向可持续发展转型需要大量投资，并非所有发展中国家都负担的起，因此就需要再次强调各部门的合作，合作将提高获得资金的机会，减少充分工作。经济杠杆可以作为动力或惩戒来刺激可持续消费、促进在生产过程中采用绿色科技。

五 结论

向高能效型城市转型需要城市各个部门和利益相关方广泛合作，本文综合了南亚各城市目前在能源提效方面的思想和实践情况。尽管能源提效的计划还未完全实施，但是该地区的一系列案例也卓有成效，可以从中学到很多成功经验，包括低碳项目、固体废弃物综合管理、智能公共交通、可再生能源发展等。同时还需要提高人们对能源提效项目的意识和教育，让更多人了解节能概念，要想将可持续发展项目变为可能还须改变人力资源现状。

参考文献

[1] ADB, *Managing Asian Cities: sustainable and inclusive urban solutions*, http://www.adb.org/sites/default/files/pub/2008/mac-report.pdf.

[2] *AIT*, *Action towards resource-efficient and low carbon cities in Asia: experiences and highlights*, http://lcc.ait.asia/publication/ADEMEBOOKLET-18_ Final.pdf.

[3] AIT/UNEP RRC. AP, *Municipal solid waste management report: Status-Quo and issues in Southeast and East Asian countries*, pp. 43.

[4] *APWF*, *Regional Document: Asia Pacific. 5th World Water Forum. Tokyo*, *APWF*, http://www.apwf.org/archive/documents/ap_ regional_ document_ final.pdf.

[5] *ARI*, *The population of Southeast Asia*, http://www.ari.nus.edu.sg/docs/wps/wps13 _ 196.pdf.

[6] CAI-Asia Center, *Improving vehicle fuel economy in the ASEAN region*, http://www.globalfueleconomy.org/Documents/Publications/wp1_ asean_ fuel_ economy.pdf.

[7] CSIRO and UNEP, *Asia-Pacific Material Flow Database. www.csiro.au/AsiaPacificMater-ialFlows.*

[8] IEA, *World Energy Outlook* 2008: *Executive Summary*, http://www.iea.org/media/weowebsite/2008-1994/WEO2008.pdf.

[9] IEA, *World Energy Outlook* 2012: *Executive Summary*, http://www.iea.org/publications/free publications/publication/English.pdf.

[10] IEA, *Southeast Asia Energy Outlook* 2012: Executive Summary, http://www.iea.org/pub-lications/freepublications/publication/SoutheastAsiaEnergyOutlook_ WEO2013SpecialReport.pdf.

[11] IGES, *Low-carbon and environmentally sustainable city planning project in Surabaya. Indonesia-inception workshop*, http://www.iges.or.jp/en/sustainable-city/201307 10 .html.

[12] Krausmann. F、Gingrich. S、Eisenmenger. K. H.、Haberl. H.，Fischer-Kowalski. M. Growth in global material use，GDP and Population during the 20th Century，*Ecological Economics*，Vol. 68 (10) . 2696 – 2705.

[13] OECD，*Southeast Asia Economic Outlook* 2013，http：//www. oecd. org/dev/asiapacific/saeo2013. htm.

[14] United Nations，*Are we building competitive and liveable cities? Guidelines for developing eco – efficient and socially inclusive infrastructure*，Thailand：Clung Wicha Press，p. 15.

[15] UNEP，*Resource Efficiency：Economics and Outlook for Asia and the Pacific. Bangkok*，http：//www. unep. org/publications/contents/pub_ details_ search. asp? ID = 6217.

[16] UNEP，*Sustainable. Resource Efficient Cities – making it happen*，http：//www. unep. org/urban_ environment/PDFs/Sustainable Resource Efficient Cities. pdf.

[17] UNEP，*Recent trends in material flows and resource productivity in Asia and the Pacific*，http：//www. unep. org/pdf/RecentTrendsAP (FinalFeb 2013). pdf.

[18] UNESCAP，*World Urbanization Prospects：The* 2011 *Revision*，CD – ROM Edition.

[19] UN Habitat，*Global report on human settlements* 2009：*Planning sustainable cities*，http：//mirror. unhabitat. org/pmss/listItemDetails. aspx? publicationID = 2831.

[20] UN – WWAP，*World Water Development Report*4；*Managing water under uncertainty and risk*，http：//unesdoc. unesco. org/images/0021/002171/217175E. pdf.

美国波特兰城市增长管理案例

杨诗明（Shiming Yang）[*]、
杰弗莱·M. 塞勒斯（Jefferey M. Sellers）[**]

美国城市长期以来面临着城市扩张及其带来的问题。第二次世界大战以后汽车产业蓬勃发展，形成了以独立式房屋，单向尽端道路，土地分散使用，汽车依赖为特征的郊区文化。这也造成了交通堵塞，城市地区空心化和绿化面积减少，雨水径流，空气污染等环境问题。尽管各地市政府都曾设法应对城市扩张的问题，但是美国自由市场的传统和城市城郊人们集体行动的困境使得只有少数政府取得了成功。

增长管理并不等同于“增长限制”。于此相反，它将经济、社会和生态目标融合在一起。经济层面上，它意味着建立拥有活跃市中心的繁华大都市区。社会层面上，它意味着提供负担得起的住房，阶级隔离很罕见和人人可使用的公共基础设施。生态层面上，它意味着自然资源保护，对环境影响小和低碳排放量。相比城市扩张的恶性循环，增长管理致力于实现可持续发展立体化的良性循环。

位于俄勒冈州的波特兰大都市区（PMR）是少数实现综合增长管理的都市区之一。波特兰大都市区规模中等，在城市扩张控制，公共交通系统便捷性，市中心活跃程度及可支付住房保障方面都取得了良好的成果。波特兰为什么不同于洛杉矶和底特律等别的美国都市区？本文将从政治及立法进程，成立的机构及这些机构制定的具体政策和项目方面来研究波特兰增长管理系统的发展。为了探寻这些政策如何制定及实施，我们必须弄清

* 杨诗明（Shiming Yang），美国南加利福尼亚大学政治系博士。
** 杰弗莱·M. 塞勒斯（Jefferey M. Sellers），美国南加利福尼亚大学政治系教授。

其后的立法和执行机构。这些机构也确实是波特兰和别的许多城市的不同之处。

一 波特兰增长管理的历史背景

从很多方面上来看波特兰都是一个典型的美国城市，然而也有例外。和美国西海岸绝大部分的城市一样，波特兰在19世纪中期以贸易崛起。它左面沿着被群山环绕的富饶的威拉米特河谷，右面毗邻太平洋。人口统计资料显示，波特兰2010年人口58.38万。波特兰曾是个没有种族隔离的种族同质的白人城市。种族多样性也只是自20世纪80年代以来有了显著改善。

早期的时候，波特兰的经济主要依靠农林产品。世界大战期间，波特兰受益于造船业，人们从东边涌来建造这个大都市。1880到1950年间，波特兰人口从1.7万增加到37.36万。战后的岁月，波特兰如绝大多数的其他美国城市一样被城市扩张的浪潮席卷。到了20世纪60年代，波特兰市中心就遭遇到了停车空间，公交系统，中心地带零售方面的挑战。

到1960年代为止，波特兰的历史和绝大多数其他的美国城市类似。但如今在经济政治方面它都与别的城市不同。首先，波特兰是美国唯一保留“城市委员会政府”（City Commission Government）的大城市。5—7个人在该政府中组成城市委员会并拥有立法及行政权。20世纪初，美国城市很流行这种政府形式。波特兰起初以微小的优势投票通过成立城市委员会政府，并在别的城市转变为市长议会制的时候仍竭力保留该形式。其次，波特兰相比之下成立较晚，工业遗产较薄弱，但又不仅仅只有农林业。这些差异在城市领导的意愿及当时机遇的驱动下促成了波特兰的增长管理政策。

20世纪60年代，政治变革高涨，城市危机和环境危机一同涌现，第二次世界大战后成长起来的一代开始挑战老一辈保守政治家。一些支持环保的政治家开始在俄勒冈州掌权，波特兰也未能例外。为了振兴波特兰市中心，三位“绿色”政治领袖——波特兰市长Neil Goldschmidt，俄勒冈州州长Tom McCall，州道专员Glen Jackson在1972年提出了市中心计划（the Downtown Plan）并将联邦高速公路基金用来建轻铁。1973年俄勒冈州通过了里程碑式的《俄勒冈州土地保护与发展法案》（Oregon Land Conservation and Development Act）。该法案创立了俄勒冈州土地保护与发展委员会

（LCDC）来依据 19 个规划目标管理整个州的土地利用。这个框架将城市增长边界（UGB）作为主要城市规划工具。Metro 是波特兰大都市区第一个区域政府。它于 1978 年建立，是 1970 年成立的大都市服务区（Metropolitan Service District）扩充后的产物。LCDC、UGB，及 Metro 这三个关键词是 PMR 增长管理的不同之处。政治及政策变化在图 10－1 中被标示出来。

	1960年	1970年	1980年	1990年	2000年
州水平		土地保护与发展法案，城市增长边界（1973）			
城市水平	Tri-Met公交系统（1969）	大都市服务区（1970）	区域政府（1978）		
政策	模范城市方案（1968-1969）	市中心计划（1972）	Metro采取波特兰城市增长边界（1979）	中心城市计划	区域2040增长概念（1994）

图 10－1　波特兰政治及政策变化

波特兰增长管理政策不是凭空产生的，而是源自社会团体的利益。这些利益团体奋力争取政治变革，推动新立法以创建新机构和程序。为执行指定的任务，这些机构制定了明确的政策和项目来确定大都市区的土地使用。因此，想要了解为什么波特兰大都市区的增长管理是现在这样，我们需要明白这个系统是怎样形成和运作的。

二　政治、机构和政策

（一）政治进程

包括数个城市和自治地在内，波特兰大都市区的土地政治涉及到地方，大都市区及州级的参与。州级立法最先提出土地使用规划。利益团体及其组织的政治联盟推动出台了 PMR 政治管理政策的州及大都市区立法。地方经济和环保主义者组成联盟是俄勒冈和 PMR 政治中的一大特色。总之，地方经济的两个主要部门——农业和林业，担忧城市空心化的都市居民及 PMR 最大三城市的商业界联合了环保主义者来支援土地保护与发展法案，让他们自己的利益变为全州的目标。

PMR 最大的三个城市周边的较小城镇，郊区开发商，独栋房屋及产权拥护者和一些难以承受 UGB 内房价增长的团体组成了一个与之对立但力量上要薄弱很多的联盟。在 UGB 限制下，小城镇被剥夺了大规模发展的机会。其他的一些组织虽可能从郊区发展中获利，但这些组织力量上更为弱小，而且支持管理的联盟试图与它们达成共识。

不仅仅州立法存在政治联盟，机构政策制定亦存在。后者接下来会探讨。

（二）机构

有两个机构在 PMR 的增长管理中扮演最重要角色。州级层面上的主要机构是俄勒冈州土地保护与发展委员会（LCDC）。俄勒冈州土地保护与发展委员会和美国环保局类似，都通过立法创建。1973 年的《俄勒冈州土地保护与发展法案》成立了俄勒冈州土地保护与发展委员会，并给予其特定行政任务。该法案规定了全州土地保护与发展目标，并让俄勒冈州土地保护与发展委员会管理土地发展负责将其完成。这 19 个目标包含了森林，农田及自然资源保护，土地可持续利用和动员民众参与。所有的县市都要根据俄勒冈州土地保护与发展委员会标准制订综合土地使用方案。因此，俄勒冈州土地保护与发展委员会在大都市区和地方土地利用机构特别是在规划过程中扮演了相互作用的重要角色。

大都市区层面上的主要机构是 Metro—PMR 所属俄勒冈州那部分的地方政府。Metro 由俄勒冈州土地保护与发展委员会管辖，包含 PMR 里三个俄勒冈州核心县，主要职责是依据 LCDC 标准为土地使用提供区域服务和计划。随着 1973 年 LCDC 的成立，1978 年一个全州范围内的投票成立了 Metro。其目的是让 Metro 来负责 PMR 的城市增长边界限定、土地管理和规划，管理包括废物处理和若干公共基础设施在内的区域服务，与其他公共服务机构例如区域交通管理局——Tri - Met 合作。

Metro 在土地使用规划和政策制定方面与俄勒冈州土地保护与发展委员会合作紧密。这两个机构的协作带来了使 PMR 的城市发展发生剧变的增长管理政策。

（三）政策

与 PMR 增长管理有关的政策和项目集中在三个问题上：交通，中心城市规划和长期规划工具。

1. 交通

1969 年的交通政策剧变揭开了波特兰增长管理的序幕，而且从那时起就成为了一个关键议题。简而言之，PMR 的交通政策将用来建设高速公路的资源转移到了公共交通上，例如轻轨和公交线。图 10－2 展示了 PMR 交通政策的时间表。它说明了政治和机构的变化是怎样导致了交通政策的变化。

Tri－Met 于 1969 年成立，由政府资助，是 PMR 公共交通的首要服务提供部门。它接管了破产的私营公交公司，革新了公交系统，使得在 PMR 更易乘到车，还建立了轻轨线。Tri－Met 的主要目标是通过解决私人停车场不足和蹩脚公交服务的问题来改善 PMR 中心地带的乘车。如图 10－2 所示，Tri－Met 通过建立“Fearless Square”使市中心乘车更方便。Fearless Square 所属市中心，在其区域内所有的公共汽车和轻轨都是免费。此外，波特兰交通专用道建于波特兰市中心，可容纳所有从该地开往 PMR 内主要站点的公交车。1986 年，第一条 MAX 轻轨线投入使用，其后陆续有新的建成。

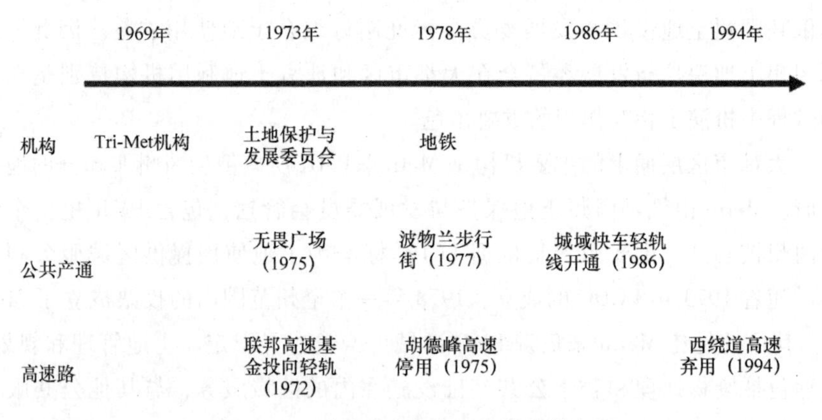

图 10－2　波特兰大都市区交通政策变化

PMR 交通政策另一部分涉及公路建设。PMR 认为新公路与城市扩张恶性循环息息相关，因而决心限制会对当地社区、自然资源或农田造成扰乱的新公路项目。绝大部分公路争端都是州级或州际层面的，因而大都市区政府无法对其全权管辖。这就要求机构举措和政治举措联合起来。1972 年，三位奉行环保主义的政治领袖——波特兰市长尼尔施密特（Neil Goldschmidt），俄勒冈州州长汤姆麦考尔（Tom McCall），州道专员格伦杰克逊（Glen Jackson）互相协作将多车道高速公路从多伦多湖滨地域移除，从而为在该地建公园腾出了空间。此外在20世纪70年代，政府叫停了正在建设中的胡德山高速公路项目，因为它会破坏多个中下层居民区并激起了公众的强烈反对。1994年，俄勒冈州交通局取消了Western Bypass公路项目。PMR通过将资源从公路转移到公共交通基础设施上，从而以经济高效低影响的方式使得大都市区中心的乘车更为便捷。

2. 中心城规划

与PMR增长管理密切相关的第二个焦点是大都市区中心的振兴。如果对很多人而言中心地带既无用途又无美感，那么即便交通完善它也不可能繁华起来。从历史上看，一个好的城市必须具备让不同人群交流及交换货物、服务和观点的基础设施。简·雅各布斯（Jane Jacobs）将紧凑且功能混合的城市定义为是充满生机的。她的定义在全球被广泛接受。波特兰欣然接受了城市需交通便捷，紧凑且功能混合的观点，并通过严格的中心城规划将其进行实践。

波特兰中心城规划最早由尼尔施密特在1972年的the Downtown Plan中提出，并于1988年由the Central City Plan修订。这些规划由三部分构成：市中心规划，老居住区重建和公共交通。市中心规划，老居住区重建所涉及的利益相关者要比公共交通更为多样化。这也促成了城市规划过程中的机构创新：双方自愿民众参与和政治联盟建设。

民众参与和共识建设并不是什么新概念。然而，很少有城市在那时做到让民众以一种达到共识的方式参与进来。如果以共识为基础的协商使用不当就会造成僵局或陷入数不清的协商事项中。PMR的民众参与则突出了在政治交易中有效利用政府影响力去建立政治联盟或达成共识。

The Downtown Plan于1972年由尼尔施密特提出，旨在使大都市区中心地带在郊区商场崛起及小城市环绕的冲击下仍保持吸引力。除了吸引人们到大都市区中心以外，它还满足了多个对该地区抱有兴趣的群体的需要。

The Downtown Plan包含三个部分：市中心规划、老居住区重建和公共交通。具体的公民参与机制在每个部分都起了作用。为了增加中心地带的吸引力，新的设计包含了一个海滨公园（而不是公路项目），高密度的零售和办公走廊。机构层面上the Downtown Plan有一个市中心设计审核过程以保证民众参与。

The Downtown Plan 重建了 1880 年代到 1930 年代间建成的的老居住区。被优惠政策吸聚的公共基金和私人资本使得一些老居住区得到了修缮。重建招致了那些居民的反对，因为他们的居住成本在上涨。通过将选出的独立居住区协会以次要参与者的身份加入协商，居住区与政府之间的对抗得到了解决。将“行为端正的”游说组纳入决策团队对于在艰难的事端下寻找共同利益并达成共识是关键的一步。

3. 长期增长管理工具

除了交通改革和中心城规划，PMR 还采用了长期增长管理工具。城市增长边界（UGBs）和 2040 地区增长概念（Region 2040 Growth Concept）就是其中两个。按时间先后来说，它们比交通及中心城政策提出的要晚。UGBs 和 Region 2040 Growth Concept 吸纳了之前的政策实践，并在土地广泛使用标准里将其官方化。

美国有三个州有遍及全州的 UGBs，俄勒冈州是其中最早的一个。作为政策工具，UGB 旨在控制未经筹划的土地使用和城市扩张。1973 年，俄勒冈州 UGB 由曾创建 LCDC 的《俄勒冈州土地保护与发展法案》首次出台。为了满足该法案的要求，Metro 的前身——哥伦比亚地区政府联盟（The Columbia Region Association of Governments）在 1977 年提出了波特兰地区的城市增长边界。1978 年，Metro 采用了该 UGB。LCDC 在 1980 年通过了该 UGB。为了增加住房和就业 UGB 自那时起又拓展了 29704 英亩。

在俄勒冈州 UGB 规范下，土地被划分为 4 个优先级，必须在优先级高的土地被用尽后才可以将优先级低的土地划进 UGBs。这四种土地按优先级高低分别是城市土地储备，例外土地（非资源土地），边际土地和农林地。在该 UGB 范围内，举证责任落在了土地发展的反对者身上。在该 UGB 范围外，举证责任落在了开发商身上。他们需说明如何轻易地就给他们的土地配上必需的服务以及为什么他们的土地不作为空地和农地保留。PMR UGB 的这些设定为实现那 19 个全州增长管理目标提供了土地开发原理。换句话说，UGB 自身并不是规划，而是 PMR 发展规划的一个增长管理工具。据此，UGB 可能会拓展以实现新发展目标。

为了应对 PMR 发展规划的需求，Metro 开始设计“区域 2040”（Region 2040）来勾画 PMR 未来 50 年内的发展框架。它的草案于 1992 推出。此前不久，Metro 刚扩大了它的权力并迫使 PMR 内的 3 个县和 24 个城镇政府采用遵照 Metro 综合规划的分区法规。草案为 PMR 的发展勾勒了四个选择：基线方案（不受 LCDC 管辖或无任何规划），A 概念（受 LCDC 管辖但无任何规划），B 概念（强力城市化）和 C 概念（城市化及卫星城）。1995 年，Metro 最终采用了 B 概念和 C 概念的折衷方案。它包括了填充城市空地，建设多户住宅及连接地区和城镇中心的走廊和扩大 UGB。在“区域 2040”规划下，接近半数的新来者可以定居在中心地带、主街和走廊区。

“区域 2040”是否能维持 PMR 的持续增长仍有争议，正反两边的研究也都存在。不管怎样，全州目标，地区发展规划及决定特定土地利用所用的 UGB 工具之间的连贯性值得引起注意。

三　结论

波特兰是个典型的试图管理其城市增长的美国城市。它和别的美国城市一样面临着城市扩张和与其相伴而生的一系列问题如交通堵塞，污染，绿化面积减少，城市地区空心化和隔离。PMR 试图通过一个贯穿州级，大都市区及地方决策制定的框架来控制城市扩张。而这样一个框架的成功建立要归功于立法进程，机构建设，适应该框架政策工具的使用中的高效联盟建设。PMR 的增长管理体系既全面又有连贯性。该系统的产物值得分析。

PMR 政府在两种城市增长方式中做出了选择。它所引导的城市增长将城市发展为拥有良好公共交通和多户住宅，紧凑且功能混合。然而，一些研究指出“人造”紧凑城市是要付出代价的。UGB 内的土地价格上涨，低收入家庭无力负担起住房因而不得不从区域中心搬走。此外，公共交通的改善仅稍微减少了人们驾车出行。部分原因是密度需达到一定界限人们才能从根本上更偏好以公共交通出行。而且增长管理不一定会带来增长，增长管理是否成功也要取决于城市规划和实体经济的整合。现在还不确定 PMR 的增长管理是否坚持目前的方向以及坚持多久。因为两种增长方式都有成功和失败的先例。

发展中国家的大城市面临的挑战和波特兰及其他美国城市迥然不同。这些城市的人口密度明显更高，因而不需吸引人口到都市中心，而且交通也很便捷。但是，发展中国家的城市在城市规划决策面临越来越多的挑战。例如，市中心规划和老居住区改建在发展中国家的大城市逐渐成为常态。现行的决策过程还涉及各种各样利益相关者间的未解决冲突。PMR

的民众参与机制为充足信息下的公平决策提供了宝贵的见地。此外，许多发展中国家城市的政治进程，机构建设和政策结果的一致性很差。很多城市规划缺乏机构和政治支持，规划的预期影响也因而被削弱。

参考文献

［1］ *Abbott. Carl and Abbott. Margery Post. A History of Metro*, http://www. oregonmetro. gov/sites/default/files/abbott - a_ history_ of_ metro_ may_ 1991. pdf.

［2］ Abbott. Carl, *The Metropolitan Frontier: Cities in the Modern American West*, University of Arizona Press. Tucson.

［3］ Abbott. Carl、Howe. Deborah A. 、Adler. Sy. , *Planning the Oregon Way: A Twenty - Year Evaluation*, Oregon State University Press, Corvallis, Oregon.

［4］ Abbott. Carl. , The Portland Region: Where City and Suburbs Talk to Each Other - and Often Agree, *Housing Policy Debate*, Vol. 8. Issue. 1, Fannie Mae Foundation.

［5］ Down. Anthony, Have Housing Prices Risen Faster in Portland Than Elsewhere? *Housing Policy Debate*, Vol. 13. Issue. 1, Fannie Mae Foundation.

［6］ Gibson. K. and Abbott. C. , *City Profile: Portland. Oregon. Cities*, Vol. 19. No. 6, pp. 425 - 436.

［7］ Guo. Zhan、Agrawal、Asha Weinstein、Dill. Jennifer, Are Land Use Planning and Congestion Pricing Mutually Supportive? *Journal of the American Planning Association*, Vol. 77. No. 3. pp. 232 - 250.

［8］ Jun. Myung - Jin, The Effects of Portland's Urban Growth Boundary on Urban Development Patterns and Commuting, *Urban Studies*, Vol. 41. No. 7. pp. 1333 - 1348.

［9］ Kline. Jeffrey D、Thiers. Paul、Ozawa. Connie P、Yeakley. J. Alan、Gordon. Sean N, How Well has Land - use Planning Worked under Different Governance Regimes? A Case Study in the Portland. OR - Vancouver. WA Metropolitan Area. USA, *Landscape and Urban Planning*, Vol. 131. pp. 51 - 63.

［10］ Leo. Christopher, Regional Growth Management Regime: The Case of Portland. Oregon, *Journal of Urban Affairs*. Vol. 20. No. 4. pp. 363 - 394.

日本北九州城市发展和绿色增长

羽田翔[*]、赵海博[**]

2013年，日本的北九州市被经济合作与发展组织（OECD）评为“绿色发展示范城市”。根据经济合作与发展组织给出的定义，“绿色经济活动和绿色增长主要包括三方面内涵：住宅和工业废物再循环、工业能源高效利用和资源节约型产品、新兴的绿色技术”。因此，本文将探究北九州市绿色增长战略的内涵，评估该战略对当地的影响。此外，全文还将论述北九州市对其他亚洲国家的相关技术输出。

一　北九州市的经济状况和环境条件

从市场规模和对亚洲国家贸易额两项指标来看，北九州是日本九州地区最大的城市。我们可以通过下面的图11-1来分析北九州港的贸易额。

从图11-1可以看出，由于金融危机的影响，2009年北九州市的出口和进口均出现了较大规模的下滑，但之后几年逐步恢复增长。根据北九州市对外贸易协会（2014年）的数据，2013年北九州市出口前5位的贸易伙伴依次是中国、韩国、中国台湾、美国、俄罗斯；进口前5位的贸易伙伴依次是中国、俄罗斯、韩国、澳大利亚、泰国。从地区贸易的角度来看，在2013年北九州港对外贸易额占比中，东盟10国、中国、韩国、中

* 羽田翔，日本东京都人，日本大学经济学院硕士，英国爱丁堡大学博士，研究方向为亚洲环境保护问题。

** 赵海博，山东大学经济学院世界经济硕士，研究方向为日本节能环保问题及中日节能环保合作研究。

国的台湾和中国香港占据了主要地位，这些国家所占的出口份额为63%，进口份额为56%。这说明北九州市已通过发展贸易与亚洲国家建立了紧密联系。

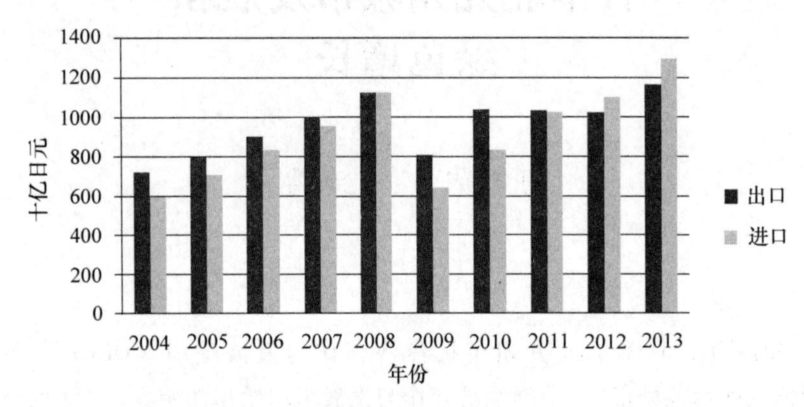

图 11－1 北九州港贸易额统计（单位：10 亿日元）

资料来源：北九州对外贸易协会（2014 年）

需要特别指出的是，北九州绿色增长项目的目标之一是提高城市人口就业数量。虽然很难评估就业增长计划的影响，但我们仍然需要总结一下北九州市求职申请的条件。表 11－1 汇总了近几年北九州市新工作机会提供情况。

表 11－1 按行业划分的北九州市新工作机会提供情况 （单位：人）

行业	年份								
	2005 年	2006 年	2007 年	2008 年	2009 年	2010 年	2011 年	2012 年	2013 年
建筑业	7889	9120	7417	6064	3939	4990	5384	5362	5243
制造业	5692	5440	4937	3351	2404	3042	3234	2939	3320
通信业	2378	2552	1672	977	1010	1416	1092	1505	1483
交通邮政业	6623	6265	6266	5172	4660	6349	5777	4534	3971
批发零售业	6971	6623	6292	5451	4604	5250	5893	6254	5945
食品业	1010	959	971	856	1080	1268	1454	1613	1447
医疗福利	8045	10101	10136	9600	9017	11126	12913	13348	12765
服务业	20006	20698	18622	8368	6993	8535	9298	9564	10377

续表

行业	年份								
	2005 年	2006 年	2007 年	2008 年	2009 年	2010 年	2011 年	2012 年	2013 年
其他	2035	1648	1579	1532	1864	2572	2529	2298	2142
合计	60649	63406	57892	41371	35571	44548	47574	47417	46693

资料来源：*Kitakyushu City*（2011 年）。

基本来说，到 2009 年全球金融危机为止，北九州市新的就业机会明显减少，但危机之后就业机会逐步增加。根据 2013 年数据，提供新工作机会最多的行业是医疗福利，这从侧面反映出北九州市的人口老龄化问题。其次提供新工作机会较多的行业是服务业，2008 年之前该行业提供了最多的新工作岗位。为了评估绿色增长项目的效果，我们需要获取与该项目有关的新工作岗位数量，该类型数据对于研究非常有用。另一方面，统计结果显示北九州市的人均二氧化碳排放量低于全日本的平均水平。表 11－2 总结了北九州的二氧化碳的排放量。

表 11－2　**北九州市二氧化碳排放量**　（单位：千吨）

类别	年份			
	1990 年	2005 年	2010 年	2011 年
家庭	943	1039	906	1062
经营部门	669	1186	1364	1690
交通运输	1419	1751	1651	1673
工业部门	9808	10717	11665	12257
能源转换	347	246	336	379
工业过程	1757	695	1019	1097
废弃物	252	542	364	389
合计	15195	16176	17305	18547

资料来源：*Kitakyushu City*（2011 年）

从表 11－2 来看，虽然北九州市的二氧化碳排放总量一直在增长，但在能源转换和废弃物方面的排放量相对较低。这说明该市能够以较低的二氧化碳排放水平进行能源生产。对于该市二氧化碳排放总量逐步增加的原因，主要是由日本东北地区大地震以及灾害造成的电力短缺造成。

综上所述，本部分主要研究了北九州市的经济状况和环境条件。贸易数据证实了北九州市和亚洲国家之间的联系，然而由于缺乏就业创造方面的数据，我们无法评估目前绿色增长项目对当地就业的确切影响。在下一部分中，我们将讨论北九州市在低碳能源、废物废水循环利用等方面采取的措施，以及项目中涉及的国际合作问题。

二 北九州的绿色增长战略

（一）低碳能源

2011 年日本东北地区大地震之后，东京电力公司（TEPCO）关闭了核电站，造成了电力价格上升。虽然北九州市未遭受灾害，但该市也采取了相同的措施，当地工业部门和公司企业因此而遭受重大损失。此外，在北九州市开始规划当地能源政策之前，日本中央政府已经做出了有关能源政策方面的决定。根据 Tokyo – Diamond（2014 年）的资料，为了保障低碳、低价、稳定的能源供给，北九州市一直致力于以低碳能源为核心的研究，并且着手建设新一代环境再循环体系。

北九州市开展绿色项目的优势之一在于该市响滩地区拥有可以停泊大型 LNG 油轮的港口。此外，该地区适宜于建设发电设施，当地的风力条件十分优越，可以发展海上风力发电设施。基于这些原因，我们可以说响滩地区具备了建设发电设施的关键要素。而从供给的角度来看，具备这一条件对于北九州市建设低碳社会至关重要。

然而，在电力方面存在着生产者和消费者之间的联接问题。2013 年，北九州市开始组建由来自于公共管理、产业界和学术界人士共同参与的联合工作小组，以此来推动响滩地区发电设施建设。该工作小组被进一步细分为两组，分别负责火力发电和海上风力发电。工作小组的议程中存在两大问题：首先，应该建立管理系统来为诸如企业和居民等消费者提供稳定且廉价的能源；其次，该管理系统应该以北九州本地企业为基础，以促进该地区就业。这一管理系统是北九州绿色增长项目的关键点之一。为了取得项目的成功，我们还必须慎重考虑北九州市、行业、企业三者之间的配合。

（二）垃圾焚烧发电技术和废水处理技术

2004 年，北九州市产生的垃圾总量约为 168000 吨，其中包括 59000 吨的食物垃圾，占当地垃圾总量的 35%。厨余垃圾含有 70% 的水分，需要耗费大量的能源来进行焚烧，这是一个很严重的问题。我们可以通过图 11－2 来了解北九州地区一般垃圾和回收垃圾的结构。

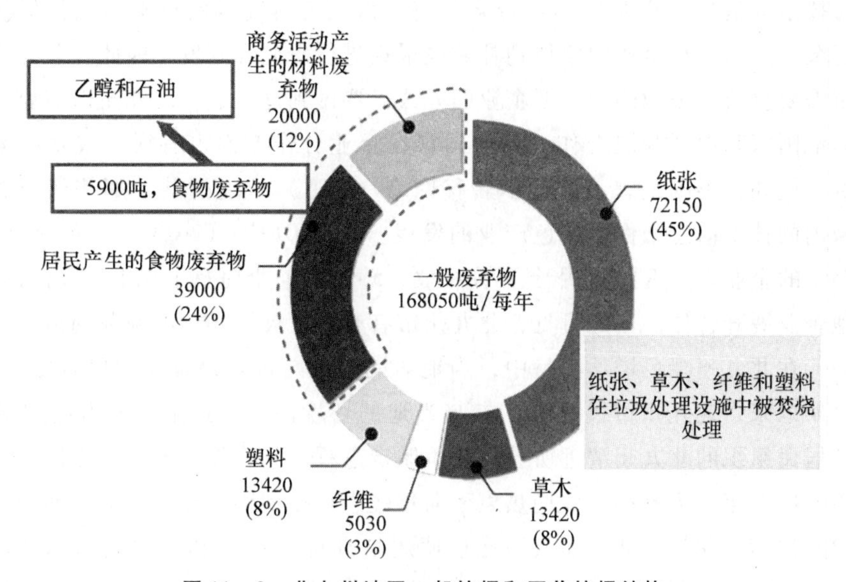

图 11－2　北九州地区一般垃圾和回收垃圾结构

资料来源：《新能源基金》（2010 年）。

为了解决厨余垃圾焚烧问题，日本钢铁工程，也就是现在的新日铁住金公司，研发出利用垃圾废物生产燃料乙醇的新技术。该技术基于以下三道工序：首先，他们将含有较多水分的垃圾与其他垃圾分离；其次，利用垃圾生产乙醇和石油，这可以用来替代船用油（燃油）；最后，类似于处理其他垃圾废物，将加工过程中产生的残留物焚烧。该项技术每天可以处理 10 吨垃圾，生产 379 公斤生物乙醇和 660 公斤石油。北九州市利用这种技术每年能够从城市垃圾中分离出 2242 吨乙醇。

另一方面，由于下水道系统的不断扩大，下水道污水污泥问题开始凸显。为了回收垃圾，生产能源，北九州市正在开展从下水道污水污泥中分离乙醇的工作。该市的计划是将那些从日明污水处理中心收集来的污水进行净化再生处理，生产燃料后，再将这些燃料出售给那些使用燃煤锅炉的工厂。从污水污泥中分离出来的燃料就是生物能源，但是这将增加该市的二氧化碳排放量。

（三）绿色增长项目的多方协调

北九州市在低碳能源方面十分支持产学合作。该种合作由北九州产业科技推进基金（FAIS）提供资金支持，重点向研究低碳技术的项目提供资金。然而，小企业即使得到补贴也很难进行研究和开发。因此，北九州市需要重新考虑激励中小型企业的办法。要做到这一点，北九州市需要与其他国家和地区开展合作。其他国家在企业合作方面也有很多成功的案例。例如，英国组织了“知识转移网络（KTN）”，通过共享那些研究领域内的技术信息来促进绿色产业的发展。根据 OECD（2013 年）的统计，75% 的企业表示 KTN 的服务十分有效，50% 的企业提及了在 KTN 内与其他企业展开合作。由此可见，北九州市有必要发展该类型的服务网络。

在北九州绿色增长项目中，当地居民的参与也是最重要的要素之一。多年以来，北九州市民一直在参与当地的环境治理。近来，由当地 70% 的居民组织的北九州清理协会在政策制定过程中一直发挥着关键作用。该组织以老年人为基础，他们热衷于向年轻人传授他们在保护环境方面的经验和诀窍。此外，北九州市民通过使用“环境护照”和“北九州绿色基金”，可以积累绿色积分。从这些活动中，市民可以直接获得环保实践经验。显而易见，当地市民通过参与活动已经获得了关于绿色增长项目的实际收益，政府与市民之间的合作将使双方同时获益。

综上所述，本部分主要阐述了北九州市的绿色增长项目。由于该市具有多种独特优势，如地理位置、技术研发和市民参与等，因此项目取得了成功。该市目前面临的挑战是如何把这些技能和经验输出到其他国家和城市，尤其是亚洲。我们将在下一部分中展开讨论。

三　北九州对亚洲的技术输出

（一）亚洲地区的绿色增长事业

北九州绿色增长战略的重要目标之一是服务于其他有需要的亚洲国

家，对其输出技术。尽管开拓国际市场有使该产业空洞化的担忧，但是对于北九州的企业而言，从其他亚洲国家获取利润同样重要。为了促进亚洲地区环境改善及经济发展，北九州市有必要与其他国家分享技术成果。

北九州亚洲低碳社会中心（The Kitakyushu Asian Centre for a Low - Carbon Society，KACLCS）研究了技术输出方面的策略，尤其是在一些特殊的领域，例如能源管理、再循环、废物处理、水净化和污染控制等。他们计划将技术输出到印度尼西亚、印度、越南、泰国、中国等亚洲国家。归纳而言，北九州在绿色技术输出方面具有三大优势：第一，北九州解决公害问题之后，被视为日本环境技术领域最发达的城市之一。因此，他们有能力向其他亚洲城市输出与废物处理、废水处理、能源控制等管理系统相关的先进技术。第二，该中心得到当地政府和日本中央政府的支持。这说明这些项目非常倚重附加政策，需要政府的支持。第三，根据 KACLCS 的报告，北九州模式比较适合亚洲城市。由于欧洲模式和美国模式以地方区域自治为基础，因此欧洲和美国模式可能不适用于亚洲国家。基于以上三点原因，我们可以说北九州模式对于亚洲地区是合适的选择。

KACLCS 指出，为了以基础设施建设的形式输出他们的技术，应该考虑以下几点：首先，该项目主体不是一个国家，而是一个城市。由于该类计划并非以中央政府为基础，因此技术输入城市可以获得多项优势，例如长期获得收益、与技术出口城市的相关部门直接建立联系等；其次，为了推动输入城市的环境产业发展，输出城市与输入城市的企业需要加强合作。因此，政府应该研究如何减少贸易壁垒，促进国家间的直接投资（FDI），以推动国际合作。

目前，该项目已经引起了许多亚洲国家决策者的注意，例如中国国家主席习近平，他曾于 2009 年对北九州市进行参观访问。他指出：中国的城市正面临着环境保护和技术进步双重课题，因此北九州绿色增长模式对于中国具有重要借鉴意义（人民日报 2009 年）。这说明亚洲国家可以相互合作，甚至如同一个国家。

（二）印度尼西亚项目

北九州市与印度尼西亚合作的第一个项目是位于印度尼西亚泗水市的关于垃圾处理管理系统的发展规划项目。2009 年，北九州市与泗水市签署了一项“战略性环境伙伴合作协议”。2012 年，这两个城市结为绿色姐妹城市，合作项目涵盖了废弃物处理、建筑污水处理系统、自来水净化、饮用水供应和节能等多个领域。该项目由新日铁住金公司、富士电子公司主办，预计投资额达 85 亿日元。北九州计划在泗水市为其绿色技术输出建立一个成功的范例，然后运用该模式向其他亚洲城市输出绿色技术。

国际关系协会日本委员会（The Japan Council of Local Authorities for International Relations，CLAIR）在新加坡指出，该项目已经开始在当地建立废物处理和循环系统网络。我们可以分析泗水市垃圾处理系统的组织结构：居民生活产生的废弃物被运输到 170 中间转运点，这被称为 DEPO，然后由私营企业将所有废弃物从这些转用点运送到最终处理站。在泗水市，拾荒者通过收集垃圾赚钱，在废弃物处理过程中扮演了重要角色。该市每个 DEPO 大约有 30 名拾荒者，他们的工作效率相当低，而且工作环境比较恶劣。因此，该项目旨在通过雇佣这些可以提高废物收集工作效率和工作条件的拾荒者，来发展废物回收和循环系统。根据 KACLCS 的测算，项目实施后，泗水市每天废弃物处理总量可增加 1200 吨左右。

此外，日本的西原公司制定了一项计划，计划构建一所新式 DEPO，它可以使泗水市的废弃物总量减少 75%。目前，该公司已经开始聘请拾荒者来实现削减废弃物总量的目标。日本的 TOTO 公司计划在泗水市推广节水设备，以减少二氧化碳排放。通过节水系统的推广普及，可以促进污水处理厂和过滤厂节约能源，减少泗水市二氧化碳排放。截至目前，北九州市以及拥有环境和能源新技术的公司已经在泗水市开展了多个项目。但是，相关组织和人员也刚刚开始研究绿色增长计划对于泗水市经济发展和环境状况的影响。

（三）越南项目和泰国项目

北九州市帮助越南实施了一项类似的绿色增长项目。该项目基于以下两种观点：第一，绿色增长是推动经济持续发展最显著的因素；第二，二氧化碳排放量及能源消耗量的减少是衡量经济发展的重要指标。因此，越南当地制定了 17 种与环境和经济课题相关的解决方案，如发展可再生能源、实施国际合作、开展基于生态系统的新式朴素生活模式等。2014 年，北九州市与越南的海防市成为姐妹城市。双方开展合作项目的最终结束日期是 2050 年，这显示出这是一项任重而道远的工作。

在泰国，日本政府一直在帮助泰国工业工程部（DIW）、工信部工业区管理局（IEAT）在罗勇省建立生态工业区。该工业区的支柱产业是重化学工业，这意味着北九州可以根据自己的经验来提出建议。建议主要包括两个方面：第一，区内的工厂应该共享能源以减少资源浪费；第二，应该由单一公司运营公用设施，统一管理系统。综合运用以上两方面的策略，该工业区能够改善他们的设施，诸如电力、热力、垃圾处理、污水处理等。

同样，这些项目目前正在运作当中，这意味着我们需要用几十年的时间来观察它们的进展。为了提高北九州绿色增长模式的效率并扩大其对外输出，北九州市和日本政府需要不断获得来自于输入国家和城市的反馈信息。这有助于北九州市开发一种全新的绿色增长模式，一种专门针对亚洲国家和城市的模式。不久的将来，北九州能够为亚洲低碳社会的发展做出更大的贡献。

四　研究结论

本文主要讨论了北九州市的绿色增长项目。在2011年日本东北地区大地震之后，日本面临的环境问题已经发生改变，北九州市的企业面临着不稳定的能源供应和飙升的石油及天然气价格。目前，尽管日本政府已经解决了这些问题，但是地方政府还应该考虑这些问题。目前北九州市已经开始规划和开发的一项新的技术。

北九州市是著名的露天采石场。因此，他们尝试着重新利用当地的稀有金属和贵金属，以建成可循环小型电子设备、锂电子电池和太阳能电池生产中心。该市的发展目标是成为亚洲下一代环保再循环示范基地。作为该项目的一部分，他们一直在努力通过绿色增长战略向其他亚洲国家和城市输出技术和经验。

为了取得成功，北九州市需要重新考虑在日本国内、亚洲和全世界范围内开展合作。首先，需要从亚洲城市收集有关北九州绿色增长战略影响的反馈信息，改进亚洲国家之间的合作项目。其次，需要在绿色增长和经济方面实行统一的政策。这说明该项目还需要考虑当地政府和中央政府之间的协调。第三，虽然北九州绿色增长战略适合于亚洲城市，但是开展与亚洲之外的国家和组织的合作，探寻更适宜的绿色增长路径，对于北九州和亚洲也非常重要。今后我们需要对绿色增长项目展开进一步的研究，以使亚洲社会变得更加美好。

马来西亚绿色城市发展：以槟城为例

斯图尔特·麦克唐纳德（Stuart MacDonald）*、
唐以翔（Tong Yee Siong）**

一 概览

位于马来西亚半岛西北部的槟城州，是马来西亚 13 个州中土地面积第二小的州。槟城分为两部分——槟岛和威省，二者以槟城海峡相隔。威省东部与吉打州为邻，南部与霹雳州为邻。槟城土地面积约为新加坡土地面积的 1.5 倍，城市化率为 90.5%。

槟城长久以来已经融入全球经济结构之中，享有一定程度的经济专门化，人口数量多。这从各种现有的城市排名和比较中清晰可见（表 12-1）。例如，全球化及世界城市（GaWC）研究网络在其 2012 年城市排名中槟城被评定为"自给自足水平城市"，能提供足够的服务，是传统制造业区域中心，不明显依赖于世界上其他城市。[①] 同样地，和釜山、珠海、台中一样，槟城还被麦肯锡全球研究中心（MGI）评定为"小型中量级城市"。

* 斯图尔特·麦克唐纳德（Stuart MacDonald），马来西亚槟城学院城市研究部研究员、主任。
** 唐以翔（Tong Yee Siong），英国剑桥大学发展研究中心博士。

① 其观点为：世界流动和竞争体现更多的是以城市为中心，而不是以州为中心，全球化及世界城市研究网络衡量城市在会计、广告、银行、金融和法律服务方面的生产服务发达程度，以及与世界城市网络的联系程度。见全球化及世界城市研究网络项目的全球方面内容于 http://www.lboro.ac.uk/gawc/gawcworlds.html。

表 12 – 1　　　　槟城和部分亚洲城市一览

	上海（中国）	杭州（中国）	厦门（中国）	釜山（韩国）	槟城（马来西亚）	珠海（中国）	巴特那（印度）	台中（中国台湾）	皮坎巴鲁（印度尼西亚）
MGI 分类（2011）*	特大城市	大型中量级城市	中型中量级城市	小型中量级城市	小型中量级城市	小型中量级城市	小型中量级城市	小型中量级城市	小型中量级城市
GaWC 分类（2012）**	A 等城市	高级自给自足水平城市	自给自足水平城市	—	自给自足水平城市	—	—	—	—
人口，千（2010）	22.315	6.242	3.531	1.083	1.563	1.560	2.009	2.279	898
人口，千（2025）***	30.905	8.830	5.294	1.122	2.142	2.199	2.597	2.306	1.523
GDP 总量，十亿美元（2010）	251	71	30	49	18	18	7	43	39
GDP 总量十亿美元（2025）***	1.112	307	180	89	41	67	31	80	32
人均 GDP，千美元（2010）	19	19	15	65	20	20	8	36	16
人均 GDP，千美元（2025）***	46	44	43	104	31	39	22	60	32

注：* 按照 MGI 的定义，大型中量级城市为人口在 500 万到 1000 万的大都市，中型中量级城市人口在 200 万到 500 万，小型中量级城市人口在 15 万到 200 万，特大城市人口超过 1000 万。

* * GaWC 把城市分成六类：（1）"A + + 城市"，一体化程度高（伦敦和纽约）；（2）"A + 城市"，为伦敦和纽约提供补充，供应亚太地区的高端服务需求（如香港、巴黎、新加坡、东京和上海）；（3）"A 和 A – 城市"，把主要经济区和世界经济联系起来的世界重要城市（如莫斯科、布鲁塞尔、吉隆坡、雅加达、台北、首尔、旧金山、曼谷和新德里）；（4）"B 等城市"，把其所在地区与世界经济联系起来的城市（如广州、班加罗尔、哥本哈根、柏林、胡志明和西雅图）；（5）"C 等城市"，把小型区域和世界经济联系起来的城市（如大阪、坦帕、布里斯托尔、格拉斯哥和天津）；（6）"自给自足水平城市"（如成都、名古屋、惠灵顿、高雄、武汉和槟城）。

* * * MGI 预测。

槟城在电子电气（E&E）制造业处于领先水平，是马来西亚重要的增长中心。槟城已从早期的英国东印度公司贸易口岸发展成为现在的出口型经济体。在20世纪70年代到80年代期间，作为工业化战略的一部分，槟城设立了工业区和自由贸易区，为西方国家电子电气领域生产商提供有吸引力的财政激励政策，打造“东方硅谷”。而如今，逾200家主要跨国公司在成熟的电子电气领域运营，并与当地规模能力不一的企业合作紧密。

依托丰富的文化遗产、宝贵的历史价值和美丽的自然景观，槟城快速建设必要的基础设施，把旅游业发展成为另一重要增长引擎。坐拥东南亚战前最大建筑群之一的乔治市，是槟城首府，在2008年被评为联合国教科文组织（UNESCO）世界遗址。

槟城经济收益相当可观。1970年至2005年间的国内生产总值（GDP）年均增长率超过7%，高于全国平均水平。虽然土地面积第二小，但以人均GDP来看，槟城却是第二富有的（除联邦领土之外），紧随沙捞越之后。沙捞越拥有丰富的碳氢化合物及其他自然资源。

槟城的经济增长和社会变革改善了许多人的生活。然而，快速的城市化也给槟城未来的宜居性和可持续性带来了城市规划与治理方面的挑战。在为吸引制造业投资而提升区域竞争力的同时，槟城也在积极地发展高规格功能，并逐步转向一个基于知识和以创新为驱动的经济体。如果没有合适的资金和人才，这一变革也无法实现。而这样的人才越来越具有流动性，而且他们往往优先考虑喜欢住在哪，而不是在哪工作。由此看来，宜居性和可持续性将是槟城未来经济发展的关键因素。

本案例研究考量宜居性和可持续性之于槟城最突出的五个主题领域。它们是：实体规划、交通、住房、公共空间和环境。对于每一个主题领域，我们主要关注槟城现有的挑战和问题。现在槟城州政府自2008年执掌政权以来所采取的重要举措也在我们的讨论范畴内。之后，我们将给出《槟城典范》中提出的最重要战略和举措的纲要，这是槟城州政府在2013年2月通过的未来10年发展框架。提升宜居性和可持续性将是框架内三大相互联系的目标之一（其余两者分别是恢复槟城经济活力和增进社会发展和包容性）。

二 实体规划

长久以来，槟城的发展规划主要聚焦于工业化战略。在槟城快速工业化进程中，“宜居性城市”的规划并未获得足够重视，由此引出了一个专门的规划与减缓方案。重中之重是寻求远离城区的新土地，也就是城市扩张。预计到2030年，槟城人口将达到200万至220万之间，这将导致城市空间竞争加剧和因土地有限带来的更大的开发压力。

槟城州政府最近几年鼓励更多公众参与到城市规划进程之中。州政府举行公众听证会，规划顾问和政府代表现场解答公众的提问和关切。针对大陆各地区的规划方案已经出台，而且针对特殊地点如乔治市世界遗址的特区规划方案也已在研制中。

如今纳入考虑之列的土地使用规划和建筑环境，将成为槟城未来经济可持续性的决定因素。槟城的愿景是发展成一块经济潜力和宜居性同步发展并直至极致的热土。除了发展成为所有人均有机会的富裕城市，槟城还将发展成为一个环境清洁且人们爱护环境的地方，发展成为一个安全、住房有保障、交通系统高效、人们关注生活文化遗产以及槟城当地的众多自然特征的地方。这样的“地方规划”考虑应该基于槟城独特的当地特色，即槟城的文化和自然历史。

（一）改善实体规划系统

为了保证高效规划，制度能力必须予以强化。为了将有效地可持续发展政策和做法制度化，槟城州政府将通过培训和招聘来积累规划经验和技术。此举也要求全盘细致审查所有发展控制标准和指导方针，其中许多审查早已进行多年了。由于槟城面积小，仅有两个地方辖区，那么高效率和规模经济则可通过把规划应用和实施环节交由地方政权处置而在全州层面全盘考虑规划体系的方式来实现。现有的规划结构和主体应努力试着让当地居民和社会更多的参与制度化。比如，“关于社区参与的声明”从一开始就应该制定社区居民参与计划。

（二）可持续管理增长

槟城州政府需要解决发展压力更大的槟岛和发展稍显落后的大陆之间的发展差距。槟岛和大陆之间的发展战略要彼此协调，互为补充。土地使用和交通规划必须紧密联系。通过鼓励建设居住、工作、娱乐一体化社区，槟城州政府能够创造出新型混用发展模式，配套多样住房类型、商业设施和就业机会，解决人们生活与工作所在地之间现有的不和谐情况。密集度应该与公共交通规划一体考虑，这可以通过基于激励措施划分区域的方法予以促进，此法给予开发商回馈（通常以减少费用或增加密度的形式呈现）。这些开发商额外为社区利益服务，或促进公共目标的实现。

（三）改善建筑环境

2012 年，槟城州政府设立了乔治市商业改善区（BID），旨在通过商业主导的合作关系重新规划乔治市的中央购物区。率先在亚洲开始兴起商业改善区这种模式，人们也正大力将其推广至包括巴都丁宜（沙滩旅游区）和峇六拜（主要工业区）来促进改善环境。由于土地资源稀少，槟城州政府需要通过城市复兴战略进一步促进并激励那些已经走下坡路或者不再发挥其本来功能的地区重新发展。此举将优先考虑在发展程度相对较低的高密集发展区重新改造和使用现有城市土地。槟城海峡两岸的滨水区域也需要振兴并作为整体进行规划，这将成为槟岛和大陆之间的一种联系方式。

三　交通

由于私人车辆比人口数量还多，槟城交通堵塞日趋严重。槟城公共交通服务率依然处于低水平。现有公共交通线路主要是外围地区与城市中心的往来，而外围地区之间的交通往来服务却甚少。穿梭于槟城海峡的渡船交通方式的使用率已经下降，而且运营也处于亏损状态。人行道使用情况也很糟糕，而且也不安全。槟城居民以及到槟城的游客可选择的交通方式不多。如果这种趋势继续延续，到 2030 年槟城道路上的车辆总行驶距离将超过 70%，而在早晨高峰时段平均车速将减少约 25%，公共交通将维持在 3.8% 的水平。

自 2008 年以来，槟城州政府已在乔治市设立了免费中央区捷运（CAT）公交班车服务，还设立了大桥快捷通（BEST）停车换乘服务，以运送槟威两地往来的人们。槟威两地之间的自行车道（供休闲娱乐用）正在建设中。自行车共享方案将于 2015 年实施，乔治市中心区还设立了一周汽车免费乘坐区。

槟城州政府还成立了公众社会参与的槟城交通司。与北部走廊执行机构（NCIA）共同编制的槟城《交通规划》提议以 270 亿令吉资金改善交通，其中道路改善153亿令吉、公共交通改善96亿令吉。2014年，槟城州政府基于《交通规划》对2015至2030年间的实施情况的提议发布了《提议征求声明》（RFP）。

槟城交通系统将规划成一个基于“移动人而非车”原则，让人们享受高效安全的交通系统。所采取的交通政策旨在通过不同交通方式增进交通便利性，而且相关资源也会重新分配以应对行人、骑自行车的人、老年人、残疾人、公共交通使用者以及私家车使用者的需求。整体规划的公共交通系统将有望提高经济效率和生产力，降低负面环境影响，并改善槟城的生活质量。

（一）合理进行交通治理和管理

为了在槟城提供高效安全的交通系统，首先需要精简过于复杂的治理结构。例如，四个独立的机构——联邦工程部、州立工程部、马来西亚高速公路管理局和槟岛市政府——共同管理槟岛的道路交通。每家机构都有自己的道路保养和融资机制。槟城州政府需要与联邦政府共同努力，将权力下放到地方政府。要考虑成立联邦政府与州政府联合交通协调部门，负责道路改善以及铁路、渡轮、水上的士、公交车、出租车服务，并具备根据当地实际情况调整道路和桥梁过路收费标准的能力。

（二）建设新战略道路连接

按照交通方案，槟城州政府已经展开了可行性研究与设计工作，为建设几处连接大陆几个区并改善其与槟岛交通往来的新战略道路连接做准备。形成道路等级规划并予以实施非常关键。每种类型的道路均需要设立专门的法规。有些道路将只为快速车辆服务，而其他道路则服务于商务物流运输，并与行人和自行车形成空间共享。关于停车、等待和装货允许或禁止方面，所有道路都需配以明确的法规和指示。

（三）改善公共交通

槟城公交车总量约为350辆，每7000人共享一辆公交车（相对而言新加坡拥有4000辆公交车，每1325人共享一辆公交车）。转向“中心和辐射”融合服务模式（公交车将当地社区和交通中心与主要路线相连）的举措将成为促进连接公共交通网络更为便利的通道。小型相邻社区往返公交车用于把人们运送至主要中心，而将现有的大型公交车分配到这些主要中心。从长期看来，公交车快速捷运（BRT）以及最终的电车系统也应该提上发展日程。可行性研究已在进行中，可以支持运营系统到2020年。通过引入交通走廊，交通时间将大幅缩短，给予公共交通相对于私人车辆更具竞争力的优势。最近对铁路网的延伸工程在2015年6月前将槟城到吉隆坡的时间缩短一半，仅需3小时。当铁路延伸工程完工后，槟城境内上下班往返铁路服务拓展也应提上议事日程。槟城海峡也需要更好的交通规划，尤其是运送人们往返于槟威两地之间的交通规划。

（四）改善人行道和自行车道设施

缺乏与公共交通拼接的人行道通道将会给更好地利用公共交通服务造成障碍。所有的交通网络设计、基础设施建设和未来发展都必须按照《统一设计规范》规定的统一设计标准和残障人士通道标准以考虑残障人士与老年人的交通需求。对于骑自行车的人群，槟城自行车道方案，包括槟岛和大陆总计200公里的自行车道，将在不同的工期建造。我们的目标是将骑自行车的人数从2012年的5%增加到2015年的15%，促进形成健康的生活方式和可选择的交通方式。

四　住房

槟城的住房市场面临两大考验：中等收入群体买得起的房屋短缺和低收入群体的房屋质量糟糕。新的住房政策越来越趋于迎合富人的需求，并且向富人投资房产的需求倾斜。住房供需之间不平衡的问题显而易见，当地中等收入群体买得起的房屋短缺。在2004到2012年间，平均家庭收入年增长率仅5.4%而平均房价年增长幅度却达8.6%。房价增长速度明显快于收入增长速度，使得居民可购买能力的差距越来越大。

现有的低成本和未来的中低成本住房政策限制了私人发展的配额，保证了低收入群体稳定的住房供应。但是仅仅这些政策已不再够用，因为许多低成本住房工程质量差，维修质量差，所处地段也较偏僻。

自2008年以来，已经修建了15000套经济适用房，另外槟城五个地区还有20000多套正在规划中。大约300套现有私人住房已被改造成社会出租房，几套废弃的房屋也已经重新修整。槟城州政府已划拨5亿令吉资金用于修建经济适用房，并且还出台了刺激政策，允许以增加房屋密度和降低开发费用来换取更多经济适用房。

槟城在住房方面的愿景是“所有人都买得起”。实现这一愿景需要能够提供分布于不同地段不同价位的高质量住房选择，满足当地居民的需求和期望，同时还要支撑未来移民和投资商的需求。

（一）改善住房治理

设立州立住房委员会或者别的治理机构至关重要。住房问题属于联邦政府和州政府公共管辖范围。槟城州政府需要探寻如何与联邦政府更好合作拿出当地居民反响好的住房解决方案。这些方案包括更大范围的住房需求模型以及考虑影响住房质量的经济、环境和社会因素而设立的新标准。目标群体对经济适用房的需求（例如，年轻专业人士对比年长成年人）需要予以明确。在住房管理和维护方面需要引入干预政策。要对建设一个高效、成本效率好和有能力的建设管理系统给予更大支持，保证建筑物不沦落到年久失修质量下降的状况中。

（二）转向私人发展

槟城州政府需要解除对可支付住房修建的刺激性政策。这可以通过对居民房产设置容积率上限来限制新的豪宅开发规模。居民密度限制（套每英亩）可以抬高以便允许建造更多经济适用房。槟城需要重新调整现有的低成本住房配额，从基于住房套数百分比的配额转变为基于房产项目（除符合可支付住房标准的住房外）的总开发价值（GDV）的财政贡献。开发费用体系也需要重新调整。目前，开发费用（针对因密度生成的土地价值提升的税收）是以每平方英尺的固定税率收取的，而且并没有以任何方式与每平方英尺的土地价格挂钩。尽管这种办法可以简化计算，但是开发收费应该与土地价值的提升相挂钩，以 GDV 百分比计算。

（三）增加住房

由于房价上涨，按揭监管趋严，中低收入家庭借贷能力减退，而且越来越被新的储蓄要求倒逼。为了帮助这些家庭，现有的申请住房支持的程序是首先需要加严的，确保这些补贴性住房是符合条件的，而且这些支持能够满足他们的需求。槟城州政府应该将出租房规模纳入低成本住房领域，并积极发展相关结构来支持社会租房市场。随着时间推进，要提供更多条件允许社会私营（长期）经济适用房的发展，房东受到监管，存款和租金也受到保护。灵活的租买模式可以发展成为一种拥有房屋的选择性途径，通过这种模式家庭可以在长期的租期期间累积资源。对那些拥有大量资源却依然游离于市场之外的家庭，房产共同所有的方案也在试行。这种可选择的融资模式可以帮助中低收入家庭在房产阶梯中拥有立足之地，在这种模式下，槟城州政府将买下达30%的房产。

五　公共空间

公共空间在社区的社会经济生活中起着重要作用。然而，槟城却严重缺乏公共空间。根据槟城州2005年至2020年结构规划，公共空间总计449.4公顷，相当于2010年每1000人共享0.29公顷公共空间，而规划提议的是每1000人共享1.6公顷。马来西亚城镇与乡村规划部门建议预留每1000人2.4—2.8公顷的公共空间。这样预计槟岛的公共空间还差1000公顷，而大陆的公共空间则差1300公顷。自20世纪80年代以来，公共空间匮乏一直被各大研究认为是有待解决的一个问题。

槟城州政府在槟城山顶开辟了一块新的公共空间，并且正在开发新的娱乐自行车道和城市公园。槟城州政府还鼓励将闲散地改造成娱乐公园。

槟城的愿景是发展成所有人共享的公共空间王国，洁净、绿色、安全。槟城的城市街区景观和开放空间将激励社会活力，促进人们选择步行、骑自行车和其他健康娱乐方式，并且完全满足老年人和残障人士的需求。槟城的孩子们和年轻人将有足够安全的娱乐空间，进行体育活动。槟城山丘、海滩、河流和公园将彼此相连，并向所有人开放。

（一）增加公共空间的数量和质量

槟城应该提升现有空间并开辟新空间，通达，安全，相互连接，管理得当，维护有效。一部分是为公共开放空间分配新土地。槟城州政府需要确保新公共空间面向任何未来土地回收项目。重点应放在转换空地和低效率使用的土地为公共所用。公共花园应该对游客开放。空闲的私人土地可以租赁，转化为临时游乐场或公园，而废弃的市政设施可以重新开发为社区空间。

（二）改善可利用性和互联互通性

采用《统一设计规范》将帮助打造美观与实用兼具的建筑环境，每个人都能享用到极致。这可以改善老年人和残障人士对其的可利用性。这些规范应该植根于所有公共空间环境改善方面，确保打造无障碍包容性的环境，鼓励步行和自行车出行方式，改善互联互通性以及公共交通的可利用性。投资人行道和自行车基础设施，将绿地、河库、森林、人工公园、线性海岸公园和水域连成一片，这样可以创造一个公共空间互联网络，作为娱乐或交通功能安全的路线。槟城可以更好利用海岸线、海滩和任何未开发的紧邻海岸线沿边区域的土地，创建公共娱乐空间。假使对额外的维护提供补贴的话，槟城州政府还应该激励私人和公共部门在高峰时段之外开放设施（如足球场、游泳池、篮球场等）为公众使用。

（三）公共空间管理与维护

槟城地标槟城山在《特区规划》指导下，吸引了大量投资支持和越来越多的游客。然而，槟城山上的未来发展需求应该慎重权衡，确保其历史和生态功能得以保护。现在有大好机会扩张环绕槟城山底的槟城植物园，使之成为马来西亚半岛的植物保护区和研究中心。槟城需要改进其实施进程，完善维护开放空间的相关程序和手续以保护从小公园到滨水区等开放空间不被私人侵占滥用。对于在休闲娱乐空间做生意的街头小贩，应该重新布置区域，或者在充分考虑卫生和垃圾处置之后提供指定位置。

六　环境

曾因山丘、森林和海滩组成的美丽自然景观而著称“东方之珠”的槟城，经过过去半个世纪的快速发展，已经褪去“珍珠”光环。污水处理基础设施匮乏，商业废弃物处置管控糟糕，家庭生活垃圾的处理办法原始，都使得槟城的河水和海水水质是马来西亚最差的。2011 年，槟城 24 条河流中有 10 条被检测认定为污染河流，还有许多河流都含有工业排放物。

公共环境的清洁依然是个难题，槟城市民的环境意识薄弱。由于土地面积有限，城市发展已被迫扩张至山上和海边。这就需要环境可持续性方案来应对山坡开发和海岸改造。

自2008年以来，槟城州政府已经将“更清洁、更环保、更安全、更健康的槟城”计划作为槟城州政策核心。槟城是马来西亚禁止超市免费提供塑料袋的第一个州。地方政府已禁止饮食行业经营使用聚苯乙烯。截至2014年，槟城回收利用率已达到32.8%，远超全国制定的2020年目标的20%。槟城设立了槟城环保司寻求环保措施。新型环境友好固体垃圾管理体制正在研究当中，提高回收率和食物废弃物收集转化为生物燃料和生物肥料。

槟城给排水部门和当地政府一道力图恢复按照马来西亚水质指数评定为四级（极脏）的河流，目标是到2020年恢复到二级水平（清洁）。2014年5月，槟城州政府签订了几百万令吉的合同引进基于量子物理的新技术来净化双溪槟榔（槟城境内干流）及其支流。

槟城的愿景是发展成为一座生态城市，在这里，绿色生活方式成为常态，商业活动与自然可持续性共存。槟城未来的可持续性要求保护自然生态系统，维持生物和地理多样性，与农村和自然区和谐发展，创建高质量城乡环境，提升居民和企业的环保意识。

（一）改善环境管理

槟城应形成全州范围的环境管理体系（EMS）来系统监管环境数据。EMS可以用于评估现有政策的有效性和政策实施进展情况。城市发展政策应该与创建自然栖息地、保护性小径的绿色环保政策互补。槟城州政府应该规划并开发全国性公园、州立公园、海洋公园、野生动物保护区、鸟类保护区、风景区体系，来帮助维持槟城的自然遗产。

（二）处理垃圾和污染

槟城著名的餐饮行业是水污染的主要来源。废弃油未经有效处理排入下水道或污水管道。公共卫生可以通过食品废物和废弃油回收系统得以改善，配备现场分类、收集、制肥设施以鼓励恰当处置垃圾。如果来自家庭和大型食物废弃物源头的垃圾以及来自农场的动物排泄物，都可以在源头就进行分类，然后收集，那么可以转化为电能或其他能源类型的生物燃气设施将是非常可行的办法。

市政固体废弃物的有效预处理可以减少70%的垃圾转运到垃圾填埋

场。这样可以减少垃圾运输成本，并减少随之产生的汽车尾气排放，还可以大大延长垃圾填埋场的使用周期，减少气体产生量，并从垃圾中获得额外价值。

恢复水道环境需要大功夫和大笔投资，来把工商业废水导入合适的污水处理设施中。跨国公司应该对其整条供应链全盘负责。槟城州政府可以与跨国公司合作成立一个环境事物服务点来帮助当地企业通过改善了的商业流程更好地处理污染物和垃圾。

（三）直面气候变化

我们应该编制一个环境灾难控制与减缓方案，来集中应对气候变化的潜在影响。只要阻止毁坏山林和蓄水库，限制山坡森林砍伐、水土流失、河道淤泥阻塞，就可以减轻城市洪涝之类的严重问题。槟城应该保护其农业土地不受城市扩张的影响，提倡一定的自主可持续性。已分配的土地、屋顶农业、甚至阳台上的微型农业均可促进城市农业。转化为液体肥料的食物垃圾可以用于社区城市农业，还可以反过来促进有节制饮食的健康意识的养成。

由于马来西亚雨水充沛，水往往都是毫无节制地使用。槟城的家庭用水关税是全国最低的，就是在世界上也是最低之一。重新调整水关税正确反映成本是很有必要的。成本包括水处理设施资本投资、水生产运营成本以及水资源保护成本。应该设立到 2020 年人均用水量减少 20% 的目标，以确保槟城未来的水供应是可持续的。

七 结论

槟城正大力发展成为一座绿色环保城市，采取了许多绿化措施来处理遗留问题，并为更具可持续性的未来筹划。我们早期取得了一些可喜的成果，但仍需系统的制度化的方法，以在未来几年巩固效益。这要求有效的治理，在这过程当中，槟城州政府要扮演工具的角色，安排私营部门与社会合适的长期政策框架来实现既定目标。

来自充足的资源、强力的政府作为、槟城州政府各层面的规划执行能力的举国支持，来自私营部门的支持以及公众的认可都是成功实现目标的关键因素。一方面，把积极利好的结果及其附带的利益回馈给社会的能力将进一步巩固这些因素，这已在透明可信的交流平台上表明。另一方面，我们也不可低估风险，尤其是共同利益的变化和联邦政府与州政府之间的政治意见不统一。槟城州政府能在多大程度上在防范风险的同时确保这些成功因素，将决定《槟城典范》的实行结果以及随之而来的槟城宜居性和可持续性的发展成果。

韩国首尔清溪川治理的经验与启示*

赵 峥

清溪川是韩国首尔市中心的一条河流，全长10.84公里，总流域面积59.83平方公里。19世纪五六十年代，由于城市经济快速增长及规模急剧扩张，清溪川曾被覆盖成为暗渠并建成为城市主干道，水质也因工业和生活废水的排放而变得十分恶劣，交通拥堵、噪声污染等“城市病”现象十分突出。2003年7月1日，韩国首尔政府启动清溪川修复工程，历时两年正式竣工。清溪川的改造与恢复不仅成功打造了一条现代化的都市内河，改善了首尔居民的生产生活环境，塑造了首尔人水和谐的国际绿色城市形象，也为其他国家城市内河水环境治理提供了可供学习与借鉴的案例与素材。

一 创新城市内河治理方式

城市如何开展内河治理，是一个摆在许多城市施政者案头的问题。清溪川在修复工程开工以前，已经全部被混凝土路面所覆盖，道路宽50至80米，长约6公里，面上还建有宽16米、长5.8公里的双向四车道高架路，路面下则主要是污水管道、供水管道等32种地下埋设管线，实际上已经成为首尔城市主要的交通动脉和排污水道，污水排放、噪声、粉尘、

* 本文为北京师范大学韩国绿色发展考察调研组专题研究成果之一。感谢韩国国立首尔大学、韩国环境公团、首都圈垃圾填埋管理公社、全球绿色增长研究所（GGGI）、韩国开发研究院（KDI）、韩国三星电子集团、韩国京畿都市公社等单位的支持。

拥堵等带来的污染问题已经相当突出，修复与改造势在必行。清溪川修复工程通过拆除高架路，将被覆盖的清溪川挖开，把地下水道重新建设一条崭新的城市自然河道，并对河道重塑分为三个区段：上游清溪川广场为中心，喷泉瀑布和高档写字楼相配，着重体现首尔现代都市特征；中游以植物群落、小型休息区为主，为市民和旅游者提供舒适的休闲空间；下游则主要是大规模的湿地，着重体现自然风光。总的来看，清溪川从起点到下游，形成了一条从都市印象到自然风光的城市内河生态水系，重新塑造一个人水和谐、自然环保的城市内涵，极大减少了污染，改善了环境。过去的清溪川覆盖主要是强调经济与效率的结果，而清溪川复原工程则创新了城市内河改造与修复的方式与方法，实现了城市发展理念从建设到恢复、从单纯追求经济增长到人与自然和谐共生的全面创新与变革。

二　注重多元主体参与

清溪川改造是政府、专家和市民共同努力的结果。在改造工程开始之初，首尔市政府就专门成立了清溪川复原项目中心，建立了由专家和普通市民组成的专门委员会，负责收集市民意见，召开公众听证会，并提供咨询服务。在清溪川改造工程中，无论是拆除高架路和覆盖清溪川的水泥道路，还是恢复沿河的历史文物古迹等诸多举措，都是专家、公众和政府部门集体智慧的结晶。特别值得一提的是，清溪川修复工程还充分考虑到原有区域商家的利益，在开工前，政府就积极倾听商家意见，召开工程说明会、对策协议会及面谈会等会议4000多次，充分收集意见。之后以这些意见为基础，采用先进施工方法，减少噪音和粉尘，降低停车和货物装卸场收费，对经营困难的小工商业者给予低息贷款，并对希望迁走的商人开发专门商业街给予安置，形成了有助于商圈发展的对策。在尊重与参与的基础上改造和建设，使得清溪川修复工程整体进展顺利，并未因各方利益矛盾冲突影响建设和发展。

三　兼顾水和交通环境一体化改造

在清溪川修复工程开始以前，2002年平均每日经过清溪川路和清溪高架道路的车辆为168556辆，很多首尔市民都担心拆除高架路将使首尔原本严重的交通拥堵状况更加恶化。但实际上，清溪川修复工程不仅考虑到了水环境治理所带来的城市生态效益，还通过水环境治理大力推动城市公共交通发展，将以疏导车流量为中心的城市交通模式转变为以公共交通和步行者为中心的交通管理模式。首尔政府通过在清溪川建立先进的公交信息管理控制中心，实施建造易于商家营业和市民步行的道路、增加专门的循环公交车线路，提高地铁运力，集中商业服务网点等措施，使市民不用远行或驾驶私家车，就能享受到便利的城市综合服务功能，在水环境与交通环境治理的统筹兼顾中实现了城市交通以车为主向以人为主的转变。

四 古桥传承城市文脉

清溪川横穿首尔中心城区，历史上就是连接首尔城市南北两岸的重要河道，是记录朝鲜时代百姓生活的代表性都市文化遗迹。其中，清溪川上的桥梁更是体现首尔城市文化与历史的重要载体。在首尔600余年的历史发展中，在清溪川的干流上曾共建有广通桥、长通桥、水标桥等9座桥梁。历史上，每年的一定时期，人们都会以清溪川上的桥为中心，举行踏跷、花灯等活动。因此，桥梁的建设被列为清溪川修复工程的重要内容。通过努力，在清溪川上复原了广通古桥和水标桥，并新建了16座行车桥，4座步行专用桥，并以长通桥、永渡桥等古桥的名字重新命名了新建的桥，同时重现了水标桥踏跷、花灯展示等传统文化活动，并在拆除旧高架桥时，在下游河段有意留了三个“残留”高架桥墩，保持了首尔城市记忆的连贯性，不仅有助于人们追忆被遗忘的首尔城市原貌，体会历史与现实的时空感，增强市民和游客对首尔城市精神的文化认同，也令清溪川承载和融合了600年首尔都市历史、水文化与现代文明，使现代内河改造工程在建设、传承与发展中延续了城市的文脉。

五 集中投入激发城市活力

清溪川河道生态环境恢复工程全长5.84公里，还恢复和整修了22座桥梁，修建了10个喷泉、一座广场、一座文化会馆，总投入约3800亿韩元（约3.6亿美元）。在整个工程中，首尔政府考虑到筹措资金来源不足的情况，政府主要通过削减年度预算的方式来进行投入。尽管初期经济投入很大，但短期集中投入对城市经济长期拉动效应已经显现。例如，原有清溪川地区共有6万多店铺和路边摊，主要从事低端批发零售商业服务业。自清溪川复原工程完工后，该地区则更多的承载了韩国艺术、商业、休闲和娱乐的功能，国际金融、文化创意、服装设计、旅游休闲等高附加值产业纷纷进驻，极大的加快了产业转型升级步伐，不仅大幅提升了该地区发展动力和活力，也为实现首尔江南江北两岸发展均衡打下了良好的基础。同时，重新流淌的清溪川使首尔市的大气环境和空气质量得到很大改善，夏天清溪川周边的气温比全市平均气温低2~3℃，为广大首尔市民提供了良好的居住和生活环境，也提升了首尔作为国际大都市的城市竞争力、影响力和吸引力，为首尔集聚全球高端人才、创新资源、创富资本提供了强有力的支持。

六　启示

首尔清溪川的修复工程堪称现代城市水环境治理的典范。从城市长期可持续发展的角度来看，清溪川的修复工程不是简单地恢复一条河道，而是以一种全新的理念，在保留传统城市中心区魅力的同时，通过追求保留和开发的均衡，尊重公众意愿，转变发展模式，打造了一条具有历史水文化底蕴，生态环境友好、人与自然和谐、充满经济发展活力的全新的生态内河。对中国而言，在过去三十多年快速的城镇化进程中，许多城市为了追逐经济增长速度，以水环境污染换取经济增长的模式已经让我们付出了沉重的代价。一些城市大力推动城市道路基础设施建设，为了修建或拓宽车道，甚至不惜覆盖原有河流、破坏绿地、新开发人工湿地和公园，但对交通拥堵、环境改善往往并未发挥实质性作用，交通拥堵改善不很明显，资源和能源浪费严重，城市居民的生活质量也没能得到根本性提升。在新的历史时期，中国城市应借鉴首尔清溪川修复工程的经验，充分利用已经积累的经济物质基础，创新城市发展理念，以人为本，将水环境治理与城市公共治理、交通系统建设、历史文化保护结合起来，将经济发展与生态保护结合起来，将现代都市生活与绿色自然环境结合起来，建设生态、便利、宜居、人与自然和谐共生的绿色城市，走绿色城镇化道路。

中国台湾：公共自行车(Youbike)打造绿色城市

余津娴[*]、丁锦秀[**]

根据国际能源总署（International Energy Agency，IEA）的报告，台湾的二氧化碳年总排放量，自1990年约114.59百万公吨，一路攀升至2007年274.93百万公吨的高峰，增长了约140%。而自签署京都议定书（Kyoto Protocol）以来，国际间仍持续商议温室气体减量责任，台湾虽非联合国气候变化纲要公约（United Nations Framework Convention on Climate Change，UNFCCC）的缔约地区，仍于2008年6月5日通过《永续能源政策纲领》，期望实现提高能源效率、发展洁净能源、以及确保能源供应稳定的三大目标。自2008年至2012年5年间的年平均二氧化碳排放量为260.85百万公吨，2012年更低至256.61百万公吨，相当于2004年的水平，可见具有相当的减碳成效。

为达成减碳目标，台湾积极推动节能减碳相关政策，并于2009年推出节能减碳计划，例如在提高能源效率和改造能源结构方面，计划于2025年达成再生能源与低碳天然气发电量分别占总发电系统的8%与25%的目标；在产业部门也鼓励发展具高附加价值且低耗能的绿色产业；更推动建构绿色低碳城市，包括提高都市的绿色植物覆盖率，推动绿建筑、规范营建废弃物减量、及公共工程使用再生建材比率等，并在运输部门打造低碳交通如鼓励使用替代燃料或绿色运输工具等。其中有关打造低碳交通的三项具体行动方案为：（1）建构便捷大众运输网，舒缓汽机车

---

* 余津娴，中国台湾人，西南财经大学发展研究院助理教授。

** 丁锦秀，中国台湾人，厦门大学财政系助理教授。

使用与成长；（2）建构“智能型运输系统”，强化交通管理功能；（3）建立人本导向，绿色工具（脚踏车与人行步道）为主的都市交通环境。这几项方案恰恰提供了中国台湾各大城市迈向绿色发展的重要方向，即推广低碳或无碳的绿色运输系统，本文介绍的公共自行车系统“Youbike 微笑单车”，便是台北市迈向绿色低碳城市的重要途径之一。

实际上，台湾推广的公共自行车并非全球首创概念，在欧洲许多重要城市早已运行公共自行车系统，如法国的巴黎、西班牙的巴塞罗那、丹麦的哥本哈根、英国的伦敦等。在亚洲，日本东京也在2009 年试行了公共自行车计划，截至2012 年，日本共有9 个公共自行车服务系统；而杭州也于2008 年5 月在中国首推公共自行车服务系统。台湾则是学习巴黎的经验，于2009 年分别在台北市、新北市和高雄市试营运公共自行车[①]，其中台北市的“Youbike 微笑单车”（后文简称 Youbike）自2009 年试营运，2012 年正式启用以来，至2012 年底才突破百万人次，但却于2013 年年底、2014 年年中和2014 年年底急速突破1000 万、2000 万以及3000 万用车人次，营运的站点与自行车数量也由2009 年试营运时的11 个站点，扩大至2014 年7 月的163 个站点与5350 台自行车，每天每辆自行车的平均周转率达10 至12 次，约为巴黎周转率的两倍，几乎成为全球周转率最高的系统，不仅陆续于台湾其他城市如新北市、台中市、与彰化市开办 Youbike，更吸引许多先进国家的城市如日本东京、新加坡等前来取经学习，成为使用绿色交通工具的最佳示范。相较于欧洲先进国家或是日本，台北市的自行车骑乘环境并不完善，例如2013 年台北市区的自行车车道虽达323 公里，但多数是人车共享道路，且在推广的前三年完全无法刺激市民的使用意愿，但自2013 年以来迅速累积超过3000 万人次的使用量，台北市的 Youbike 到底是如何在两年之间掀起台湾绿色出行热潮的呢？

台北市的人口和汽、机车使用量一直高居台湾其他县市之冠，也造成诸多交通、市容、与空气污染问题，故近几十年来极力兴建大众交通运输系统，如台北捷运系统、公交车专用道、铁路地下化等，透过便捷的交通

---

① 中国台湾的新北市（当时为台北县）是台湾第一个开办人工租赁公共自行车的城市，于2013 年开始采用 Youbike 系统；而高雄市则是第一个启用公共自行车自动化租赁的城市，2011 年起由高雄捷运公司营运，租赁系统名为 CityBike。

网络降低台北市汽、机车使用量，不仅降低能源使用，也减少二氧化碳排放量，进而达到节能减碳的目的。然而捷运或公交车站点无法完全涵盖多数市民的交通动线，因此 Youbike 的营运商——拥有台湾自创捷安特品牌（Giant）的巨大机械，以“市民出门的第一里路和最后一里路”为概念，挟以国际知名自行车品牌的优势，通过 BOT（Build Operate Transfer）方式投资了 Youbike 的设立与营运，而这也是全世界唯一由自行车营运商经营的公共自行车系统。

2013 年营业额达 544 亿新台币的巨大机械（拥捷安特品牌，下以捷安特称之），不仅在荷兰、中国、以及中国台湾设有制造基地，营销据点更广至欧洲、美洲、亚洲、与澳洲等地，因此在推广 Youbike 的时候广纳了各国自行车推广与销售经验，并针对各城市的公共自行车优缺点加以分析，进而完善 Youbike 的设计与配套措施。就以车体设计来说，每辆造价将近新台币 1 万元的 Youbike 在车体各部分的零件使用上毫不马虎，采用具登山车规格的轮胎、专业公路车常用的内变三段变速系统、以及具包覆式的链条与后泥除、可调整高度的椅垫、跨骑容易的下管设计等，加上防锈与防盗功能，还有极具特色的造型设计，让用户能轻松骑乘 Youbike，大幅提高民众以 Youbike 代步的意愿。

除高规格车体设备外，Youbike 的租借方式也设计得极为简单方便，只要成功注册成为 Youbike 会员，往后租用者均可透过信用卡或悠游卡轻松租借 Youbike，最快一秒即可完成租借，就算是外国观光客也可利用信用卡单次租车，操作极为便利。此外像在巴黎受用户抱怨最多的缺车情况，Youbike 则设立了全天候的车辆调度团队，不仅以中央控制中心随时监控车辆情况，同时也有出勤车队实时为空站补车或在满站移车，确保每一站点的 Youbike 都有最佳使用率，也因此换来了每车每天平均 10 至 12 次的高周转率成绩。

Youbike 的推广成功，并不仅限于“最后一里”的行动代步目的而已，生活体验和运动休闲概念的导入将 Youbike 的成效更推上了一层楼。除了在捷运站、主要公交车站点、与住宅区附近设立 Youbike 之外，著名的观光景点区如台北市立美术馆、台北孔庙、林安泰古厝、华山文创园区、饶河夜市，也都设置了 Youbike 租赁站，不仅能有效解决著名景点塞车或停车位不足的问题，也能透过交通改善及利用低碳甚或无碳绿色运输工具来协助建设绿色城市。另外台北市政府近年也新建立许多观光休闲自行车道，对于无自行车的市民或是观光客，Youbike 更是提供了无碳体验机会。

Youbike 的减碳效果，目前虽无官方统计数据，但 2013 年台北市区的租借次数达约 1100 万次，若按“最后一里”的概念估算 1100 万公里的骑乘距离，则可替代机车和汽车的减碳量分别为 6.89 百万公吨和 27 百万公吨，对于台北市减碳效果仍有相当贡献。

公共自行车在某种程度上可视为准公共物品，准公共物品是指在消费过程中具有有限的非竞争性和非排他性的公共财物，介于纯公共物品和私有物品之间。绝大多数国家在推行公共自行车系统时，都会允许不同时间区间免费骑乘的服务，如在巴黎用车时间不超过半小时免费；在哥本哈根任何人都可以将 20 克朗硬币放进车链上的孔眼内来使用公共自行车，还车时取出硬币即可；在杭州市免费使用公共自行车的时间为 1 小时。台北市一开始推广 Youbike 时，也是前 30 分钟免费，之后则是采用渐进费率：使用 4 小时以内每 30 分钟新台币 10 元，4—8 小时之间每 30 分钟新台币 20 元，超过 8 小时以上每 30 分钟新台币 40 元。前 30 分钟免费的政策可以鼓励民众使用公共自行车，而渐进费率则能提高租车成本，避免用户长期租车不还，有效控制公共自行车的流动。

而台北市能成功推行 Youbike，可归功于其设置理念和运营模式。Youbike 是首家也是全球唯一由自行车运营商捷安特通过 BOT 方式运营的公共自行车租赁系统。相较于由地方政府来提供此项服务，BOT 中的“Build”能有效解决公共建设的资金来源问题，缓解政府财政压力；“Operate”将公共自行车交由民营企业捷安特来经营，使得这一公共服务得到更为经济有效的配置；“Transfer”则是在公共自行车服务系统完善成熟后再将其资产和经营权转移给政府。BOT 能够充分发挥企业的经营管理能力和政府的监督管制权力，从而达到双方共赢。Youbike 由台北市政府和捷安特合作，以七年为合约期限，两亿六千万新台币的经费打造而成。当 Youbike 每年营运收入达 7000 万新台币时，捷安特需缴纳 15% 的营运权利金给台北市政府，根据台北市政府交通局的数据，2013 年 Youbike 的营运总收入约一亿二千万新台币，缴纳了 1859 万新台币营运权利金给台北市政府，更是彰显了 Youbike 显著的经营成效。

此外 Youbike 的配套服务设施十分完善，一切都从消费者的角度出发。首先设有 24 小时的客服专线，及时处理消费者的借还车异常和失物寻找等问题；再者采用微程式公司的资料库管理和软件设计，快速分析车辆使用率，促使车辆的高效配置和租赁站的合理选择，同时设计出更符合消费者需求的服务系统，如提供及时租赁站资讯方便消费，随时随地了解自行车的站点信息，以及推出更体贴消费者需求的悠游卡；加上全天候车辆调度，调度团队充分利用微程式公司采集的资料库数据，确保消费者在无车可借或无位可还的情况下 10 分钟以内就能借到车；最后是灵活的借还车制度，方便消费者甲地借车乙地还。

随着全球气候变暖的趋势，绿色经济和可持续发展日益成为关注的焦点。对交通设置的评估也由传统的最小化行车时间和行车成本的经济评估转变为在现有经济预算条件下如何维持可持续发展的环境和社会评估。在交通运输方面，低碳或无碳绿色交通成了首选，如电动车、混合动力汽车、生物燃料汽车、自行车等。公共自行车对绿色城市和绿色交通的重要作用也逐渐被社会认可和重视。公共自行车的推行有利于缓解交通拥挤的问题，尤其对于人口密集度较高的亚洲城市，同时自行车对机动车的替代一定程度上能减少来自于机动车尾气排放所造成的空气污染等问题，减少对传统能源的使用和依赖。Youbike 以“出门的第一里路和最后一里路”的理念在台湾成功推广，有效弥补了公交车和捷运的不足，解决了交通拥堵问题，减少了二氧化碳的排放，倡导了更加绿色健康的生活方式。Youbike 秉持高规格的车体设备、简单的注册使用、便捷的借还车服务、亲民的价格赢得了台北市民和游客的欢迎和认可。同时 Youbike 与人文的结合开发了自行车旅行，进而促进绿色旅游的发展。随着公共自行车越来越普及，消费者对绿色城市和绿色交通的认知和态度也会跟着改变。自行车将不单单是一种绿色交通工具，也将成为城市观光的方式，促使人们更紧密地体会感受他们所工作和生活的地方。Youbike 的推行将促使自行车成为绿色台北生活不可或缺的一部分。

中国香港恶劣天气预警和应变机制对北京的启示

韩嘉冠*

伴随着经济高速增长、城市规模扩张以及人口急剧膨胀，近年北京的空气质素每况愈下，加上区域环境恶化，令京城的浓雾、雾霾天气显著增多。另一方面，北京又处于沙尘暴的高发地带，而全球气候转变也导致强风、冰雪、暴雨、雷电等极端天气状况发生的频次上升。这些与恶劣天气相关的自然灾害对北京市的经济发展、社会民生以及城市形象产生了不可低估的影响，越来越为各界所关注。

积极探讨香港八号风球等级预警，对北京制定雾霾天气等自然灾害危机预警机制的启示，甚具针对性和现实意义。本文将简介香港对热带气旋、暴雨等恶劣天气的预警和应变系统，分析其特点与成功经验，以期为北京制定雾霾天气等自然灾害危机的预警和应对机制提供参考。

一　香港对恶劣天气的预警及应变计划

香港是处于亚热带的海港城市，经常遭遇恶劣天气，较为常见的有热带气旋、风暴潮、特大暴雨、雷暴等，这些天气情况会严重影响交通和其他社会服务，并会引起水灾、山泥倾泻及其他事故，可能造成人员伤亡和财产损失。香港在长期摸索的基础上，已就如何妥善应对自然灾害，建立了一套行之有效的城市管理模式。

---

* 韩嘉冠，中国香港香港总商会研究员。

（一）天文台的预警系统

香港天文台负责密切监察天气情况，并发出所有与恶劣天气有关的警告，指出恶劣天气会于何时何地出现、持续多久，以及预期有何影响。香港天文台自1970年代就开始发布“热带气旋警告”或者说“台风警告”；该警报系统俗称“挂风球”，按台风与香港的距离、风力、风向等指标，分为1、3、8、9、10号共五个级别。近年，天文台亦强化对暴雨、水灾、山泥倾泻、雷暴、季候风等的警报；其中，暴雨警告方主要按雨量等指标，分为黄、红、黑三种渐次增强的信号。

香港天文台亦每天公布空气污染指数；由于空气质素的影响并未达至灾害的地步，故有关通报只是让公众了解健康风险。天文台虽会应不同的污染水平发出忠告劝谕，但一般并不会采取实质的跟进行动。

（二）警报的传播和统筹

香港的天气警告会透过一个完善而高效的全面警报系统，及时而且井然有序地向各政府部门、相关机构以及公众传达。每当热带气旋警告信号、暴雨警告信号或山泥倾泻警告生效，天文台会透过政府新闻处每小时向传媒和相关政府部门发出天气警告撮要，并把这些撮要直接传真给紧急服务部门，包括紧急事故监察及支援中心、警察总部指挥及控制中心、消防通讯中心、以及香港机场管理局等。

其后，新闻处、保安局/紧急监援中心、香港警务处、消防处、运输署、海事处、机管局、香港电讯等机构均会按照其各自负责的范围和既定的渠道与方式，向外发布警告。例如，新闻处的政府新闻信息系统会通知大部分政府部门以及所有的电视台、电台；运输署透过电话和传真通知巴士、轮渡、缆车、隧道服务公司；海事处透过电话和传真通知码头、船场、船坞等。此外，民政事务总署负责处理市民的查询；新闻处负责应付传媒，涉及行动的事宜（例如交通意外、交通挤塞、改道及封闭道路）则由警察公共关系科处理。

一旦接获天气警告，各相关政府部门和机构会按照“天灾应变计划”及自身的详细工作指引采取指定的必需行动。例如，每当发出三号或以上的台风信号，社署须决定辖下的社会福利机构（包括育婴院、庇护工场、长者护理中心、弱能儿童训练中心、残疾人士社交及康乐中心等）应否开放及何时关闭，然后通知新闻处；教育局则根据“红色/黑色暴雨警告信号或台风信号生效的安排”，决定并透过新闻处宣布幼儿园、智障儿童学校等应否开放及何时关闭。此外，劳工处亦订立“台风及暴雨警告下的工作安排”，为全港的企业和雇员提供恶劣天气下的工作间指引；而路政署按照“公共道路紧急工程安排”，随时准备协调和处理紧急工程，以维持道路网络的畅通。

（三）天灾应变计划

香港特区政府有一套三级制的“紧急应变系统”，用以处理不同等级的紧急事故。当局以这套系统为基准，针对一些重要范畴的特别事故制订了具体应变计划，订明相应的紧急应变程序和有关部门的职责；保安局针对恶劣天气灾害的“天灾应变计划”便是其中之一。

值得一提的是，特区政府在设计“紧急应变系统”时，强调遵循由下而上的应变方针，并透过多项方法尽量精简应变行动，包括限制涉及的部门和机构数目、减少紧急应变系统内的联系层次、授予紧急事故现场的有关人员必要的权力和责任等，以便针对事件的规模和严重程度，采取最迅速和有效的应变措施。

香港针对恶劣天气的应变机制主要是依循“天灾应变计划”。这项计划详细规定了发生热带气旋、暴雨、水灾和其他自然灾害时的警报和应对行动方案，亦清楚订明因应不同恶劣天气的不同程度和不同阶段，有关负责当局的功能、各政府部门的职责以及相关非政府机构的责任。“天灾应变计划”对上述的预测、警示和通报机制做出了细致入微的描述，除订明全面警报系统的运作程序和参与机构之外，更列具天文台及相关部门的各类警告信息的标准化样本。

根据“天灾应变计划”，在紧急应变系统的三个阶段，即救援阶段、善后阶段和复原阶段，将会按情况所需，指定某一决策局或部门为“主要统筹人”，全面监察各决策局及部门的相应行动；并在新闻处的协助下，定时发放最新消息，让市民知悉当局采取的紧急应变措施和进展情况。例如，在救援阶段的目标是拯救生命、保护财产和控制有关情况或事故，避免事态恶化，救援行动由消防处、警务处等紧急服务队伍负责指挥，其他部门及机构则提供支持；善后阶段的目标是把社会恢复至可接受的状态，重点是解决市民的生理、心理和社会需求，民政事务总署在此阶段担任主要统筹人的角色，并在有需要时，与社署、房屋署和其他部门合作；复原阶段涉及长期维修工程，参与这个阶段的部门通常以工务部门为主，亦会包括民政事务总署、路政署和房屋署等部门。

“天灾应变计划”还明确，由保安局牵头的“紧急事故监察及支援中心”会在天文台发出8号或以上的热带气旋警告信号、黑色暴雨警告信号或海啸警告时启动。但该中心并非负责指挥或统筹各部门的有关工作；主要是担当监察和联络角色，以及在必要时为部门的工作提供所需的支持。

二　香港天灾应急机制的特点和成功经验

（一）警报系统贯彻“目视管理”，标示鲜明，深入民心

香港天文台为不同级别的台风、暴雨、山泥倾泻、季候风、以及雷暴等天气警报设计了一套图标化的标志，例如用黑色三角形附加数字“8”代表8号烈风或暴风，并在其下用“西北”“西南”等简短清晰的中文或英文列出台风的风向；而这些标志会在电视台节目中电视屏幕的固定位置显示，以及在主要公用服务机构乃至私人屋苑的入口处悬挂。

这种“目视管理”的模式，透过简单易明而且易记的图像标识，让市民可以一目了然；并且亦方便协助发布警报的机构可以迅速地跟随天文台的指示而及时变更天气标识，有助于提高警报传播的效率和渗透率。

（二）警报内容注重可预见性，方便各方早作因应，有助于防灾和缓解服务行业的骤然压力

随着天气监测科技的进步，香港天文台在出现异常天气时，会增加天气报告的频次，并尽可能发布预测的消息，例如“天文台两小时内将悬挂八号风球”、“八号风球将持续整个早上”，并提示市民防灾的注意事项。

这些预测信息可以让应急性部门、公共交通机构、工商企业、市民早作因应，提前准备，防患于未然；特别是有助于交通、超市、餐厅等服务行业降低因为人流剧增而导致的骤然压力。例如，香港的集体交通运输系统须应付372万就业人口、98万就学人口及一般市民的公共交通需要；提前公布异常天气的变动趋势，既有助于地铁、巴士、小巴、轮船、电车等营运机构预先调动班次，亦可让市民根据需要和自己的情况安排行程，有利于疏导人流和减少堵塞。

（三）警报系统采用分区数据，提高准确性，更切合市民需要

天文台透过在全港不同地区密集地设立监测站，录取各种天气数据，以反映不同地方因地形、位置等因素而造成的差异。例如，天文台自2007年开始，将3号和8号台风信号的参考范围由维港扩展至由八个涵盖全港接近海平面的参考测风站所组成的网络，并且加强地区风势数据的发放。分区的天气信息除了可作为预警评级决定的考虑因素之外，亦为市民提供更为准确、到位和具实用性的参考资料。

（四）警报的传播层层落实，分工周密，资料规范，透明度高，做到上传下达

除了天文台之外，香港政府新闻处、保安局、警务处、消防处、运输署、海事处、机管局、香港电讯等机构均会按照既定的程序，在自己负责的范围内向外发布恶劣天气警告，构成了分工周密、覆盖率高的全面警报系统。而天文台及相关部门所发出的信息资料均须参照标准化的样本，既可以做到快速反应，亦可减少出现不同部门口径不一致甚至信息紊乱的风险，亦有助于提高受众对信息及内容的掌握和熟悉程度。

此外，“紧急事故监察及支援中心”的一项职责是及时向政府高层汇报情况。同时，电视台、电台等大众媒体在全面警报系统中担当重要角色；而政府的应变计划亦高度注重市民的知情权，并由新闻处设置独立渠道向公众发放消息，以维持运作高透明度，亦有助于令大众安心和作出适当的配合。

（五）各范畴建立规范化章程，并向公众发出指引，确保社会活动的有序运作

“天灾应变计划”详细规定了各种异常天气情况下相关政府和公共服务部门的职责和应变程序；另一方面，香港政府亦就一些关键性领域建立了规范化的操作章程以及对公众的具体指引，例如劳工处的“台风及暴雨警告下的工作安排”、教育局的“红色/黑色暴雨警告信号或台风信号生效的安排”、路政署的“公共道路紧急工程安排”、运输署的“紧急事故交通协调中心的工作安排”等。这些关键领域的章程和操作指引一方面可为公共服务在异常天气下的营运订立规范，另一方面亦让不同阶层的市民有章可循，有助于维持社会活动的秩序。

（六）应变系统分工合理，程序精简，确保效率

香港特区政府的“紧急应变系统”强调由下而上、合理分工，并尽量减少指挥、控制及联系的层次，以及根据不同阶段由最合适的部门负责统筹，并对紧急事故现场的有关人员授予足够的权力。这套系统实际上体现了简政放权、跨部门协作和专业化管理等精神，有助于确保效率。

（七）配套服务到位，社会共同参与，有助于促进协作和稳定民心

每逢恶劣天气和自然灾害，除了政府的相关决策局和紧急服务部门扮演重要角色外，交通、医疗、社会福利等部门亦按照既定的章程运作，以提供到位的配套服务。例如，医院管理局会加强急救服务，在有需要时会组织医疗队；社会福利署会因应需要开放临时庇护中心给露宿者和有需要的人士暂住。

同时，香港不同的民间组织、志愿团体、传媒、公共交通等服务机构，亦会因应政府“紧急应变系统”内的规范及呼吁，主动参与应变和救急扶危等支持与善后服务，与政府的工作互为联动，使得应急机制发挥更佳的效果，对灾害发生之前、期间以及之后维持和恢复社会秩序亦起到正面的作用。

（八）宣传工作细致、密集，并照顾不同群体需要，促使市民形成习惯和建立守望相助的精神

香港特区政府平时注重宣传和教育工作，以提高公众应变恶劣天气的常识以及对政府相关服务的了解。例如，政府新闻处会在风、雨、酷热天气季节来临之前播放广告，提醒公众做好准备。在恶劣天气发生时，信息发布机制更见多元化，除了透过电视、电台、互联网、移动电话发布外，还会在公共交通主要出入口设立电子显示屏，以及提醒民居管理处在大厦大堂张贴通告和标志等，宣传的层面可谓铺天盖地、无处不在。此外，在海、陆、空的各出入境口岸，更会以不同的语言发布有关消息，协助外来旅客了解情况。

此外，政府在进行宣传时亦会渗入提倡守望相助、互谅互爱精神的元素；这对减低天灾造成的损失以及促进社会和谐共融，均可起到潜移默化的促进作用。

三　北京应对恶劣天气的现有机制

在应对雾霾天气的相关工作上，北京继 2008 年颁布《北京市沙尘暴灾害应急预案》之后，2012 年制定了《北京市空气重污染日应急方案（暂行）》。前者以"预防为主、科学防控、部门联动、快速反应"为方针，针对沙尘暴设计了一套统一领导、分级管理、全市动员的灾害应急防控和救援体系。《北京市空气重污染日应急方案》则列明，设立市级重污染日应急工作协调机构，订立相关部门的责任分解表；由市环保监测中心每日对空气质量进行分区预报，并按重度污染日、严重污染日和极重污染日三级，制定相应的健康和强制性污染减排措施。

另一方面，北京市设有突发事件应急委员会办公室（市应急办），负责统筹对重大突发事件的应急管理，涉及自然灾害、事故灾难、公共卫生事件和社会安全事件等 4 大类、23 分类、51 种事故；气象灾害是其中的分类之一。应急办根据《中华人民共和国突发事件应对法》制定了北京的实施办法，并在此基础上编制《北京市突发事件总体应急预案》，厘定了应对紧急情况的组织结构、部门分工职责，以及在监测与预警、紧急处置与救援、恢复与重建、应急保障、宣传教育与培训等全过程的既定程序和操作规范。此外，北京市亦以《突发事件总体应急预案》为蓝本，制定了《雪天交通保障应急预案》以及《重大雪天北京市中小学应急响应工作预案》。

整体而言，北京市已针对异常天气所造成的主要自然灾害，着手建立预警、应急机制的基本框架，并明确了相关的组织架构、分工协作体系以及操作程序。但北京市应对异常天气的一系列章程大多在近几年特别是2010 年后才陆续制定，实施的经验较浅，在内容上仍需进一步细化和加强，以提高有效性和可操作性。

四　香港经验对首都制定天气危机预警机制的启示

总括而言，香港应对恶劣天气的预警及应变计划较为系统化和规范化，亦积累了长时间的经验，帮助香港顺利渡过了多次严重自然灾害的冲击；加之香港与北京均为人口密集的都会和区域性经济商贸枢纽，故香港较为成熟的恶劣天气应变机制甚具参考意义，可以对北京有所启示。

借鉴香港的经验，北京可考虑从以下方面着手强化对雾霾天气等自然灾害危机的预警和应变机制：

第一，为应对各种气象灾害制订统一的应变计划，以整合目前由不同部门负责的专项应急方案（包括沙尘暴、严重空气污染、旱灾、水灾等）；借此提高统筹能力和效率，并可预留空间，方便日后将更多恶劣天气，例如雷暴、暴雨、大风暴等纳入应变体系。

第二，在目前气象状况的分级制以及用红、橙、黄、蓝四种颜色标示四级预警信号的基础上，为不同种类和级别的恶劣天气状况设计简单易明的图形化标志，以强化“目视管理”。

第三，加强天气报告中的预测性元素以及分区数据的公布，以方便各机构和市民早作应对。

第四，推动各相关部门特别是配套的公共服务部门制定自身范畴内的应急规范，并订立对公众的指引和广作宣传，例如恶劣天气下的停课、停工和交通疏导安排等。

第五，检视现有应急系统的结构和设置，以精简程序，减少中间的联系环节，并尽可能由合适的专职或主管部门在不同灾害和不同阶段担当主要统筹角色，以及向紧急状况的现场人员赋予必要的权力和责任，增进跨部门的协调，以提高应变的速度和有效性。

第六，注重调动基层组织和动员民间力量参加应急防控和救援的工作。

第七，加强紧急情况下的信息通报，促进上传下达。例如，理顺政府内部的信息通道；在海、陆、空口岸增加外语的信息提示和广播；以及更有效地利用媒体向公众发放消息，以提高透明度和稳定社会秩序。

第八，注重平时的宣传，提高市民的防患和抗灾的意识，并将紧急应变的公众教育与精神文明建设结合，倡导和衷共济、守望相助的团结精神。

绿色新城开发：德国汉堡港口新城建设的经验*

赵　峥

汉堡是欧洲第二大港口，更是一座拥有“欧洲绿色首都”之称的美丽都市。港口新城位于汉堡市郊区、易北河的南岸，是一个有着百余年历史的老港区。历史上，这一地区是汉堡市的老工业园区，由于传统港口加工业和国际贸易的转型，20 世纪以来汉堡老港口区的经济逐渐萧条，许多工厂倒闭，几乎成为了走向衰退的“铁锈地带”。2000 年以来，汉堡市政府重新对这一区域进行了整体规划，打造港口新城，积极推进城市更新，使这一区域重新焕发了生机和活力，不仅改善了传统港口区的生产生活环境，也为其他国家城市城市开发建设提供了学习借鉴的案例。

一　持续而稳定的总体规划

好的规划是城市开发建设成功的一半。在与当地专家的交流过程中，我们了解到，汉堡港口新城的开发建设始终坚持规划主导，规划理念先进且实施办法具有现实可操作性。一方面港口新城的总体规划很“稳定”，凡事按规划办，不随意变动发展思路。建设之初，汉堡市就为港口新城规划举行了国际招标，并在此基础上制定了总体规划。规划对港口新城城市建设的构架、开发的总体目标做出了明确的规定，坚持与现有城市风格相融合，坚持可持续发展和生态保护，坚持建设高标准的城市建筑和公共活

* 本文系作者应邀赴德国汉堡参加 2014 年全球治理暑期研修活动的考察成果。感谢德国时代基金会（Zeit - Stiftung）的支持。

动场所。这些规划理念和原则多年来始终持续引导着新区建设实践，没有发生根本性改变，有力的保证了新城发展的方向。另一方面，港口新城的总体规划很“持续”，重视发展品质而不过分追求发展速度。在规划统领下，总面积 157 公顷的港口新城没有一下子全部开发，而是设计拟用 20 年时间有序改造完成，并将规划区根据地形地貌和经济特征划分为 8 个部分，分不同板块由西向东推进，逐步开发建设，既可保障开发质量，又可根据汉堡发展的新需求和新情况进行了调整，将时间和空间上的可持续性有机的统一了起来。

二 产业和人居的高度融合

城市的本质是人的集合体。在汉堡市政府的推动下，港口新城从规划开始，就极力避免新城变成功能单一的产业园区，而是着力打造一座宜居宜业的都市新区。汉堡市政府明确规定，港口新城内 2/3 的项目必须满足办公、居住和公众使用三个功能。而在具体实践中，港口新城也在积极推动航运业、软件、通讯、传媒、物流等现代制造业和生产性服务业集聚的同时，建设音乐厅、五星级酒店、航海博物馆、学校、幼儿园等综合服务设施，将生产、居住、休闲、旅游、商务和服务等多种城市功能结合在一起。同时，港口新城对每一座区内的建筑都提出了功能融合的具体要求，要求每一幢独立的建筑都必须具备办公、住宅和对外营业的餐厅、商店、休闲娱乐场所等公共开放空间，以便将办公场所和居住区域融合在一起，使每一座建筑都成为一个功能完善的小社区，而这些相对独立又互相联系的建筑又与汉堡老城的建筑在高度上具有统一性，在色彩设计上沿用了富有特色的传统红砖材料，使得教堂、仓库城、贸易大楼、易北河大桥等传统建筑在新建筑群中并不孤立，实现了传统与现代的有机结合，从而在城市整体上构筑一个充满活力的大社区。

三 绿色建筑和交通的推广应用

无论是在室内还是在室外，我们都能感受到汉堡港口新城是一个绿色的新区。港口新城的主要建筑均由不同的投资者和建筑师事务所规划建设，但尽管投资人和规划者有所不同，但其方案都需体现绿色环保的理念并得到专业环保机构的评估认可。在我们能够看到的已经建成的港口新城的众多项目中，来自世界各地的规划设计师们各尽所能，展开了先进环保技术应用的“锦标赛”，在新建建筑中大量使用太阳能电池板、燃料电池、热电联产机组、热泵和生物能源等，大幅的提高了节能减排效率。例如，港口新城的联合利华公司总部整栋建筑均没有空调，主要用高效能的热回收系统及外墙人工高强度氟聚合物膜保温，楼宇中庭利用自然采光，并完全实现了雨水的收集再利用，有效的降低了能源消耗并提高了环境的舒适度。同时，港口新城在规划时就设计了高密度的步行道和自行车道，并且70%的步行和自行车道是与机动车道相分离的，使得步行或骑行的人能够穿行在广场、水岸和绿地中，并通过车位限额的方式，鼓励居民乘坐公交或骑自行车出行，通过推广绿色交通减轻了汽车带来的污染和拥堵问题。

四 公私共赢的开发模式

汉堡港口新城的建设与开发是由政府主导的，但与单纯强调政府推动的模式不同，汉堡城市政府进行了良好的城市开发机制设计。以土地为例，港口新城有限责任公司是代表政府负责新城总体开发建设工作的项目管理人。港口新城有限公司的监事会由政府成员组成，土地管理委员会负责审批土地出让方案和投资者，城市发展委员会（由市区两级议员组成）负责审核建设方案，城市发展和环境保护部进行具体控制并颁发建造许可。在投资者申请土地过程中，需要对竞标地块进行规划设计，在征得港口新城有限责任公司同意后，然后细化建造计划、申请建造许可，才能与政府进行土地转让的谈判。从企业竞标到土地最后正式出让，往往需要一年甚至更长的时间的“选择期”。而这个看似效率比较低的过程实际上形成了一个事前的质量和目标控制机制。这一机制将鼓励投资者进行更加负责任的开发与建设，而避免那些没有进行充分规划和设计的投资者进行投机性建设，在实际操作中，如果投资者长期拿不出规划方案，或者故意将土地闲置，政府将有权收回土地。在这一机制下，汉堡市政府可确保土地的开发质量、规划目标和建设进度，投资者也有时间对土地进行建设规划、对建设方案进行优化和完善。双方协调达成一致之后，土地才算真正实现转让，这对于城市政府和投资者来说将是双赢的结果。同时，汉堡政府还清醒的意识到，城市土地开发的目的不在于一次性获得永久收益，而在于形成良性的示范效应并为城市未来提供更好的空间支撑，因此，在港口新城开发过程中，简单的价高者得的规则并不完全适用，那些能够满足新城多样化生活需求和具有较高环保标准的投资企业，即使在投标价格上没有明显优势，也仍然有可能因为其符合城市发展目标的规划设计而拿到居住类土地的开发权。

五 启示

目前，汉堡港口新城至今已经开发了 10 余年。由于受到国际金融危机的影响，港口新城开发建设进度有所放缓，预计全部工程要到 2025 年以后才可能基本结束，港口新城的进一步开发建设也面临着宏观经济不稳定的风险和挑战。但总的来看，汉堡港口新城发展的经验仍然值得借鉴。当前，中国的各类旧城改造与新城建设方兴未艾，但单纯追求土地扩张、项目盲目上马，所造成的问题也屡见不鲜。通过汉堡港口新城的经验，我们可以看到，新城开发建设应特别注重以下几个方面。一是要真正做到规划引导。在城市开发建设之初就要精细设计和规划，明确区域发展必须坚守的长远目标和理念，保持规划执行的“刚性”，并通过规划设计平衡发展速度与质量的关系；二是要摒弃重物轻人的发展方式。在城市开发过程中不仅要为产业发展提供良好环境，更要为当地居民构建具有活力的社区，提升新区作为新生活区的吸引力，而不是简单的打造工业或商业园区或者住宅“鬼城”。三是要将城市绿色发展的理念落实到行动上。尽管不是每个城市都具有汉堡那样良好的水环境和经济基础，但仍然可以利用我国在新能源和绿色建材领域的产业优势，大力推广绿色建筑和绿色交通，打造符合自身特色的绿色城市。四是要提升城市政府的治理能力。城市开发和建设从来都不是一个简单的问题，尤其在土地方面，往往会涉及到政府、投资者和公众的纠纷、矛盾和利益纠葛，而优秀的治理能力所形成的机制设计则有助于解决那些敏感而复杂的难题。只要不把新城新区开发单纯的作为追求建设速度、经济效益的政府政绩的房地产工程，在开发主体、规则、步骤等方面进行精细化安排，新城新区建设完全有可能兼顾公益和私营部门的目标和利益。

通过发展可持续智慧城市市区创建吸引力：以瑞典斯德哥尔摩皇家港口为例

艾玛·比约娜（Emma Björner）*

一 引言

世界变化的节奏不断加快，同时还面临着更大的社会经济和环境挑战。与此同时，城市和地区在可持续性和气候问题上起带头作用，已成为全球趋势。和世界其他城市一样，瑞典首都斯德哥尔摩正努力应对城市快速发展与保持高质量环境之间的协调平衡。

近年来，斯德哥尔摩及瑞典其他城市，已发展起来许多可持续发展市区。斯德哥尔摩皇家港口（SRS）是目前正在发展中的一个可持续发展市区。SRS是希望发展成为一个充满活力的可持续发展的世界级市区，吸引世界上最优秀的技术人才以及最成功的公司。本文旨在调查斯德哥尔摩皇家港口的发展情况，并分析其与地域品牌研究的关系。

城市可持续发展和地域品牌之间存在着十分有趣和相关的联系。许多区域、城市和地区等都通过打造可持续、智慧和环境友好的印象而变得极具吸引力。根据一些学者和从业人士的观点即一个地方是否有吸引力与这个地方是否为人类和世界做出过贡献有很大关系来看，这种联系是存在相关性的。可持续发展智慧城市与地域品牌的相关性更大，这些在以往的研究中很少引起关注。

本文的结构如下：首先讨论了“可持续发展智慧城市”问题，而后

* 艾玛·比约娜（Emma Björner），瑞典斯德哥尔摩大学商学院博士。

简要论述了一个城市若要做出贡献需要通过城市品牌推广来实现的理念，然后阐述了斯德哥尔摩皇家港口案例以及其可持续市区的发展，最后总结了各个部分，阐述了 SRS 是如何通过做出贡献而使之充满吸引力的，这符合一个地方应通过做贡献而变得有吸引力的理念。

二　可持续发展智慧城市

过去，城市往往被认为是对环境的掠夺。今天，城市正越来越多地被视为新的环境补救方法和试验的源头，以及人类可持续发展的希望。人们也表达出对城市动态发展的乐观态度。在过去的几十年中，我们看到了城市治理中企业化竞争模式的出现，以及诸如“企业化城市”的概念。我们也看到了围绕生态现代化和资本局部绿化的一个新的全球化本地环境政治。

环境的可持续性越来越被视为政策框架的一个增长机会，如“绿色竞争力”和“生态经济刺激计划”。环境的可持续发展政策框架也提出了可持续性和经济竞争力本质上是相互促进、相互依存的。而且资本主义的“绿化”挑战了经济发展的传统思维，主张绿色的资本主义，即环境的可持续发展和经济竞争力可以相互促进。

关于可持续发展的讨论并非只关注环境，同时也涉及经济和社会层面。人们认为，多样性可以塑造城市发展，城市就像一个百家争鸣的剧院，每一个声音都有利于社会可持续发展的建设。

在过去的 30 到 40 年间，自可持续发展的概念被首次定义起，规划、建筑和城市设计这些领域涌现出越来越多的文献资料。可持续发展也广泛被认为是关于城市政策和发展领域的一个重要的概念框架。随着 20 世纪 80 年代人们有了对生态破坏的批判意识，同时也意识到放弃对社会的关注会导致城市淡漠和贫困这一论断是站不住脚的，“可持续发展”的概念随之而来。

与“城市可持续发展”的理念相关的概念是“智慧城市”，这一概念曾被描述为“用一个普遍适用的综合方法来提升城市运行的效率、公民生活的质量和当地经济的增长”。很多企业（如 IBM，思科，爱立信和西门子）一直聚焦于智慧城市和智慧解决方案。

人们提出了“智慧城市论”，并赋予了智慧城市六项指标，分别是：

“智慧经济”（企业家精神和创新精神、生产力、本地与全球的互联互通）；“智慧环境”（绿色建筑、绿色能源、绿色城市规划）；“智慧政府”（放开供给和需求方面的政策、透明度、开放的数据、信息通信技术和电子政务）；“智慧生活”（充满文化活力和快乐、安全、健康）；“智慧移动”（混合模式接入、优先选择清洁和非机动车、综合的信息通信技术）；“智慧人”（21 世纪的教育、包容的社会、充满创造力）。

三 城市品牌，源于贡献

市场学一定程度上为世界各地的地区和城市提供了宝贵的理论及实践基础，商学、市场学和管理学的概念在城市品牌化过程中得到了广泛应用，城市特性、品牌价值及城市形象的重要性也日益增加。在这个过程中，各城市更是着力于“将城市塑造为一个品牌”。城市的品牌来源于一个城市在某一方面可见的潜力，可以借此吸引外来投资，促进旅游业，刺激社会经济的发展，增强居民对所居城市的认同感，为城市提供文化、政治意义，并为其塑造得体良好的城市形象。

城市或地区品牌化这一概念曾受到质疑和批判，认为城市品牌化仅限于设计新标志和抓人眼球的城市宣传语。而如果仅仅是将城市品牌化视作做好“面子工程”，则难免流于肤浅，产生这一问题的原因就是在实际执行中没有将“面子工程”与城市或地区的发展有效结合起来。

Govers 谈到城市品牌化过程过度关注城市标志和宣传语设计这一问题时表示，城市品牌化过程更应注重一个城市对世界有何贡献。Govers 以及 Anholt 两位专家都认为：“除非一个国家可以为人类做出某种贡献，否则就算不是真正成功。”两位专家提出“成功城市标准”这一概念，通过 7 个方面衡量了 125 个国家对世界的贡献，这七个方面包括科学技术，文化，国际和平及安全，世界秩序，环境和气候，繁荣和平等，以及健康和幸福。两位专家曾表示，经济发展虽然重要，但不能以牺牲环境或其他国家和物种的幸福为代价，因此，一个国家若想获得尊重和赞赏，首先应为世界和他国做出贡献。

地区和城市品牌化这一研究领域的其他专家认为，可持续发展是一个地区显著的标志。也有说法称某些环境质量标准对创造独特的地区品牌是至关重要的。地区品牌化在区域可持续发展中扮演着越来越重要的角色，同样地，“可持续发展也促进了地区发展和地区品牌的塑造”。

然而，地区品牌和可持续、智慧型城市间的关系并不受重视，与其相关的调查研究也少之又少。正如安霍尔特（Anholt）所说（在慕尼黑一个会议上，2014 年），城市吸引力来源于他们所作出的贡献。本章提出的论证是城市可以通过可持续、智慧型发展而更具吸引力。

四 可持续发展城区：斯德哥尔摩皇家港口区

斯德哥尔摩皇家港口区是瑞典最大的城区，也是 2010—2030 年首都斯德哥尔摩在建的可持续发展城区。该区域以密集发展、多功能发展和资源高效利用发展为特点，被称为将绿色因素相融合、亲近自然的城区。斯德哥尔摩皇家港口区的发展目标是成为可持续发展区域，成为城市规划的国际典范。该区域被视作首都斯德哥尔摩向外扩展的一部分，并且，斯德哥尔摩各区域需要吸引投资以迎接国际挑战，该区域的发展正与此目标相一致。“可持续发展符合世界各国的利益，斯德哥尔摩在这方面起到重要作用。”

区域可持续发展目标的重点在于发展能源、交通、建筑、循环系统、提高气候变化适应性和改善生活方式。区域内土壤已经过冲洗，雨水被视作重要资源。建筑物通过最小化使用有害物质等方式实现了可持续发展。该区域发展目标是实现区域内 80% 绿化，为达成目标，目前正在种植大量树木，这些树木可以应对较大的降雨量。区域范围内停车位有限，每栋公寓只有 0.5 个停车场；区域内有许多充电站可供电动汽车充电，但重点是鼓励步行、骑自行车和乘坐公共交通；也可以拼车，拼车正与“分享经济”的理念相一致。

皇家港口区毗邻水域，距离斯德哥尔摩中心车站和市中心仅 3.5 千米，建成将占地 236 公顷，包括 12000 栋公寓和 35000 个工作场所。在皇家港口区的远景文档中阐述到，斯德哥尔摩皇家港口区为工商界持续发展提供优越条件，重点强调了将工作场所、家庭住宅、休闲娱乐活动三者相结合的特点，其中的一项重点也包括发展区域内文艺活动，因此还将会在公园和绿化空地附近组织一系列文娱活动。

据称，皇家港口区将在斯德哥尔摩最繁华的地点建设一个充满活力的可持续发展区域，将提供更多工作机会和家庭住宅，接近商业和购物中心，接近自然和水域。在区域内居住和工作的人们可以接触到先进的信息和通信技术。

皇家港口区的新闻主任称，斯德哥尔摩需要提供更好的服务，吸引更多公司和个人，而皇家港口区将有助于提高斯德哥尔摩的吸引力。他还称，皇家港口区将通过提供可持续发展产品和服务从而为创新、发展并营销瑞典在可持续发展城市规划方面的绿色科技做出贡献。此外，皇家港口区的目标还包括巩固斯德哥尔摩在应对气候问题方面的领先地位，发展新科技，为瑞典的所有住房建设提供帮助。

皇家港口区被称为可持续发展城市规划的典范，国际合作中知识和灵感的来源，城市可持续发展中绿色科技和专业技术的输出国。2010 年，斯德哥尔摩荣获“欧洲绿色城市”称号，并且斯德哥尔摩已经被看做在创建气候适应型社会各方面的领导者。

然而，皇家港口区和斯德哥尔摩乃至整个瑞典的其他城区都面临着多种挑战。为下一代创造一个可持续发展社会的过程中出现的很多问题不仅复杂、超出本领域还需要跨界解决方案。信息和通信技术被认为是我们普遍挑战的解决方案中越发重要的一部分。在瑞典及皇家港口区，有四个关键领域被认定，即“数字化健康”，居民因而在家即可运用与健康有关的数字工具和互动服务；“智慧能源”，信息和通信技术解决方案可保证人们实现可持续、高效能源生产和智慧消耗；“可持续交通”，包括提高道路安全及减少对环境影响的创新；以及“中小企业发展”，新成立公司及现有中小规模的企业的发展因此能促进形成可持续发展、智慧的社会。

此外，皇家港口区面临的挑战与世界各地的其他城市类似，其中一个挑战是财务方面的，“勾勒个愿景很简单，但是将其在实践中施行却困难——钱是必不可少的”。城市规划者、政策制定者等参与到皇家港口区和斯德哥尔摩及瑞典的其他可持续发展智慧城区发展的人定期加入一些国际基准联盟，以便汲取经验和向其他城市和地区学习。

皇家港口区还利用了哈马比海城发展该区独特环境概貌的经验。发展哈马比海城想法在斯德哥尔摩竞选 2004 年夏季奥运会举办地时初显。雅典赢得了竞选，但不妨碍发展哈马比海城的计划成为现实。其目标是发展为能够让成千上万民众安居的可持续发展城区。哈马比海城逐渐被称为利用可持续城市规划，促成斯德哥尔摩及瑞典“品牌”提升的国际公认典范。

从哈马比海城可持续发展工作中汲取的经验被整合入皇家港口区的环境剖析中，且该经验包括着重于对规划、持续跟进和将项目展望及目标方面的观点和计划根植于相关参与者的明确过程三者的整合。为了实现它，皇家港口区和施工人员建立了基于对话的成熟合作。在皇家港口区项目的初期就向施工人员提供能力强化讨论会和讲习班，鼓励他们提供反馈和经验以帮助实现皇家港口区可持续发展目标。

在皇家港口区，关注点被放在创造适合儿童、老人和市民的城市环境及居者能够享受生活的城区上。关注点同时也放在让市民参与对话上，而且一直声明只有协作才能让对皇家港口区的展望成为现实。"完成这项工作需要共识、合作和对话"通过与潜在居民交谈而发起，并在实际居民中继续。对话也包括向各种利益相关者开情况介绍会。

与市民对话相关的是让居住在这个地区的人们感兴趣并参与到可持续发展生活方式中："皇家港口区要成为一个拥有可持续发展生活方式的城区。在这里，做正确的事很简单。居住和生活在这片地区的人拥有知识和能力来以可持续发展方式生活和行动。"

五 结论

我们举例说明了瑞典的一个可持续智慧市区，即斯德哥尔摩皇家港口。关于行政区、城市和地区等的可持续发展的讨论，环境因素并非是唯一焦点，社会与经济方面的因素也占有重要比重。以 SRS 为例来看，环境、社会、经济和技术方面的因素在可持续智慧城市的发展过程中紧密联系。在本章中，斯德哥尔摩皇家港口的发展过程被描述为给人类和世界做出各种贡献的过程，这符合一个地方应通过做贡献而变得有吸引力的理念。

SRS 是国际合作与瑞典住房建设及城市发展项目灵感和知识的源泉，这也是其贡献之一。SRS 还促进了瑞典在城市可持续和智慧发展方面以及经营可持续产品与服务的公司的发展和推广。此外，将智慧元素融入城市可持续发展中，利用信息通信技术促进电子医疗、智慧能源、可持续交通和中小企业发展，促进社会可持续发展。

此外，SRS 给居民提供了一个宜居的城市环境，为居民提供了一系列娱乐活动以及绿色空间和文化活动，这也是其贡献之一。SRS 还促进了居民、规划者、建设者和其他主要利益相关者之间的与城市发展相关的对话和合作。SRS 也促进形成一种可持续生活方式和一种环境，只要涉及到环境，就能轻松做成正确的事情。

这些贡献对斯德哥尔摩皇家港口具有如此大的吸引力起着重要作用，也对斯德哥尔摩以及整个瑞典的吸引力起了很大作用。在 SRS，“分享经济”（比如 Boyd & Kietzmann 所讨论的）指的是拼车，但这一概念也可引申为指通过分享知识和灵感，创设集体对话与合作平台，促进人类发展与更好的城市环境等途径来创建可持续、智慧、有吸引力的地域。

参考文献

［1］ Ashworth. G、Kavaratzis. M，*Towards effective place brand management：Branding European cities and regions*，Edward Elgar Publishing，Cheltenham，UK，2010.

［2］ Balakrishnan. M，Strategic branding of destinations：a framework，*European Journal of Marketing*. 43（5/6），pp. 611 –629.

［3］ Boland. V，Ireland bags another gong：world's “goodest” nation，*Financial Times*，2014（6）.

［4］ Boyd. C、Kietzmann. J，Ride On! Mobility Business Models for the Sharing Economy，*Organization & Environment*，27（3），pp. 279 –296.

［5］ Build Stockholm，http：//bygg. stockholm. se/Alla – projekt/norra – djurgardsstaden/In – Engli – sh/A – sustainable – urban – district/.

［6］ Chang. C、Sheppard. E，China's Eco – Cities as Variegated Urban Sustainability：Dongtan Eco – City and Chongming Eco – Island，*Journal of Urban Technology*，20（1）. pp. 57 –75.

［7］ Cohen. B，What Exactly Is A Smart City? http：//www. fastcoexist. com/1680538/what – exactly – is – a – smart – city.

［8］ Dempsey. N.、Bramley. G.. Power. S、Brown. C，The Social Dimension of Sustainable Development：Defining Urban Social Sustainability，*Sustainable Development*，DOI：10. 1002/sd. 417.

［9］ Ericsson，Networked Society Index 2014，Brochure from Ericsson AB.

［10］ Giovanardi. M，Haft and sord factors in place branding：Between functionalism and representationalism, *Place Branding and Public Diplomacy*, 8 (1) . pp. 30 – 45.

[11] *Good Country*, http: //www. goodcountry. org.

[12] Govers. R、Go. F, *Place branding: Glocal. virtual and physical identities. constructed, imagined and experienced*, Palgrave Macmillan. Basingstoke, UK.

[13] Govers. R, *Nation brands and good countries*, Presentation at The Fifth International Conference on Destination Branding and Marketing (DBM – V), Macau. 2014 (4) .

[14] Gustavsson. E、Elander. I, Cocky and climate smart? Climate change mitigation and place – branding in three Swedish towns, *Local Environment*, 17 (8) . pp. 769 – 782.

[15] Guy. S、Marvin. S, Understanding Sustainable Cities: Competing Urban Futures, *European Urban and Regional Studies*, 6 (3) . pp. 268 – 275.

[16] Hall. T、Hubbard. P, *The Entrepreneurial City: Geographies of Politics. Regime and Representation*, John Wiley & Sons. Chichester. UK.

[17] Hallqvist. B, *Presentation at lunch seminar about smart. sustainable cities and Stockholm Royal Seaport*, 2015 (2) .

[18] Harvey. D, From managerialism to entrepreneurialism: the transformation in urban governance in late capitalism, *Geografiska Annaler. Series B. Human Geography*, 3 – 17.

[19] Henriksson. K, *Presentation at lunch seminar about smart. sustainable cities and Stockholm Royal Seaport*, 2015 (2) .

[20] Hopwood. B、Mellor. M, *Visioning the Sustainable City. Capitalism. Nature. Socialism*, 2007, 18 (4) pp. 75 – 91.

[21] Hospers. G – J, Making sense of place: from cold to warm city marketing, *Journal of Place Management and Development*, 3 (3) . pp. 182 – 193.

[22] Kavaratzis. M, From city marketing to city branding: Towards a theoretical framework for developing city brands, *Place branding*, 1 (1) . pp. 58 – 73.

[23] Kavaratzis. M, Place branding: A review of trends and conceptual models, *The Marketing Review*, 5. pp. 329 – 342.

[24] Kavaratzis. M、Hatch. M. J, The dynamics of place brands: An i-

dentity - based approach to place branding theory, *Marketing Theory*, 13 (1). pp. 69 - 86.

[25] Kikerpuu. T, *Presentation at lunch seminar about smart. sustainable cities and Stockholm Royal Seaport*, 2015 (2).

[26] Levin. P、Pandis Iveroth. S, (*Failed*) *mega - events and city transformation*: *the green vision for the* 2004 *Olympic village in Stockholm*, pp. 155 - 167 in Berg & Bjrner (Eds.). *Branding Chinese Mega - cities*: *Policies. Practices and Positioning*, Edward Elgar, Cheltenhamn. UK.

[27] Maheshwari. V、Vandewalle. I、Bamber. D, Place branding's role in sustainable development, *Journal of Place Management and Development*, 4 (2). pp. 198 - 213.

[28] Place brand observer, http: //placebrandobserver. com/good - country - index - anholt - govers/.

[29] Swedish ICT, ICT for a sustainable and better life for everyone, Brochure by Swedish ICT.

[30] Therkelsen. A.、Halkier. H.、Jensen. O, Branding Aalborg: Building community or selling place? (136 - 156) in Ashworth G. and Kavaratzis. M. (Eds.), *Towards Effective Place Brand Management*: *Branding European Cities and Regions*, Edward Elgar Publishing. Cheltenham. UK.

[31] *Vision* 2030: *Stockholm Royal Seaport*, City of Stockholm.

[32] Wai. A. W. T., Place promotion and iconography in Shanghai's Xintiandi, *Habitat International*, 30 (2). pp. 245 - 260.

[33] Wennerholm. C, *Presentation at lunch seminar about smart. sustainable cities and Stockholm Royal Seaport*, 2015 (2).

[34] While. A.、Jonas. A. & Gibbs. D., The Environment and the Entrepreneurial City: Searching for the Urban "Sustainability Fix" in Manchester and Leeds, *International Journal of Urban and Regional Research*, 28 (3). pp. 549 - 69.

[35] Wikholm. N, *Presentation at lunch seminar about smart. sustainable cities and Stockholm Royal Seaport*, 2015 (2).

[36] Zenker. S. & Martin. N, Measuring success in place marketing and branding, *Place Branding and Public Diplomacy*, 7 (1). pp. 32 - 41.

第四篇　中国篇

中国城市化过程中的 PM2.5 污染问题

程红光*

细颗粒物（fine particular matters），即 PM2.5 是指大气中直径小于或等于 2.5 微米的颗粒物，也称为可入肺颗粒物。PM2.5 表面容易附着大量的重金属、微生物等有毒有害物质。由于 PM2.5 不容易被阻挡，吸入人体后会直接进入支气管并干扰肺部的气体交换，从而引发包括哮喘、支气管炎和心血管病等在内的多种疾病，导致各种呼吸系统疾病和肺癌等的发生和死亡率逐渐升高，使公众健康受到极大的威胁。Qiao 等人在上海的研究表明，每天 PM2.5 浓度增加 10 微克/立方米，门诊的就诊人数将增加 0.16%[①]。谢鹏等人在北京、上海、武汉以及太原等城市的研究表明，大气中 PM2.5 浓度每增加 10 微克/立方米，人群当中呼吸系统疾病死亡率会增加 1.43%。全国肿瘤登记中心 2003—2007 年关于我国癌症发病情况的调查数据表明，在癌症发病率的构成中，肺癌是城市地区最常见的癌症，发病率明显高于其他癌症，例如，根据统计数据，在 1988—2007 年北京市的癌症发病率构成中，肺癌一直居于首位，并且整体呈现上升趋势[②]。20 世纪 90 年代，美国癌症协会的研究

---

* 程红光，北京师范大学环境学院教授，博士生导师。

① Qiao, L. P.、Cai, J.、Wang, H. L、Wang, W. B.、Zhou, M.、Lou, S. R.、Chen, R. J.、Dai, H. X.、Chen, C. H.、Kan, H. D., PM2.5 Constituents and Hospital Emergency - Room Visits in Shanghai, *China*. Environ. Sci. Technol, 2014, 48, 10406 - 10414.

② 陈万青、郑荣寿、张思维、赵平：《2003—2007 年中国癌症发病分析》，《中国肿瘤》2012 年，第 161—170 页。

表明，PM2.5的年平均浓度每增加10微克/立方米，肺癌死亡率会各增加8%。

PM2.5是造成雾霾的首要污染物。PM2.5污染源中人为源占主导地位，主要来源于化石燃料燃烧，如机动车尾气、燃煤排放的颗粒物等。[①]此外，化石燃料燃烧排放到大气中的气态污染物如SO_2、NO_x、气态氨以及挥发性有机物等，通过发生化学反应会形成二次颗粒物如硫酸铵颗粒、硝酸铵颗粒、有机化合物颗粒等。

近年来，中国工业化和城市化快速发展，城市化水平在不断提高，据统计，截至2013年城镇人口已经达到73111万人，城镇人口占总人口比重为53.73%。城市化进程的不断推进，在创造巨大经济效益的同时，也产生了严重的PM2.5污染问题，雾霾天气频发。PM2.5污染已经引起了国家的高度重视，2012年环境保护部发布了《环境空气质量标准》GB 3095—2012，其中明确规定了PM2.5的年平均和24小时平均浓度限值。

城市化过程中的PM2.5污染问题已经成为研究热点。未来我国的城市化和工业化水平将进一步提高，生产生活排放的PM2.5将持续增加，并且东中西部地区会呈现出明显的区域差异性。本文将重点分析城市化所造成的PM2.5污染问题，并且重点分析我国城镇化未来的发展战略，基于此提出控制我国城市化过程中的PM2.5污染，进而推进城市化向绿色方向发展的建议措施。

一　中国的城市分布

（一）按人口数量分布

总体上，中国的大中型城市主要分布于中东部地区。常住人口超过1000万的城市有北京、天津、上海、重庆4个直辖市以及广州、深圳、成都、哈尔滨、苏州、南阳、临沂、保定、石家庄9个地级城市，其中上

---

① Zou, Z. L.、Chen, S. C, *PM2.5 in China: Measurements, sources, visibility and health effects, and mitigation. Particuology*, 2014, 13, pp. 1-26.

海和重庆的常住人口最多，分别为 2340 万、2922 万，北京市的常住人口也将近 2000 万。这些城市中除了重庆和成都市位于我国的西南部之外，其他的城市都位于中东部地区。同样，常住人口在 500 万到 1000 万之间的大城市除少数位于我国的西南部外，绝大多数城市位于中东部地区（图 18－1）。

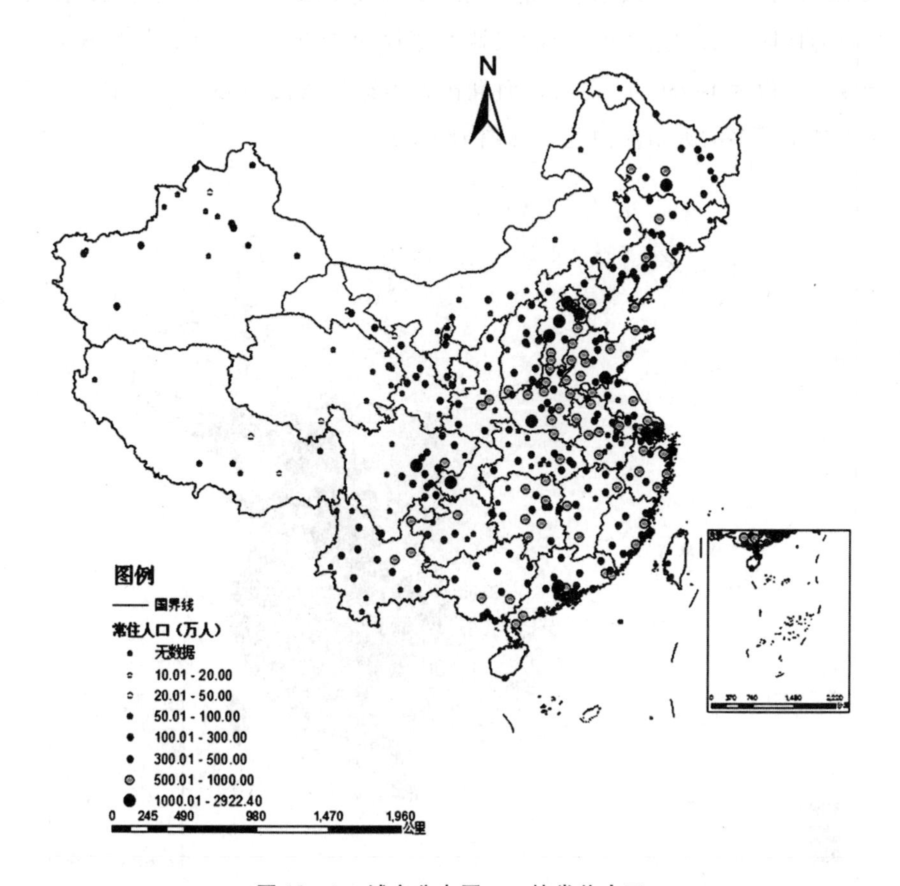

图 18－1　城市分布图——按常住人口

全国常住人口大于 100 万的城市个数在城市总数中占比大于 70%，常住人口总数占比超过了 90%。这些城市中的绝大多数都分布于内蒙古以南、青海和西藏以东的各省份，并且呈现出越往东部地区城市密度及城市规模越大的趋势。

我国人口较密集的省份也主要分布在中东部地区，主要因为这些地区经济的发展，提供了大量的就业机会及较好的生活条件，促使人口向这些省份的城市聚集，提高了城市化水平。其中，人口密度最大的地区为北京、天津、上海、香港，分别为1258.9人/平方公里、1302.6人/平方公里、3833.3人/平方公里、6534.6人/平方公里。虽然这些地区的工业化水平不高，但是由于政治、文化、第三产业等的发展，使其成为人口高度密集的地区。如北京2013年的工业产值仅为3536.89亿元，但是其第三产业的产值为14986.43亿元，而且作为国家的政治中心、文化中心，吸引着越来越多的人口流向北京（图18－2）。

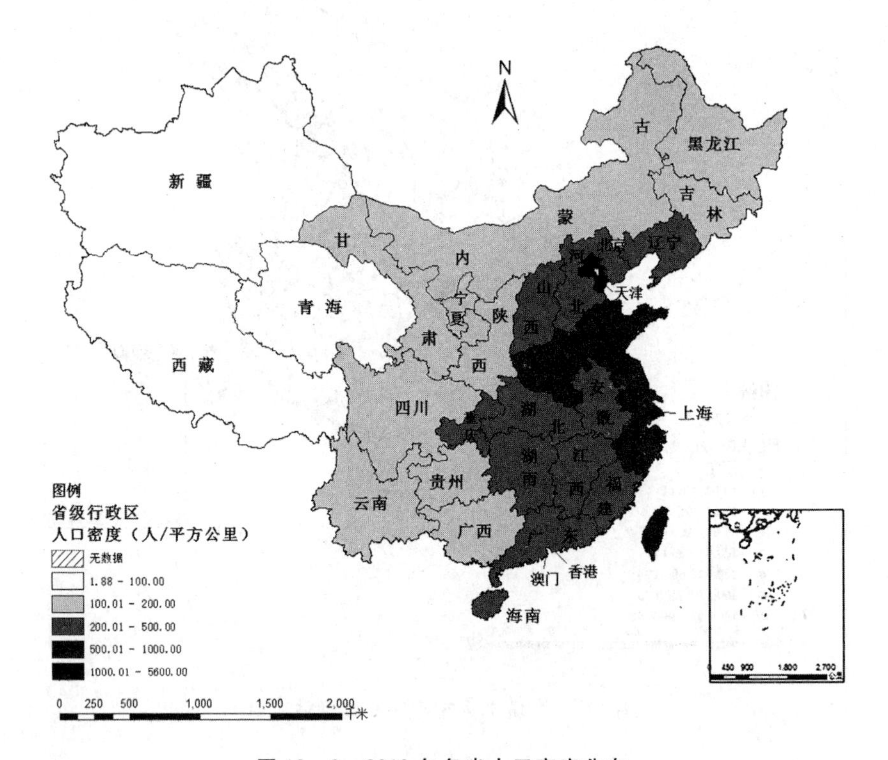

图18－2　2013年各省人口密度分布

（二）按人均GDP分布

按照人均GDP的城市分布基本上与按常住人口数的城市分布呈现出

相似的特征。人均 GDP 高于 8 万元的城市除了一些位于西北部地区以外，其余的均分布于东部沿海，并较集中的分布在环渤海地区以及江苏、浙江、广东三省。人均 GDP 在 5 万到 8 万元之间的城市有 90 个，主要分布在我国中东部各省，这些城市人均 GDP 的总和约占全国人均 GDP 总和的 50%。人均 GDP 高于 2 万的城市几乎全部分布于内蒙古以南，甘肃、西藏以东的各省（图 18－3）。

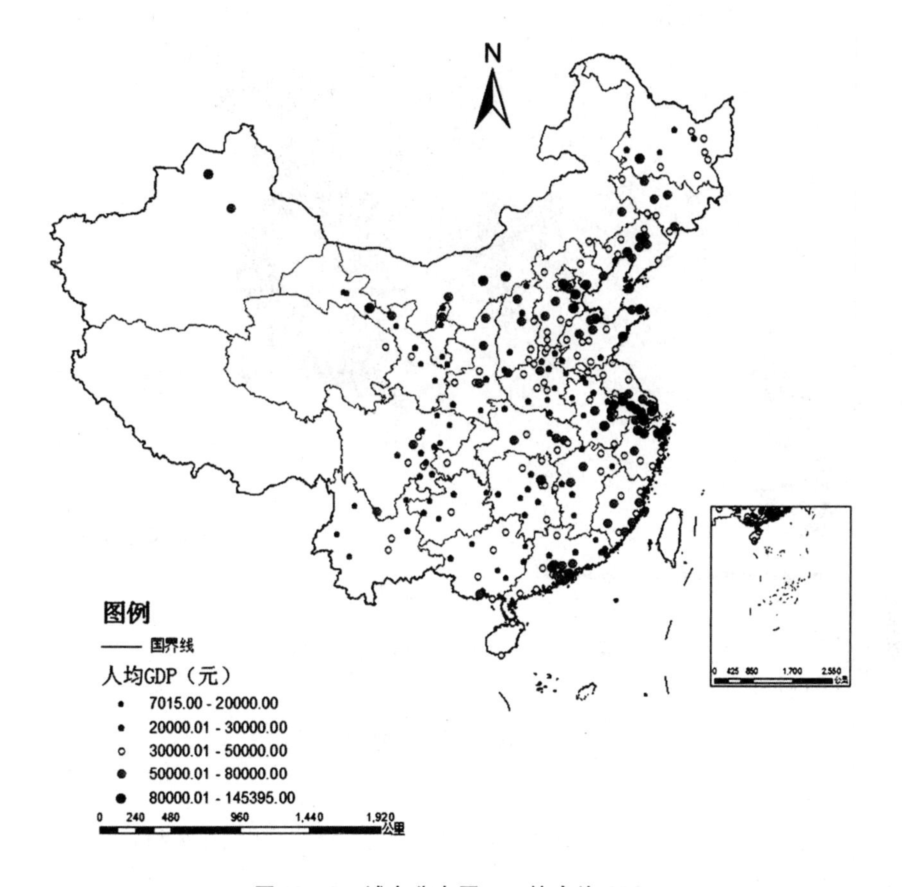

图 18－3　城市分布图——按人均 GDP

由于人口密集的中东部地区人均 GDP 较高，而且工业产值占 GDP 的比重较大，因此，中东部地区的工业产值也要较西部地区高，尤其是东部沿海各省。2013 年工业产值较高的省份主要分布在中东部地区，除北京、天津和上海的工业产值相对较低以外，其中工业产值较高的省份有河北、山东、河南、江苏、浙江和广东，广东省工业产值最高为27426.26亿元，这些省份的工业产值也呈现逐年增长的趋势（图18－4）。

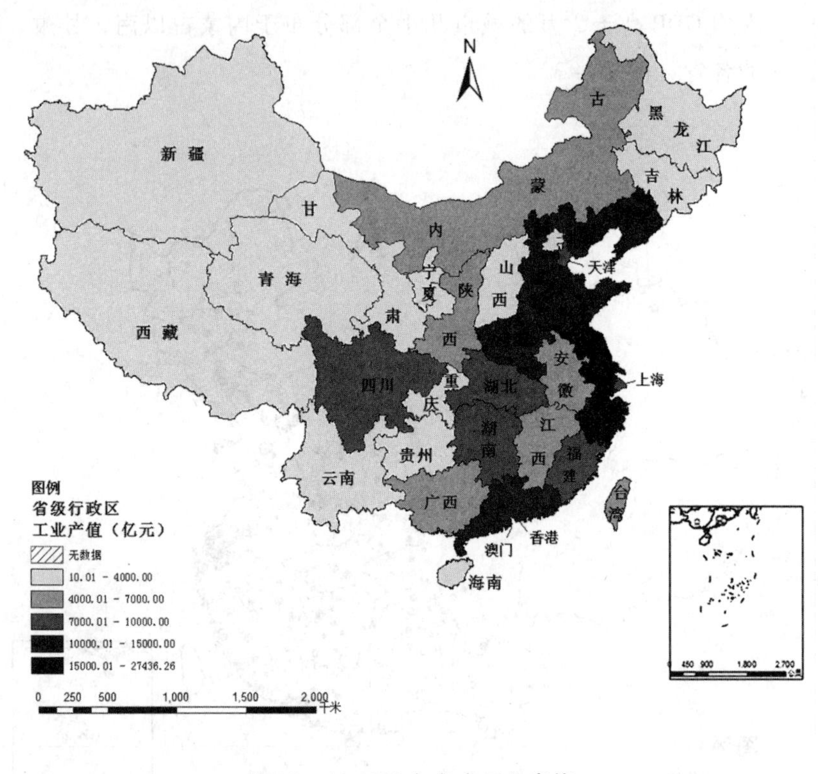

图18－4　2013年各省工业产值

二　PM2.5污染状况

目前，中国已经成为全世界PM2.5污染最严重的国家和地区之一，美国国家航空航天局（NASA）根据2001—2006年的卫星数据绘制的全世界PM2.5污染的分布图显示（图18－5），中国许多中东部地区（也是城市聚集的地区）主要城市接近或超过80微克/立方米，而北美、澳洲、俄罗斯等地的PM2.5污染指数均低于15微克/立方米。

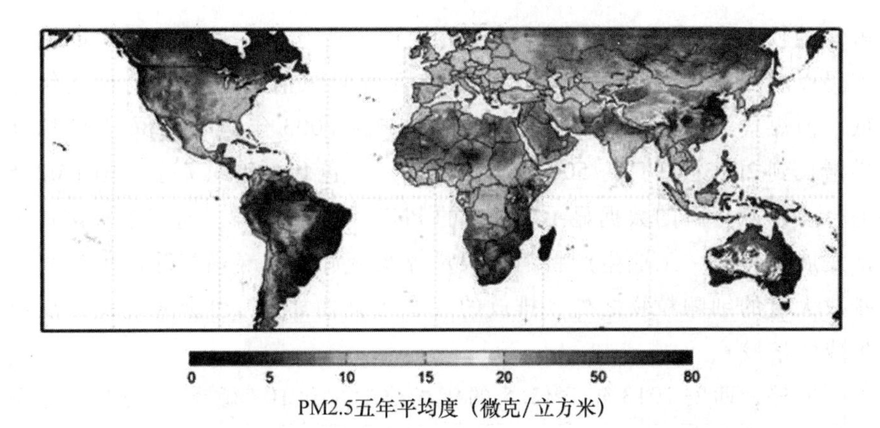

图 18－5　PM2.5 全球地图：五年平均水平（微克/立方米）

（一）空间分布特征

我国 PM2.5 的浓度水平呈现出明显的地区差异性，如图 18－6 所示，2013 年乌鲁木齐的 PM2.5 浓度较高，达到 93 微克/立方米，虽然新疆的经济并没有东部沿海省份发达，但是世界第二大沙漠塔克拉玛干沙漠位于新疆境内，气候干燥，由此形成的沙尘暴天气是导致 PM2.5 浓度较高的主要原因；成都的 PM2.5 浓度也较高，达到 90 微克/立方米，主要是因为成都位于四川盆地内，独特的地理气候特征，如多面环山、持续逆温及空气流通停滞等，致使空气污染物扩散受阻①。

除此之外，PM2.5 浓度较高的地区与我国城市分布密集的区域基本相符，主要分布在我国中东部地区。环境保护部发布的 2013 年和 2014 年重点区域和 74 个城市空气质量状况报告显示，河北省的 PM2.5 污染最严重，空气质量相对较差的前 10 位城市中河北省有 7 个，分别是保定、邢台、石家庄、唐山、邯郸、衡水、廊坊，石家庄 2013 年 PM2.5 的平均浓度高达 137 微克/立方米。济南、郑州的 PM2.5 浓度也较高，包括在空气质量相对较差的前 10 位城市中，2013 年年均浓度分别为 116 微克/立方米、108 微克/立方米。以上这些城市雾霾污染严重的原因在于河北、河南以及山东省人口比较密集，而且经济比较发达，第二产业尤其是工业所

---

① Ma, Z. W.、Hu, X. F.、Huang, L.、Bi, J.、Liu, Y., Estimating Ground－Level PM2.5 in China Using Satellite Remote Sensing, *Environ. Sci. Technol*, 2014, 48, pp. 7436－7444.

占比重较大[①]，如唐山是我国重要的钢铁产业基地。目前我国的能源结构仍以煤炭为主。尽管煤炭消耗总量所占能源消耗总量比例在逐年降低，但煤炭消耗总量仍然呈现增长趋势，由2003年的128286万吨标准煤增长到2013年的247500万吨标准煤。绿色和平组织关于我国PM2.5的行业来源分解的数据显示，49%的PM2.5来自燃煤。这三个省份在经济发展过程中，工业生产将消耗大量煤炭资源，煤炭燃烧除向大气直接排放大量的细颗粒物之外，排放的气态污染物如SO_2也会通过化学反应生成气溶胶[②]。

另外，西安2013年PM2.5的年均浓度达到107微克/立方米，是全国空气污染最严重的城市之一，机动车尾气排放、燃煤排放大气污染物可能是导致西安PM2.5浓度高的主要人为原因，此外，西安地处关中盆地，受秦岭阻挡，再加上城市中高大建筑物密集度的不断加大，致使大气扩散条件差，而且西安冬春季节气候干燥、降水较少、对流条件较差，静风、逆温等不利条件多发，污染物不易扩散，聚集后污染危害放大。

北京、天津2013年PM2.5的年平均浓度分别为93微克/立方米、94微克/立方米，虽然不是污染最严重的城市，但PM2.5浓度水平严重超过了空气质量二级标准浓度限值。北京、天津的工业产值所占比重并不高，但是由于其城市化水平较高，城市人口高度密集。人口的不断增长提高了对汽车的需求量，汽车的保有量持续增加，2014年，北京、天津的汽车数量超过200万辆，北京市汽车超过500万辆。北京汽车保有量已经排在世界主要城市的前列。随着城市化进程的不断推进，城市的汽车保有量将继续增长，不仅给城市交通网络施加极大的压力，而且严重影响城市的大气环境质量。汽车燃油排放的挥发性有机化合物（VOCs）、SO_2、NO_x是形成PM2.5的重要前体物质。有研究结果表明，北京的雾霾天气与人类活动如汽车尾气和化石燃料排放有关。

---

① Han, L. J.、Zhou, W. Q.、Li, W. F.、Li, L., Impact of urbanization level on urban air quality: A case of fine particles (PM2.5) in Chinese cities, *Environmental Pollution*, 2014, 194, 163-170.

② 程春英、尹学博：《雾霾之PM2.5的来源、成分、形成及危害》，《大学化学》2014年第29（5）期。

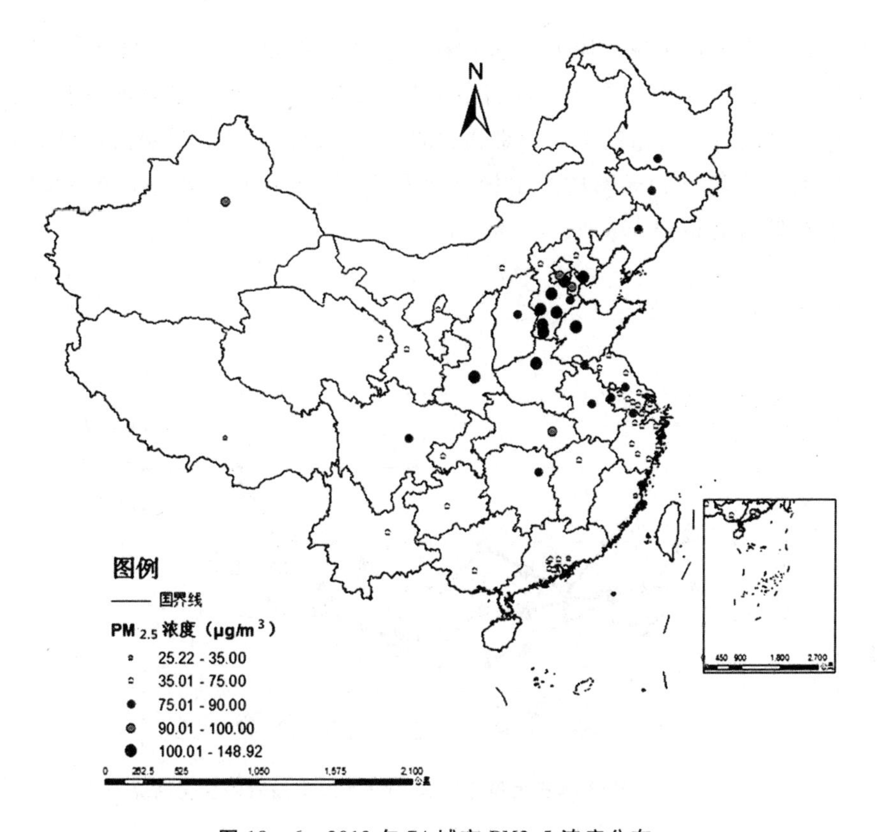

图 18－6　2013 年 74 城市 PM2.5 浓度分布

城市和农村地区的 PM2.5 浓度也存在较大差异，随着我国城市化进程的快速推进，城市的 PM2.5 浓度往往高于农村地区的 PM2.5 浓度，有研究分析了城市化对县级地区 PM2.5 浓度的影响，由研究结果可知，仅有西部一些地区以及中东部极少数地、区、县的非城市地区的 PM2.5 浓度高于城市地区外，将近 90% 的县级城市地区的 PM2.5 浓度往往高于周边的非城市地区，并且这些地区主要位于我国的中东部地区①。

（二）时间变化趋势

从 PM2.5 浓度随季节变化情况来看（图 18－7），京津冀、长三角及

① Han, L. J. 、Zhou, W. Q. 、Li, W. F. 、Li, L. , Impact of urbanization level on urban air quality: A case of fine particles (PM2.5) in Chinese cities, *Environmental Pollution*, 2014, 194, 163－170.

珠三角三大重点区域总体上冬季 PM2.5 污染最严重，夏季 PM2.5 浓度最低，春季和秋季的 PM2.5 浓度居中。冬季 PM2.5 浓度最高主要是由于冬季燃煤供暖排放大量的空气污染物，北方气温比南方低，供暖消耗煤炭量高，因此 PM2.5 污染物的产生量比南方高，这与图中三个地区的 PM2.5 浓度高低情况相符。

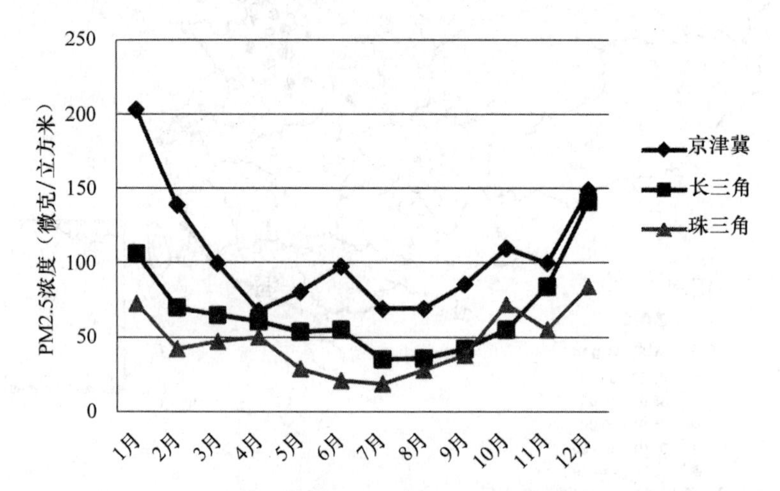

图 18－7　2013 年三大重点区域 PM2.5 浓度随时间变化情况

资料来源：2013 年 74 个城市空气质量状况报告。

三　我国城市化发展趋势

《国家新型城镇化规划（2014—2020 年）》中提出要根据土地、水资源、大气环流特征和生态环境承载能力，优化我国的城镇化空间布局和城镇规模结构，在《全国主体功能区规划》确定的城镇化地区，构建以陆桥通道、沿长江通道为两条横轴，以沿海、京哈京广、包昆通道为三条纵轴，以轴线上城市群和节点城市为依托、其他城镇化地区为重要组成部分，大、中、小城市和小城镇协调发展的“两横三纵”城镇化战略格局。

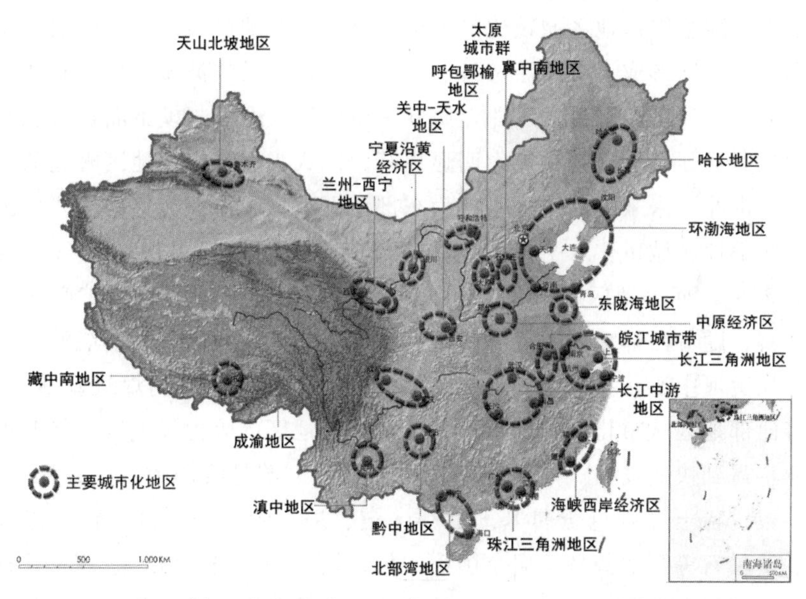

图 18－8　《全国主体功能区规划》确定的城镇化战略格局示意图

东部地区的城镇化水平最高，2013 年年末东部地区城镇人口比重为 65%。京津冀、长江三角洲和珠江三角洲城市群，是我国经济最具活力、开放程度最高、创新能力最强、吸纳外来人口最多的地区，东部以长三角和珠三角为代表的沿海城市已经形成中心城市向周围辐射的城市圈。从城镇人口与总人口占比来看，上海、北京、天津三大城市已经进入高度城市化阶段，城镇化率超过 80%，上海最高达到 89%。广东、江苏、福建等东部沿海省份城镇化人口占比也在 60% 左右。东部沿海主要城市工业化进入稳定阶段。北京、天津、上海工业占比由 70% 左右明显下降，2013 年分别为 18%、46% 和 33%，第三产业所占比重逐渐增加。河北省的工业，尤其是重工业所占比重较大，并且这种状况在未来一段时间内很难改变。面临资源环境约束不断加大，国际竞争日益加剧等，东部地区城市群将通过经济转型升级、空间结构优化、资源永续利用等优化提升。

中部地区虽然城市化水平落后于东部地区，但是近年来得到了快速的发展，城镇人口逐渐增多，城镇化进程加快推进，城镇化水平显著提高。到 2013 年底，中部地区的城镇化水平达到 49%，比 2011 年提高了 3% 左右，湖北省城镇人口所占比重最大，2013 年年末为 54%，超过了全国平均水平。随着中部地区城镇化的加速推进，中部地区城市群呈现快速发展的态势，逐渐形成了中原城市群、武汉城市群、长株潭城市群、皖江城市带、大太原经济圈和昌九工业走廊6大城市群，经济规模不断扩大，经济实力显著增强，支撑带动能力明显提高，已成为促进中部地区崛起的主要力量。由此，未来中部地区将成为东部地区人口和产业转移的重要地区。

西部地区城市化水平最低，2013年年末城镇人口占比为45%，西藏仅有23%。西部地区的城镇化初见雏形。西部地区的能源和矿产资源储量丰富，随着西部大开发战略的继续实施，将成为我国重要的能源资源基地。如黄河中游是我国最大的煤炭基地，也是世界少有的煤炭基地之一，随着西部地区城市化进程的推进，黄河中游地区的火力发电以及能源重化工业将得到快速发展。除了煤炭资源，黄河上游是我国铅、镁、铜、锌、金、银、稀土等有色金属基地，镍、铂、钯、锇、铱、钌、硒、铸型粘土、重晶石等探明储量均居全国第一位，铅、钴、铬、钒、金等十几种有色金属储量在全国占有十分重要的地位。在黄河中游，有色金属、黑色金属、贵金属蕴藏量十分可观，稀土矿储量1亿吨，占世界总储量的80%，可为当地发展高技术产业提供资源。此外，黄河流域石油资源丰富，上游柴达木、鄂尔多斯盆地有可能成为我国内陆石油的重要基地。西部地区的城市主要是资源型城市，随着西部地区城镇化的推进，产业结构将以第二产业为主，会对大气环境造成严重威胁。如呼包鄂榆城市群是《全国主要功能区规划》中规定的城镇化地区，其矿产资源丰富，主要以电力、冶金、建材、机械制造、煤化工业等资源型产业为主，工业企业主要为依托资源加工的重化工业。

四　城市化过程中控制大气污染的建议措施

（一）调整优化产业结构

我国经济增长过度依赖第二产业特别是重化工业的发展，产业结构偏向重工业。在三次产业结构中，第二产业比重偏高，第三产业比重偏低；在工业内部结构中，高耗能行业所占比重过高。工业特别是高耗能的重化工业发展过快、比重过高，带动了能源消耗的强劲增长。工业生产过程排放的大气污染物是PM2.5的主要来源，为了改善城镇大气环境，预防雾霾天气的发生，应加快推进城镇传统产业的绿色化改造，大力推进城镇传统产业的升级换代进程，加快淘汰高耗能、高污染的落后产能。加快城市服务业的发展，把城市管理和服务业发展有机统筹起来，在管理上为服务业发展提供充足的空间。

（二）开发利用清洁能源

煤炭燃烧排放的细颗粒物、二氧化硫和氮氧化物是 PM2.5 最重要的来源。在过去 10 年中，我国能源消耗增长了 1 倍多，且能源结构中煤炭占比超过 70%。中国的煤炭消费从 2004 年的 14.45 亿吨标准煤上升到了 2013 年的 36.1 亿吨标准煤，是全球最大的煤炭消费国。随着经济发展的快速向前，工业化、城镇化将持续推进，能源消耗将随之不断增加，空气污染防治依然面临巨大挑战。因此，调整优化能源消费结构，探索煤炭高效清洁转化的新途径，适当开发利用新型清洁能源。如目前，一些餐饮行业，仍然采用燃煤加工食品，应当加大监管力度，促使餐饮业，尽可能以天然气或液化石油气替代燃煤。城市远郊区居民冬季取暖，仍然用煤炭作为燃料，应考虑实施集中供暖措施，燃烧天然气，替代燃煤。

（三）发展绿色交通

机动车尾气排放是 PM2.5 的主要来源之一，在城市化过程中，城市汽车保有量不断增长，2014 年，全国有 31 个城市的汽车数量超过 100 万辆，其中北京、天津、成都、深圳、上海、广州、苏州、杭州、西安 9 个城市汽车数量超过 200 万辆，北京市汽车超过 500 万辆。到 2012 年年末北京全市汽车保有量为 495.7 万辆，仅 2013 年一年增加将近 40 万辆。北京汽车保有量已经排在世界主要城市的前列。随着城市化进程的不断推进，国内主要城市的汽车保有量将继续增长，不仅给城市交通网络施加极大的压力，而且影响城市大气环境的改善。因此，应大力发展绿色交通，优先发展快捷、方便、舒适、安全、经济的公共交通体系，引导公众出行优先选择公共交通，使个人轿车出行者乐意主动放弃小轿车出行方式，从而降低个人轿车的出行率，同时也应优化步行和自行车道路系统。

碳解锁：中国城市转型的关键所在

谢海生[*]

中国逐渐进入全面深化改革的攻坚期，经济发展步入新常态，提质增效成为发展的重点。在气候变化受到普遍关注的今天，低碳转型逐渐成为各方共识。城市作为人类社会经济活动的中心，是实现低碳经济转型的关键主体。一方面，城市容易受到气候变化的影响，是全球温室气体排放的主要贡献者；另一方面，城市有能力在解决气候变化问题上发挥重要的、独特的作用，同时城市低碳转型可以协同解决众多挑战，带来新的发展机遇。①

一　中国城市发展中的挑战

改革开放以来，中国经济取得的成就很大程度上得益于城市的贡献。中国城市的规模和创造财富能力快速扩张；按照目前的趋势，到 2025 年，将有大约 10 亿中国人居住在城市，城市经济产值将占全国 GDP 的 90%。然而，当前中国城市的快速发展是典型的高消耗、高排放模式，各种挑战不断，具有不可持续性。

---

* 谢海生，博士，住房与城乡建设部政策研究中心助理研究员。

① Stern N., 2006. The Economics of Climate Change, *The Stern Review*, Cambridge University Press.

（一）资源承载力严重不足

在中国城市快速扩张进程中，大量农村人口向城市集聚，工业、交通、基础设施建设，城市生活等等都对自然资源消耗巨大，已然超过资源承载能力。以水资源为例，中国是一个水资源匮乏的国家，全国600多个城市中有400多个面临着不同程度的缺水，其中200多个城市严重缺水。在编制《北京市城市总体规划2004—2020》时，根据“以水定人”的原则，将北京2020年的人口目标设定在1800万人，然而北京的常住人口数在2009年便超过了1800万的远期目标（2009年达到1860万），并且还处在不断增长中。这造成的直接后果是其他地区以牺牲自身利益为前提，通过巨大投入，保障北京的供水。除自然资源以外，城市的各种服务与保障也严重不足。城市化并不是赶农民上楼，保守估计每年有约1500万农民转移到城镇体系之中，这部分农民的住房、就业、医疗、社会保障以及子女教育需要巨量的投入，随着城镇户籍制度的逐步放开，社会服务与保障的缺口会越来越大。

（二）环境污染愈发严重

快速发展中的中国城市饱受环境污染之痛。水、大气、土壤等都存在不同程度的污染，并且呈现愈发严重的态势。流经城市的河流中，有60%由于污染的原因不符合作为生活饮用水源的水质要求，长期积累的地表水和地下水污染，使得城市水源的净化在短期内难以得到缓解。近几年，长期的雾霾天气使政府与公众都意识到大气污染的严重性与紧迫性，雾霾久驱不散，其根源主要在于城市的工业发展模式与能源结构。作为城市发展载体的土地也正遭受着严重的污染，全国土壤环境状况总体不容乐观，2014年公布的全国土壤污染状况调查公报显示全国土壤总的超标率为16.1%，其中轻微、轻度、中度和重度污染点位比例分别为11.2%、2.3%、1.5%和1.1%，中国土壤污染规模史无前例。[①]

（三）发展空间受限

当前的气候变化问题是人类面临的共同挑战，低碳经济转型成为各国

---

① 环境保护部、国土资源部：《全国土壤污染状况调查公报》，http://www.cenews.com.cn/sylm/jsxw/201404/t20140418_772973.htm。

应对气候变化、实现社会经济可持续发展、提升国家竞争力的重要途径。中国作为发展中国家的一员，工业化与城市化进程尚未完成，尚未绿色，已然高碳。未来中国城市对能源和基础设施投资的需求还将不断增长，温室气体排放压力还将增大。英国 BP 公司的研究显示，到 2035 年，全球二氧化碳排放预计将增长 29%，并且增长份额全部来自以中国为代表的新兴经济体。

温室气体的排放权本质上是一个发展空间问题。中国城市的温室气体排放快速上升，已经步入高碳阶段，在 2007 年取代美国成为全球最大的碳排放国，2013 年碳排放超过欧盟和美国的总和，占世界总排放 28% 左右；另外，我国的人均碳排放水平也超过欧盟水平。城市是我国温室气体排放的主体，70% 左右的温室气体来自城镇领域的排放；其中，35 个大中城市的碳排放又占到 40% 以上。随着中国国家实力的逐渐强大，世界各国对中国的温室气体减排也寄予了更多期待，中国城市温室气体排放空间逐渐成为瓶颈。

二 中国城市低碳转型的必要性

中国城市发展过程中存在资源、环境和发展空间的诸多挑战，转变原有不可持续的城市发展模式成为必然，但是转型的目标何在？如何处理种种挑战背后的实质性问题尤为关键，而资源承载力、环境污染、发展空间等问题归根结底都受制于碳预算中的刚性预算。现实情况是我国的能源结构突出特点是高碳化，中国“富煤、少气、缺油”的资源条件决定了中国能源结构是以煤为主，能源消费结构与世界能源消费结构差距较大，存在一定的劣势：2012 年，我国能源消费中非化石能源消费量占比仅为 9.1%，不仅远低于发达国家（欧盟 22.0%，美国 13.5%），也低于世界平均水平 13.1%；此外，2012 年我国可再生能源使用比例仅为 1.2%，也低于世界平均水平 1.9%（欧盟 5.7%，美国 2.3%）。

中国城市发展过程中存在碳锁定效应。所谓碳锁定效应，是指工业经济通过路径依赖的过程，锁定在以碳基技术为基础的技术体系之中称为碳锁定；碳锁定效应形成的原因有技术、组织、社会制度等。[①] 在中国城市

① Unruh. G. C., Escaping carbon lock, *Energy Policy*, 2002, 30 (4): 317 - 325.

大规模投资过程中，若不注重采用先进低碳的理念和技术，各种基础设施和大型设备在较长的生命周期内很容易被锁定在高能耗和高排放的路径上，这也是中国城市发展中诸多挑战的根源。联系中国实际，各种环境污染问题表面看上是“环境病”，实质是“能源结构病”，比如肇因于燃煤和汽车尾气排放的雾霾实质上是能源结构和技术的高碳化造成的。

针对这种高碳锁定，我国政府及社会各界一直致力于能源结构优化，提出了一系列的优化目标，并为此做出了一系列的努力。然而，各种规划目标的执行效果却不佳，中国能源结构仍旧是以不可再生的化石能源为主体，可再生的、更加清洁低碳的能源所占比例仍旧较小，笔者梳理了自2001年以来各种有关能源结构优化的目标及其完成情况，各种规划目标基本未完成或者未来很难完成。具体如表19－1所示：

表19－1 **2001年以来中国政府涉及能源结构优化的主要规划及完成情况**

编号	规划名称	发布时间	规划时间	规划目标	完成情况
1	“十五”能源发展重点专项规划	2001年8月	2001—2005年	能源结构：2005年与2000年相比，煤炭在一次能源消费中的比重下降3.88个百分点；天然气、水电等清洁能源比例达到17.88%，提高约5.6个百分点	2005年与2000年相比，煤炭消费比重上升1.2%，未完成；2005年天然气、水电、核电、风电消费比重为10.0%，未完成目标
2	能源发展“十一五”规划	2007年4月	2006—2010年	2010年一次能源生产结构：煤炭、石油、天然气、核电、水电、其他可再生能源分别占74.7%、11.3%、5.0%、1.0%、7.5%和0.5%	2010年一次能源生产结构：煤炭、石油、天然气、核电、水电、其他可再生能源分别占76.6%、9.8%、4.2%、0.8%、7.8%、0.8%，基本未完成目标
				2010年一次能源消费结构：煤炭、石油、天然气、核电、水电、其他可再生能源分别占一次能源消费总量的66.1%、20.5%、5.3%、0.9%、6.8%和0.4%	2010年一次能源消费结构：煤炭、石油、天然气、核电、水电、其他可再生能源分别占一次能源消费总量的70.5%、17.6%、4.0%、0.7%、6.7%、0.5%，基本未完成目标

续表

编号	规划名称	发布时间	规划时间	规划目标	完成情况
3	可再生能源中长期发展规划	2007年9月	2007—2020年	力争到2010年使可再生能源消费量达到能源消费总量的10%左右，到2020年达到15%左右	2010年可再生能源消费量占比8.6%，未完成目标；2012年可再生能源消费量占比9.4%，完成目标较为困难
4	中华人民共和国国民经济和社会发展第十二个五年规划纲要	2011年3月	2011—2015年	到2015年，非化石能源占一次能源消费比重达到11.4%	2010—2012年三年比重分别为7.9%，8.0%，9.1%，完成目标较为困难
5	"十二五"节能减排综合性工作方案	2011年8月	2011—2015年	到2015年，非化石能源占一次能源消费总量比重达到11.4%	2012年非化石能源占一次能源消费量比重为9.1%，完成目标较为困难
6	能源发展"十二五"规划	2013年1月	2011—2015年	到2015年，非化石能源消费比重提高到11.4%；天然气占一次能源消费比重提高到7.5%，煤炭消费比重降低到65%左右	2012年非化石能源消费比重9.4%；天然气占一次能源消费比重4.7%，煤炭消费占比66.6%，完成目标较为困难

注：

本表数据主要来源《中国能源统计年鉴2013》，部分关于一次能源消费量数据根据英国BP公司世界能源统计年鉴整理而来。

可再生能源统计的为非化石能源以外的所有能源。

能源生产与消费量数据使用发电煤耗计算法统计。

具体来看，当前我国能源高碳锁定效应的原因主要有以下几个：第一，从资源禀赋上看，目前的能源生产与消费还是以化石能源为主导，化石能源生产技术成熟，并且一次能源消耗中化石能源占绝对主导。2012年世界石油、煤炭、天然气的消费量占一次能源的比重为86.94%[①]。第二，技术制度限制。化石能源的长期使用，导致与之相关的技术标准成为主导，这对其他能源的应用，新能源、清洁能源的技术开发形成阻碍。第三，从成本角度来看，目前使用化石能源，以及与之相配套的技术更加经

① 根据英国BP公司2013年报告中相关数据计算而来。

济。新能源汽车、太阳能光伏等技术需要大量补贴才能保障其发展，并且新能源价格也高于传统的化石能源。第四，从就业角度来看，目前与传统化石能源相关领域解决了大量就业，新技术的采用和产业升级会造成失业等问题，对政局稳定产生一定影响，这也是能源结构转型面临的障碍之一。

三 中国城市转型的碳解锁机制探索

当前高碳锁定的城市发展模式已经超出我国的资源承载能力，是实现“中国梦”的最大障碍和硬约束，致力于中国城市转型的碳解锁机制探索是破解中国城市发展中诸多挑战的关键所在。

（一）规划指导机制：加强顶层设计

科学的城市规划对于碳解锁至关重要。城市建设，要避免走弯路，要实事求是确定城市定位，科学规划和务实行动。正如习近平总书记在考察北京市时指出的那样，考察一个城市首先看规划，规划科学是最大的效益，规划失误是最大的浪费，规划折腾是最大的忌讳。

科学规划是顶层设计，需要有资质、有能力的团队制定，建立在翔实的数据、先进的理念和标准之上。同时，需要广泛征求各方意见（公众、企业、NGO、学术机构等），增加透明性和可操作性。此外，应当使规划上升到法规层次，经过人大批准，一经确定就必须持续执行，要有相应的问责机制和监督机制，不会因为换了领导就改规划。最后要求强化红线约束。规划中划定的生态红线要严格执行红线，与生态红线相冲突的发展规划要相应做出修改。

（二）目标约束机制：凝聚转型共识

党的十八届三中全会公报进一步提出，建设生态文明，必须建立系统完整的生态文明制度体系，用制度保护生态环境。根据生态文明制度建设的要求，2017—2020 年将是一个时间转折点，环境恶化的趋势能否得到根本的遏制，资源利用效率是否可以迈上一个新的台阶，气候变化中二氧化碳的排放速度能否明显减缓，这些都使我们在建设生态文明制度体系中要凝聚低碳转型意识。

应探索建立国家温室气体排放总量控制制度，目前中国的温室气体排放峰值时间已经确定，下一步需要明确温室气体排放总量分阶段控制目标及分配原则，分解落实各城市及重点行业温室气体排放总量控制目标。作为政府，可以通过引导、制定行业与产品准入标准，推进低碳技术、标准和产业模式的实施推广。此外，能源结构与碳排放强度的相应目标也已经制定，下一步的监测、考核、评价等工作还需有序推进。

（三）市场激励机制：加强主体参与

从成本收益视角出发，促进城市低碳排放。常见的两种市场机制有碳排放权的交易市场和合同能源管理，通过发挥市场运作的主体作用，以市场力量为调节手段，更经济有效地促进低碳排放的实现。探索建立国家碳排放权交易制度，推动运用市场激励机制以较低成本实现控制温室气体排放行动目标，逐步建立国内碳排放交易市场。此外，还可以通过财政补贴与信贷支持，发放免费配额，赋予特种经营权，甚至是直接的资金投入方式；此外，税收优惠，如减少营业税和个人所得税，鼓励开发应用新能源和可再生能源等方式也属于市场激励机制。

此外，碳锁定效应造成的影响与三大经济主体（政府、企业与公众）息息相关。碳锁定效应可能是由企业对于碳基技术的依赖，或者政府制度上的惰性，甚至是由于为了解决就业而保持的对某些落后经济发展模式的锁定。因此，碳解锁过程离不开每一个主体的努力，只有三大主体共同努力，以市场激励机制为主导，充分发挥政府的服务与监督功能才有可能实现碳解锁，这是必要条件。

（四）城市管理机制：擅于顺势而为

作为城市运作、发展的管理者，城市政府是低碳发展的重要主体。目前的状况是都在纸面上大谈城市的低碳转型，城市管理思路并不低碳。比如，城市建筑是碳排放的重点，但是目前中国的“高大上”建筑已超越发达国家，各种新奇、事实上并不环保（比如大玻璃房子）的大型公共建筑还在不断建设。在交通领域，交通拥堵与汽车尾气排放严重，然而很多城市的解决思路仍局限于拓宽道路，限行、摇号等手段。在城市管理中，部分城市过分迷信行政命令，忽略市场机制的重要作用。

城市低碳转型是个长期的过程，其关注度可能会有所下降；由于碳锁定效应的存在，政府、企业、个人很难摒弃原有的生产生活方式，因此城市低碳转型必须借助外力。其中很重要的一点是利用热点、把握热点，或者说搭热点的“便车”。以应对气候变化为例，它是一个较为学术的概念，很难让普通民众深刻感悟，然而普通民众的生活方式，消费模式是城市低碳转型极为重要的一环。但是雾霾这样与大家息息相关的事情自然能吸引眼球，并且易于付诸行动，需要利用好国际国内的机遇和形势，顺势而为，掀起中国城市低碳转型的新一波高潮。

能源消费与城市绿色发展

林卫斌[*]、罗时超[**]

能源消费方式对于一个城市的绿色发展具有至关重要的意义。一方面，能源是支撑城市经济社会发展的重要物质基础，资源节约型的能源利用方式有助于保障城市绿色发展的资源支撑力；另一方面，在能源消费过程中也会有各种环境污染物排放，环境友好型的能源利用方式有助于保障城市绿色发展的环境承载力。2012年党的十八大报告明确提出要“推动能源生产和消费革命”；在2014年6月召开的中央财经领导小组会议上，习近平总书记进一步要求“抓紧制定2030年能源生产和消费革命战略”。所谓的能源生产和消费革命是指能源的生产方式和消费方式发生根本性的变化。其中，能源消费方式的变革就是要求构建集约、清洁的能源消费体系。为从能源消费视角探索亚太城市绿色发展之道，本文选择北京、上海、东京和首尔等四个亚太地区超级城市作为研究对象，分析其能源消费体系的模式与特征，并选择伦敦和纽约两个欧美地区的国际化大都市作为比较对象进行比较分析。

一　人均能源消费量

根据图20－2，从能源消费总量看，上海和北京的能源消费总量远大于纽约、伦敦和东京等全球性国际化大都市，其中上海的能源消费总量超过1亿吨标准煤（11362万吨），而伦敦的能源消费总量则不足2千万吨标准煤（1747万吨）。当然，上海和北京的能源消费总量在很大程度上是由于其城市

* 林卫斌，北京师范大学能源与战略资源研究中心副主任，经济与资源管理研究院副教授。
** 罗时超，北京师范大学经济与资源管理研究院硕士研究生。

规模大所导致的。如表 20 - 1 所示，无论是人口规模还是土地面积，北京和上海均明显大于全球性国际化大都市。从人均能源消费量看，亚太地区的几个都市人均能源消费基本上介于伦敦和纽约之间。纽约和伦敦人均能源消费分别为 4.37 吨标准煤/人和 2.17 吨标准煤/人。在亚太地区的几个城市中，上海人均能源消费最高，为 4.81 吨标准煤/人，略高于纽约，首尔人均能源消费最低，非常接近伦敦。考虑到发展阶段的因素，即上海的工业化特征还比较明显（其工业占比达 35.2%），而首尔虽然经济已经服务化，但其发达程度尚不及伦敦和纽约，随着其经济发展水平的提升，首尔的人均能源消费还会有所增长。若以经济发展水平最接近美欧的日本来看，东京的人均能源消费介于伦敦和纽约之间就很明显了。事实上，纽约和伦敦可分别代表西方国家能源消费的两种典型模式。美国民众长期以来的高消费、高水平的生活方式依赖于大量的能源消耗，也正因此，美国的能源政策一直都是以扩大供应保障能源安全为重点。而欧洲本身资源贫乏，传统化石能源产量远远不能满足自身庞大的实际需求。对此欧洲的能源政策倾向于对内加大对新型可再生能源的开发与利用，同时在能源消费领域优化能源消费结构推广节能减排；对外则通过加强与能源出口国的多边合作来确保获得长期和稳定的进口能源供应。包括中国在内的亚太国家在发展过程中充分借鉴了西方工业化国家的经验，具体到能源消费方式，一方面通过多渠道的能源供应来满足经济发展的需要，另一方面也面临着国际社会中关于节能降耗的压力。因此，亚太地区的这些都市在能源消费上也就综合了美欧两种模式的特点。

表 20 - 1 **几大城市[①]能源消费基本情况**

数据年份		2012 年	2012 年	2010 年	2012 年	2010 年	2011 年
城市		北京	上海	东京	首尔	伦敦	纽约
面积	平方千米	16410.5	6340.5	2187.7	605.2	1580.0	783.8

① 本文所比较分析的各大城市的范围界定如下：纽约是指纽约市（New York City），它由 5 个区组成；伦敦是指大伦敦，包括伦敦市和 32 个伦敦自治市；东京即东京都，由 23 个特别行政区和 26 个市、5 个町、8 个村所组成的自治体；北京和上海均指整个直辖市范围。另外，鉴于数据的可得性，北京和上海用 2012 年的数据，纽约用 2011 年的数据，而伦敦和东京则用 2010 年的数据。

续表

数据年份		2012 年	2012 年	2010 年	2012 年	2010 年	2011 年
城市		北京	上海	东京	首尔	伦敦	纽约
人口	万人	2044. 0	2363. 9	1315. 9	1044. 2	806. 1	824. 5
人口密度	人/平方千米	1246	3728	6015	17255	5127	10519
能源消费总量	万吨标煤①	7177. 7	11362. 2	4200. 8	2224. 0	1747. 0	3604. 5
人均能源消费量	吨标准煤/人	3. 51	4. 81	3. 19	2. 13	2. 17	4. 37
人均生活能源消费量	千克标准煤	684. 3	483. 0	1069. 3	-	889. 2	1382. 8
能源消费密度	吨标准煤/平方千米	4373. 8	17920. 0	19202. 2	36749. 4	11056. 9	45824. 5

资料来源：北京、上海数据分别来自《北京统计年鉴 2013》和《上海统计年鉴 2013》，其中人口数均为 2011 年年末和 2012 年年末的平均值。伦敦 2010 年人口数根据 2010 年总产值和人均产值计算得出，产值数据来自英国国家统计局；面积数据来自伦敦市政府网站；能源数据来自伦敦政府网。东京面积数据来自东京都统计局；人口和能源数据来自日本经济产业省相关网站。首尔人口、面积及能源数据均来源于首尔市官方网站。纽约的人口数据来自；面积数据来自纽约州《2013 New York State Statistical Yearbook》，为 2010 年的面积；能源数据来自《INVENTORY OF NEW YORK CITY GREENHOUSE GAS EMISSIONS》（DECEMBER 2012），纽约市经济发展公司（NYCEDC）网站公布了 2011 年分行业能源消费情况，并据此计算生活能源消费量。

如果说人均能源消费量考虑了产业结构对一个城市能源消费的影响，那么，人均生活能源消费量则主要反映一个城市的经济发展水平和生活用能方式。对比亚太地区几个都市与伦敦、纽约的人均生活消费量可以发现，北京和上海人均生活能源消费要大大低于伦敦和纽约，而东京却与后者相当。例如，北京的人均生活能源消费为 684. 3 千克标准煤，仅为伦敦的 77%，还不到纽约市的一半，而东京的人均生活能源消费为 1069. 3 千克标准煤，已经超过了伦敦。

生活能源消费指的是居民生活中用于供热供暖设备以及家用电器、燃气做饭等方面的耗能，生活能源消费量的大小集中体现了居民生活的质量。根据罗斯托的经济成长理论，人类社会发展共分为六个阶段：传统社会，为起飞创造前提阶段，起飞阶段，走向成熟阶段，大众消费阶段，追

① 在进行不同单位的能源转换时，统一按照 1 千卡 =4186 焦耳，1Btu =1055 焦耳的标准折算。

求生活质量阶段。随着一个地区发展水平的提高，居民会更加关注自身生活质量，现代化的各种电器设备的使用也会更加频繁，因而人均生活能源消费也将持续增长。不妨将人均生活能源消费与体现经济发展水平的人均GDP放在一起进行对比，如图20－1所示。不难看出，人均生活能源消费与人均GDP近似地呈正相关关系，也就是说，经济发展水平越发达，其人均生活能源消费量也会更高。

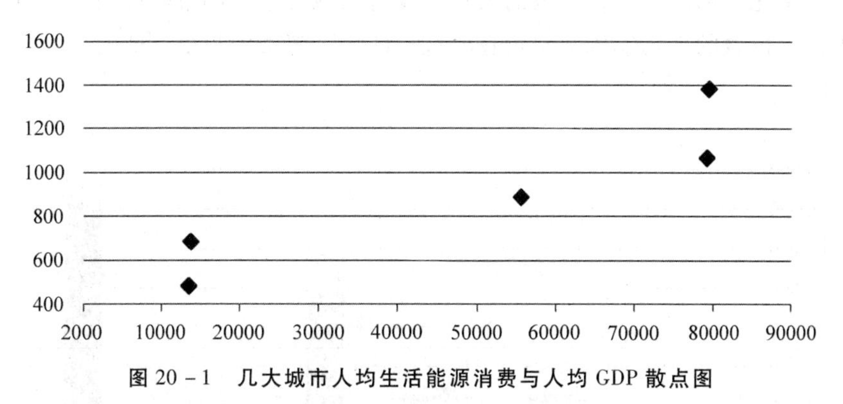

图20－1　几大城市人均生活能源消费与人均GDP散点图

资料来源：北京、上海的人均GDP分别来自《北京统计年鉴2013》和《上海统计年鉴2013》；伦敦人均GDP数据来自英国国家统计局；东京GDP数据来自《东京都统计年鉴》（平成24年）；纽约GDP数据来自纽约市政府网站。

二　能源消费密度

根据图20－2，从能源消费密度看，纽约市以近4.6万吨标准煤/平方公里的能源消费密度居于首位，首尔仅次于纽约，达到3.7万吨标准煤/平方公里，上海的能源消费密度与东京接近，首尔、东京和上海均要高于伦敦的能源消费密度（1.1万吨标准煤/平方公里），而北京的能源消费密度远低于其他大都市，不到0.5万吨标准煤/平方公里，仅为纽约的1/10左右。北京的能源消费密度较低有其自身的原因，在行政区划上，北京尚有市区和郊区之分，市区一般建筑密集、人口集中，而郊区却还有大范围的非建筑用地，如农业用地、林业用地等，因此北京市的人口密度远远低于其他大都市，这就导致较低的能源消费密度，尽管其人均能源消费量大于东京和伦敦。

上海、首尔、东京以及伦敦、纽约主体均为繁华的都市地区，高楼林立、人口密度非常大，因此能源消费密度较高。但由于纽约本身人口密度更高，而且人均能源消费量也大于其他都市，这也造成纽约的能源消费密度居高不下。伦敦虽然主体上也是繁华的都市地区，但其能源消费密度并没有太高，在几大都市中，仅高于北京。究其原因，一方面包括伦敦在内的大部分欧洲城市建筑高度整体上都比较低，其在设计之初即融入了环境、文化方面的考虑，伦敦的人口也没有其他几个大都市那样集中；另一方面，伦敦的人均能源消费量在所选择的6大都市中是第二低的。

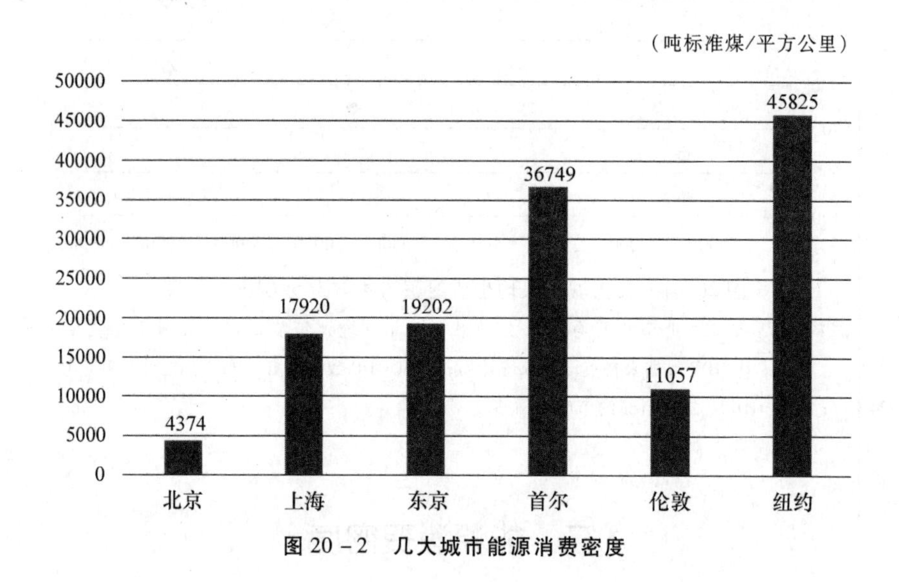

图20-2　几大城市能源消费密度

三　能耗强度

能源消费强度是指单位地区生产总值的能源消费量，是衡量能源利用效率的综合指标，是判断一个地区能源消费方式是否集约的主要依据。一个地区的能源消费强度是其各细分行业的能耗强度的加权平均，权重为细分行业的产值占地区生产总值的比重。因此，能源消费强度的大小实际上包含着两种效应：结构效应和强度效应。在产业结构相同的情况下，技术水平和能源利用效率越高的地区，其各行业的能源消费强度就越小，总体能源消费强度也就越小；而在技术水平和能源利用效率相同的情况下，高耗能产业产值比重越高的地区，经过加权平均后的总体能源消费强度也会越大。由此可见，判断一个地区能源消费方式是否集约，主要看两个方面，一是在各行业各部门能源是否得到高效的利用，二是能源消费是否集中到低耗能行业部门，而这两个方面都综合反映到能源消费强度上。[①]

如图 20 - 3 所示，北京和上海的能源消费强度分别为 2.53 吨标准煤/万美元和 3.55 吨标准煤/万美元，明显大于伦敦和纽约的能源消费强度。其中，上海的能源消费强度是伦敦的 9 倍多。首尔的能耗强度相比北京、上海要更接近于伦敦和纽约，但依然是伦敦的 2 倍多。在亚太地区中，仅日本的能耗强度与伦敦、纽约相差不大。这表明，在能源的集约利用上，亚太城市还有不小的差距。

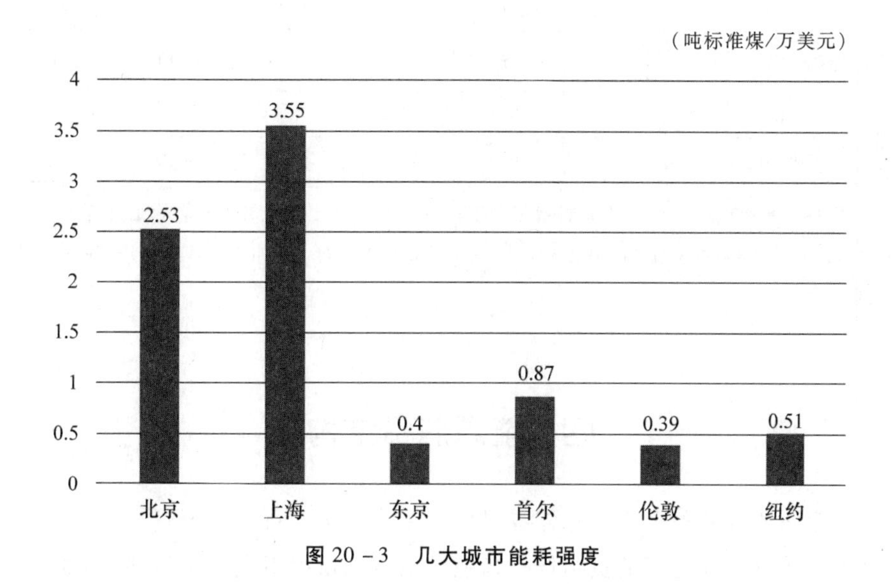

图 20 - 3 几大城市能耗强度

根据前面的分析，能源消费的集约程度体现在两个方面，一是能源利用效率，二是产业结构。从产业结构看[②]，三大全球性国际化大都市的共同特征都是第三产业占据绝对比重，而工业占比一般都低于 10%。而北京和上海的工业占比相对较高，北京汽车制造业、电力热力生产供应、电

① 中国能源研究会：《中国能源发展报告》，中国电力出版社 2013 年版。

② 分析能源利用效率需要从细分行业的能源消费强度或者产品单耗入手，受数据限制，本文不涉及这方面的分析。

器机械制造等较为发达，上海工业产业中黑色金属冶炼、化学原料和化学制品制造业、石油加工、炼焦和核燃料加工等传统高耗能行业还占有较大比重。特别是上海，2012 年其工业增加值占地区生产总值的比重超过 35%。这就意味着，三大全球性国际化大都市的产业结构更加有利于能源的集约利用，而北京和上海的产业结构则对能源投入的依赖程度更高，这也是北京和上海的能源消费强度远远大于伦敦、东京和纽约的重要原因（表 20－2）。

表 20－2 能耗强度与产业结构

数据年份		2012 年	2012 年	2010 年	2010 年	2011 年
城市		北京	上海	伦敦	东京	纽约
能耗强度	吨标准煤/万美元	2.53	3.55	0.39	0.40	0.51
工业占比	%	18.4	35.2	4.3	7.2	—
第三产业占比	%	76.5	60.4	91.0	86.6	—

资料来源：北京、上海产业结构数据分别来自《北京统计年鉴 2013》和《上海统计年鉴 2013》；伦敦产值数据来自英国国家统计局；东京产值数据来自《东京都统计年鉴》（平成二十四年）。

四 能源消费结构

能源消费品种多样，总体看可以归结为煤炭、石油、天然气、电力和热力等。分品种能源消费结构是指能源消费总量中不同能源品种所占的比重，它是衡量一个地区能源消费方式是否清洁的重要指标。特别地，由于煤炭和石油等能源品种在利用过程中所排放的环境污染物较多，煤炭和石油消费比重较低的地区，其能源消费方式无疑更加清洁。

从表 20－3 可以看出，伦敦和纽约的能源消费以天然气为主，其天然气占比分别达到了 47.4% 和 55.2%；东京则体现了以电力消费为主的结构特点，仅电力占比就高达 61.1%；首尔市在各能源品种方面则显得较为均匀，其石油、天然气和电力比重分别为 37.7%、30.8% 和 26.1%。相比之下，北京和上海在分品种能源结构上相似性很高，均是以煤炭、石油为主的能源结构，二者最主要的区别体现在上海的煤炭消费占比更高，而天然气消费占比更低。

随着居民生活水平的提高，对于高质量的环境的追求会促使人们选择天然气、煤气等优质能源消费，这会使得清洁能源在能源消费中的比重提升。这也是纽约、伦敦和东京等大都市之所以天然气、电力比重较高的原因。

表 20－3　**几大城市分品种能源消费结构**　单位：%

	煤炭	石油	天然气	电力	热力	可再生能源
北京	23.0	28.8	17.1	15.6	3.9	–
上海	35.0	27.2	7.7	14.6	2.3	–
东京	0.2	20.7	16.3	61.1	1.7	0.0
首尔	0.8	37.7	30.8	26.1	3.3	1.4
伦敦	0.0	23.2	47.4	29.3	0.0	0.0
纽约	1.2	28.1	55.2	15.4	0.0	0.1

注：北京和上海仅有实物量的分品种能源数据，在转换时均按照国家统计局公布的折合标准煤参考系数折算。

五　结论及启示

从能源消费的视角看，城市绿色发展要求构建资源节约型和环境友好型的能源消费方式。能源资源的集约化利用一方面要求把能源节约贯穿于经济社会发展的全过程和各领域，另一方面要求调整产业结构，高度重视新型城镇化建设过程中的节能问题。环境友好型的能源消费方式一方面要求调整能源消费结构，减少化石能源的使用比重，提高清洁能源的使用比重，另一方面要求大力探索化石能源的清洁利用技术和方式。亚太城市在能源的集约化利用和清洁低碳消费方面都还有较大的改进空间。

中国城市绿色发展的土地利用方式

魏劭琨*

一　前言

城市，是人类活动在空间上的聚集。这个空间，主要指的就是土地。从城市产生以来，对土地的利用总是一个永恒的话题。土地资源对城市的发展发挥着非常重要的作用。特别是土地利用方式对于城市在加快人口集聚、提升经济效率、保护环境等方面至关重要，不仅关系到城市发展的速度和质量，也关系到城市的绿色发展。

今天，绿色发展已经成为城市发展的主题。2014 年 6 月，首届联合国环境大会召开，会议强调绿色发展是全球发展的主流和当代人不可推卸的责任。在我国，十八大提出把加快生态文明建设作为当前亟待解决的重大问题，积极推动我国经济实现绿色转型。在这样的时代背景下，如何正确认识土地在推动城市绿色发展的过程中的作用，是我国未来城市发展中的一个重要内容。

二　城市绿色发展对土地利用的要求

当今社会，在城市快速发展的同时，也面临着越来越多的问题，包括可持续发展、生态环境保护、社会公平等。这就要求实现城市的绿色发展，因此，城市绿色发展在人口集聚、经济增长、环境保护、社会公平等方面都提出了更高的要求，而这些新的要求都与土地利用有着千丝万缕的

* 魏劭琨，博士，国家发展改革委城市和小城镇改革发展中心副研究员。

联系。

（一）快速发展的城市化迫切要求提高土地资源的利用效率

城市化是当今世界发展的潮流。2013年，全世界城市人口比例已经达到53%，预计到2050年，全世界70%的人口都将生活在城市里。从城市发展的历史来看，城市化的快速发展伴随的必然是城市空间的快速扩张。1950—2010年，全球城市建成区面积扩张了171%，OECD国家建成区面积增加了104%。未来，将有更多的人口进入城市，这就意味着城市的面积将进一步扩张。而城市空间的扩张必然会导致对耕地、森林、湿地、湖泊等生态资源的侵占。在生态环境日益严峻、资源约束更加严重的今天，如何在城市空间扩张与生态环境保护、资源节约利用之间实现协调发展，将成为迫切需要的问题。而提高土地资源的利用效率则应该成为解决这一难题的第一选择。

（二）气候变化对城市土地利用也提出了新的要求

气候变化对城市的威胁正在不断加剧。据OECD预测，到本世纪中期，温室气体（GHG）的排放将增长50%以上，从而导致2050年全球温度比前工业化时期上升1.7℃—2.4℃，长期将上升4℃—6℃（OECD，2009）。而不断增多的小汽车数量则成为城市二氧化碳排放快速增长的重要原因。在美国，汽车排放的二氧化碳占到所有二氧化碳排放的30%。在现代城市中，城市空间越来越大，居民居住和办公、休闲娱乐场所的距离也越来越远，这就导致居民对小汽车的依赖不断增强。未来，如何通过土地利用方式的调整，促进城市内部各种功能的有机结合，和城市居民出行方式的改变，从而减少对能源的消耗也成为未来的一项重要话题。

（三）居民生活质量提升对土地的新要求

随着城市发展水平的不断提高，城市居民对生活质量的要求也随之不断提升，对日常生活、办公条件的要求也不断提高，越来越多的时间和资金被投入到多种多样的休闲娱乐中。但是，由于城市空间不断扩展，居住与工作、娱乐等的空间距离不断拉长，就导致城市居民的出行时间不断增加，相应时间和物质成本不断增加，大幅降低了城市居民的生活质量。如何让城市居民能够更快、更便捷的享受娱乐、服务，缩短居民出行的时间，成为城市绿色发展中的重要内容。同时，世界各国老龄化问题越来越严重。全世界范围内的老龄人口在过去60年里增长了3倍，这一趋势在未来还将继续。在一个老龄化的社会，老年人需要更多的不是依靠小汽车的出行，而是通过步行、短途公交等获得本地服务。这就需要通过土地利用方式的调整适应老龄社会的需求。

（四）城市的活力和创造力对土地利用的要求

在城市绿色发展中，城市的活力和创造力变得越来越重要。而城市活力和创造力的前提是让城市居民能够在有限的空间范围内更便捷、更迅速的交流、碰撞，让更多的信息能够更迅速的传播，为人类创造力提供更大的空间和机会。这就要求通过土地利用方式的调整来推动城市空间的不断演变，来容纳可以促进城市活力和创造力的各项功能，包括居住、商业、教育、医疗、研发等。

三 城市绿色发展中土地利用的基本方式

土地利用方式对城市绿色发展的影响主要是对于人口集聚、经济效率提升、环境保护、促进社会公平、提升生活质量等方面发挥重要作用。具体来看，主要表现为以下几种方式：

（一）高密度的土地利用

所谓高密度，有两层意思。第一是指在单位土地面积上的人口密度很大。高密度的人口是城市形成的基本前提。从各国对城市的定义可以看出，人口规模和人口密度是形成城市的基本标准。大量人口聚集的城市可以带来消费的大量释放，从而有利于服务经济的发展；同时，还能够降低基础设施、公共服务等的成本，提高居民生活质量。第二是指单位面积上的经济产出高。当城市集中了大量的企业，就可以带来生产的专业化程度的提高，进而提高生产效率，同时，还有大量的科技、服务、劳动力等可以产生正的外部效应，有利于降低生产成本。从现实来看，诸如纽约、伦敦、巴黎等国际大都市，无一不是高密度的城市。在亚洲地区，中国香港、新加坡和日本的城市也都是高密度土地开发的典型代表。

高密度的土地利用对于城市绿色发展具有重要的作用。第一，高密度的土地利用能够遏制城市的无序蔓延，有利于节约土地资源，进而减少对耕地、森林、湿地等的破坏，有利于维护良好的生态环境。19世纪末，英国社会活动家霍华德·爱德华提出田园城市时，主张在城市周围保留一定的绿地，就是要通过城市周边的农田和园地来控制城市用地的无限增长，提高城市的开发强度。第二，高密度的土地利用能够提高公共基础设施的利用效率，减少城市基础设施建设的投入和能源消耗。举个简单的例子，如在城市里自来水、排污管道、道路等的使用效率一定比乡村地区高。

（二）土地混合利用

城市功能分区理念将城市划分为居住、工作、娱乐、交通等不同功能，进而划分为不同区域，这种思想影响了城市发展很长一段时期。但是，这一理念最大的缺陷就是忽略了城市是一个多功能的综合有机体，将城市简单的划分会导致城市功能之间的人为割裂，影响居民生活和城市发展。因此，土地混合利用目前已经成为国外在城市土地利用中的一个重要内容。合理、适度的土地混合利用，被普遍认为可以用来创造一个更具经济活力、社会平等和环境品质的宜居城市。美国加州、英国伦敦地区都大力倡导土地混合开发。

混合土地利用就是将居住用地、办公用地、休闲娱乐用地、公共服务设施用地等进行混合布局。从实际效果来看，混合土地利用能够很好的推动城市绿色发展。第一，混合土地利用可以将居住、办公、休闲娱乐等日常活动放在一个较小的区域内，节省了居民出行的时间和交通成本，从而可以提高居民的生活质量。第二，居民出行距离更短，可以采用步行、公共交通等方式，从而减少对于小汽车的依赖，能够降低能源消耗和排放。第三，土地混合利用可以增强城市内部相关产业的经济联系，促进城市产业多样化发展。第四，土地混合利用可以最大限度发挥土地的综合价值。如日本在土地重整中就非常注重混合功能的土地利用。

（三）基于公交导向的土地开发

公交导向型开发（TOD）是当前国际上很多大城市在交通方面的共同选择，其主要目的是减少交通拥堵，提高运输效率。同样，公交导向型开发也可以应用在城市土地开发上。基于公交导向的土地开发的出发点是提高土地的利用效率，一般是以区域性公共交通站点为中心，以合理的步行距离为半径，发展包括中、高密度住宅与配套公共用地、就业、商业和服务业等在内的复合功能社区。例如，很多大城市都将轨道交通线路的设计与周边的土地开发利用相结合，依托轨道交通来引导城市发展方向，从而能够避免和遏制城市无序蔓延。

四 中国城市土地利用存在的问题

中国的城镇化经过30多年的快速发展，已经取得了很大的成就，在这个过程中，中国的土地制度和土地利用方式发挥着非常重要的作用。同时，我国在土地利用上也存在着非常严重的问题，这些问题会阻碍未来我国城市的绿色发展。

（一）城市土地增长过快

随着城市发展水平的提高，城市对土地需求的增长也会不断增加。从全球范围来看，城市扩张是一个普遍的现象。比如，1880到1937年伦敦市市区从26.9平方公里扩张到80平方公里，空间扩张了4倍；1950—2000年间，OECD国家的城市建成区面积增加了3倍。总体来看，城市化过程中土地扩张快于人口的集聚是正常的。但是，我国土地城镇化的速度远远超过人口城镇化，就显得不正常了。1990—2000年，我国城市建设用地面积扩大了90%，但是人口仅仅增长了52%；2000—2010年，我国城市土地扩张了83.41%，人口仅增长了45%。

过快增长的城市土地影响了城市的绿色发展。第一，降低了人口密度。2000—2010年，我国人均城镇工矿用地面积从130平方米增长到142平方米，我国城镇工矿人口密度从每平方公里7700人降至7000人，下降9%。众所周知，城市的高密度人口是城市产生规模效应的一个重要前提，一旦城市人口密度下降，相应规模效应就会降低，城市的优势就会下降。第二，城市土地利用效率在下降。2000—2005年，我国每新增1平方公里城镇工矿用地能吸纳新增城镇人口8000人，到2006—2010年，这一数值减少为4800人。同时，工业用地的效率也很低，全国工业用地容积率仅0.3—0.6，与发达国家相比差距很大。第三，侵占大量基本生态资源。当前我国城市面积的快速扩张是以侵占耕地、森林、湿地、湖泊等为代价的。以北京市为例，1573年，北京的湿地面积为5700平方公里，占总面积的1/3；1949年前后，北京的湿地还有2568平方公里，占总面积的15%；到了2009年北京的湿地面积只占总面积的3%。

（二）城市土地开发重增量轻存量

回顾我国城镇化的发展历史，可以发现一个普遍存在的问题就是在城市土地开发中只重视增量土地的开发而忽视了存量土地。特别是21世纪以来，我国各地快速推进的城镇化建设和新城新区建设主要都是基于新增建设用地上的开发利用，对于城市内部低效用地、废旧工矿企业用地等的开发利用非常少。据国土部相关研究发现，全国可开发利用的低效城镇工矿建设用地达750万亩。一边是各地不断要求中央给予更多的新增建设用地用于发展，一边是大量的闲置浪费土地。这种现象极其不合理，不但侵占大量耕地，破坏了生态资源，同时也降低了城市土地利用效率，降低了城市的人口密度，不利于城市经济发展。

对于城市内部存量土地的开发，在发达国家普遍都采取了“棕地开发”的政策，而我国也开始意识到存量土地开发的重要性。特别是在建设用地指标限制下，一些发达地区的地方政府正在逐步开展工业用地集约利用的探索性尝试，例如广东地区推进的低效用地开发和腾笼换鸟等。但是，这些尝试还仍旧局限在小范围内，也很难向全国推广。

（三）大尺度的土地开发

当前，我国各地城市建设中存在一个普遍现象，就是追求大尺度的空间开发，宽马路、大广场、大公园、大绿化、大型房地产小区等在各个城市非常普遍。好像大的东西就是好的，就是现代的。而在国外城市，繁华地带的道路都很狭窄，没有大型广场，没有大型公园，很少有大型的房地产小区，一切都很紧凑。国内城市与国外的鲜明对比，反映出我国在城市土地开发方式上的误区。

大尺度的土地开发给城市发展带来很多问题。第一，在城市内部形成一个个大型、封闭的区域，无形之中就会将城市空间分割成一个个独立的区域，割裂了城市不同区域之间的功能，不利于人口聚集和城市服务经济的发展。第二，大尺度的开发增加了居民出行的距离和时间，加大了居民对小汽车的依赖，既不利于居住，也加剧了二氧化碳排放。

（四）过于简单的城市功能分区

城市功能分区是第二次世界大战以后世界范围内城市规划和空间布局的一种方式，在很长时期内对于城市的快速发展起到了非常重要的作用，但是城市功能分区不是简单的将各种不同功能加以划分，而是综合考虑城市内部人口、交通、产业等多种因素进行统一划分。而我国很多城市在新城新区建设中就简单的采取功能划分的方式，将新区划分为工业区、居住区、办公区、商务区，没有人口和产业的基础，相关的论证也只是简单的推测和臆想，缺乏足够的科学依据。这种开发方式会产生极大的隐患：第一，新城新区中人口本来就少，各种功能区的划分只能降低整体的人口密度，不利于体现人口集聚的规模效应；第二，各地新城新区中的工业区范围一般都较大，与居住区距离很远，增加了职工通勤的距离和时间，也增加了居民出行、购物的交通成本，不适宜居住。

五　思考与建议

城市绿色发展是未来城市发展的主题，这就要求在未来的城市发展中，实现资源环境、经济增长、社会包容、城市治理等方面之间的和谐发展。而要实现这一目标，合理利用土地将成为一个非常重要的内容。国外的经验已经表明，通过科学合理的土地利用方式调整，在城市发展中可以提高土地资源利用效率、保护生态资源和环境、提升居民生活质量等。这些经验对于我国未来城市发展有着很好的借鉴意义。

第一，城镇发展要尊重历史发展规律，实现土地与人口的协调增长。从世界城市化的历史来看，城市空间的扩张与人口增长之间有着必然的联系，过快、过慢的土地扩张都将不利于城市人口的增长，也影响到土地利用效率。因此，在我国城镇化进程中，要充分认识到城镇化是一个自然历史的过程，要遵循规律、因势利导，而不能急于求成。

第二，城市土地开发要以提高土地资源利用效率为第一原则。土地的高效利用是城市的基本特征，在城市发展中要始终将高效利用作为土地开发的首要目标。当前，我国应该继续坚持严格的建设用地使用制度，强化城市发展边界，同时积极推广低效用地开发、腾笼换鸟等方式，并积极借鉴国外“棕地开发”经验，千方百计提高土地资源利用效率。

第三，在城市规划中要强调混合土地利用。国外经验已经表明，混合土地利用在当今城市发展中发挥着越来越重要的作用。各地在城市规划中要认真学习混合土地利用的经验，通过对居住、办公、休闲娱乐等功能的混合布局，缓解当前存在的“城市病”问题，提高城市生活的质量和发展效率。

第四，要探索适合中国国情的绿色城市发展道路。在城镇化道路上，西方国家有着上百年的历史经验，值得我国去借鉴和学习，但是这并不意味着全盘接受，需要的是适合我国当前发展阶段的、可持续的城镇化经验。在城市绿色发展的道路上，我国与国外基本上是站在同一起跑线上，我国城市面临的很多绿色发展问题也都是当今世界各国的普遍问题。我国要根据基本国情，积极探索中国特色的绿色城市发展模式，不仅推动我国城市化的可持续发展，也可以为世界提供经验。

智慧城市助推中国城市治理模式创新

唐斯斯*、刘叶婷**

智慧城市作为新一代信息技术与城市转型发展深度整合的产物，体现了城市走向绿色、低碳、可持续发展的本质要求，代表了当今城市发展的新理念，开启了城市治理的新模式。它以推进实体基础设施与信息基础设施相整合、构建城市智能基础设施为基础，以物联网、云计算、大数据、移动互联网等新一代信息技术在城市经济社会发展各领域的充分运用、深度融合为主线，以最大限度开发、整合、共享和利用各类城市信息资源为核心，以促进城市规划设计科学化、基础设施智能化、运行管理精细化、公共服务普化和产业发展现代化为宗旨，通过智慧的应用和解决方案提升城市运行管理水平、政府行政效能、公共服务能力和市民生活质量，推进城市科学、和谐发展。

从世界范围来看，智慧城市作为缓解交通拥堵、环境污染、人口老龄化、社会保障能力不足等城市难题的有效办法已经被广泛认可，美国、欧盟、韩国等国家和地区纷纷将“智慧”因子引入城市治理，不断创新城市治理模式。2010 年以后，国内众多城市把建设智慧城市作为转型发展的战略选择，以城市基础设施、智慧政务、智慧民生、智慧产业等为主要内容的智慧城市建设热潮在中国兴起。经过近几年的快速发展，我国智慧城市建设政策导向逐渐明晰，试点范围不断扩大，建设模式更加多样化，

---

* 唐斯斯，博士，国家信息中心副研究员，中国智慧城市发展研究中心副秘书长。

** 刘叶婷，硕士，天津市信息中心工程师。

治理效果逐渐显现，智慧城市已经成为新时期下我国创新社会管理和公共服务的重要途径，以及提升我国城市综合承载能力和城市现代化治理能力的有效手段。

一 中国智慧城市建设概况

（一）建设规模

据不完全统计，截至2014年9月，我国所有副省级以上城市、90%以上的地级及以上城市，50%以上的县级及以上城市，共有400多个城市提出建设智慧城市，经过数年的建设，智慧城市的建设已经从概念走向落地，从试点走向普及。在2013政府工作报告或者国民经济“十二五”规划中正式提出建设智慧城市的全国地级以上城市共52个。北京、广州、天津、上海、南京、深圳、嘉兴、宁波、苏州、扬州、杭州、佛山、汕尾、武汉、长沙、株洲、湘潭、新乡、云浮、固原、辽源、孝感、十堰等城市正式发布了智慧城市相关专项规划或行动计划。

（二）区域分布

从智慧城市的区域分布情况来看，在2012—2013年间主要表现为“聚集效应”，初步形成三大智慧城市圈，密布在环渤海、长三角和珠三角地区，三大区域的智慧城市数量占据了一半以上。2013—2014年间主要表现为“遍地开花”特征，以武汉城市群、成渝经济圈、关中—天水经济圈等为代表的中西部地区也已经呈现出智慧城市发展良好态势，就目前整体形式来看，中国智慧城市建设已形成沿海地区聚集、中西部热点涌现的总体建设格局。

（三）建设重点

智慧城市建设是个复杂的系统工程，涉及多个领域、多方主体、多种技术和多项内容，包括社会管理、应用服务、基础设施、智慧产业、安全保障、建设模式、标准体系等内容。就我国目前总体情况来看，智慧城市对社会应用和基础设施建设的关注程度较高，在明确提出智慧城市发展战略的城市中，优先发展民生、城市管理等社会应用工程（如北京、苏州、宁波、武汉等）和基础设施建设（如上海、重庆、南京等）的比例很高，其他城市以产业或新一代信息技术发展为关注重点。

二 中国智慧城市建设的经验做法

（一）智慧城市建设上升到国家战略层面

智慧城市作为新时期破解城市治理难题的有效手段，越来越受到全社会的广泛关注，在我国已逐渐上升到国家战略层面。目前，已经有两个国务院层面的文件对智慧城市建设给出了相关政策部署。2013 年 8 月，国务院颁布《关于促进信息消费扩大内需的若干意见》，明确提出“要加快智慧城市建设，在有条件的城市开展智慧城市试点示范建设”。2014 年 3 月，中共中央、国务院印发《国家新型城镇化规划（2014—2010 年）》，明确要求推进智慧城市建设，统筹城市发展的物质资源、信息资源和智力资源利用，推动物联网、云计算、大数据等新一代信息技术创新应用，实现与城市经济社会发展深度融合。国家层面上对智慧城市发展的宏观政策更加明确，这对于我国智慧城市建设将起到极大的推动作用。

此外，2014 年 8 月，经国务院同意，发改委、工信部等八部委联合印发《关于促进智慧城市健康发展的指导意见》，这是国家首次就智慧城市出台全局性指导意见。要求各地区、各有关部门认真落实本指导意见提出的各项任务，确保智慧城市建设健康有序推进。该意见针对性地提出，要以城市发展需求为导向，根据城市地理区位、资源禀赋、产业特色、信息化基础等，应用先进适用技术科学推进智慧城市建设。

（二）智慧城市建设注重顶层设计

相比国外智慧城市建设更侧重于解决单个行业或领域的突出问题，中国智慧城市建设往往注重对城市进行全方位规划，强调顶层设计和统筹推进，注重衔接现有物资、资金、信息、人力等资源，强调从政务、民生、城市管理等多方面去全面推进。从全国整体情况来看，北京、上海、宁波、武汉等城市均制定了智慧城市发展规划和行动计划，比如武汉市早在2011年面向全球进行智慧城市顶层设计招标公告，在智慧城市实际推进过程中，武汉市提出在智能交通、车联网、智慧小区、智慧政务、智慧园林、智慧物流等共15个应用领域同步开展重点示范工程。

（三）智慧城市建设强调“一城一策”

智慧城市建设受到城市信息化基础、城市发展阶段、城市定位等多个要素影响，中国在建设智慧城市过程中始终强调“差异化”策略，各地在打造“智慧模式”的过程中参照城市战略定位、信息化基础等因素，从解决城市突出难题入手，摸索适宜本地发展的建设模式。如，“智慧北京”强调以服务为导向，以城市管理为主，建设和完善新一代城市智能交通系统，着力缓解城市交通拥堵；构建网格化管理服务和社会治安防控体系，推进社会管理和服务的信息化建设，旨在真正解决城市管理、城市服务以及城市运行的问题，为公众提供更便捷、更智能的服务。“智慧广州”围绕“智慧人文”实现理念创新，立足便民惠民，致力于提升市民综合素质、创新意识与创造能力。

（四）智慧城市建设引入“智库”做支撑

智慧城市作为一个新生产物尚处于初步发展阶段，需要借助社会各方力量的专业优势形成“合力”，为此多个省市在智慧城市建设过程中引入“智库”模式，自2012年起，上海、武汉、江苏、天津等省市相继成立智慧城市研究院，宁波市成立智慧城市规划标准研究院，为城市发展更好的提供民生、咨询、规划和决策服务。“智库”在组织结构上由政府、高校、企业等多方力量共同参与，在运营模式上一般由政府主导、实现“政、产、学、研、用、资”多方合作，促进政府部门、智慧城市需求方、建设方之间的交流与合作，合力推动智慧城市发展。以武汉市为例，武汉市智慧城市研究院是在“武汉市智慧城市建设领导小组”的指导下，由华中科技大学牵头组织多方力量进行研究院实质性工作，支撑武汉市智慧城市建设的产学研资源整合平台（图22－1）。

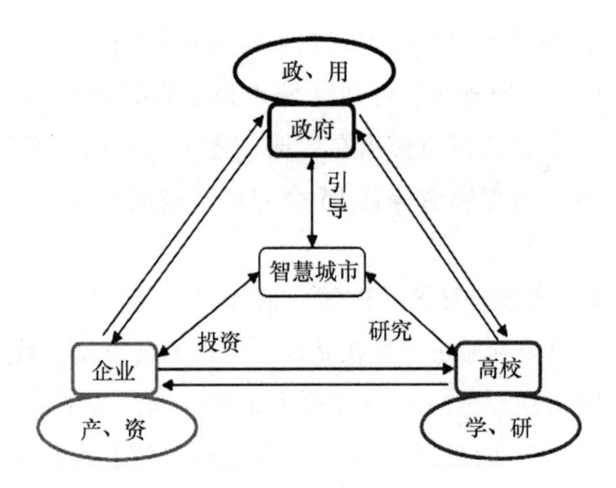

图 22－1　智慧城市建设“智库”构成及关系示意

（五）数据治理成为智慧城市建设的重要内容

数据是智慧城市的智慧源泉，也是智慧城市发展的动力引擎。智慧城市在管理运行中会产生海量数据，城市数据的“黄金时代”已经到来，数据作为新兴战略资产，凭借其较强的外部性、天然低碳性、可再生性，契合了智慧城市发展的新需求，在一定程度上弥补城市资源短缺的现状，成为破解城市发展难题的突破口。通过激发数据活力、挖掘数据潜在价值，实现对城市海量数据的科学治理，可以有效缓解各种“城市病”，从而让城市生活更方便、城市治理更智能、政府决策更科学，有效提升能源的利用效率，从而实现促进城市绿色、低碳发展的目标。在智慧城市建设过程中，越来越多的城市意识到数据治理的重要性，北京、上海、青岛等市通过加速信息化基础设施、加大数据开放力度、激发社会创新力和打造良性数据生态系统以更好地服务城市发展，逐渐形成了“城市数据化—数据开放化—开放创新化—创新社会化—社会平台化—平台服务化”数据治理模式（图 22－2）。

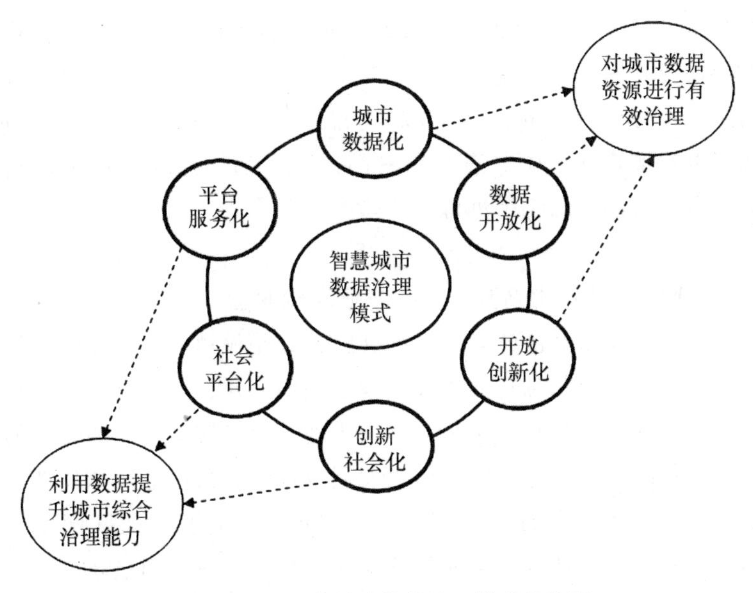

图 22－2　智慧城市数据治理模式示意图

三　智慧城市建设助力城市治理模式创新的主要途径及案例

（一）加速城镇化进程，破解城市发展难题

智慧城市是新型城镇化的重要抓手。中国当前的新型城镇化进程面临着巨大挑战，城市产业面临着从低附加值向高附加值升级、从粗放型转向集约型升级等方面的挑战，城市面临环境污染、资源不足等方面的挑战，城市基础设施面临无法有效满足市民多元化生活服务需求的挑战等。智慧城市凭借其“集约、智能、绿色、低碳”的建设理念，为居住环境城市化、公共服务城市化、就业结构城市化、消费方式城市化奠定了基础，契合了新型城镇化发展的新需要，成为新型城镇化建设的综合载体。2012年，广东省佛山市乐从镇提出建设“智慧乐从”，以智慧城市建设思路创新城镇化发展，为全国小城镇发展提供了有益参考。智慧乐从的核心在于把产业发展与城市升级紧密结合起来，通过构建“智慧家具云平台”“物联网智慧城市公共云平台”等基于物联网的公共云平台，实现产业升级与社会管理创新高端的融合；通过新型社区服务信息系统、智慧医疗与保

健、智能市场安监综合业务、居家养老管理服务平台、智能停车管理系统、电梯监控管理等平台的建设，实现对乐从镇公共服务资源的精细化管理。为进一步方便村民生活，乐从镇为每户村民配备置物箱，村民可通过手机或者电脑实现网上购买蔬果等食品以及生活用品并直接配送到置物箱，而且所有采购物品都可溯源。

（二）助力产业结构调整，改善产业发展业态

智慧城市是城市经济转型发展的转换器，是城镇化、工业化和信息化的深度融合，是城市信息化向更高阶段发展的表现，在优化产业结构、升级区域产业方面有着独特的优势，将成为地区经济转型、产业升级的新引擎，对促进传统产业改造升级、培育发展战略性新兴产业、抓住新一轮产业革命机遇有着积极的推动作用。上海市依托云计算、物联网、高端软件、高端芯片、光纤技术、第四代移动通信技术等一系列最新高科技、新技术，为城市构建起智能水网、智能电网、智能医疗、智能教育、智能市容监管、智能灾情预警等系统，并由此为一大批新兴技术、新兴产业提供了“用武之地”。江苏省以加快推动产业结构调整和企业互联网化升级为目标，全面深化信息技术在传统产业和重点行业中的应用，大力发展智能制造、服务制造、绿色制造，推进工业互联网、工业大数据、CPS、M2M推广应用，加快推动产品智能化、高端化，大力发展智慧农业，提升产业质量和效益。

（三）着力改善民生，探索公共服务普惠化新模式

智慧城市建设应该突出为人服务，更加面向需求，充分整合城市各类资源，加快构建智能化城市基础设施，深化重点领域的智慧化应用，为公众提供更加便捷、高效、低成本的社会服务，实现更为科学、智能、精细化的城市管理。北京、上海等地将智慧城市建设重点放在改善民生上，探索形成了以便民为民为核心、以均等化和普惠化为导向的智慧城市建设模式。上海浦东新区为城市生活提供了智慧社区建设方案、社区居家养老整体解决方案、社区健康管理、以 IPTV 为核心的智慧家居服务系统等“整体解决方案”。如新区周浦镇重点推进以居民健康档案、电子病历应用、实时医疗影像等信息整合和共享为核心的数字健康工程，实现医疗卫生信息系统的全面整合和互联互通。闵行区基于 IPTV 将“我的医疗、健康导

航、居家服务、数字教育、公用事业、周边路况、生活地图、物价信息”等13项家居服务内容进行统一整合。

（四）强化数据资源管理，提升政府管理决策能力

在信息时代，数据正在成为社会经济发展的基础素材和基本原料，数据资源化和资产化的意识也逐渐被人们所认同。政府在大数据战略行动中不仅仅扮演着积极推动的角色，更为重要的是政府已成为大数据的采集、所有、应用和主管的主体。政府利用大数据可以打通线上数据与线下数据、实现对公共事务管理的分析研判和风险预警、协同处理政府跨部门业务等。

为实现对全市城市资源的动态掌控和有效管理，早在2011年北京市就开始搭建政务物联网数据专网，并计划在2014—2015年实现对北京市平原地区6390平方公里物联专网信号室外的全覆盖。基于该网，北京市相继开展全市路侧停车管理、北京市公安局综合视频监控、春节期间烟花爆竹综合管理、东城区电梯监控、丰台区餐饮企业燃气监控等多个应用系统建设。这些应用系统在投入使用后，大大提高了北京城市管理问题发现率，城市部件损坏现象大幅减少，基础设施维护成本大幅降低，城市管理总成本大幅下降。

（五）创新城市治理模式，提升城市综合治理能力

有效的城市治理模式决定城市综合竞争力和城市未来发展空间，城市的可持续发展需要高效的城市治理模式来保障。城市在管理运行中会产生海量数据，随着数据规模的增长、数据开放程度的提升、数据应用的不断深入，围绕数据进行城市战略调整和治理创新既是城市调整发展战略、转变发展方式、提升整体创新能力的战略要求，也是提高城市治理效率、降低城市运行成本、提升城市治理能力的必然选择。

“智慧北京”在发展过程中，逐渐形成了基于数据的“城市数据化—数据开放化—开放创新化—创新社会化—社会平台化—平台服务化”城市新治理模式。城市数据化，通过不断完善城市信息化基础设施让城市变得更加“数据化”，如依托北京市政务物联网数据专网逐渐实现对全市城市资源的动态掌控和有效管理；数据开放化，通过搭建北京市政务数据资源网（http：//www. bjdata. gov. cn），免费向社会开放数据资源；开放创

新化，启动北京市政务数据资源网应用创意大赛，向全国开展创意征集，引导和鼓励更多公共机构、企业参与政务数据资源开发利用；创新社会化，通过开放数据和举办创新大赛最大程度调动大众智慧，推动大众创新，让尽可能多的人参与到城市治理中来；社会平台化和平台服务化，北京市政府以政府门户网站和政务物联网数据专网为平台，整合政府资源为企业、公众等提供便捷的公共服务，整合城市资源实现对全市资源的有效监管提供更加精细化的社会管理、更加宜居化的生活环境。

四 未来中国智慧城市发展的关注重点

（一）以整合数据资源为突破点

智慧城市由很多的智慧个体和单元组成，涉及城建、交通、医疗、环保、文化、教育、产业发展、社区管理服务等诸多领域，各个系统需要相互联合和作用才能创造“智慧价值”。目前，基于物联网、云计算、移动互联网等信息化技术的智慧城市已然成为庞大的“数据加工厂”，在可以预见的未来，数据将遍布城市各个角落，不管是人们的衣食住行，还是城市的运营管理，都将在数据支撑下走向“智慧化”服务，数据已经成为智慧城市创新发展的关键基础和核心驱动力。未来，智慧城市建设要以深度融合为主线，以最大限度地开发、整合、融合、共享和利用各类城市信息资源为核心。城市作为一个大的数据平台，可以把来自城市各个主体、行业、层面的数据信息资源进行交互分享，通过数据整合和分析挖掘提升城市管理能力；围绕市民、企业、城市管理者构建市公共应用平台，通过数据交换平台产生不同的应用实现智慧化服务，实现城市高效、精准、智能、绿色运行的目的。

（二）以“城市+农村”融合发展为引爆点

城市的发展离不开农村，智慧城市的建设有赖于智慧农村的发展，智慧城市融合智慧农村，既有利于农村的进步，也有利于城市的发展，“智慧城市” + “智慧农村”的共享合作模式将成为未来智慧城市建设新的引爆点。一方面，在当前城乡一体化发展的背景下，逐步消除城乡二元结构，缩小市民与农民的收入差距和信息鸿沟，已经成为信息社会城乡发展不能忽略的社会问题。智慧城市建设过程中要统筹考虑城市和农村发展，鼓励城市反哺农村。另一方面，随着中国新型城市化进程的加快，以及互联网等信息化技术渗透范围的扩大，在国家政策的大力支持下，“信息惠民”工程持续推进，农村信息消费市场逐步启动，拥有6亿多常住人口的农村市场在信息化基础设施、信息服务等方面有着巨大的市场，对于拉动信息消费有着巨大推动作用，农村和城镇的智慧化建设将成为未来智慧城市建设的新热点。

（三）以城市“群”发展为着力点

区域协同发展成为智慧城市建设新趋势，“群”建设模式将成为未来智慧城市发展的着力点。经过多年分散建设，智慧城市面临系统独立搭建、跨区域信息孤岛、地区信息化水平不均衡等诸多挑战，《国家新型城镇化规划（2014—2020年）》提出要发展城市群，这种区域协同发展模式为智慧城市建设提供了新思路。城市群发展模式有利于聚合效应和辐射效应的发挥，通过整合不同城市、区域间的资源实现城市资源的最优配置。北京、天津和河北二市一省提出要抓住“京津冀”一体化协同发展有利时机，大力推动智慧城市协同发展，重点在大气污染防治、交通综合监管、物流监管、食品安全追溯等单个城市不能独立开展的工作方面进行智慧“群”治理。

（四）以鼓励社会参与为落脚点

“共同创造”和“合作治理”正成为21世纪的治理新模式，未来智慧城市的发展既需要社会公众的积极参与，也离不开社会资金的积极参与。以社会参与为核心的“众创”模式是基于“众筹”“众包”“众智”服务模式的一种全面创新，它带来了新的公众参与形式，可以促使城市决策和城市治理模式的有效改变。例如，“数据众包”已经成为一些城市探索治理雾霾等环境污染的创新做法，全社会民众利用传感器搜集PM2.5的数据，达到更全面的覆盖，得出更准确的数据，从而有效规避统计机构数据不一致、监测点太少导致的数据不全面等问题。同时，在智慧城市建设中，要充分发挥市场对资源配置的决定性作用，放开准入、放开市场，通过特许经营、购买服务等多种形式，引导社会力量、鼓励社会资本参与智慧城市建设。

城市绿色发展与现代配电网建设

董晓宇*

绿色发展是当今世界最受关注、最受推崇的一种发展模式，已经成为新型城镇化建设的一项重要内容和未来城市发展的方向。当前，中国经济社会发展正面临着能源资源供应、生态环境容量、温室气体减排等严峻挑战，发展方式的绿色转型势在必行。配电网是国民经济和社会发展的重要公共基础设施。现代配电网作为智能电网的核心环节，是节能减排技术大规模应用的主要载体，是绿色经济的重要组成部分，也是实现绿色转型的战略支点。现代配电网规划与建设做到与城镇化绿色发展相融合，是必须引起高度重视并付诸实践的重要课题。

近年来，中国配电网建设投入不断加大，配电网发展取得显著成效，但相对国际先进水平仍有差距，城乡区域发展不平衡，供电质量有待改善。建设城乡统筹、安全可靠、经济高效、技术先进、环境友好的配电网络设施和服务体系是中国现代配电网的核心所在。在当前经济下行趋势仍未明显好转的情况下，推动现代配电网建设既能够保障民生、拉动投资，又能够带动相关制造业水平提升，为推进“互联网+”智慧能源战略提供有力支撑，对于稳增长、促改革、调结构、惠民生具有重要意义。

* 董晓宇，博士后，国家电网北京公司高级经济师，亚太绿色发展中心特约研究员。

一 现代配电网与绿色发展的关系

（一）现代配电网的相关概念

现代配电网是相对于传统配电网而言的，传统的配电网是一个“被动”地从主网接收功率的电力网络，其潮流根据负荷的需求自然分布，不能够根据主网以及负荷的变化自动地调整运行方式与潮流，无法对异常运行状态与故障进行有效地控制，难以保证供电质量、实现最优经济运行。由于在调节、控制措施上的“被动”，限制了传统配电网接纳分布式电源的能力。因此传统的配电网也可称之为被动配电网。与被动配电网相对应的就是主动配电网[①]，也即我们所说的现代配电网。

主动配电网是智能电网中的一个前沿分支，可支持分布式电源的大量接入与即插即用。内部具有分布式电源并高度渗透，功率双向流动，具有主动控制和运行能力的配电网络。主动配电网的架构具有态势感知下的主动调节能力，可以实现与用户之间的能量互动、用电信息互动。通过提高电能质量、安全性和可靠性，辅以需求侧管理协调当地能源管理，最终实现分布式发电、可再生能源与大规模集中发电的有效整合。与此同时，能够消弭因风力发电、太阳能发电等大规模间歇式能源的较大波动性以及电动汽车充放电过程对电网潮流带来的波动。

智能配电网是智能电网的关键环节之一。智能配网系统是利用现代电子技术、通信技术、计算机及网络技术，将配电网在线数据和离线数据、配电网数据和用户数据、电网结构和地理图形进行信息集成，实现配电系统正常运行及事故情况下的监测、保护、控制、用电和配电管理的智能化。[②] 智能配电系统是比主动配电系统涵义更广的概念。主动配电系统只

---

① 主动配电网的提法目前得到了国内外业界的逐步认可。CIGRE（国际大电网会议）C6.11 在 2008 年提出了主动配电网（ADNs）概念发展的报告，继而在 C6.19（2009—2014 年）提出了主动配电系统（ADS）规划与优化的研究报告。ADS 是基于 ICT 系统、智能控制装置、成本效益模式上，充分利用现有资源（网络、DG、储能、主动负荷），对网络解（扩容）和非网络解（主动控制）进行权衡，对分布式能源（DERs）各种系统组合，目的是最大可能地利用现有资产和基础设施，满足负荷的发展和分布式能源接入的需求，使设备比过去在更接近其物理极限条件下工作（以前是限制负载率）。

② 参考北极星售配电网（http://psd.bjx.com.cn/）的《未来配电网的十大发展趋势及其特点》和《未来配电网发展的三大趋势》。

是重点反映了智能配电网的一个重要特征，即主动性。智能配电系统是体现了高度的灵活性、经济性、安全性和智能化的高级配电系统。主动性只是智能化的其中一种表现形式。智能配电系统是配电网发展的一个终极目标，智能配电系统的建设不是一蹴而就，而是一个动态的不断发展和完善的过程。

通过上述辨析，我们知道主动配电网是具有精确定义的技术术语。本文为研究的需要，除概念辨析以外，一律将未来配电网称为现代配电网，而且在中国推进现代化建设的进程中，更适合用现代配电网一词。因此本文所定义的现代配电网包括主动配电网、智能配电网的所有特征，并具有绿色可靠高效的内涵，是更安全、更经济、更清洁、可持续的能源供应，有助于推动经济社会发展的绿色转型，是国家推动绿色发展的一个战略重点。

（二）现代配电网的主要特征

现代配电网具有安全可靠、优质高效、灵活互动的优势，核心是具有更高的供电可靠性，具有自愈（重构）功能，最大限度减少供电故障对用户的影响。随着分布式能源的接入、电动汽车和充（换）电站在未来能源领域中扮演越来越重要的角色，现有的配电网压力越来越大，对配电网的要求越来越高，配电网正在变得越来越复杂，配电网的发展正在从传统形式向“现代配电网”迈进。

1. 能够有效集成分布式电源消纳清洁能源

现代配电网将能够有效地集成分布式电源，支撑高达 100% 的分布式电源渗透率，具有良好的自愈能力，供电质量显著提高，能够为特殊用户提供不间断地优质电力。预计到 2020 年中国各类分布式电源总容量将达到 18350 万千瓦。其中，分布式光伏和分布式天然气增长最为迅速，分布式风电也将有较大幅度增长。分布式电源、储能系统与微网将会在配电系统中大规模存在。配电网将从传统的“无源网”变成“有源网”，潮流由单向变为多向，对配电网短路电流水平、继电保护配置、电压水平控制带来一定影响，对配电网规划设计和安全管理提出了更高的要求。

2. 全面友好接入大量电动汽车充换电设施

电动汽车在国内将得到快速发展，2015 年、2020 年，中国电动汽车总量将分别达到 50 万辆和 500 万辆，局部地区配电网将要承载快速增长的电动汽车充电负荷。近年来，中国充电基础设施加快发展。截至2014年年底，中国建成充换电站780座，交直流充电桩3.1万个，但目前充电基础设施建设存在着认识不统一、政策配套不完善、协调推进难度大、标准规范不健全等问题。最新发布的《加快电动汽车充电基础设施建设的指导意见》提出，到2020年基本建成车桩相随、智能高效的充电基础设施体系，满足超过500万辆的电动汽车充电需求。原则上新建住宅配建的停车位100%要建设充电设施或预留安装条件。公共停车场配建的充电设施或预留安装条件的比例不能低于10%。2000辆电动车必须配建一座公共的充电站，鼓励建设机械一体式的停车充电一体化设施。电动汽车充电设施新国标正在制定完善之中。

3. 建立与用户间灵活互动的能源消费模式

传统配电系统中，没有或者很少存在用户侧的电源，电能主要来自上级电网，供电企业作为配电系统的所有者和运营方，向用户配送电能并收取电费。一方面，用户只能被动地接受供电企业的供电服务和用电管理，没有选择权和自主权。另一方面，供电企业往往也只是被动地响应和处理配电系统中出现的故障或其他状况，并不断通过改扩建来满足用户不断增长的负荷需求。与传统的配电网相比，现代配电网具有以下功能特征：自愈能力、更高的安全性、提供更高的电能质量、支持DER的大量接入、支持与用户互动、对配电网及其设备进行可视化管理、更高的资产利用率、配电管理与用电管理的信息化。现代配电网的发展，用户将迎来更科技、更高效、更便捷的智能配电系统，确保用户更安全、更经济、更方便地使用电能。

4. 成为电力、能源、信息服务的综合技术平台

现代配网系统配用电自动化系统由主站、通信系统、自动化监控终端设备三大部分构成，形成一个完整的信息传输与处理系统，实现对配电网运行的远程管理。随着先进的传感量测技术、信息通信技术、分析决策技术、自动控制技术和能源电力技术与电力系统的融合，分布式电源、储能装置、智能电器的快速发展，云计算、大数据、移动终端等现代信息技术的广泛应用，并与电网基础设施高度集成，配电系统将会成为电力、能源、信息服务的综合技术平台。配电网从传统的供方主导、单向供电、基本依赖人工管理的运营模式向用户参与、潮流双向流动、高度自动化的方向转变。

（三）现代配电网与绿色城市

长期以来中国的发展表现为高碳特征，单位 GDP 的能耗比世界平均值高出近一倍，2013 年中国 GDP 是全球总量的 12.3%，却消耗了全球 21.5% 的能源。目前，中国每年人均二氧化碳排放量已达 6 吨，逼近欧洲、日本的水平，且呈现持续增长态势，在一些发达地区则大于 10 吨，已经触及欧洲、日本等发达国家处在发展峰值时的排放量。主要原因在于高耗能产业发展的太大、太快，形成了过剩产能，加之诸多浪费、不合理需求以及以煤为主的能源结构。2015 年《BP 世界能源统计年鉴》（中国版）表明中国的能源结构持续改善，煤炭虽然是中国能源消费的主导燃料，占比为 66%，创历史新低。2014 年中国能源产量仅增长 0.2%，远低于 5.9% 的 10 年平均水平，主要原因是煤炭产量下降了 2.6%。这是 1998 年以来中国煤炭产量首次下降。

未来中国乃至全球的可持续发展，都需要实现由工业文明向生态文明转变。其中，发展方式转变的基础是新的能源革命，即能源生产革命和能源消费革命，即由黑色、高碳向绿色、低碳转变，由粗放、低效走向节约、高效。城市是电力的负荷中心和调度中心，配电网是主要的承载体，城市实现节能减排绿色发展，配电网首当其冲。因此配电网是绿色经济时代的能源基础设施，是实现绿色转型的重要手段。在能源需求和气候变化的大背景下，新技术不断发展融合以及环保呼声日益高涨的今天，配电网的绿色可靠高效已成为电力工业的必然要求，也成为世界各国应对未来挑战的共同选择。对于中国城市的绿色发展，绿色可靠高效的配电网更为关键和必要。

第一，城市的电源结构将以清洁能源为主。大力发展清洁能源在全球已经成为无可撼动的共识。随着中国新型城镇化建设的加快，发展清洁能源被提升到更加重要的战略地位。到 2015 年，中国水电装机达到 2.9 亿千瓦，风电装机达 1 亿千瓦，光伏发电装机达 2100 万千瓦，生物质能总利用量为 5000 万吨标准煤。在中国一次能源结构中，非化石能源 2020 年将占到 15%，2030 年应能超过 20%。几十年后，非化石能源占比将超过化石能源，可视为能源革命的一个标志。现代配电网有利于大规模清洁能源接入，提高电网的安全性、稳定性，为终端用户提供更清洁优质的电力资源，从而逐步建立一个高效、清洁、绿色、安全的现代化能源体系。第二，分布式能源将为城市提供安全、便捷的电力。现代配电网能够保障分布式电源及时并网全额消纳，引导分布式电源、多元化负荷与配电网协调、健康发展，更能体现服务城市绿色发展元素。第三，为改善大气质量和应对气候变化起到积极作用。发展电动汽车成为提高城市绿色发展的重要举措。现代配电网将承载快速增长的电动汽车充电负荷，降低城市空气污染指数，避免或者减少雾霾。中国政府已向联合国气候变化框架公约秘书处提交《强化应对气候变化行动——中国国家自主贡献》，阐明了中国强化应对气候变化的行动目标与相应的政策措施。这将有力推动中国经济社会发展的绿色转型，推进生态文明建设和可持续发展。第四，在建设和调度等环节无不体现绿色环保理念。绿色配电网将节地、节能、节材与环保等要求贯穿于规划、设计、建设的全过程，大力运用新技术、新设备，力求变电站与周边环境更加协调。同时，在调度环节，按照节能、经济、绿色的原则，优先调度可再生发电资源，最大限度的减少能源消耗和污染物的排放。

二　推进现代配电网建设的意义

（一）为加快推进中国新型城镇化建设提供重要保障

随着中国新型城镇化的持续推进，农村人口就近城镇化以及农业人口落户城镇、城镇棚户区和城中村改造等将引发用电负荷水平、用电结构的显著变化，必须改变传统城市和农村配电网的功能定位，统筹城农网的协同发展成为必要。作为改善民生的重要基础设施，配电网建设以不断适应新型城镇化发展为原则，以结构合理、技术先进、灵活可靠、经济高效的现代配电网为目标，将进一步提高配电网的供电可靠性与供电质量，提升居民的电气化水平，为中国新型城镇化进程的加快推进提供重要保障。以国家电网公司为例，2013 年配电网投入占电网投资比例大幅提高，110 千伏及以下电网投资占比由 2005 年的 29.74% 增长至 2013 年的 46.93%，此举推动各级电网网架结构更加合理。2014 年规划配电网建设改造投资超过 1500 亿元，完成 30 个重点城市核心区域电网建设改造。2015 年将在重点城市核心区域率先建成现代配电网，2020 年全面建成世界一流的现代配电网。

（二）对于承载和推动第三次工业革命具有重要意义

当前，以清洁能源开发利用为特征的新一轮能源革命正在推动第三次工业革命孕育发展，由智能电网、分布式电源、电动汽车充换电设施等构成的“能源互联网”势在必行，“能源互联网”集成了第三次工业革命最为关键的新能源技术、电网技术、信息技术、网络技术，而现代配电网是“能源互联网”建设的重要环节，它不仅服务于大电网，而且服务于电力终端用户，可以解决精确供能、电力需求侧管理、电网自由接入、多电源互动以及分散储能等问题。[①] 发展现代配电网对于促进中国战略性新兴产业发展和经济转型升级具有广泛的带动作用，为经济社会发展培育新的增长点以至对承载和推进国家“互联网+”智慧能源战略具有重要的意义。

（三）实现电能替代全面建成小康社会的现实需要

根据国民经济发展总体规划以及党的十八大确定的两个一百年的奋斗目标，即实现“2020年全面建成小康社会、国内生产总值和城乡居民人均收入比2010年翻一番”，中国能源需求仍将保持中高速增长。当前大气污染形势严峻，推动能源结构调整、加快实施电能替代已非常紧迫。根据国家能源局正在编制的“十三五”能源发展规划及电力专项规划，经初步测算，2020年中国全社会用电量、最大负荷将分别达到2014年的1.4倍左右，配电网建设亟需加快。实施配电网建设改造行动计划，就是要立足国内发展，保障电力的安全供应，满足国民经济发展的需要，为全面建成小康社会提供坚强支撑。

三　现代配电网建设的国际经验[②]

（一）以自动化技术为路径提高现代配电网的供电可靠性

配电自动化是提高配电网供电可靠性的主要途径之一，该技术始于20世纪80年代，是一项集计算机技术、数据传输、控制技术、现代化设备及管理于一体的综合信息管理系统。经过30多年发展，在全球主要的

---

① 刘振亚：《全球能源互联网》，中国电力出版社2015年版。

② 参考北极星电力网（www. bjx. com. cn/）国际板块相关资料整理。

经济较发达国家和地区获得广泛应用，配电网负荷已进入平稳发展期，例如，法国、日本的配电自动化覆盖率分别达到90%和100%。法国电网调度机构分为三级：国家调控中心、大区调控中心和区域配电网调控中心。其中，国家调控中心、大区调控中心属于法国输电公司（RTE），区域配电网调控中心属于法国配电公司（ERDF）。ERDF在配电网建设方面非常重视配电网自动化，早期已实现了配电网自动化全覆盖，主要采用馈线自动化模式，遥控操作通过GPRS短信实现。日本电网按照电压等级将22千伏、6.6千伏和100伏定义为配电网。以东京为例，在都市负荷高密度电缆网地区的22千伏配电方式主要有点网式和格网式。日本东京电力公司供电可靠性位于世界最高水平之列。1986年以后的供电可靠率均在99.99%以上，对应的用户平均停电时间基本在0.876小时（约53分钟）以下。到2008年，东京电网用户平均停电时间仅为3分钟，系统平均停电频率0.12次。

美国是配电自动化发展成熟的国家之一，其重心在于提高供电可靠性，减少停电时间，改善对客户的服务质量，增加客户满意度。Alabama电力公司与美国能源部、美国电力科学研究院合作建设综合配电管理系统（IDMS）平台，通过获取高级读表系统、变电站自动化系统、配电自动化系统的数据来优化配电网系统性能，提高服务质量。香港拥有强大的输配电网络，中华电力有限公司已建成梅花形多环网络，实现两供一备、一供一备，配网与主网一样选用带操作机构的断路器。同时，电缆环网网络全部配置光纤纵差保护，可以实现零秒切除故障，5分钟内完成转电。新加坡配电网用电负荷已趋于饱和，2006年最高用电负荷5624兆瓦，供电用户数约124万户。配电网自动化、信息化水平位于世界前列，供电可靠率达99.9997%，2001年输配电系统平均停电时间1分钟，且全部实现电缆化、全户内配电装置。

（二）以传输清洁能源促进现代配电网的智能化、数字化

日本因其地域面积小且多为山地，能源奇缺，鼓励民众安装个体太阳能并利用互联网调配电力储存和输送清洁能源，改变能源消费结构和配电网传输模式。根据《全球新能源发展报告2015》，日本的光伏累计装机容量占全球的17.4%，仅次于德国和中国，位居第三。日本举国拥抱可再生能源，尤其是太阳能，既为2020年的夏季奥运会做准备，也是日本未

来的能源安全和国家安全的主要方向。同时日本将互联网与电力供给相结合的数字电网作为现代配电网的核心内容，使电力系统、信息系统及结算系统全部统一实现数字化。

美国加州签署法案 SB350，要求该州到 2030 年可再生能源份额标准从 33% 提高到 50%。加州太阳能行业的发展已经走在了全美最前沿。太阳能光伏发电将成为美国最常见的微电网发电来源，预计到 2020 年，美国微电网装机容量有望实现翻番，达到 2.8 吉瓦。

（三）以绿色减排为路径强化电力体制改革

英国的电力体制改革最为突出。2009 年 7 月 15 日，英国能源部制定了绿色减排路径，提出需要建立与绿色发展相适应的电力市场机制。2011 年 7 月，英国能源部正式发布了《电力市场化改革白皮书（2011）》，开始酝酿以促进绿色电力发展为核心的新一轮电力市场化改革，主要内容包括针对绿色电源引入固定电价和差价合同相结合的机制、对新建机组建立碳排放性能标准、构建容量机制等。2013 年 12 月 18 日，英国政府正式出台《能源法案（2013）》，为新一轮绿色为核心的电力体制改革奠定立法基础。

英国新一轮改革将以保障供电安全、实现能源脱碳化以及电力用户负担成本最小为目标，改革主要包括四方面内容：对绿色能源实行政府定价、以差价合约参与市场的机制；建立容量市场促进电源投资；设立碳排放性能标准；建立碳底价保证机制（Carbon Price Floor）。英国电力改革进入了以促进绿色发展、保障供应安全为核心的新阶段。

（四）以跨国互联路径促进现代配电网的消纳能力

欧盟现有电力运输网络结构的分离、容量和电力供应国家自主性的缺乏是欧洲能源市场集成的主要障碍，因此欧盟比较重视跨国互联电网的整体规划。可再生能源的大规模发展和消纳必须依赖跨国电网输送和更大范围电源结构的互补加以解决，通过升级和整合现有网络，建一个泛欧洲的高容量“高速公路”系统，使之能将大量电力从欧洲大陆的一个地区切换到另一个地区。

欧盟启动约 58 亿欧元的“连接欧洲设施”项目，致力于创建一个完全集成、颇具竞争力、统一的泛欧洲电力市场。欧盟委员会的目标是，每个成员国的电力容量跨境连接由2020年预计的10%增至2030年的15%。2014年，欧洲平均互联水平为8%。欧盟委员会和欧洲互联电网运营商已批准总长达5.23万公里的100多个传输项目，预计需要1040亿欧元。欧盟委员会估计，欧洲2014—2020年将至少花费2000亿欧元用于电网升级，其中1040亿欧元用于电网项目，350亿欧元用于跨境联网项目。

四　中国配电网发展的政策支持及城市经验

（一）主要政策支持分析

为贯彻“生态文明”“美丽中国”等新的国家治理理念，践行“绿色发展，循环发展，低碳发展”，中国近年来通过建设智能电网以及现代配电网，以期彻底改变中国电网建设滞后状况，从而使供电网结构发生质的飞跃、提升电网功能和优化配置电力资源的能力。为此，国家陆续出台了各类综合指导政策和专项支持计划（表23－1）。总体上以完善配套政策扶持与落实为核心，发挥政府、电网企业以及社会资本各方面的积极性，加大建设投入力度。

表23－1　　近年来国家关于支持配电网建设的相关政策摘要

文件名称	发布时间	发展目标及重大举措
《国家新型城镇化规划（2014—2020年）》	2014年3月	统筹电力、通信、给排水、供热、燃气等地下管网建设，推行城市综合管廊；统筹城乡基础设施建设，加快基础设施向农村延伸，强化城乡基础设施连接，推动水电路气等基础设施城乡联网、共建共享；推动分布式太阳能、风能、生物质能、地热能多元化、规模化应用，提高新能源和可再生能源利用比例；继续实施农村电网改造升级工程，提高农村供电能力和可靠性，实现城乡用电同网同价；加强以太阳能、生物沼气为重点的清洁能源建设及相关技术服务
《国务院关于加强城市基础设施建设的意见》	2013年9月	将配电网发展纳入城乡整体规划，进一步加强城市配电网建设，实现各电压等级协调发展。到2015年，全国中心城市基本形成500（或330）千伏环网网架，大部分城市建成220（或110）千伏环网网架。推进城市电网智能化，以满足新能源电力、分布式发电系统并网需求，优化需求侧管理，逐步实现电力系统与用户双向互动。以提高电力系统利用率、安全可靠水平和电能质量为目标，进一步加强城市智能配电网关键技术研究与试点示范

续表

文件名称	发布时间	发展目标及重大举措
国家能源局《配电网建设改造行动计划（2015—2020年）》	2015年8月	加快建设现代配电网，以安全可靠的电力供应和优质高效的供电服务保障经济社会发展，为全面建成小康社会提供有力支撑。提升供电能力，实现城乡用电服务均等化。构建简洁规范的网架结构，保障安全可靠运行。应用节能环保设备，促进资源节约与环境友好。推进配电自动化和智能用电信息采集系统建设，实现配电网可观可控。满足新能源、分布式电源及电动汽车等多元化负荷发展需求，推动智能电网建设与互联网深度融合。2015—2020年配电网建设改造投资不低于2万亿元
国家发展改革委《关于加快配电网建设改造的指导意见》	2015年9月	通过配电网建设改造，中心城市（区）智能化建设和应用水平大幅提高，供电质量达到国际先进水平；城镇地区供电能力和供电安全水平显著提升，有效提高供电可靠性；乡村地区电网薄弱等问题得到有效解决，切实保障农业和民生用电。构建城乡统筹、安全可靠、经济高效、技术先进、环境友好、与小康社会相适应的现代配电网 经过五年的努力，截至2020年，中心城市（区）用户年均停电时间不超过1小时，综合电压合格率达到99.97%；城镇地区用户年均停电时间不超过10小时，综合电压合格率达到98.79%；乡村地区用户年均停电时间不超过24小时，综合电压合格率达到97%

资料来源：根据中国政府网（www.gov.cn）所公布的文件整理。

（二）国内典型城市现代配电网发展情况

第一，上海：电网建设服务绿色城市发展。上海市积极建设绿色电网，服务绿色能源，促进城市绿色发展。在建设绿色电网方面，一是积极发挥全国电力市场交易平台和特高压技术的优势和能力，积极消纳四川、湖北等地的绿色水电，不仅保证了上海电力供应，也为上海清洁空气质量做出重要贡献。二是加强电网自身的建设和管理，通过大量使用新技术、新设备和智能电网建设，促进了资源节约型和环境友好型电网建设。通过有效降低线路损失，提高节能设备利用水平，相当于减少了碳排放。三是发挥对发电企业脱硫脱硝状态的在线监测和积极推进节能调度，实施高效机组替代低效机组，2013年累计节能置换电量10.67亿千瓦时，减少二氧化碳排放约106万吨。在服务绿色能源方面，大力支持分布式冷热电三联供和风电、光伏发电等可再生能源发电，建成国内首个100千瓦钠硫电池储能系统、首个兆瓦级商业运行太阳能光伏电站、首个10万千瓦级东海海上风电场。大力开展电动汽车充换电设施建设。至2015年，将完成5000台公共交流充电桩、50座充换电站的建设，可支持上海市3万辆左右各类电动汽车充换电，其节能减排效果相当年减排二氧化碳约16.4万吨。积极推进“电代油、电代煤、电从远方来”的电能替代战略。在全市范围大力推广电锅炉替代燃煤锅炉，减少煤锅炉排放。目前上海市已改造燃煤锅炉近200余台，减排二氧化碳约14.3万吨。

第二，厦门：现代配电网助力“海上花园”建设。厦门市注重现代配电网与城镇化建设协调发展，从配电网规划、建设、运维等方面，大力推动了现代配电网的发展。2009—2011年，完成网架设备、自动化主站整合、终端布设、通信网络、信息交互、调控一体化及其技术支撑等内容建设，完成投资14699万元，率先建成国内规模最大的配电自动化系统，全市配电光纤通信网1920公里、“三遥”终端3272台，27个FA环投入全自动运行，岛内配电自动化实现全覆盖。2013年，完成投资30473万元，厦门岛供电可靠率由2012年的99.975%提升至2013年的99.985%，用户年平均停电时间由131.4分钟降至78.8分钟，其中故障停电由30.85分钟降至19.87分钟。实现配网建设设计标准化、设备选型标准化、项目管理标准化、工程验收标准化。

第三，杭州：配电网融入智慧城市建设。智慧电网是智慧城市的重要组成部分，而配电网是电力供应链的末端，是直接面向社会和广大客户的重要能源载体之一，配电网运行状况的良好直接决定了用户的供电质量和供电可靠性。杭州经过近5年的建设，已形成了智能配电网的雏形，实现了配网调控一体化管理；市区配电自动化覆盖率达到75%，部分10千伏线路实现了全自动馈线自动化功能（可在1分钟内自动完成故障判断、隔离并恢复非故障区域供电）；累计建设充换电站（配送站）99座、交流充电桩620个，建成城区15分钟充换电服务圈；电动出租车运营规模扩大至500辆，成为全国最大的换电型电动出租车运营公司；投运全国首个光伏专用低压反孤岛装置，接入亚洲最大的单体建筑光伏发电项目——杭州火车东站屋顶光伏项目，仅2013年就完成并网运行项目25个，装机容量41.3兆瓦；编写了信息化标准，建设了信息交互总线，建成了以GIS为唯一数据来源的松耦合信息架构系统，实现了配电自动化、用电营销、生产管理、配网抢修等相关系统的数据融合；率先建成数字化电缆管线系统，实现了基于二维码技术的运行设备铭牌管理；完成了低压数据普查，实现了营配数据贯通；在市环西湖沿线、文教区20.6平方千米的区域建成了浙江首个配电网示范区，示范区域内“N—1”比例、线路自动化覆盖率、遥控使用率、不停电作业化率等均达到100%，平均故障停电时间降至4.26分钟，全市供电可靠率提高到99.993%。

五　推动现代配电网建设的政策建议

（一）加大财税政策支持力度减少项目审批环节

发挥各级政府财政资金的杠杆作用，建立项目引导基金，带动企业与社会资金投入；加大对欠发达地区的转移支付力度，对农村电网改造升级实施专项支持；对有利于城市绿色发展的节能降耗、新技术应用、智能示范等项目，以及利用清洁能源等民生项目给予专项运营补贴；加快税收扶持政策的出台，对于参与配电网建设改造的企业，可纳入企业所得税优惠目录。落实简政放权的改革措施，减少项目的审批环节，加大对新的市场主体的支持力度，对于从事配电网产业链条上的新建项目按照国家鼓励类产业予以扶持。

（二）采取切实措施为社会资本平等参与铺通道

积极创造条件，消除对民营企业的歧视性政策和其他门槛，鼓励和引导社会资本参与配电网投资建设。结合国家新一轮电力体制改革，通过增量配电网、售电侧投资的放开，切实投资拓展渠道，消除社会资本的顾虑，提倡平等参与，营造权利平等、机会平等、规则平等的投资环境，促进配电网运营效率和服务提升。尽快研究出台社会资本投资配电业务、政府和社会资本合作（PPP）建设经营配电网基础设施的具体措施。对于符合国家准入条件的配电网企业允许成立售电公司，采取多种方式通过电力市场购电。

（三）优先发展分布式能源和电动汽车充电设施

鼓励和支持城市利用清洁能源集中供暖或实现电能替代，建设风能、太阳能、煤电三联供等分布式电源，并为分布式电源接入配套电网工程创造良好条件。鼓励和支持社会资本参与到新能源汽车充换电设施建设和运营、整车租赁、电池租赁和回收等服务领域，落实好新能源汽车购置、运营等环节的优惠政策，使分布式能源、电动汽车充电设施进入良性、快速发展的轨道。

（四）加强政企联动发挥合力强化监督管控考核

政企联动，明确职责分工，形成合力。政府相关部门要加强统筹，建立协调机制，统一制定规划及行动计划、建设技术标准，做好配电网规划建设的指导，促进电力设施与城乡发展规划、土地规划相衔接。电网企业及社会资本参与方要主动承担配电网规划研究，积极参与配电网规划编制工作，提出配电网发展建议，合理安排项目投资规模和建设进度，做好规划落地。各级能源主管部门应加强规划落实、目标完成、项目管理履责情况等内容监督检查；依据国家和地方预算内资金的有关规定，严格项目资金管理与风险管控，及时纠正执行偏差和管理漏洞。

（五）严格规范排放标准并适时推进碳交易机制

建立全国碳市场，将电网企业纳入，实行企业排放核算报告制度，报告线损带来的二氧化碳排放和设备的 SF6 排放数据，将配电网建设不达标的地区纳入考核。加快完善与电网排放相关的规划和法律体系建设、加强对配额分配办法和碳排放核算办法的研究，完善碳交易机制的扶持政策、加快探索期权、期货、远期交易等碳金融衍生品的实现、加快推进碳抵消机制的建设，为后期实行更严格的减排机制，完善碳交易市场做好准备。

城市网络化与中国城市化发展

杨煜东*

一 中国特色的城市化发展道路

城市化是与工业化伴生的人类社会现象之一，工业化因为生产的统一性，必然要求人口的集中性，人口的集中性又为工业化的产品提供了消费市场，成为工业化和城市化合二为一工业文明的基本特征。中国工业化的发展赶上了信息时代的时期，工业化必然带有信息化的特征，从本质上讲，信息化不但让中国工业化的程度有了本质的提高，而且让中国城市化进程展现出来与工业时代城市化不同的特征和规律。

（一）“城市网络化”：信息时代的中国特色城市化道路

中国特色的城市化道路将是以“城市网络化”为主题的发展模式。从最宏观的意义上说，中国只有两类城市。一类是有能力创造净需求的城市，另一类是增加净供给的城市。中国城市化的一个重要政策导向，就是要更多培育有能力创造最终净需求从而接纳农业转移劳动人口的城市。长期以来，中国的城市化模式有大城市为主和小城镇为主的两派之争，双方理由都很充分，争执不下，在实际政策执行中导致不少困惑，后来干脆出现了“宜大则大、宜小则小”的折中说法。把大中小城市网络化，通过基础设施一体化实现大中小城市的同城化，为大城市、中等城市、小城市合理分工，资源进行合理布局，避免城市过大或过小的弊端，发展城市群的政策导向和建设“城市网络化”（City Networking）的发展模式可能最

* 杨煜东，博士，国家信息化专家咨询委员会研究处处长。

适合当前中国的国情。在信息化的促进下，中国最有可能走出一条“网络化”的区域城市群的道路。

“城市网络化”模式是信息化和工业化深度融合的必然结果。在工业时代，城市化提供了工业化所需要的劳动力和产品消费市场，因为工业化对人力流、资本流和物流比农业时代提出了更高的要求，人力出现了专业技能的分工，资本运行带动了产业化的发展，交通运输实现了物品运输的效率，降低了以市场为主题的交易效率，最终开启了市场化的门槛，城市化也适应市场化的节奏，成为物流、人力流和资金流的集散地。信息时代，随着信息技术的普及和应用，信息流的流速、广度、深度呈现几何级数的扩大，在时间、空间、范围、水平上，几乎是无限制地扩大了市场交易的规模，降低了交易成本，提高了交换的效率。随着信息化水平的提高，市场无处不在、无时不在，物流、人力流和资金流不一定非要通过城市这种交易平台，进行互换和交流，而在能随时随地（Right time）把物质产品和服务（Right things），送达需要的地方（Right place）、需要的人（Right time）手中，这 4Rs 的作用，最终会把集中化的城市化概念，转变成为“网络化”城市的发展模式。

（二）“城市网络化”特征和特点

“城市网络化”是通过信息化手段让信息获取、利用的平等化特征，把工业时代城市作为区域中心的角色：经济中心、政治中心、金融中心、文化中心等，功能逐步分散，形成一个功能各异、相互依托和支撑的城市网络，有以下基本特征和特点：

一是城市功能分散、相互支撑。由于信息通信技术手段的应用，使不同地域、层次的人几乎是可以同时得到信息和服务，工业时代的大城市功能集聚的原因不复存在，城市功能区隔化的可能成为现实；负担区域不同功能区划的城市相互依托，构成了“城市网络化”的基础。

二是资源分配更趋合理和公平。工业时代的大城市模式，因为功能汇聚，因而引起了资源汇集，金融和财政、教育和培训、医疗和卫生等多方面资源集中在少数大城市，资源分配不公，矛盾突出，资源利用效率低下。欧盟等发达国家，通过建立社区服务一体化模式，在某种程度上缓解了这一矛盾。信息化手段是解决这一矛盾的根本途径，通过应用云计算、物联网、移动互联网、大数据等新一代信息通信技术手段，实现远程医疗、互联网教育、众包和众筹等医疗、教育、金融服务，不但可以完善发达国家社区教育、金融和医疗体系，而且在没有该体系的发展中国家，达到社会资源向社会底层的渗透和普及，实现公平分配资源的社会治理目标。

三是需要强大信息化基础设施的支撑和保障。信息化基础设施已经与水、电、路和能源一样，成为必不可少的城市基础设施，需要整体设计和安排，如果不能把城市基础设施进行顶层设计，则会增加城市化的交易成本，反而降低信息化的功能。比如，如果带宽不能达到信息化应用需要的带宽，无论城市功能还是资源的分配效率都不能达到工业时代大城市的水平，不能实现“城市网络化”的规模效应，则信息化在中国城市化道路的作用体现不出来。

二　信息化在中国城市化过程中的作用

（一）打破中国特有的“城乡二元化结构”格局

“城乡二元化结构”已经成为目前中国经济和社会发展的一个严重障碍，这似乎已经成为一种共识。因为“城乡二元结构”的问题不解决，不但会造成一个城乡断裂的社会，甚至连城市本身的发展也会失去支撑和依托。“城乡二元结构”的主要问题，是阻碍了物质流、资金流、人才流和信息流的通畅流动，人为地分割了城乡两个市场，降低了交换效率，是公平进行资源分配的主要障碍。从“城乡二元结构”的角度分析，信息流是在二元结构中，是在影响社会运行效率的四大流体因子：物质流、资金流、人才流、信息流中，对已有利益分配格局影响最小的因子，也是各方呼吁解决所谓“数字鸿沟”问题上，取得共识的领域。从解决信息流的问题入手，因为配合信息流的流动，需要重新进行社会组织制度的设计和整合，因而其他社会流体因子的问题，可以在完善信息流的过程中，一并得到解决，虽然不能在制度层面彻底解决问题，但对中国的渐进改革模式上来说，是必不可少的步骤和阶段。因而，从信息流入手，是解决中国城乡二元结构问题切实可行的突破口。

（二）提高中国市场化的程度和效率

以往的城市化，是工业化伴生的产物，其直接的结果是工业产品市场的建立，所以城市化跟市场化密不可分，城市化的效率是市场化的前提和保障，市场化也是城市化的直接结果和间接动因。市场效率的高低，决定了城市化进程的质量。信息化是信息时代的新型市场结构，从时空、程度、规模、水平上提高了市场交换对社会组织的渗透能力，对市场化来说，是技术促进的革命性变化。适应这种变化，城市化的水平也会出现革命性的提高。以“城市网络化”为主体的中国特色的城市化道路，最直接的结果，就是建立在发达信息流动基础上的资源整合和功能分配，建立一个一体的区域市场体系，“城市网络化”中不同功能城市，在同一信息化水平上运转，克服了在城市化过程中地理条件、时空条件的限制。以往，中国的地方政府强调信息化，多数看中的是信息产业的带动作用，单纯追求信息经济作为经济发展的引擎作用，但忽略了信息化在城市作为市场主要平台提高市场效率方面的革命性变化。在阿里巴巴成为中国最大的互联网公司之前，杭州一直不是中国的信息产业的集散地，但最近，在杭州的带动下，浙江已经成为和北京、上海、深圳一样的，中国信息经济发展的龙头地区。

（三）提高劳动力水平，绕开拉美城市化陷阱

中国特色的城市化道路，需要应对人口红利减少的需要。国家统计局最近公布的数据显示，2012 年我国 15—59 岁劳动年龄人口在相当长时期里第一次出现了绝对下降，比上年减少 345 万人，这意味着中国人口红利消失的拐点已在 2012 年出现，这将对经济增长产生显著影响。中国经济持续 30 年增长的基础，是中国的人口红利，一方面是计划经济时代所培育的，具有基本劳动技能的工业劳动力人群；另一方面，是从农村走出来的大量剩余劳动力，这些劳动力主要从事以体力劳动为主的基础性劳动，所分配的价值增值很少，常常出现一台数百美元的苹果手机，中国工人只能得到几美元的劳动力成本。

这些人口红利虽然可以维持中国工业化初期的持续增长，但维持处于工业化中后期的经济增长，是不能完全依靠这种人口红利的，客观需要我们有新的发展思路。一是工业化的劳动力低成本扩张已经没有什么优势，工业化需要更加注重技术红利和制度红利；二是要更加注重农村和农业的现代化建设，应通过建设现代农业应对人口红利减少。所谓技术红利，其实就是信息化能带来的红利，一方面是对现有劳动力的改造，提升现有劳

动力在产业价值链的位置；另一方面，通过信息化对劳动力水平的提升，把已有的以制造业为主体的产业结构，向以信息通信技术服务为主体的现代服务业转型，通过工业化和信息化融合发展，彻底完成工业化的进程，通过坚实的第三产业基础支撑，避免拉美城市化过程中的产业“空心化”现象，提供农村劳动力水平是避免成为“中国陷阱”的关键。否则，一旦人口红利完全耗尽，即以计划经济培养的技术工人队伍，大部分退出第二产业，以及迟迟不能提高劳动力在价值链低端的现象，那么，最终我国城市化进程就是人去楼空一场梦。

三 适应“城市网络化”道路的路径选择

（一）“城市网络化”与区域经济政策选择

中国以往的区域经济发展政策，继承了集权体制的特点，有着从上到下“一刀切”的政策取向，对区域经济发展产生了一定的抑制现象，这对未来中国特色的“城市网络化”道路，会产生一些消极的影响。在理论层面，要借鉴区域发展的“平衡发展”和“网络开发”理论的逻辑，在特定地区，推进基础设施、投资、产业和部门的协调发展，形成相互支撑的局面，在一定的区域内形成物资流、资金流、信息流和劳动力的基础设施网络结构，在更大的空间范围内，将更多的生产要素进行合理配置和优化组合，促进更大区域内经济的发展。

在信息时代的“城市网络化”，信息化基础设施的统一政策、互联互通是其他相关政策的突破口，是形成一个统一的市场体系的关键，中国应该借鉴改革开放以后，兴办经济特区和开发区，统一区域政策的经验，首先以珠三角、长三角、环渤海经济带以及重庆成都经济区为样板，协调政策，统一步骤，首先实现信息化基础设施的互联互通，制造“城市网络化”的政策环境基础。其次，按照功能区划的要求，在对“城市网络化”中不同城市的功能进行统一布局和安排，通过信息化手段，让不同功能区之间实现经济要素的整合和流通，提高整个区域市场体系的效率。最后，通过已有的信息化基础设施，与交通、能源、医疗、教育、金融等基础设施相衔接，逐步分散集聚在大型城市的社会资源，达到社会资源公平合理的再分配。

（二）“城市网络化”与政府管理结构调整

中国经济虽然以集权形式著称，但在实际的经济运作过程中，由于政府管理行政区划的区分，在地方却呈现出所谓“诸侯经济”的现象。所谓“诸侯经济”，就是指为了地区利益而进行的重复建设、资源争夺和利益瓜分。从20世纪末开始，中央开始把地方的管理权限上交，即所谓“收权”，但一旦发现经济有下滑的趋势，马上进行放权，产生了“一抓就死、一放就乱”的独特经济景观，比如在2008年金融危机后，政府马上放弃收权，开始放权，5年后造成各地方产能严重过剩，仅河北省一省的粗钢产量比整个欧盟的产量都多；在天津和秦皇岛仅距百公里的范围内，兴建两个大型深水码头，造成了各地房价虚高、产能严重过剩。另外，改革开放以来，以GDP为指标的官员提升体系，也是造成“诸侯经济”的罪魁祸首之一，这是中国行政管理体制的必然结果。

“城市网络化”要求政府管理体制也要进行相应的调整。在一个网络区域内的经济政策需要协调一致，才能达到“网络开发理论”中的城市化规模效益的最大化。为此，有必要借鉴清末的督抚管理模式，放弃国务委员在行政级别上是副总理的候补，分散总理和副总理行政职权的管理层级，让国务委员成为区域经济的决策者，在网络化的区域经济中，起到统一协调的作用。从政治安全考虑，为了避免清末民初总督制度蜕变成为割据一方的军阀，对中央集权体制产生的巨大政权威慑力，建议作为区域行政长官国务委员的公署，应统一设在中央政府的首都管辖范围内，而不是像清末的管辖地另建行署的做法。

（三）“城市网络化”与市场经济地位改善

中共中央十八届三中全会提出要发挥市场在配置资源的决定性作用，被外界普遍解读成为中国推进市场化进程的重大战略决策。经过新中国成立后的计划经济，在过渡到改革开放逐步开放的市场经济模式，再到21世纪初“国进民退”的经济现象，中国的经济体制应该被看做是混合型的经济体制，既有作为社会主义国家支柱的大体量的国有经济，也有就业主力军的私营经济。十八届三中全会的公报所提出的“积极发展混合所有制经济”，可以被看做是加强这种混合经济体制的“中国模式”的做法。在“城市网络化”的中国城市化道路中，混合经济体制所发挥的作用是决定性的。

“城市网络化”布局需要在涉及包含信息化基础设施的所有区域基础设施进行统一规划和布局，要求国有企业承担这部分任务，但与以往国有企业主要出于垄断型行业，获取行政垄断利益不同，国有企业应该以最低的成本提供基础服务的保障，达到降低整个区域交易成本的目的，为此，需要国有企业让利于民，最大效能地发挥市场化的优势，抑制市场化的劣势，国有经济为市场经济提供基础性服务，发挥调节剂的功能，这跟以往国有经济在国民经济中的定位有重大区别，如果未来经济体制能够按照十八届三中全会的要求去办，那么“城市网络化”的中国特色的城市化道路的轮廓和路线也就会日趋明朗。

城市服务业发展与绿色转型

刘　涛*

当前，服务业已成为城市综合实力和现代化程度的综合反映，也是城市实现绿色、可持续发展的必然选择。从理论上讲，城市服务业不断发展可以促进绿色转型的实现，而城市绿色转型也能够为服务业加快发展提供更多机遇。在城市发展方式转变和生态文明建设持续推进的背景下，我国城市服务业规模不断扩大、结构明显升级、新兴服务行业和业态层出不穷、服务外包增势强劲，但也存在有效供给能力和水平不高、内部结构失衡较为突出、服务创新还未充分发挥引领作用等问题，迫切需要加快供给端的结构性改革，加强技术创新和商业模式创新，扩大对内对外开放，强化人力资本投资。

一　城市服务业发展与绿色转型的关系

服务业的持续较快发展是建立在一定的城市发展水平和工业化基础之上的。相比于工业，服务业对资源能源的消耗、生态环境的破坏总体较小。而绿色转型是在城市化、工业化快速推进过程中，为应对日趋强化的资源环境约束，大力推动增长动力转换和发展方式转变，最终形成以低消耗、低污染、高效率为特征的集约型发展模式。可见，城市服务业发展与绿色转型之间具有紧密的内在联系。

一方面，城市服务业不断发展可以促进绿色转型的实现。服务业发展规模逐步扩大，超过第二产业并上升为城市主导产业是经济发展的客观规律。与第二产业发展主要依靠物质资源或有形资产投入不同，服务业发展

* 刘涛，国务院发展研究中心服务经济研究室主任，副研究员。

更多地是依赖人力资源、知识、信息、创新创意、管理等非物质要素的投入以及这些要素的有机结合。这种要素投入结构上的优化，有利于缓解资源能源短缺的制约、减轻对气候环境的破坏，从而促进发展模式的绿色转型。另外，从国内外经验看，服务业存在着明显的向城市集聚的发展特征。特别是在城市化快速推进阶段，大型城市、区域中心城市成为服务业发展的主要空间载体，并随着城市等级的提升而率先实现服务经济[①]转型，资源利用也将更为节约和高效。

根据美国哈佛大学教授爱德华·格莱泽（Edward Glaeser）的研究[②]，城市极大地促进了思想撞击、文化交流与科技创新，高度紧密的人际互动需要高度关联的城市作为物质意义上的载体。城市是人的聚集而非建筑物或设施的聚集，居住在城市里的人口往往比居住在树木环绕的郊区的人口消耗更少的能源，其生活方式也更经济环保。城市中密集的高层建筑、发达的公共交通、缩短的空间距离大幅降低了人均碳排放量，促进了能源节约利用和生态环境保护。

另一方面，城市绿色转型为服务业加快发展提供更多机遇。要实现绿色发展，需要不断提高城市发展的服务效率，即用特定的经济产出提供尽可能多的服务满足。包括：为各行业发展提供更多高质量的中间服务，以促进产业转型升级；为社会公众提供更多的共享性服务，以减少私人性产品的使用。更重要的是，随着高效节能、清洁能源等绿色技术的日益普及和广泛应用，服务领域创新持续加快，促进了新兴服务行业和服务业态的涌现。具体来看，绿色技术与传统产业的融合，孕育产生了众多以新技术、新商业模式提供传统服务的新兴服务行业和业态。另外，在绿色技术发展的引领下，产业价值链环节之间的分工不断细化，原来在企业内部的研发、设计、测试等环节开始剥离和独立，在形成新的服务业态的同时，还催生了部分新兴服务业的崛起和发展。

---

① 参见美国经济学家富克斯（Victor Fuchs）在1968年创作的《服务经济学》一书中将20世纪50年代之后全球经济经历的一场结构性变革，称之为“服务经济”。通常来讲，服务经济是指服务业增加值在GDP中的比重超过60%，或者就业人数在整个国民经济就业人数中的比重超过60%的经济形态。

② ［美］爱德华·格莱泽：《城市的胜利：城市如何让我们变得更加富有、智慧、绿色、健康和幸福》，上海社会科学院出版社2012年版。

二 绿色转型下我国城市服务业的发展现状

近年来，在发展方式转变和绿色转型的推动下，我国城市服务业发展呈现稳中有进的良好态势，同时也存在一些亟待解决的问题。

（一）城市服务业规模持续扩大，但有效供给能力和水平不高

2013年，我国服务业实现增加值262203.8亿元，占GDP比重为46.1%。[①] 全国289个地级以上城市服务业增加值为237254.6亿元，约占全国的90%。其中，36个大中城市（包括直辖市、省会城市和计划单列市）的服务业增加值达到125705.1亿元，占全国的47.9%。与五年前（2008年）相比，大中城市的服务业增加值规模增长了一倍多，占全国的比重上升了2.3个百分点。在这些城市当中，北京的服务业发展水平居全国之首，增加值总量为14986.4亿元，占全市GDP的76.9%，接近发达国家中心城市的平均水平。另外，上海、广州等部分城市也初步形成了服务经济为主导的产业结构。与城市服务业快速发展相伴的是，能源消耗水平也逐步降低。以京沪为例，2013年北京、上海两市的万元地区生产总值能耗分别由2008年的0.64吨和0.78吨标准煤减少到0.38吨和0.55吨标准煤，仅相当于全国水平的57%和82%左右。

然而，与城市绿色转型发展的要求相比，我国城市服务业的有效供给能力和水平有待提高。一方面，支撑产业转型升级的生产性服务业发展水平有限，无法提供充足的高质量中间服务，与制造业的深度融合也还不够；部分知识和技术高度密集的保险、金融和专利权服务更多地依赖于进口。另一方面，部分生活性服务业的发展还不适应居民消费结构升级的趋势，符合节约节能、环保低碳发展方向的服务供给相对不足，服务的便利性仍需增强。

（二）城市服务业结构不断升级，但内部结构失衡问题仍然存在

伴随经济的持续较快发展，我国不同规模城市的服务业结构不断调整

---

① 根据第三次全国经济普查结果，2013年修订后的第三产业增加值为275887亿元，占GDP比重上升到46.9%。由于目前公布的数据有限，为了保持与城市层面统计数据的可比性，正文还沿用修订前数据。

和升级。其中，生产性服务业增长势头显著，在服务业乃至整个经济中的地位持续上升，成为引领服务业结构升级的主要动力。作为服务业发展全国领先的北京市，2000—2013 年期间交通运输、仓储和邮政业的增加值占 GDP 比重下降了 2.4 个百分点，而租赁和商务服务业的增加值比重则上升了 4.1 个百分点，另外，信息传输、计算机服务和软件业以及科学研究、技术服务与地质勘查业的增加值比重也分别提高了 3.8 个和 3.5 个百分点。这三个行业占到这一时期整个服务业增加值比重增幅的 95%。由于上述生产性服务业高度依赖于人才和知识，资源利用效率相对较高，对环境也更为友好，有力地带动了经济的集约化发展和绿色转型。

尽管如此，我国城市服务业内部结构失衡的问题仍很突出。一是目前我国城市服务业结构层次依然较低，向以生产性服务业为主导的结构升级步伐仍需加快。二是服务业充分就业的潜力有待挖掘，服务业就业比重落后于增加值比重的格局尚未得到明显转变。在全国 36 个大中城市中，厦门、太原等近一半左右城市的服务业就业比重明显低于增加值比重。三是服务业所有制结构仍以国有经济为主导，远高于同期制造业国有经济比重。尤其是在水利、环境和公共设施管理业以及教育等行业国有经济占据绝对主导，服务供给方式相对单一、质量和效率不高，很大程度上制约了城市的绿色转型进程。

（三）服务业新兴行业和业态层出不穷，但服务创新还未充分发挥引领作用

随着物联网、云计算、大数据等新一代信息技术的日益普及和广泛应用，我国城市服务业内部分工不断深化，催生了许多有利于促进绿色转型的新兴服务行业、服务业态的兴起和发展。以节能服务业为例，在城市生态文明建设备受关注的背景下，近年来我国节能服务业的发展也驶入了快车道。2006 年，我国节能服务产业总产值仅有 82.6 亿元，继 2011 年超过千亿元之后，2013 年又突破 2000 亿元，达到 2155.6 亿元，7 年间增长了 25 倍多。与此同时，全国从事节能服务业务的从业人员也由 2006 年的 2.1 万人猛增到 2013 年 50.8 万人，增长了 23 倍左右。在节能服务业当中，合同能源管理服务成为快速发展的重要新兴业态。2006—2013 年期间，我国合同能源管理投资由 18.9 亿元持续递增至 742.3 亿元，相应实现的节能量也由 124 万吨标准煤攀升到 2560 万吨标准煤，年均增幅分别

为 68.9%、54.1%（图 25－1、图 25－2）。

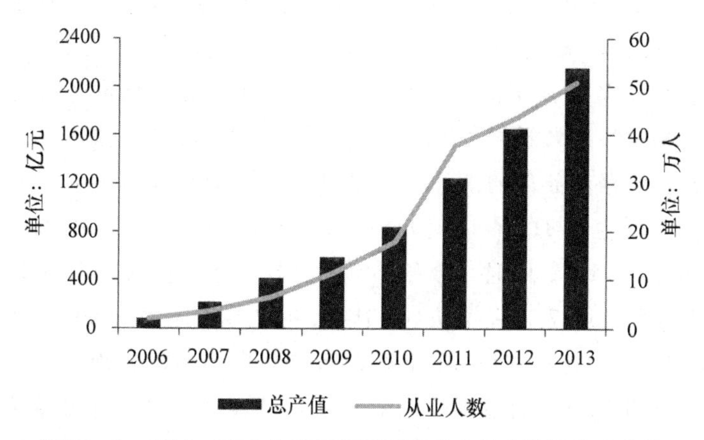

图 25－1　2006—2013 年我国节能服务产业总产值及从业人数

资料来源：中国节能协会节能服务产业委员会。

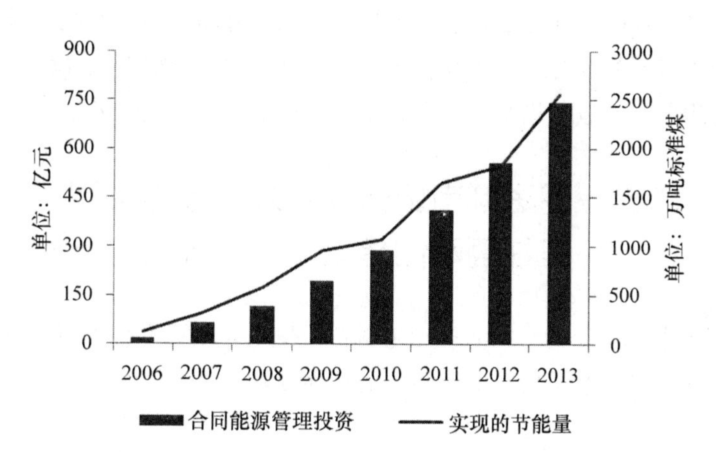

图 25－2　2006—2013 年我国合同能源管理投资及实现的节能量

资料来源：中国节能协会节能服务产业委员会。

但要注意的是，目前我国城市服务业发展仍然较多地依赖传统要素的投入，创新投入水平还不高。一些行业对土地等资源投入的依赖较强，在设施和装备升级方面的投入巨大，却忽视了商业模式、管理方式、品牌建设等方面的创新投入。并且，创新成果还未有效转化为实实在在的产业活动，对城市绿色转型的推动力有待增强。

（四）城市服务外包增势强劲，但持续发展还面临人才等制约

服务外包作为服务贸易的新兴领域，具有高技术、高附加值特征，是带动经济发展名副其实的“绿色引擎”。近年来，我国服务外包发展迅猛，稳居全球第二大服务外包国，已成为产业升级的新支撑以及外贸增长的新亮点。根据商务部的统计，2014 年，我国企业承接离岸和在岸服务外包执行金额达到 813.4 亿美元，是 2009 年 138.4 亿美元的近 5.9 倍，年均增幅达 42.5%。同时，服务外包企业数量和从业人数也由 2009 年的不足 1 万家和 154.7 万人增长到 2014 年的 2.8 万余家和 607.2 万人。在这其中，21 个示范城市[①]的产业集聚和带动作用显著。2014 年，这些城市汇聚了全国 68.8% 的服务外包企业和 69.9% 的服务外包从业人员，共承接离岸和在岸服务外包合同执行金额 711.8 亿美元，占到全国总量的 87.5%。在城市服务外包快速发展的过程中，专业人才供求的结构性矛盾日渐突出。目前，在专业技能、项目管理以及外语能力方面能够全面满足外包企业需求的复合型人才存在短缺，中高级技术和管理人才更是严重不足，由此导致外包承接基础不强，限制了产业竞争力的提升。

三　促进城市服务业发展与绿色转型良性互动的建议

以深化改革开放、推动多元化创新、强化人力资本投资为着力点，努力促进城市服务业发展与绿色转型的良性互动。

（一）加快推进供给端的结构性改革

从国内外经验来看，减少垄断、放松管制有利于按照市场化方式淘汰落后产能和提高资源能源利用效率。目前，我国服务业监管过度和监管空白并存，同时存在较强的行业管制。为此，应着力促进服务业监管主体及

---

① 目前，我国服务外包示范城市共有北京、天津、上海、重庆、大连、深圳、广州、武汉、哈尔滨、成都、南京、西安、济南、杭州、合肥、南昌、长沙、大庆、苏州、无锡、厦门共计 21 个。根据国务院 2014 年 12 月 24 日发布的《关于促进服务外包产业加快发展的意见》，未来我国将统筹考虑东、中、西部城市以及服务外包产业集聚区布局，增设服务外包示范城市，使之将有序增加到 31 个。

其监管方式的改革创新，贯彻绿色、低碳、集约、智能的发展理念，加快形成合理有效的新型社会治理模式。另外，在放宽服务业准入和引入有效竞争的基础上，加快推进服务领域所有制改革，加大对掌握绿色专利技术的民营及中小服务企业的扶持，形成兼顾规模经济和竞争活力的市场结构。

（二）进一步加强技术创新和商业模式创新

在服务业领域，创新来自于技术与思维方式的相互碰撞，不仅可以降低原有行业的能耗水平，更重要的是，还能够催生出更为低碳环保的新行业和新业态。为此，要以需求为导向，通过市场化方式整合和利用社会资源，挖掘增值服务，打造覆盖全产业链的服务平台或资源集成式服务平台。同时，基于移动互联网技术的广泛应用，加大减税、融资优惠政策扶持力度，完善符合商业模式创新特点的知识产权保护制度，鼓励与绿色发展要求相适应的新兴服务行业和服务业态不断壮大。

（三）扩大服务业对内对外开放

加大力度清除隐形市场壁垒，保障各类符合绿色标准的服务要素跨地区自由流动，形成内外资企业公平竞争、一视同仁的营商环境。同时，统筹协调服务业发展与服务贸易发展，推动服务外包提质增效，加快复制和推广负面清单的准入管理模式，适度扩大新兴生产性服务要素进口。充分发挥技术和知识溢出效应，改善国内服务业供给结构，为城市绿色发展提供充足的要素保障。

（四）强化服务业人力资本投资

人才是加快城市服务业发展和绿色转型的第一资源。要扭转“重设备不重人”的政策导向，适应服务企业“轻资产”的特点，推动资源要素向激励人才的方向倾斜，提升服务业人力资本。创新校企联合培养人才的新机制，建立高校、科研院所与企业创新创业人才双向流动的长效机制，鼓励应用型、技能型、复合型人才脱颖而出。同时，积极吸引海外高层次服务业人才和创新科研团队，尽快完善引进人才在居留和出入境、落户、税收、医疗、保险等政策，为全面推进城市绿色发展提供有力的人才保障和智力支持。

中国城市绿色金融发展：挑战与思路

肖博强*

绿色金融是近年来我国金融创新的热点。自2008年全国开始建设各种环境权益交易所，国内绿色金融业发展主要体现为一线城市争夺环境权益定价权的各种实践。特别是北京、上海、天津、重庆、深圳、广州、武汉7市，已经构建了区域环境权益配额分配和交易体系，甚至准备推出可连续交易的标准化远期合约。二、三线城市根据自身工业化程度和可再生能源开发潜力，从环境改造、节能改造和可再生能源供应三方面上大力发展绿色产业，成为绿色金融服务的主要对象。随着中国经济发展目标和能源结构的双重调整，绿色金融服务针对城市供热、废弃物处理、低碳交通、节能照明和智慧城市建设方向的投资和产品开发还在持续升温。

一　绿色金融定义与发展现状

从理论上讲，"绿色金融"是指金融部门把环境保护作为一项基本政策，在投融资决策中要考虑潜在的环境影响，把与环境条件相关的潜在的回报、风险和成本都融合进日常业务中。在金融经营活动中注重对生态环境的保护以及环境污染的治理，通过对社会经济资源的引导，促进社会的可持续发展。简单来说可以根据金融机构的行为定义为"金融服务和决

---

* 肖博强，天津排放权交易所项目开发部经理。自2009年开始，在天津排放权交易所从事针对合同能源管理、合同环境管理、节能技术交易、节能环保产业投资等相关的金融服务工作，服务对象包括103家交易所各类会员单位，27家金融服务机构和中国节能协会下属节能产业专业委员会798家会员单位。

策行为首先受到环境效益影响。对于环境外部性为负的投融资行为，采取规避态度。环境外部性为正的行为，在同等回报率和风险水平线，优先考虑”。其中，环境效益包括但不限于主要污染物、温室气体排放和减排、节能节水节地效果、生态多样性保护、以及参与者健康影响等。

绿色金融的概念包含两层含义：一是金融业如何促进环保和经济社会的可持续发展，二是指金融业自身直接服务于可持续发展。前者指出“绿色金融”的作用主要是引导资金流向绿色开发和绿色产业，引导企业生产注重绿色环保，引导消费者形成绿色消费理念；后者则明确金融业直接参与可持续发展，避免注重短期利益的过度投机行为，甚至于直接与节能环保等绿色产业①挂钩。为此，国内 2009 年至今的绿色金融行动可以根据主体性质划分为两大类——传统金融机构的绿色金融服务拓展和新兴绿色金融机构发展。

（一）传统金融机构的绿色金融服务拓展现状

传统金融机构的绿色金融服务内容主要包括银行业绿色信贷行为、基金类绿色产业投资行为和其他金融机构的绿色金融服务创新。

第一，银行业绿色信贷。绿色信贷实践中，2007 年兴业银行率先加入赤道银行行列，国内兴业、浦发、招商、平安、北京银行等 5 家机构分别加入世界银行、亚洲开发银行、欧洲开发银行和法国开发署等机构各自设立的绿色信贷计划。合作模式在各期分别采用“联合投资”“委托代投”“损失分担”和“专项扶持”等形式。各行专项绿色信贷规模从 1 亿到 70 亿元人民币不等，贷款利率水平基本遵从央行基本利率。在国内外各项政策引导和行为支持下，国内形成超过 1 万亿元总规模的绿色信贷。但从实际操作上来看，“南水北调”“绿色工业园区建设”“各类型生产设备的上大压小”等以城市政府为主导的基础设施和环境建设投资行为也可能包含在统计口径内。传统金融机构进行绿色信贷时，还是以风险控制为导向，无法将投资方向定义为“以扶持环境外部性为正项目建设为第一要务”。上述 5 家银行下属绿色金融部门所运营的绿色信贷规模与环保局统计口径的绿色信贷规模相较，占比微小，但是在国内狭义绿色信贷产

---

① 绿色产业采用广义概念，指该产业的外部性为正，且溢出效应体现于环境、能源、健康等领域，并非经济收入。

品的推广方面却处于主要推动地位，更重要的是良好带动了各家银行绿色金融服务部所在城市的绿色金融服务系统建设，比如兴业银行的与地区碳配额价格挂钩的超短融产品和北京银行的小巨人计划，就为北京当地节能服务企业提供了逾40亿规模的绿色信贷支持。

2012年银监会出台《绿色信贷指引》后，国内商业银行逐步建设完善自身绿色信贷管理流程，在业务准入、贷前尽职调查、环保一票否决、审批快速通道、贷后审核方面加强了绿色信贷的推广和监管力度。逐步启动传统信贷业务的绿色化改造，对社会投资偏好有了很强的绿色化推动作用。

第二，基金类绿色产业投资行为。国内于2009年年底在广州成立广东绿色产业投资基金，总规模50亿元中广东省科技厅5000万元引导资金引人瞩目，重点针对广东省境内各市LED改造投资。其后在2010年，光大银行广州分行再给予200亿元的贷款配套，广东绿色产业投资基金号称总规模高达250亿元。其后，浙江诺海低碳基金、国家低碳产业基金、西宁国家低碳产业基金，北京、上海和重庆成立新能源与环保股权投资基金等，近期在深圳前海、宁波、湛江等地又掀起了新一轮的城市绿色基金建设浪潮。绿色产业基金投资方向主要为新能源、环保技术、节能产业。总体基金运作思想均以政府政策引导为主，立足于国家新能源产业规划、应对气候变化行动或者合同能源管理引导政策，针对业务覆盖区域的目标产业进行VC和PE投资。也许正是过度依靠政府，当投资基金的社会效益让位于市场效益的时候，特别是同期国内房地产等领域的投资收益和风险水平远优于绿色产业时，大部分绿色产业投资基金的商业模式难以为继，例如广东绿色产业投资基金已经接近解体。但是，由于针对的是投资需求总量需求近万亿元的节能和可再生能源开发目标市场，城市绿色基金的建设还将不断继续（表26－1）。

表26－1　“十二五”十大重点节能工程节能量及减排量

重点工程	年节能量	CO_2减排量（万吨/年）
燃煤工业锅炉（窑炉）改造工程	2500万吨标煤	6600
区域热电联产工程	3500万吨标煤	9000

续表

重点工程	年节能量	CO_2减排量（万吨/年）
余热余压利用工程	700 万吨标煤	1600
节约替代石油工程	3800 万吨标煤	11600
电机系统节能工程	200 亿千瓦时/年	1600
能量系统优化工程	—	—
建筑节能工程	5000 万吨标煤	13000
绿色照明工程	290 亿千瓦时	2300
政府机构节能工程	—	—
节能监测和技术服务体系建设工程	—	—

第三，其他绿色金融服务创新。该类别绿色金融行为主要是各金融机构为追求金融创新实验和媒体曝光率而开展的各类实践。比如，低碳熊猫金条、低碳信用卡、CCER 质押贷款、碳排放配额超短融产品、合同能源管理、应收账款抵押担保、节能和新能源产业收益资产证券化等。特点是金融机构基于自身固有业务，以低碳绿色为产品新增亮点，或嫁接风险防控手段，起到市场推广作用，尚未常态化稳定运营。

综上所述，传统金融领域对绿色金融的关注催生了银行系统《绿色信贷指引》的出台，各级金融从业人员也逐步关注于绿色金融业务发展，对传统金融业务的绿色化发展产生了推动作用。但是传统金融机构的风险厌恶和逐利性，制约其投融资导向。同时绿色产业发展仍然处于初期，对传统金融机构的绿色金融业务的支撑作用尚未体现。两者之间的配合仍然存在诸多问题，直接导致了绿色金融实践的表象化和实验性。

（二）新兴绿色金融服务机构发展现状

新兴绿色金融服务机构在绿色金融市场中较为活跃的包括三类：绿色金融产品开发机构、环境权益中心和第三方服务机构。

第一类，绿色金融产品开发机构的实践主要自 2004 年开始，依靠《巴厘路线图》和《京都议定书》，在国内逐渐趋热的清洁发展机制（CDM）项目开发和投融资行为。由于欧洲的碳金融理念借由经核证减排量（CER）和自愿减排（VER）大宗采购的强势输出到我国，正迎合国内当时减排成本较低且产业规模巨大的现状。国内 CDM 开发投资的繁荣形成了中国供应减排量占全球交易市场 50% 以上交易份额的情况，而碳市场年交易规模一度高达 400 亿欧元（2012 年）。国际投行如高盛、三井住友、瑞穗，国内大唐电力、兴业银行、中信银行、中石油等均设立碳交易部门专门从事 CER 开发和交易，为配合 CER 交易，金融机构推出如碳金融履约保函、CER 抵押贷款等系列绿色金融产品。自 2012 年，受国际气候变化谈判滞后，《京都议定书》二期未能达成；欧洲经济不景气，配额超发；以及欧洲排放权交易体系（EUETS）受黑客攻击崩溃三方面因素影响，当年的 CER 期货价格从 14 欧元（最高曾达 28 欧元）一路下跌至 0.5 欧元以下，碳交易市场崩盘（图 26 - 1）。

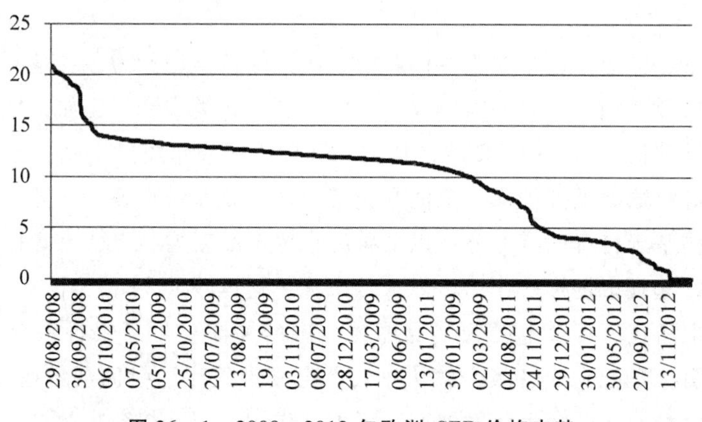

图 26 - 1　2008—2012 年欧洲 CER 价格走势

资料来源：欧洲洲际交易所。

从绿色金融产业发展意义上来说，中国的 CER 交易品是国内第一个全球同质的绿色金融交易产品，一步到位地实现了碳金融产品的期货化，且连续交易繁荣和规范，为未来的绿色金融产品开发提供了绝佳的借鉴。

环境权益交易中心的发展动力来自 CER 等减排量交易产品天然的期货属性。由交易产品量化的是实体经济未来的环境外部性效果，所以当期交易环境权益相当于是对未来实体经济取得的环境收益或者环境责任的一次套期保值。环境权益市场的底价应该为社会平均减排成本，价格波动区间取决于减排成本的变动预期，交易中心的连续成交将形成环境权益的定价机制，为掌握该类绿色金融产品定价权，全国各城市先后组建环境权益交易中心30多家，交易品种涉及CER、VER、二氧化硫排放指标、化学需氧量（COD）排放指标、节能量等。最后根据国家区域排放权交易试点行动，形成了北京、上海、天津、广东广州、深圳、重庆、湖北武汉七大交易试点实行区域温室气体配额强制交易，并且就中国经核证减排量（CCER）正式推行场内交易，计划于2016年启动环境交易中心整合，有望于2017年形成国家级的碳权绿色金融交易中心，其他如排污权、林权、节能量、清洁能源和可再生能源等，也有可能在此类绿色金融交易中心推出相关品种。

其他第三方服务机构，依托绿色金融产品开发机构和交易中心开展中介和确权行为，例如中国环境认证中心、美国通标公司、中国船级社等单位均可从事绿色金融产品CER、VER和CCER的审定和核查，为市场规范化运作提供了必要支撑（图26－2）。

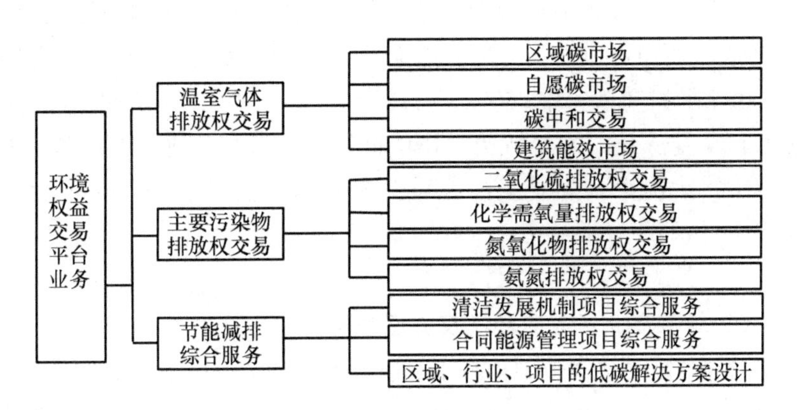

图26－2　环境权益交易平台业务结构

新兴绿色金融机构的出现来自于国际市场绿色金融模式的输出，但从本质上来讲都是希望通过金融工具和公开市场操作，实现资本向环境外部性为正且实现成本最低产业的快速流动。即使实践中偶有波折，但是先驱作用明显。特别是碳权等绿色金融产品的标准化远期交易合约场内交易行为，为未来各绿色金融服务提供了参照依据。

二　绿色金融与绿色产业协同发展的问题分析

尽管传统金融和新兴金融机构的绿色发展并举，市场关注度不断提升，国家政策引导扶持力度不断加强，但是国内绿色金融并未真正进入高速发展阶段，距离繁荣更是遥远。其主要原因还需要归结于，绿色产业并未真正成为我国经济发展的主要驱动力，无法带动绿色金融业协同发展，具体表现为。

（一）绿色产业投资回报尚未对绿色金融发展形成激励

部分绿色产业的确有较高的投资回报水平，但是由于规模效益尚未形成，分摊研发成本推高技术溢价，市场推广成本居高不下等因素造成部分绿色产业的投资回报率水平并没有达到极高水平。以哈尔滨市的LED路灯改造项目为例，采取合同能源管理模式25000盏180瓦LED路灯替代400瓦高压钠灯，当地年照明时间3000小时，电价0.95元/度，项目实际节能比例为60%，采取合同能源管理模式与业主进行5年8:2分成[①]，项目投资4887.5万元全部银行贷款，利率水平10%。对项目总体而言，在10年设备使用寿命内，净现值8755万元，IRR为42%。但节能服务公司方面由于承担利息和年250万运行成本，并且只分享5年的节能收益，即使税收享受三免三减半优惠，IRR也仅为-23%，项目净现值-3212万元。在此案例中，节能服务公司并没有超额利润可与绿色金融机构分享。

（二）绿色产业形成的环境权益还需确权

在识别风险无法规避的前提下，直接投资环境效应本身似乎是绿色金融开展的良好途径，因为对标准化后的环境权益产品定价是金融机构的专长。“交易什么？什么价？怎么交易？”，也就是“确权、赋值和流通”成为了需要解决的新问题。可惜的是绿色金融产品的“确权”是公权力对环境外部性的法律约束表现。对于环境外部性为负行为的惩罚措施尚未完全确立的时候，环境权益的顶价尚处于底价之下，即使有了完善的定价模型和交易机制也无法形成对正外部性绿色行动的激励。

（三）绿色金融是真正的高风险投资

风险方面，一方面大部分绿色产业所属企业为轻资产的技术密集型企

---

① 真实案例，5年8:2分成或10年5:5分成为LED路灯改造常用分成比例。

业，没有资产可供抵押。更重要的是绿色革新技术依然处于高速发展期，即使今天看来足够绿色的技术在不远的将来也会被替代，当期规模化投资的生产线迅速沦为技术落后淘汰产能。这造成了金融机构的识别风险。这种风险是可怕而具有颠覆性的。例如，太阳能光伏板和光伏膜技术的光电转化效率就在以每半年0.5%的速度提升，部分光伏企业被逼提高融资成本，以投资现有水平光伏电站偿还生产线建设负债。又如，LED整体封装技术的成熟和模块化生产安装推广，造成LED整体成本下降，其他节能照明技术如无极灯、高温氙灯等完全失去竞争优势等。一定程度上来说，绿色金融无法快速发展的原因就是绿色技术革新的速度太快，绿色金融的创新速度难以跟随，同时当期投资的产业化规模化的绿色技术在短时间内就被证明为“不够绿色”。识别风险让金融机构为之望而却步。

三　针对存在问题的解决办法

（一）推动绿色产业形成稳定现金流

稳定现金流可以弥补部分绿色产业投资回报率较低的影响。这种解决方式在国内已经有了较多实践，例如北京机动车摇号制度中清洁能源汽车的高中签率；大型发电企业承担11%可再生能源发电指标；强制性脱硫脱硝等。上文的哈尔滨市LED路灯改造案例也可以通过资产证券化全部节能收益，贴现业主节能分享比例，并确认能源费用债权的方式，形成5年期稳定因收账款。或者节能服务公司降低节能收益分享比例，由业主承担融资成本，引入融资租赁公司形成节能设备租金的方式形成5年期节能设备租赁收入。风险厌恶程度较高的金融机构将更乐于针对稳定现金流开发其绿色金融产品。

（二）环境产品确权和定价机制结合

环境产品的确权只能通过立法手段实现，该过程一般严谨而漫长。但立法的内容可以与市场定价机制结合，以求缩短后期赋值和流通的实现速度。比如，在7省市区域排放权交易试点中，上海、深圳和北京的地方性执行法规或市长令中就出现了“处以排放权交易半年平均交易价格市场价格3倍罚款”或“市场上一年度交易价格1.5倍罚金”等内容。这种确权和定价机制结合的“顶价无上限”约定确权，充分赋予了市场定价权，并激励交易热情，金融市场的资源配置作用将得到有效发挥。

（三）多样化和集中化发展环境权益交易平台

在信息完全对称条件下，识别风险将不复存在。在实践中趋近信息完全对称条件的有效做法之一，就是建设专业交易平台。在交易平台中最大限度地聚集市场相关信息，并且以经济利益驱动市场参与主动获取信息就能有效跨越识别风险。因为市场参与者将充分利用每一秒信息不对称存在的时间来买进或卖出，制造市场波动，取得收益，在绿色金融领域更应该如此。全国统一的碳交易市场有望在2017年建设完毕。光伏产业针对标准化光伏板、光伏电站、甚至“路条”也可以采用同样的交易平台建设模式。LED产业针对芯片、电源等原件也是如此。LNG、可再生能源发电配额、林权等同理。在绿色产业内部以行业划分，在行业聚集地城市形成众多交易平台，并根据业务关联度和交易规模逐步整合集中。在交易平台中，金融机构将以自身最擅长的方式完成绿色转型，因为根本没有发生任何转变，一切金融操作与股票市场和债券市场并无二致，仅仅是交易品变成了环境权益。

四　绿色金融发展前景分析

（一）危机影响变革

目前来看，2015年我国绿色金融发展面临前所未有的挑战，首先是国际油价暴跌扼杀了页岩气、生物柴油、燃料乙醇、清洁能源汽车等绿色产业的发展动力。其次是经济增长趋势放缓降低企业能源消耗，缩小节能市场。以及地方债务和大型企业违约等金融风险高发导致金融机构惜贷。但是，环境的报复迟早会以更猛烈的方式倒逼绿色产业和绿色金融的发展。比如，环境压力直接转嫁于城镇医疗成本，海平面上升导致沿海城市筑堤，资源型城市开始直接捕捉和封存温室气体，城市供热直接使用民用化核小堆，等等。如果相信技术能够成为危机的解决方案，那么无论是哪一种解决方案，绿色金融都将加速城市的绿色产业变革趋向该种解决方案的进程。

（二）创新带来发展

危机的多样性将不断为绿色金融领域带来新一轮投资热点，2009 年前后是国际碳市场的繁荣，2010 年是环境交易平台建设，2011 年是合同能源管理模式推广，2012 年是云计算和低碳经济讨论，2013 年是可再生能源投资，2014 年京津冀一体化雾霾防治投资。即使被其他金融热点所掩盖，但是绿色金融领域从未缺乏题材。实际上任何绿色金融创新都只需要关注环境外部性为正条件下，投资收益的稳定性和风险防控手段即可。2015 年绿色金融创新将更偏好在城市管理领域以非财政支付形式获取收益的投资机会，比如智慧城市建设、高效集中供热、废弃物低温热解发电、电动公共交通等绿色题材。

（三）聚集产生效益

为跨越技术障碍，对抗识别风险，环境权益交易平台的建设还将进一步加强。特别是在互联网金融的快速发展的背景下，这种绿色金融交易平台的建设成本还将进一步降低。各绿色产业的信息门户，如北极星、高工网等，都有可能借 P2P 模式发掘自身绿色金融化潜力。绿色产业实体也有可能启动自身电商运营转型。最初目的可能仅仅是搭上互联网金融的顺风车，但是争夺资源引发的竞争最终会为胜利者带来庞大的聚集效益，可能体现为客源、标准制定、定价权、信息优势、融资等。这些环境权益交易平台都将成为城市绿色金融业的代言人和绿色金融服务业的新名片，直接引导下一轮由城市到区域、再到全国的绿色金融创新和行业整合发展。

城市绿色空间与休闲生活：国际经验与中国现实

宋　瑞*

一　城市绿色空间：价值、分类与标准

绿色空间对社会、经济、文化和环境等维度的可持续发展而言，是极为重要的，这一点已经在全球形成共识。城市中绿色空间通过各种功能来提高人们的生活质量。其生态功能包括保护和维持生态多样性、通过吸收空气中的废气和微小颗粒来改善空气质量；其经济功能在于激活经济并提高资产价值；而最为重要的，是其在社会方面的功能——城市绿色空间，尤其是公园和花园，能够为人们提供放松、游憩和休闲的机会。有证据表明，每天在当地绿色空间来一次轻松的散步，可以降低50%罹患心脏病、中风、糖尿病的风险，降低30%罹患股骨断裂、结肠癌、乳腺癌的风险，降低25%罹患老年痴呆症的风险。此外，亲近自然和绿色空间还能减少压力，促进精神健康。因此，关于城市绿地在城市中的重要性及其价值已获得广泛共识。

生态学家、经济学家、社会科学家和城市规划者将城市绿地定义为，“城市中公共的或是私人开放的、有植被覆盖的、直接或间接可供居民使用的区域”（V. Herzele and T. Wiedeman, 2003）。城市绿地的设计、规划、管理及相关政策的执行，是环境可持续发展的重要讨论命题，在地方和全球层面，都被高度整合到可持续发展之中（B. Tuzin, E. Leeuwen, C. Rodenburg and N. Peter, 2002）。

* 宋瑞，中国社会科学院旅游研究中心主任，研究员。

为了满足居民的需求，城市绿色空间应方便进入、数量充足、质量最优、分布均匀。这是地方政府的主要职责。不同国家，绿地的分类方式不同。为了达到城市绿地贡献的最大化，地方性的、整合式的方法，包括土地分配、基于居民和游客数量的绿地规模和数量、提高绿地对居民或游客而言的可进入性等，被用来应对不同国家、不同城市所面临的挑战（Shah Md. Atiqul Haq，2011）。大多数人声称，造访城市绿地的目的是为了暂时远离日常生活的琐碎，缓解压力（T. Stein 和 M. Lee，1995）。为了满足城市居民在社会、经济、环境、心理等方面的需求，就需要制定一些基于用户感知的标准，在此基础上，充分利用土地资源，提供城市绿地的相关设施（S. Balram 和 S. Dragicevic，2005）。与绿地数量相关的术语有绿化率、绿化覆盖率和人均绿地面积等。表 27－1 显示了城市区域中不同类型绿地系统的最小规模标准。

表 27－1　　城市绿色空间的最低标准

功能	离家最远距离（米）	最小面积（公顷）
小区绿地（Residential green）	150	—
社区绿地（Neighbourhood green）	400	1
住宅区绿地（Quarter green）	800	10（停车位：5）
街区绿地（District green）	1600	30（停车位：10）
城市绿地（City green）	3200	60
城市森林（Urban forest）	5000	>200（相对较小的城镇）
		>300（大城市）

资料来源：V. Herzele and T. Wiedeman, "A Monitoring Tool for the Provision for Accessible and Attractive Green Spaces," *Elsevier Sciences*: *Landscape and Urban Planning*, Vol. 63, No. 2, 2003, pp. 109－126。

二　国外城市绿色空间发展经验：以英国牛津市为例

牛津市以其大学和历史地位闻名于世。自公元 9 世纪建城以来的 800 多年时间里，牛津都是王室和学者们的居住之地。今天，这里也是一个熙熙攘攘的世界之都，很多企业座落于城镇内外，或者是在科学商业园区或者是在诸多居民区。融历史与现代于一身，对于游客和居民而言，在牛津都有很多事情可做。

牛津市拥有大量的绿色空间可供各种年龄的人们放松、玩耍、享受自然、参与游憩或体育活动。这些绿色空间融合了重要的历史景观、可窥见一流城市景观的入口，还包括自然保护区、林地和草地。这些绿色空间犹如城市的肺，对于保持和改善人们的健康、福祉具有重要意义。根据牛津2009年城市调查显示，人们非常重视绿色空间，在市政提供的各种服务中，公园是人们使用最多的一项，其中79%的受访者表示他们至少每个月使用一个公园和开敞空间。受访者对公园的满意度超过80%。这一切自然与市政府有关部门及其合作伙伴的长期努力密切相关。

长期以来，牛津市制定《绿色空间战略》，并定期进行更新。最新的版本是《绿色空间战略：2013—2027》。该战略是基于建筑和人工环境委员会提供的最佳实践和指导制定的，同时得到了一个致力于改善公园和开敞空间的全国性慈善机构——“绿色空间”的帮助。该战略确定了如下目标：保护和促进牛津市的公园和开敞空间；为公园和开敞空间的规划、管理提供清晰的目标和方向；为市议会提供发展决策和规划协调的坚实基础；寻找能协作改善公园和开敞空间同时提供经济价值的途径。

在地方层面上，该规划的制定，需要和其他方面的计划相衔接。其中最重要的包括如下几个：（1）《牛津市议会核心战略：2026》：该战略于2011年3月更新，确定了牛津市到2026年的空间规划框架。《绿色空间战略》与其中第CS17（基础设施和开发商贡献）、CS18（城市规划、城镇景观特色、历史环境）、CS21（绿色空间、休闲和体育）、CS12（生态多样性）相一致。（2）《牛津市议会企业规划：2011—2015》：其任务是致力于实现其核心目标——“建设一个服于每个人的世界一流城市”。市议会在企业发展方面优先考虑：CP1（富有活力的、可持续的经济）、CP2（满足住房需求）、CP3（强大的活跃的社区）、CP4（让牛津更清洁、更绿色）、CP5（富有效率和效力的议会）。（3）《牛津市休闲和公园服务计划》：其任务是提供“世界一流的公园、开敞空间和休闲机会，来提高每一个在牛津生活的、旅游的、工作的人的生活质量”。（4）郊区议会和社区论坛：作为其社区计划的一部分，制定其当地单独的绿色空间战略。《牛津绿色空间战略》具有灵活性，从而将上述规划的目标、优先领域等融合、协调在一起（图 27 - 1）。

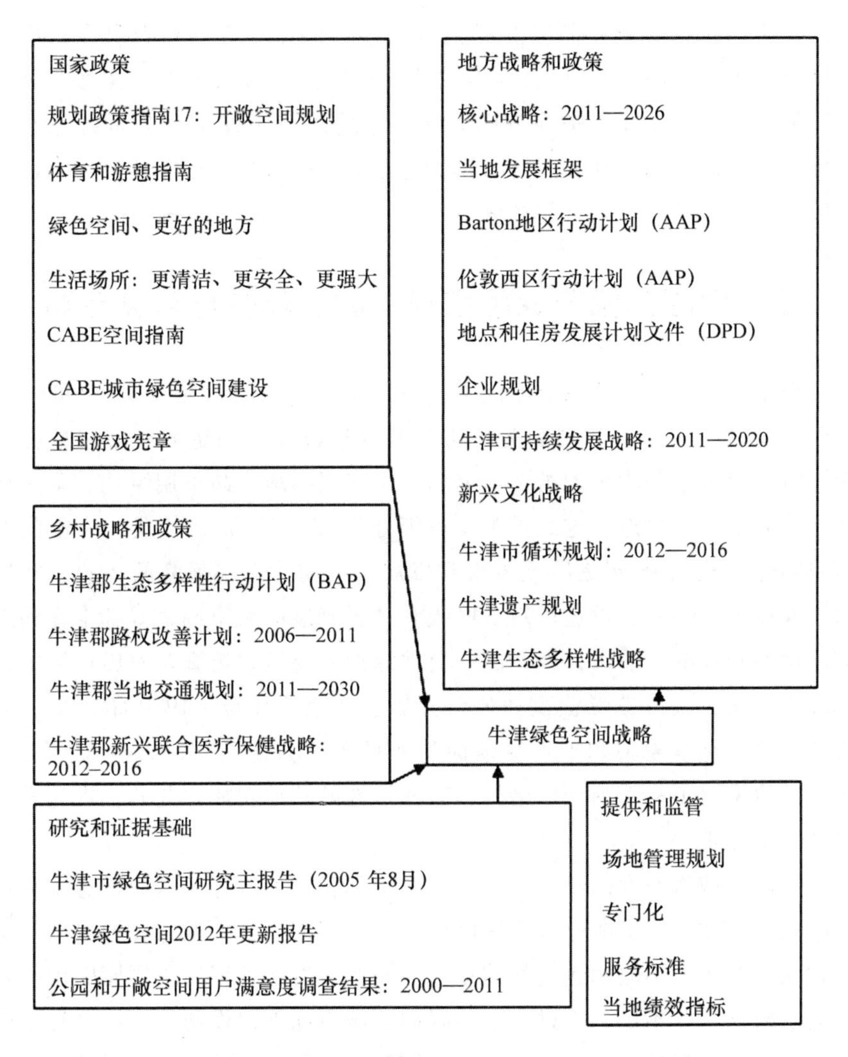

图 27 - 1

资料来源：*Oxford Green Space Strategy : 2013 - 2027* ，http：//www. oxford. gov. uk/Library/Documents/Policies% 20and% 20Plans/Green% 20Spaces% 20Strategy% 202013 - 27. pdf。

牛津绿色空间的愿景是“提供世界一流的公园和开敞空间，提升每一个在牛津生活、访问和工作的人的生活质量”。围绕这一愿景，该战略提出了六个方面的目标：（1）建立绿色空间供给数量标准，确保牛津能拥有足够的绿色空间来满足所有居民、工作者、游客现有和未来的需求；(2) 确保每个在牛津生活、访问和工作的人都能够很容易进入开敞空间；(3) 在整个牛津提供高品质的绿色空间，包括那些质量和吸引力得到全国范围认可的空间；(4) 更好地发挥绿色空间在城市生态多样性、可持续发展、遗产和文化保护等方面的核心作用；(5) 更好地发挥绿色空间在促进城市健康和福祉方面所发挥的核心作用；(6) 支持绿色空间设计和养护过程中的社区融合和社区参与。

三　中国的城市绿色空间：供需矛盾与解决方案

在中国，对于绿地系统的定义、范围和分类依然存在争议。2002 年，当时的建设部（2010 年更名为住房与城乡建设部）制定的城市绿地标准中，将城市绿地分为 5 大类，即公园、生产用绿地、防护用绿地、附属绿化、土地及其他绿地。这 5 大类又可细分为 13 中类和 11 小类。中国的城市空间体系从 1949 年之后逐步得到发展。最初，借鉴苏联的经验，在城市不同绿地系统中，设定市级、区级和社区层级的城市绿地服务半径和人均绿地面积标准。后来，植物园、公共绿地、果园、苗圃及农田也被纳入了绿地范畴，城市被带状森林公园、蔬菜基地等环绕。1970 年以来，明确了提高绿化覆盖率和平均绿地面积的任务。为使公共绿地分布更为合理，政府采取了一系列积极措施，兼顾绿地的其他功能。此外，也建设了郊区环城绿带。

居民对城市空间的不足、分布不均衡和管理不善等问题的抱怨不时见诸报端。对北京、上海等人口密度极高的大都市而言，最主要的原因是土地稀缺以及土地不同用途之间的竞争。而在欠发达地区，主要原因可能是公共财政支持的不足。不过，空间限制、城市绿地建设与管理体系复杂而分散，在哪里都是不能否认的事实。按照广义概念，城市绿地系统包含以下组成部分：市政公园、社区公园、河流、溪流、沿海湿地、风景名胜区、森林公园、耕地、林地和自然保护区。不同的政府部门负责具体建设、维护和管理。在市级政府之上，则由国家或省级部门制定全国性或省域规范来管理城市绿地系统的不同组成部分，并对其中某些部分的关键领域进行直接管理。绿地系统的空间边界、土地使用目的和建设活动分别由城市规划部门进行规划控制，由国土管理部门进行数量定额控制。这就需要不同部门在规划和实施过程中进行协调。这种协调的效率，决定了城市绿地管理的结果（Dingxi Huang et al.，2009）（表 27 - 2）。

表 27 - 2　**中国城市绿地系统管理机构层级**

国家	省级	市级	公园	社区花园	河流与溪水	海洋湿地	风景名胜区	森林公园	耕地	林场	保护区
建设部	建设厅	规划局	°	°	°	°	°	°	°	°	°
		市政或园林局	*	*	*		*				
国土资源部	国土资源厅	国土资源局	°	°	°	°	°	°	° *	°	°
中央水利部	水利厅	水利局			*						
林业部	林业厅	林业局						*		*	
农业部	农业厅	农业局							*		
国家海洋总局	省级海洋主管部门					*					
国家环境保护总局	环保部门	环保局									*

* = 主管保护与建设；° = 主管规划。

资料来源：Dingxi HUANG, Chuanting LU , Guanxian WANG , Integrated management of urban green space - the case in Guangzhou China, 45th ISOCARP Congress 2009。

2013 年笔者主持的一项全国范围的调查显示，绿色空间不足的问题极为显著。表 27 - 3 是针对“你是否认为有必要改善或提升现有的休闲场所、设施、服务和环境”所做的回答结果。显然，与商业设施相比，人们更期待增加和改善公共休闲空间（尤其是公园和绿色空间等）。

表 27 - 3　**增加或改善与休闲相关的设施/场所/服务/环境的必要性**

排序	增加或改善以下与休闲相关的设施/场所/服务/环境	均值
1	小区/村公共休闲活动场地及相关设施（户外）	4.16
2	社区/村民活动中心（室内，且提供服务）	4.12
3	绿地/广场/城市公园/郊野公园及其他开敞空间	4.11

续表

排序	增加或改善以下与休闲相关的设施/场所/服务/环境	均值
4	散步/跑步/骑自行车专用道	4.10
5	图书馆/文化馆/艺术馆/博物馆/展览馆/动植物园/科技馆等	4.01
6	各类景区景点/农家乐/主题公园等	3.97
7	电影院/剧院/剧场/演出场地等	3.96
8	商业街/Mall（综合购物中心）/城市综合体	3.95
9	KTV/歌厅/酒吧/咖啡厅/茶馆/书吧	3.91
10	健身房/瑜伽馆/游泳馆/滑雪场等	3.90
11	羽毛球、乒乓球、台球等一般球场/球馆	3.85
12	高尔夫球场/马术练习场/击剑馆/网球场等	3.78
13	网吧/游戏厅/电玩城/桌游吧	3.76
14	足疗/养生/保健/浴场/温泉/美容场所	3.66
15	酒店/度假村/会所/康体俱乐部等	3.65
16	开放学校和单位体育馆/操场等	3.63
17	提供更多、更方便的公共休闲信息	3.60
18	增加与休闲相关的非营利性社团组织	3.58
19	降低或免除各类公共性休闲资源的使用价格（如门票等）	3.45
20	改善周围的户外环境（空气质量、植被绿化等）	3.42

认识到绿色空间的重要性，越来越多的中国城市积极采取措施。以广州为例，十几年前，广州市政府通过行政指令的形式提高全市整体环境质量。这一行动计划被称为“青山绿水，碧水蓝天”。该行动计划的草案完成后，向不同政府部门和区政府征求意见，以确保该任务是在负责主体的能力范围之内。定稿后的行动计划提出，要建立或改善全市119平方公里的绿色空间，包括在城市核心区总面积约为33平方千米的14块绿色空间。该计划在2003年顺利地实施。市政府依靠行政力量进行统一部署，同时投资相对充足，使得任务得以成功完成。截至2006年10月底，共计131平方公里绿地（包括36平方公里的城市核心区）处于建设或升级之中。在其他一些城市，通过市政府的努力，越来越多不同类型、富有地方特色的城市空间得以建成。比如，南京拥有得天独厚的自然地理条件，根

据城市中心的历史文化景观，该城市的绿地系统呈现条状；在苏州，水循环系统被用来构建绿地系统，而其邻居杭州，则充分利用四周山峰围绕的地理环境，因地制宜地建设绿地系统；2012 年，上海市委、市政府宣布将在 2015 年前新增 5000 公顷的绿化休憩用地以改善城市的环境，其中一半面积将分配给开敞空间。据官方估计，上海人均公共绿地面积平均将从 2011 年年底的 13.1 平方米上升至 2015 年的 13.5 平方米，居住在内环路内的市民出门不到 500 米就会有一个面积超过 3000 平方米的公共绿地。

目前中国的城市人口规模排名世界第一，170 多个城市人口超过百万，其中 7 个城市超过千万。而且，到 2025 年，预计将有 70% 的人生活在城镇地区，人口规模相当于德国和意大利。到 2030 年，中国的城镇化率将达到 70% 左右，3 亿人将从农村移居城市。这种人口变化意味着，对城市水、电、土地、食品、房屋、学校、医疗以及休闲空间和设施的需求都将继续增长。这需要城市绿色空间大幅度的改善，甚至是革命。

亚太地区减贫制度比较及对中国的启示

万海远*

一 亚太地区减贫制度的比较

（一）减贫的组织协调机构

从减贫的制度设计上来看，各国因其社会情况、历史、经济及文化条件的不同，具体的减贫协调组织机构也有所差异。从表28－1可以看出，中国在1986年虽然建立了一个政府首长统领及统筹的“国务院扶贫办公室”，但是这个机构并不具有跨部门统筹的扶贫协调能力，对其他组织或部门不具有强制执行力。如对民政部的社会救助制度、发改委的以工代赈制度、国家民委的民族扶贫制度等。而比较来看，像加拿大就成立了一个由中央或联邦强制组织协调的扶贫机构，从而能在全国所有行业、部门、领域内达到系统设计、资源统筹。最重要的是，国外不少政府在减贫领域与民间组成扶贫伙伴，从而在制定扶贫策略时将他们作为智囊及重点咨询对象，而在执行政策时作为动员社会资源的合作伙伴，最后在监督政府执行效率时又作为独立的第三方。

表28－1　部分亚太国家的扶贫减贫协调机构

	印度尼西亚	中国	菲律宾	美国	加拿大
具有政府首长统领的实权扶贫机构	√	√	√	√	√
跨部门、统筹的扶贫协调机构	√	×	√	√	√

* 万海远，博士，国家发展和改革委员会社会发展研究所副研究员。

续表

	印度尼西亚	中国	菲律宾	美国	加拿大
制定全面扶贫战略、贫困线及贫困指标	√	√	√	√	√
扶贫战略的公开咨询与减贫效果定期评估机制	√	×	×	√	√
与民间组成扶贫伙伴	√	×	√	√	√

注：作者根据资料整理。

在中国，为了实施“八七扶贫攻坚计划”，政府建立了一个全面的组织体系。该体系包括以国务院扶贫领导小组为首的从中央到地方的各级政府部门。国务院扶贫开发领导小组成立于1986年，是中国最高的扶贫领导机构，它是非常设性机构。目前，中国实施社会发展与减贫政策项目的资源包括中央与地方政府投入、社会捐助、居民个人负担、外资合作投入等多个渠道。由于中央投入相对不足、地方财政困难、居民个人收入有限，再加上各项扶贫资源不能有效整合，致使一些社会发展与减贫政策项目的实施因资源投入不足、结构失调、覆盖范围有限、扶持力度不足而降低了减贫效率。而且，在跨部门、统筹的扶贫协调方面，中国扶贫政策项目实施的管理体系需要进一步完善。目前，包括实施管理主体与层级多、规划制定与审批不科学、不同政策与项目之间不协调、财权事权不统一、权责利不清晰等问题，致使一些政策项目进展缓慢、交叉重复、效率低下，降低了可持续性。

（二）分权与激励的制度设计

在西方民主国家下，分权与制衡无处不在地体现在扶贫领域，从资金的筹集、使用、管理和审计等都由不同的机构来执行，而且不同机构之间都相互制约，从而真正的实现了财权和事权的分离与匹配。在印度尼西亚，从20世纪80年代就开始加速民主化和市场化的进程，分权思想开始渗透到扶贫领域中来，特别是资金的筹集、使用、管理、审计等都由不同的机构来执行。在此基础上，印度尼西亚还建立了一个扶贫效果提升的激励机制①。在所有的扶贫机构中，对于扶贫成本低、效率高，减贫效果好

① 印度首脑办事机构（其全称为国家落后阶层工作委员会）中，所有机构领导或负责人的薪资水平都与扶贫资金的绩效紧密挂钩，这样就能激励他们减少扶贫资金的浪费，并提高扶贫工作成效。

的机构或个体给予一定的特别奖励，这样就极大地鼓励和调动了每一个人做好减贫工作的积极性。这样，在较低成本条件下，就可以达到激励相容的效果。

然而，中国在政治集权的大制度背景下，扶贫仍然还是以政府主导下的扶贫开发为主，扶贫战略的制定、实施、监督、管理都是由政府来负责，扶贫资金的筹集、使用和评估也同样由政府来统筹，其他社会机构或个人只是作为政府减贫背后的一个补充力量。所以，在这种制度和政策背景下，中国减贫过程中的激励和分权思路很难真正有效落实。虽然，近几年中国政府一直强调要鼓励和支持社会参与到减贫中来。然而，由于各种制度、政策的限制，社会力量、国际组织和个人仍然难以在减贫事业中起到主要作用。

（三）独立第三方定期监督评估制度

一般来说，良好的制度安排可以促进参与、加强问责和改进协调。其中，尤其重要的是，需要对减贫工作进程和最终效果能准确地监测、分析和评价，所以在一个好的减贫制度或模式中，必须要有一个独立的第三方评估制度。在这方面，加拿大的制度设计具有较好的借鉴意义。从制度本身来看，加拿大从贫困指标体系的设计基础、目标层次、结构系统和指标选择方面进行了设计。从扶贫实施来看，加拿大将贫困测度指标分为三类，一是贫困人口数量，二是贫困人口的收入水平，三是综合指标，如Sen 指数、FGT 指数。一般来说，它会采用综合化的方式，利用贫困发生率、收入缺口比率和 FGT 指数来不断衡量本国的减贫进程。

在加拿大等国的实践示范下，有越来越多的国家也逐渐认识到减贫进程监测和评估的重要性，从而 2013 年世界银行也不断改进其对全球各国减贫进程的监测评估。世界银行近日公布的《2012 年越南贫困评估报告》就利用贫困人口的瞄准度、资金的使用效率等指标来评估越南的扶贫成效。其中指出，过去 20 年越南扶贫工作取得成效，贫困率从近 60% 降至目前 20.7%；越南 53 个少数民族仅占全国人口的 15%，却占贫困人口的50%。大部分少数民族人口仍生活在基础设施落后、劳动效率低下的边远地区。根据世界银行的监测数据，他们认为，越南应考虑通过扩大农村地区、生产领域和中小企业投资，使各阶层民众都能受益。在这一评估报告和其他扶贫努力的帮助下，越南逐渐调整了其扶贫策略。

（四）动态反馈机制

在减贫的制度设计中，一个重要的方面是政策与实践的反馈互动过程。中国是一个自上而下的威权体制，政府从上而下主导了全国的减贫过程。世界银行（2005年）的比较研究发现，从上而下的制度能保证中央政府的减贫努力得到较好地落实。但是，由于缺乏一个良好的上下沟通协调与反馈机制，一旦政策制定过程中出现偏差或者漏洞，有偏误的政策往往也被得到完整执行，从而导致了减贫的低效率。

对比来看，加拿大实行的是三权分立式的减贫模式，它们与民间组成扶贫伙伴。这些独立的第三方，在制定扶贫策略时可以作为智囊及重点咨询对象，在政策执行后又可以作为独立第三方对政策效果进行监测，之后把评估结果动态反馈给政策制定部门。可以说，在减贫的每一个环节和过程中，独立第三方都可以及时地把他们的意见或者建议动态反馈给各级政府扶贫机构，从而实现了政策与实践的良性互动。

（五）减贫进程的进入退出机制

在美国，它建立了一个由政府、个人、企业和社会组织共同参与的开放式平台。政府和个人相结合，推动非政府组织不断壮大，为农村劳动力提供素质培训和就业指导服务，从而大规模减少贫困。事实证明，NGO组织的扶贫效果要明显高于政府自身。2008年亚洲开发银行和泰国政府宣布分别向泰国启动各自3亿美元的减贫项目[①]。经过几年的运行，经泰国朱拉隆功大学的评估后发现，NGO组织的减贫效果要远远高于政府组织。在这个评估报告的基础上，泰国政府不断开放减贫领域，让越来越多的个人、社会机构和非政府组织参与进来。同时，政府在这些领域合理控制扶贫经费，不断压缩扶贫资源投入，把原来公共部门的资金转移到某些非政府组织，从而建立了减贫进程中一个合理的进入退出机制。

（六）综合减贫制度系统

从制度设计来看，一些国家建立了从运行、管理到监督的一整套制度

---

① 亚行提供的减贫项目集中在培训与劳动力流动的低息贷款方面，另一部分还用于完善金融系统及投资环境，并扶持中小企业完成结构改革；而泰国政府的资助则集中在短期教育和贫困方面。

系统，而有些国家的制度系统则相对不太完善。从表28－2可以看出，美国的扶贫制度体系相对较好，除了不同渠道的扶贫政策会出现不协调之外，他们从贫困线的确定、社会各方的参与到政府扶贫的透明性方面都甚少出现制度漏洞。而从泰国的发展情况来看，制度设计漏洞则比较多，特别是从政府的扶贫信用、政策讨论支持平台建设到社会不同扶贫资源的社会融合等都存在着一定的问题。同样，中国的扶贫制度相对完善，但也存在一定的问题。特别是，虽然政府做出了扶贫发展承诺及行动纲领，但是却没有订立透明及易于监督的公共决策机制，而且地方政府的承诺难以度量且无法问责，社会力量也缺乏便捷的资源参与渠道。最重要的是，扶贫办难以协调民政部、国家发改委和民委的扶贫工作，扶贫资金与项目的统筹没有系统设计，从而造成政策间的协调性不够。

表28－2　　不同国家扶贫制度的问题比较

<table>
<tr><th rowspan="2">目标顺序</th><th rowspan="2">达成目标的困难和问题</th><th colspan="4">问题/困难存在的程度</th></tr>
<tr><th>中国</th><th>美国</th><th>泰国</th><th>智利</th></tr>
<tr><td>1.1. 确立贫困线及贫困指标</td><td>1.1. 科学、客观、易执行、不易被操纵及不会影响目标的指标系统</td><td>×</td><td>×</td><td>√</td><td>×</td></tr>
<tr><td>2.1. 政府作出可信的社会整体发展承诺及行动纲领
2.2. 组建民间主导、广泛参与、科学设置、政府支持的社会发展讨论平台
2.3. 订立透明及易于参与的公共决策机制</td><td>2.1. 有承诺，却无法量度，无法问责</td><td>√</td><td>×</td><td>√</td><td>√</td></tr>
<tr><td rowspan="3">3.1. 政府视扶贫为社会共融的一部分
3.2. 政府设立中央协调机制
3.3. 社会广泛参与</td><td>3.1. 政府信用不足，制造或恶化社会矛盾</td><td>×</td><td>×</td><td>√</td><td>×</td></tr>
<tr><td>3.2. 社会缺乏形成共识的平台和机制</td><td>√</td><td>√</td><td>√</td><td>×</td></tr>
<tr><td>3.3. 社会团体及人士缺乏动力和资源参与</td><td>√</td><td>×</td><td>×</td><td>√</td></tr>
<tr><td rowspan="2">4.1. 扶贫
4.2. 促进社会共融</td><td>4.1. 政府不同扶贫政策间不协调</td><td>√</td><td>√</td><td>×</td><td>×</td></tr>
<tr><td>4.2. 社会缺乏共识，投入资源不足</td><td>×</td><td>×</td><td>×</td><td>×</td></tr>
<tr><td rowspan="2">5.1. 社会经济发展</td><td>5.1. 社会不融和</td><td>×</td><td>√</td><td>√</td><td>×</td></tr>
<tr><td>5.2. 贫富悬殊</td><td>√</td><td>√</td><td>×</td><td>×</td></tr>
</table>

注：笔者根据资料整理。

二　亚太地区不同国家减贫政策的实践

（一）减贫对象的比较

从亚太国家比较来看，我们可以将各国减贫对象的选择模式大致归为两类，包括注重当期减贫效果的以就业为本的模式，和注重未来的以儿童为本的减贫策略。由于美国对于儿童权利和福祉向来十分关注，也把儿童作为抗击未来贫困的最为根本的途径之一。所以在推行减贫工作的时候，以儿童为本作为基础政策方针，家庭因为脱贫需要而不能照顾子女的，可依靠政府所提供的政策及福利，解决子女照顾的问题。

与美国着重未来的减贫思路相比，也有像中国等国家比较注重当期减贫效果的国家。中国推行就业强制减贫政策，它投放大量资金对个体进行劳动力培训，所以他们鼓励就业从而提高生活水平，特别是就业配套完善、其他社会政策的扶助等，从而让贫困个体得到更大的支持，并最终脱离贫困。

（二）扶贫资金投入方式

输血式扶贫一直是泰国传统扶贫的主导方式，它是指扶贫主体直接向扶贫客体提供生产和生活所需要的粮食、衣物等物资或现金，以帮助贫困人口渡过难关。可见，输血式扶贫主要是指各级政府及相关部门出钱物对贫困者直接进行救济，以求得暂时的温饱，其本质是一种社会救助。然而泰国近年来的事实却表明，输血式扶贫模式已不能适应社会新变化，不仅农村返贫率较高，而且不能从根本上帮助贫困者有效脱贫。这样，开始在泰国行之有效的输血式扶贫模式，随着扶贫实践及社会的进步已引起了人们的反思和质疑。

2003年后，亚太一些国家提出使用“造血式”扶贫模式，这对于减少农村贫困确实起到了很大作用。然而，在效率优先的原则下，这种造血式的扶贫战略的减贫效果并不尽如人意。而且，造血式扶贫模式基本上是一种区域性扶贫，很容易忽视贫困户的个体差异，因而真正贫困的农户很难获得一定力度的扶贫，同时，很容易形成短期行为、盲目行动，而且农户往往作为被动接受主体，农户对上级决定项目和强制实施项目不满；造血式扶贫模式仍然是在城乡分割的二元结构下进行的，农村的相对贫困化很难通过这一扶贫措施得到解决，而且最贫困村和最贫困农户常常得不到极端紧缺的减贫资金扶持。这样看来，造血式扶贫方式并非是农村脱贫的终极手段，这可能与贫困的复杂性、动态性、长期性相关，也可能与人们对社会现实变化及其结构的深刻认识密不可分，所以扶贫模式需要输血与造血的协同。这一点，俄罗斯的减贫经验尤其值得我们注意。2008 年开始，俄罗斯结合本国劳动力要素高昂、极端低收入人口比例较高的情况，提出要树立“输血与造血协同互动”的综合扶贫意识，对不同的扶贫对象、不同的扶贫阶段而采取不同的扶贫策略。

（三）扶贫模式设计

从亚太国家比较来看，减贫的模式和阶段大致分为三个，包括进口投入式，改善分配式和市场运作式。进口投入模式认为，拉美的低收入国家严重依赖进口投入从而启动经济起飞，而贫困和饥饿也会随着经济的迅猛发展而自然消亡。以智利为例，在进口模式的带动下，全国贫困发生率降低了 3% 以上。然而，进口投入型的模式难以持久，仅靠经济发展本身并不能消除贫困。所以在这种模式下，大部分非洲国家仍然难以摆脱贫困的厄运。

分配改善模式。在这种模式下，扶贫资金主要面向农村和农户个体，认为只有提高农民的收入和生活水平才能消除贫困。当前，有俄罗斯和泰国等大部分国家在使用。这些国家发起了一些特别项目，从而在农村创造就业机会和改善初等教育，并实施乡村综合发展项目。但是，由于这些国家缺乏制定和执行相应政策的管理能力或政治意愿，乡村综合发展项目的失败率很高。

市场化运作模式。在这种模式下，市场信号是资源有效分配的保证，扶贫主体的来源更加广泛，扶贫资金的筹集更加多元化，如美国和日本等发达国家，甚至如印度尼西亚和泰国也开始使用。另外，扶贫资金的使用效率、贫困人口的瞄准效率和资金的可再生性都得到良好的保障，减贫过程也更具持续性。政府的作用也仅限于消除阻碍市场充分发挥作用的因素，并提供能推动市场调整和经济增长的宏观环境。

（四）项目制运作

在做好扶贫建设项目方面，印度尼西亚积极推进贫困地区劳动力转移就业工作，加大对缺乏生存条件的贫困人口移地扶贫开发力度，完善小额信贷管理办法和运行机制。在印度尼西亚的现拉乡，全乡建立了四个农村劳动力培训及转移情报点，按期对农村劳动力进行技能培训，提供劳务输出信息。可以说，印度尼西亚劳动力流动项目为贫困农户提供了培训的机会，增加了人力资本积累，而且在劳动力流动过程中给贫困农户提供丰富的社会关系网络，而这被视为阻击贫困的有效来源。

为此，印度尼西亚政府不断出台新政，包括“全国辅导社会自立计划”“希望家庭计划”等。而为了更好地实施项目，中央政府还成立了“全国加速扶贫领导小组”。可以说，“全国辅导社会自立计划”是印度尼西亚迄今为止最大的扶贫计划，通过发放小额贷款、提供廉价房屋、廉价水电等措施，实实在在地帮助贫穷人口提高生活质量和生产水平。截至目前，该国已有80%的地区成功地实行了该计划。“希望家庭计划”的主要资助对象是没钱上学的孩童和没钱看病的孕妇。按照设想，每个申请援助的极端贫穷家庭平均每年可获得约65美元至210美元的扶贫资金。实践证明，该计划已成功降低了婴儿死亡率。印度尼西亚政府2013年继续帮助了240万个家庭，2014年该项援助的指标则是300万个家庭。

（五）渐进性扶贫

渐进式整村推进减贫方法，最早是从美国俄亥俄州的扶贫实践中总结出来的。它是以整个村庄为基本单元，以改善生产生活条件和增加收入为主要内容，以整合扶贫资源为主要手段的扶贫开发方式。然而，在美国俄亥俄州，由于贫困人口并没有大批集中连片居住，所以整村推进扶贫方式并没有真正有效地减少贫困人口，反而造成资金的严重浪费，并且很多有限的资金被投入到耗资巨大的基础设施中来，这给高收入和低收入群体产生了非常不同的影响，而且有限的减贫资金被严重锁定，从而大量贫困人口无法从贫困陷阱中脱离出来。

在过去的10年中，中国政府在扶贫方面推出的一个最重要的措施就是整村推进扶贫战略。它的实施改变了过去以贫困县为对象的扶贫模式，短期内使贫困村农户的生产和生活条件得以改善。总体来看，整村推进的效果是显著的，扶贫重点村的农户收入增长要高于全国平均的收入增长速度；在贫困村中，实施了整村推进的贫困农户的收入增长要比没有实施整村推进的贫困村高8%—9%。然而，中国在整村推进过程中同样存在着绝对贫困人口和低收入人群没有从中平等受益的问题。首先，是项目实施过程中过度追求项目的数量而导致单个项目投入严重不足，要求农户拿出大比例配套资金，一些贫困人口没有能力配套而不能参与项目。其次，是扶持对象选择的准确性还有待提高，一些更穷的村并没有纳入整村推进。再次，是整村推进的进度过于缓慢，到扶贫开发纲要结束时，已经确定的贫困村还有相当的比例不能实施整村推进，而一部分早期实施整村推进的贫困村因资金量过少根本达不到整村推进的效果。因此说，整村推进的扶贫模式，也需要与扶贫对象的时空特征相符合，并根据扶贫形势的变化而不断调整。

三　对中国减贫机制的政策建议

（一）调整扶贫新理念

经过40余年的努力，国际社会逐渐认识到，导致贫困的原因是多方面的，包括政治、社会、经济、文化等各方面的因素；同时，在贫困和饥饿状况下，穷人缺少3种最起码的权力，即生产权力、交换权力和享受转让的权力。真正的贫困，不仅在于收入贫困，还有消费贫困、能力贫困等。因此，收入不足并不是导致贫困和饥饿的唯一原因，而且往往也不是最重要和最根本的原因。因此，消除贫困和饥饿的目标不是仅仅通过发展经济和提高粮食产量就能够达到的。真正需要的，是要给予穷人完整的权力，以提高他们自力更生的能力。要在广泛持续的经济增长的同时，通过教育、保健和培训加强对贫困人口的投入，使穷人能获得生产资料和先进适用的科学技术，参与有关生产和交换的决策。

（二）确立减贫新模式

基于某种单一的传统扶贫模式都存在一定的局限性，农村扶贫战略既不是一种单一的输血或造血战略，也不是一种纯粹的区域发展战略，而是一种把救助穷人与实现农村社会和谐发展相结合的战略，与此相适应，输血造血协同的扶贫模式就成为新形势下中国农村扶贫的必然选择和趋势——可取的做法应是基于一定的输血来充分挖掘农村自身的造血功能，以实现农村社会经济的内生性发展。事实上，贫困作为人类社会普遍存在的一种客观现象，内嵌在社会的运行及其结构之中，是社会转型及其变迁的产物。一方面，政府要承担起治理农村绝对贫困的主要责任；另一方面，基于素质的提高和社会进步来增强贫困人口的自身造血机能是农村脱贫的根本途径。否则，无论治理农村贫困问题的对策设计得多么完善，也不可能从根本上解决贫困问题，这既是理论问题，更是一个实践问题。

（三）协调减贫机构

扶贫是一项系统工程，除了开发式扶贫等各项直接减少贫困的政策之外，各项宏、微观政策也都会对贫困人口造成显著的影响。因此，为了有效地减少贫困，需要各个领域的政策配合。扶贫办需要把民政、发改委和民委系统的扶贫资源有效统筹协调起来。如其他非扶贫部门在制定部门政策、批准建设项目时，由扶贫办对这些政策、项目进行评估，防止、减轻对贫困群体的不利影响。特别是，实施扶贫策略要从政府主导型向政府与非政府组织合作模式转变，有效发挥民间组织在扶贫中的作用。同时，为了提高政府扶贫资金的使用效率，中国政府也应当着手探索采用竞争性的扶贫资源使用方式，使更多的非政府组织成为由政府资助的扶贫项目的操作者。扶贫部门的职责则是根据非政府组织的业绩和信誉把资源交给最有效率的组织来运用，并对其进行评估。

（四）整合减贫资源

根据印度尼西亚的扶贫经验，在制定扶贫政策的过程中必须从整体扶贫战略的角度出发，着眼于贫困人口的整体，采用系统和统筹的方法，根据个体特征和对象的特性从不同方面进行设计，这是减贫成功的关键。在此基础上，减贫工作要建立起规范统一、协调配合、层次清晰的标准化体系。因此，要对各项惠农政策制定进程进行调整，已有政策和措施也需要进一步完善和整合。比如，关于贫困人口社会保障与扶贫开发政策已有很多，但由于政策制定部门多元，内容比较分散，没有形成统一的政策体系，无法有效发挥整体效应，因此需要将有些政策予以整合。在资源整合的基础上，还要进一步细化扶贫目标，由原来的以县为目标，细化到现在的以村为目标，甚至把扶贫目标落实到贫困个体。

（五）完善减贫监测机制

缓解贫困不仅要努力减少贫困人口的数量，而且要努力降低处于贫困边缘状态的较低收入人群陷入贫困的风险。在过去扶贫工作中，针对高贫困风险的人群的扶贫政策没有得到应有的重视，从而影响了许多扶贫政策的实际效果。所以，需要在实施下一阶段的整村推进之前，一方面对贫困村进行数据的收集、分析和评价，从而重新认定和调整，另一方面为了保证瞄准的准确性，充分利用国家统计局目前正在做的贫困地图的成果，根据贫困程度来分配贫困村的数量指标，根据农户的实际收入状况来确定个体的贫困状态，从而让扶贫资金落实到真正需要的贫困户中。而且，也要强化对贫困状况的跟踪，以及对各类扶贫投资效果的监测和评估等方面的职能，同时监测分析的结果也要及时反馈到实践中来。

（六）建立减贫问责机制

完善的问责机制是成功推行扶贫工作的先决条件。以爱尔兰为例，当地所有与扶贫有关的政府部门都需要提交年度报告，列出过去及未来的反贫困工作，并设立定量评价指标，并定期向议会及公众报告整体扶贫工作的进度和成效，并为工作不足或不善之处问责。从亚太发达国家过往的经验可以看出，减贫工作的问责机制必不可少，尤其需要设定具体的扶贫目标及策略，提出政府官员的考核与问责办法，在此基础上，建立相应的考核方法和清晰透明的问责机制。

中国城市生活垃圾处理的困境与路径

——以北京市为例

任　苒[*]、荣婷婷[**]

城市生活垃圾处理是体现首都城市形象和文明程度的重要窗口，更加反映了一个城市管理能力和提供公共服务的水平。目前，北京城市生活垃圾处理已经取得了一定的成效，但仍然存在诸多问题：垃圾总量过快增长、处理能力相对不足，新建处理设施规划难、选址难、建设难，根据2008年的数据，北京垃圾产生量约为1.84万吨/日，并且每年以8%递增。照此估算，到2015年，垃圾生产量将达到3万吨/日；垃圾源头分类推进效果不显著；餐厨垃圾收集来源无保证；垃圾转运站面临社会、交通和设施投资的三重压力；分而治之、管理模式单一等，这些都已经成为困扰北京城市发展的突出难题。为破解这些难题，亟需提高北京城市生活垃圾统筹协调管理的综合能力，以更好地为北京城市健康发展服务，也为其他城市提供借鉴与参考。

一　构建城市生活垃圾处理网络

城市生活垃圾处理是一个复杂的、综合的系统。当前，北京城市生活垃圾管理采用“市政规划，属地负责”体制。这种方式值得推行，不仅实现了城市生活垃圾的整体性规划，也考虑到了城市不同区县垃圾处理存

* 任苒，博士后，北京交通大学语言与文化传播学院讲师。

** 荣婷婷，北京师范大学经济与资源管理研究院博士。

在的区域性特征。但从具体实施过程来看，存在着的分而治之的管理现象，与预期效果存在一定的差距。比如：海淀区和朝阳区是北京城市生活垃圾产生量和处理量最为集中的两个地区。相比之下，延庆、大兴等区县生活垃圾处理问题则没有那么棘手。因此，未来垃圾处理中要从以下两个方面着手：一方面是必须在城市垃圾处理的实际运作中不仅要考虑区域的特点，同时要重视北京市整体的处理压力，实现生活垃圾处理的集约化和规模化效应，打破行政区域的限制，按照系统工程的整体性原则，建议将城市生活垃圾处理系统划分为由若干个区域组成的子系统进行统一管理。具体而言，构建一个包括垃圾日产生量等在内的指标体系进行测算，科学合理地把北京市垃圾处理地区分为：特殊处理地区、日常处理地区和一般处理地区。比如海淀、朝阳等规模大，处理难的地区即为特殊处理地区，通州、昌平等为日常处理地区，延庆、门头沟等为一般处理地区，实现市政府统一规划，分区域重点管理，实现综合性与区域性相结合的体系。另一方面是在关注整体性和区域性结合的同时，也要关注动态性的重要性。城市垃圾处理是不断变化发展的，相关部门应当建立相应的监测中心。监测中心应当与市政规划、区域重点管理相协调。分别建设城市内监测中心和城市外围监测中心。城市内监测中心主要针对北京市内的区域，城市外围监测中心主要针对远郊区县。监测中心运营流程应当为“测量数据—存储与分析数据—传输数据—处理数据—反馈意见”5个环节并形成一个循环系统，监测的相关指标可供相关部门作为执法信息，也可作为环保指标进行考评绩效使用，这样便形成了一套集整体规划、区域合作和动态监测为一体的城市垃圾处理网络。

二　长短期政策联动

城市生活垃圾处理规划是城市环境规划的重要组成部分，为城市居民垃圾管理提供行动依据。放眼国际，国外不少国家通过立法来保障和约束城市垃圾管理。德国首都柏林是欧盟地区城市垃圾处理效率最高的城市之一。1972年，德国实施《废弃物处理法》，改变了“末端处理—循环利用—避免产生”的传统思路，转变为“避免产生—循环利用—末端处理”的寻找源头的方式。随着1991年《包装条例》和1994年《促进废弃物闭合循环管理及确保环境相容的处置废物法》的实施，德国的垃圾处理原则得以确认和肯定。日本在城市生活垃圾处理方面的立法和监管同样值得借鉴，20世纪八九十年代起，基于城市环保的角度，日本实施了《循环型社会形成推进基本法》《废弃物处理及清扫法》《资源有效利用促进法》等一系列法律，在这些法律的约束下，日本国民逐步接受和进行“3R”（Reduce、Reuse、Recycle）实践，从源头上有效减少了垃圾生成量。

北京市已经出台了诸如《北京市生活垃圾管理条例》《北京市生活垃圾处理设施建设三年实施方案（2013—2015年）》等法规条列。其中实施方案提出，按照“优先安排生活垃圾处理设施规划建设，优先采用垃圾焚烧、综合处理和餐厨垃圾资源化技术，优先推进生活垃圾源头减量，优先保障生活垃圾治理投入”的原则，切实建立健全城乡统筹、结构合理、技术先进、能力充足的垃圾处理体系和政府主导、社会参与、市级统筹、属地负责的生活垃圾管理体系。该方案具有一定的前瞻性和可行性。未来北京城市生活垃圾处理应当在此现有法律法规的基础上，重点考虑以下两个方面：一方面是进一步制定更加详细、具体的法规条例。比如专门制定生活垃圾分类，制定餐厨垃圾收集运输，尤其是地沟油处理的相关条例，中间转运站的实施运营条列以及末端垃圾处理细则等，这些条列中不仅要有原则性的意见，更加需要涉及具体事项的条文。这就需要相关部门进行细致的实地调研，切忌法律法规的空泛化；另一方面是根据法律条文，分步骤、分阶段实施规划，制定年度甚至是季度的实施方案计划，具体分解每一年、每一季度需要处理和达到的目标，把城市生活垃圾处理真正具体落到实处。

三 垃圾处理环节联动

城市生活垃圾处理是一个循环连通的过程，包含垃圾的收集分类、中转运输、终端处理的全部环节。垃圾分类是一个长期、复杂的问题，靠的是居民普遍的环保意识和行为习惯，这需要长期不懈的努力。2002年，北京市开始进行垃圾分类的试点工作，尽管政府做出了很多努力，取得了一定的成效，但道路还很漫长。纵观国外，不少发达国家和地区在垃圾分类工作上进行了长期的探索，如德国从1904年就开始实施垃圾分类，日本、中国台湾地区也是经过了几十年的努力。尽管如此，这些国家和地区仍然还有小部分的居民不能自觉地进行垃圾分类。就北京而言，干湿分离、实现厨余垃圾的有效分类是目前北京城市生活垃圾的重点。以北京市海淀区垃圾分类为例，该区是垃圾分类实施较早的地区，10 年来政府不断进行投资，采用了大力宣传、分发收集容器、培训保洁员、配置垃圾分类指导员等多种方式，取得了一定的成效，但目前也仅达到 10% 的分类率，还需要继续努力。

垃圾转运属于垃圾处理的中间环节，垃圾转运站的设置可以提高垃圾运输效率，降低运输成本。国外有些国家非常重视垃圾转运站的作用，比如日本东京就有 23 个分布式转运站，分布在城市的不同地区，承担着重要的垃圾处理作用。就北京而言，根据规划，垃圾转运站原本都位于城市边缘，由于北京城市发展迅速，突破了原来设定的规划，本处于偏远地区的垃圾转运站逐渐被居民楼和写字楼包围，境地尴尬。以北京市小武基垃圾转运站为例，该站位于东南四环，在建之初，属于偏僻远郊，但现在与周边的居民楼仅有一墙之隔，垃圾转运站运行过程中产生的渗滤液、臭气等问题，都被周围的居民所排斥。因此，未来必须强化和升级垃圾转运站的作用和功能。

末端处理在北京城市垃圾处理中起到了重要的作用。当前，垃圾源头分类不足，中间转运功能单一，垃圾综合处理场是短期内解决北京城市生活垃圾的主要设施。在末端建设综合性垃圾处理厂有助于形成规模效应，集中控制环境污染，节约土地资源，减少二次污染；有利于形成循环利用机制，实现资金、技术、项目的整合联动，形成产业链条发展格局。比如朝阳区循环经济产业园是北京第一家综合性垃圾处理设施，实现了垃圾减量化、资源化、无害化的突破和资源综合利用，已经被评为北京绿色新八景。

未来，只有将促进垃圾前段有效分类，强化中间转运环节以及增强末端处理能力三者结合，才能实现垃圾减量化、资源化和无害化的三大目标。具体应从以下三个方面着手。

一是建立前端长期有效的垃圾分类体制，实现垃圾干湿分离，尤其是做好餐厨垃圾的收运工作，从源头上达到垃圾减量化的目标。同时，继续培养垃圾分类意识，通过激励和约束机制予以保障。对于厨余垃圾回收中约束和激励机制的具体做法，可以吸收诸如台湾的垃圾费随袋征收政策即政府行政法规要求回收垃圾必须使用统一的含垃圾费用的垃圾袋。随袋征收即垃圾丢得越少，需用的垃圾袋越少，垃圾费支出也越少。这项政策对减少垃圾量效果明显。同时，借鉴国外经验，在北京推行分布式垃圾转运站的运行模式。目前，北京大多数转运站只起到单纯压缩中转的作用，应提升转运站的设施和技术水平，强化其对垃圾分选功能，采用一体化设备，实现垃圾的资源化、减量化、封闭化，减少对周围环境的污染，并有效提高长途运输的经济性。另外，城市建设各项规划必须有效衔接，兼顾有前瞻性和全局性，避免在未来的建设中相互矛盾或不断被突破，使得重要市政基础设施不断被倒逼退让，不仅带来巨大的资金浪费，更给城市功能的正常运转带来障碍。三是通过扩大末端垃圾处理的规模，提高设施投入和管理水平，科学合理规划大型综合性垃圾终端处理设施[①]，集中布局，形成实现物流循环利用的园区。综合性垃圾终端处理设施的建设同样需要进行具有前瞻性和全局性的规划，保证土地的供应。比如，韩国首都圈垃圾填埋场占地面积为1979万平方米，约有2800个足球场大小，占整个韩国垃圾填埋面积的68%，垃圾处理能力为22800万吨，日处理量1.8万吨。但同时，就北京这样的特大城市而言，完全进行集中式处理未必经济和现实，所以集中式还要与分布式处理相结合，互为补充。

四　政府、居民和企业的主体联动

近些年来，北京市由于垃圾管理落后带来的城市环境与资源压力非常大并在20世纪80年代出现过垃圾围城的情况，如今还有人提出了“北京垃圾七环”的说法，垃圾所造成的环境污染和生态破坏已在一定程度上制约了北京国民经济的发展。经过一系列的措施，垃圾围城在一定程度上得到缓解，但垃圾处理运营模式依然相对滞后。当前，北京市城市居民垃圾处理坚持“采取市政规划，属地负责制”原则。在一定程度上在城市垃圾处理中发挥了重要的作用。但同时，我们发现政府出台的政策与具体实施过程存在一定的偏离。未来，北京市政府要不断探索城市管理模式的创新，实现政府与市场、政府与社会的有效结合。北京市及各区县市政市

---

①　综合性的垃圾终端处理设施包括垃圾焚烧厂、卫生填埋场、医疗垃圾处理厂、餐厨垃圾处理厂、建筑垃圾处理厂，以及根据需要建设的废旧物资回收中心、分选中心及科研环保教育中心等综合性多功能的设施。

容管理部门应当改变传统思路，做好城市管理的监督和服务工作，放开市场，努力实现居民垃圾处理主体的多元化，鼓励企业以多种方式积极参与，强化企业的主体意识和提高企业的社会责任感。具体应当从以下5个方面入手：一是从管理体制看，实行政企分开，政府从产业的投资者、建设者、运营者转变为市场的监督者、管理者，主要加强对垃圾处理产业的管制，规范引导，使市场有序化，企业在政府监督管理下独立经营。二是从运营模式来看，吸收民营资本，促进垃圾处理产业化。目前在垃圾处理的各环节中，除了垃圾焚烧发电之外，其他环节如垃圾清运、危险废物、土地修复等都没进入产业化运营模式，因此政府应逐步放开垃圾处理的各环节，以多种形式让民间资本加入，在实现环境和社会效益的同时产生一定的经济效益。三是从投资主体来看，理清政府和企业的关系，明晰权责利关系，拓宽投融资渠道，实现投资主体多元化，引导社会资本，用市场化方式新建垃圾处理设施。四是从循环经济来看，建立静脉产业园①。五是重视居民在城市管理中的主体地位。在以多种方式宣传和教育居民进行垃圾分类的同时，有效组织引导公众参与规划的实施和监督，鼓励成立相关社会团体和慈善机构，更多将居民当成城市管理的参与主体，而不是教育的对象，当成公共服务的消费者，而不是城市垃圾的制造者。

五　多方位、多层次的部门联动

北京城市垃圾处理涉及多个部门之间的协调配合。除了城市市政市容管理部门以外，整个垃圾处理环节中还与诸多其他政府部门有关：发展改革委负责资金审批和立项管理，科学技术部门负责垃圾处理的科技研究与开发，商务部门负责可回收资源中心的管理和实施，垃圾处理场的选址和迁移涉及国土部门的管理，同时还有涉及工商、卫生、环保等其它部门。由此可见，整个垃圾处理是一个集多家政府部门于一体的链条。那么在整个链条中，各个部门如何在城市居民垃圾处理中发挥适当的作用，这就涉及了资源统筹的体制机制问题，关键在于各部门排除部门利益，协同创

---

① 所谓静脉产业是指以保障环境安全为前提，以节约资源、保护环境为目的，运用先进技术，将生产和消费过程中产生的废物转化为可重新利用的资源和产品，实现各类废物的再利用和资源化的产业，包括废物转化为再生资源及将再生资源加工为产品两个过程。

新，形成责任、权利和利益明确的垃圾处理管理体制。

北京市需要建立责任、权利和利益明确的垃圾处理管理体制，实现多方位的部门联动。具体应当从以下三个方面着手。

一是在居民垃圾分类的信息化推进工作中，要明确市政市容部门与科技部门之间的职责与关系，加强合作，协同创新。

二是科技成果转化与应用于城市垃圾处理，要以实际需求为导向，考虑到科技部门的研发与项目经费之间的支持等多方因素，相关部门要充分沟通，避免实验室成果与实际需求之间的脱节，重点加强实际工作中急需解决的渗沥液处理技术、除臭技术、生化与物化技术，防止二次污染技术等的研究开发工作。

三是北京是中国的首都，首都拥有丰富而宝贵的中央资源，如何处理好中央资源和北京市地方资源的整合对接，将为北京城市管理和发展带来巨大的挖掘潜力。比如，北京市城市垃圾处理相关部门可以便捷利用中央在京的高校、科研院所等智力资源，为北京市的城市管理、垃圾处理进行规划设计、进行模拟实验。同时，可以利用首都对外国际交流的窗口，加强中外合作和交流，学习国外先进的经验和成功的做法并结合自身实际，消化、吸收并转化、利用。

丝绸之路经济带城市绿色经济增长效率及提升战略

赵　峥、刘　杨*

2100多年前，西汉张骞从长安前往中亚，开辟出横贯东西、连接欧亚的丝绸之路。当前，“丝绸之路经济带”的战略构想，赋予了古丝绸之路新的时代内涵，为国家开发开放战略注入新的活力，具有十分重要战略意义。从全球视角来看，构建丝绸之路经济带有助于我国开展中国特色大国外交，与周边国家形成“利益共同体”，营造更加良好的国际发展环境，为国内的改革发展创造更为有利的条件。从中国国内发展来看，构建丝绸之路经济带则有助于完善沿海开放、沿边开放与向西开放的全方位开放新格局，进一步缩小区域发展差距，促进东西部区域经济社会的平衡发展。目前，丝绸之路经济带建设正在成为实践界与理论界关注的热点问题。丝绸之路经济带沿线相关地区也积极响应，纷纷出台发展规划，试图通过这一国家战略争取更多的发展空间和机遇。许多学者也进行了丝绸之路经济带的研究，对构建丝绸之路经济带的战略意义，完善丝绸之路经济带的合作机制，促进丝绸之路经济带发展的主要措施等方面提出了有价值的思路和建议，对认识和建设丝绸之路经济带做了有益的探索。①

但是，尽管目前的研究与实践已经取得了积极的进展，但在丝绸之路经济带建设中，仍然有两个重要的方面还需要得到更多的重视。具体来看，一是需要更多的重视丝绸之路经济带城市的发展。从空间经济理论来

---

* 刘杨，清华大学社会科学学院博士后。

① 王保忠等：《新丝绸之路经济带：一体化战略路径与实施对策》，《经济纵横》2013年第11期；胡鞍钢等：《丝绸之路经济带：战略内涵、定位和实现路径》，《新疆师范大学学报》2014年第2期。

看，经济带主要是以交通运输干线为发展轴，以轴上经济发达的若干城市作为核心，发挥经济集聚和辐射功能，联结带动周边不同等级规模城市经济发展，形成的一体化带状经济区域。历史上古丝绸之路的本质就是由各个重要节点城市构成的服务于亚欧之间的商贸和物流通道，陕西的西安、咸阳、宝鸡，甘肃的天水、兰州、武威、金昌、张掖、酒泉、嘉峪关、玉门，新疆的哈密、吐鲁番、乌鲁木齐、石河子、伊犁等城市都曾在古丝绸之路发展过程中发挥着重要的作用。现代社会是城市的社会，区域互联互通更需要通过城市节点来实现，建设丝绸之路经济带，同样要高度重视发挥沿线中心城市的聚集和辐射效应，提升城市承载力和竞争力，以城市经济带为基础建设区域经济带。二是需要更多的重视绿色经济增长。绿色经济增长的核心是既要绿色又要发展，是在生态环境容量、资源承载能力范围内，实现自然资源持续利用、生态环境的持续改善和人们生活质量持续提高、经济社会持续发展的一种发展形态。2008 年联合国已经开始在世界范围内推广绿色经济增长理念，得到了世界各国的广泛认同。我国也高度重视绿色经济增长和生态文明建设，并将其纳入国家发展中长期战略规划和新型城镇化规划中积极推进实施。丝绸之路经济带各地区虽然具有资源禀赋良好、文化底蕴深厚、发展潜力巨大等优势，但资源环境压力仍相对较大，主要指标仍然与全国平均水平存在差距。例如，从 2006 年至 2012 年，全国单位 GDP 工业废水排放量降幅达到 61.55%，而丝绸之路经济带各城市的单位 GDP 工业废水排放量均值降幅为 53.8%，低于全国水平 7.73%。2012 年，全国城市环境基础设施建设投资平均值为 163.3 亿元，而丝绸之路经济带城市的城市环境基础设施建设投资平均值为 89.2 亿元，相差近 50%。在新的形势下，建设丝绸之路经济带不能简单理解为一轮项目投资和开发建设的盛宴，单纯走规模扩张、投资驱动、恶性竞争的粗放式发展道路，而应是一次通过开放开发实现区域绿色转型发展的战略机遇，走绿色经济增长道路。本文主要以丝绸之路经济带沿线城市为研究对象，对丝绸之路经济带城市绿色经济增长水平进行分析，通过模型测度了丝绸之路经济带主要城市的绿色经济增长效率及其影响因素，并在此基础上提出了促进丝绸之路经济带城市绿色经济增长的对策建议。

一 丝绸之路经济带城市绿色经济增长效率

城市绿色经济增长本质上需要消耗尽可能少的资源，生产尽可能多的产出，同时排放尽可能少的废物，这不仅要求量的转变，更要求质的提升。在对丝绸之路经济带城市绿色经济增长基本现状分析的基础上，我们将进一步从绿色投入产出效率的角度探究丝绸之路经济带城市绿色经济增长的程度。

（一）城市绿色经济增长效率测度模型

本文以非径向、非导向性基于松弛变量的方向距离函数模型（SBM－DDF 模型），构建以生产率理论为基础的城市绿色经济增长效率测度模型，并测度丝绸之路经济带重点城市绿色经济增长效率。

首先，我们把每个城市看作一个绿色经济增长的生产决策单位，并构造每一个时期生产的最佳实践边界。假设有 N 种投入 x，M 种期望产出 y 和 K 种非期望产出 b，且 $x = (x_1, \cdots, x_N) \in R_N^*$；$y = (y_1, \cdots, y_M) \in R_M^*$；$b = (b_1, \cdots, b_K) \in R_K^*$。$(x_i^t \cdot y_i^t \cdot b_i^t)$ 表示决策单元 i 在 t 时期的投入和产出，$(g^x \cdot g^y \cdot g^b)$ 为方向向量，$(s_n^x \cdot s_m^y \cdot s_k^b)$ 为投入产出达到生产效率前沿面的松弛向量。

那么，第 i 个城市绿色经济增长的生产最优实践边界如下：

$$\overrightarrow{S_v^t}(x_i^t \cdot y_i^t \cdot g^x \cdot g^y \cdot g^b)$$

$$= \max\left(\frac{1}{N}\sum_{n=1}^{N}\left(s_m^y / g_n^x\right) + \frac{1}{M}\sum_{m=1}^{M}\left(s_m^y / g_m^y\right) + \frac{1}{K}\sum_{k=1}^{K}\left(s_k^b / g_k^b\right)\right)/3$$

$$x_{in}^t - s_n^x = \vec{\lambda} X. \quad \forall n; \quad x_{in}^t - s_n^x = \vec{\lambda} X. \quad \forall n;$$

$$y_{im}^t + s_m^y = \vec{\lambda} Y. \quad \forall m;$$

$$b_{im}^t + s_k^b = \vec{\lambda} B. \quad \forall k;$$

$$\vec{\lambda} \geqslant 0. \ \vec{\lambda} l = 1, \ s_n^x \geqslant 0. \ s_m^y \geqslant 0. \ s_k^b \geqslant 0$$

根据 SBM－DDF 模型定理，当方向向量 $g_n^x = x_n^{\max} - x_n^{\min}$，$\forall n g_n^x = x_n^{\max} - x_n^{\min}$，$\forall n$ 且 $g_m^y = y_n^{\max} - y_n^{\min}$，$\forall m g_m^y = y_n^{\max} - y_n^{\min}$，$\forall m$ 时，有 $\overrightarrow{\mathrm{S}_{\mathrm{u}}^{\mathrm{t}}}$，且各种投入、期望产出和非期望产出都属于[0，1] 区间。据此，我们可以求

得一个城市各种投入、期望产出和非期望产出对最优实践边界的偏离程度，从而能够衡量一个城市单位 i 在 t 时期的绿色经济增长无效率水平 $\overrightarrow{S_v^t S_v^t}$。

进而，我们可以求得城市的绿色经济增长效率 UGDE（Urban Green Development Efficiency Index）。

$$UGDE = 1 - \overrightarrow{S_v^t}$$

UGDG ∈ [0, 1] 满足效率值有界性与单调可排序性。当且仅当所有投入和产出松弛变量等于零时，目标函数等于零，此时 UGDE = 1，表示该城市处于最优实践边界。

（二）指标选择

按照上述绿色经济增长效率的测度模型，我们以环境保护部重点监测城市为样本库，选取丝绸之路经济带沿线西北 5 省区（陕西、甘肃、青海、宁夏、新疆）和西南 4 省区市（重庆、四川、云南、广西）的 24 个重点城市 2006—2012 年的投入、期望产出和非期望产出指标数据进行测算①。本文选取的指标数据主要来源于《中国城市统计年鉴》《中国环境统计年报》《中国区域经济统计年鉴》环境保护部数据中心和各省市统计年鉴及统计公报。

1. 投入变量的选择

考虑城市绿色经济增长的投入要素构成情况，本文主要选择了资本、能源、劳动力和技术 4 个投入变量。

资本：城市的总资本存量可以较合适的反映城市绿色经济增长各方面资金投入。但由于国内没有可直接使用的资本存量统计数据，本文采用永续盘存法来折算。

$$K_{mt} = K_{mt-1}(1 - \delta_{mt}) - (I_{mt}/P_{mt})$$

其中，K_{mt} 和 K_{mt-1} 分别表示各城市在 t 年和 $t-1$ 年估算的资本存量，δ_{mt} 表示第 t 年的资本折旧率，I_{mt} 表示第 t 年的当年价固定资产投资，P_{mt} 表示第 t 年的固定资产投资价格指数。

① 选择 2006—2012 年的城市数据基于两点原因：一是 2006 年国家统计标准有变动，因此 2006 年与 2005 年数据可比性较低。二是各城市从 2005 年才开始对外公布城市能源消费情况的相关数据。

劳动力：劳动力是绿色经济增长产出的基础。本文主要选取各城市全市口径的从业人员指标来衡量城市绿色经济增长的劳动投入。

技术：技术是决定城市绿色经济增长的生产方式和效率，影响城市绿色经济增长的关键因素。本文选取各城市财政预算中的科学技术支出指标衡量技术投入水平。

能源：城市绿色经济增长需要充分考虑能源利用水平。本文根据各城市公布的单位 GDP 能耗值，换算各个城市的全社会能源消费总量，用以衡量各城市在绿色经济增长中的能源投入。

2. 期望产出变量的选择

地区生产总值足以衡量该地区经济增长的实际状况。因此，本文选用各个城市以 2005 年为基期的实际地区生产总值表示城市绿色经济增长的期望产出。

3. 非期望产出变量的选择

城市的主要环境污染源是废水、废气、固体废物，因此本文将从这 3 方面考虑城市绿色经济增长的非期望产出。

废水：城市废水来源主要有两个途径，一是生活污水，二是工业废水。为了评价全社会的废水产生量，本文使用城市生活污水排放量和工业废水排放量的总量衡量废水排放。

废气：根据环境保护部监测数据，城市的主要废气为二氧化硫、氮氧化物和烟尘。因此本文使用城镇生活二氧化硫排放量、城市生活氮氧化物排放量、城镇生活烟尘排放量、工业二氧化硫排放量、工业氮氧化物排放量和工业烟尘排放量的总量衡量废气排放。

固体废物：城市的固体废物来源包括工业固体废物和城镇生活垃圾。但城镇生活垃圾的排放量的数据量级相对工业固体废物产生量，几乎可以忽略不计。因此，本文采用工业固体费用产生量衡量城市的固体废物排放。

（三）城市绿色经济增长效率测度结果分析

根据上述的模型和数据，本文运用 Matlab7.0 软件测度了丝绸之路经济带 24 个重点城市的绿色经济增长效率。（表 30 - 1）

表 30－1　2006—2012 年丝绸之路经济带各城市绿色经济增长效率均值及排序

城市	2006—2012 年效率均值	排序	城市	2006—2012 年效率均值	排序
成都	99.22%	1	金昌	96.55%	13
重庆	98.74%	2	泸州	96.38%	14
铜川	97.94%	3	西宁	95.85%	15
咸阳	97.56%	4	银川	95.73%	16
南宁	97.28%	5	宜宾	95.50%	17
北海	97.20%	6	兰州	94.80%	18
延安	97.20%	7	柳州	94.47%	19
宝鸡	97.00%	8	石嘴山	94.22%	20
绵阳	96.93%	9	乌鲁木齐	92.31%	21
桂林	96.88%	10	曲靖	91.10%	22
克拉玛依	96.75%	11	昆明	90.67%	23
西安	96.68%	12	攀枝花	86.37%	24
			极差	12.85%	
			平均值	95.56%	

我们发现，丝绸之路经济带城市绿色经济增长效率整体较低且存在明显差异。从整体 2006—2012 年，24 个测度城市的绿色经济增长效率均值都低于 1，说明没有一个城市位于绿色经济增长效率最优实践边界上，整体发展效率偏低。从平均值看，24 个城市中有 16 个城市的绿色经济增长效率位于平均值以上，8 个城市处于平均值以下。24 个城市绿色经济增长效率的极差为 12.85%。从具体城市看，城市绿色经济增长效率均值排在前 5 位的城市分别是成都（99.22%）、重庆（98.74%）、铜川（97.94%）、咸阳（97.56%）和南宁（97.28%）。效率均值排在后 5 位的城市分别是石嘴山（94.22%）、乌鲁木齐（92.31%）、曲靖（91.10%）、昆明（90.67%）和攀枝花（86.37%）。

表 30－2　丝绸之路经济带各省区内部城市绿色经济增长效率差异

<table>
<tr><th>省区</th><th>城市</th><th>2006—2012年效率均值</th><th>排序</th><th>最大排名差距</th><th>省区</th><th>城市</th><th>2006—2012年效率均值</th><th>排序</th><th>最大排名差距</th></tr>
<tr><td rowspan="5">四川</td><td>成都</td><td>99.22%</td><td>1</td><td rowspan="5">23</td><td rowspan="5">陕西</td><td>铜川</td><td>97.94%</td><td>3</td><td rowspan="5">9</td></tr>
<tr><td>绵阳</td><td>96.93%</td><td>9</td><td>咸阳</td><td>97.56%</td><td>4</td></tr>
<tr><td>泸州</td><td>96.38%</td><td>14</td><td>延安</td><td>97.20%</td><td>7</td></tr>
<tr><td>宜宾</td><td>95.50%</td><td>17</td><td>宝鸡</td><td>97.00%</td><td>8</td></tr>
<tr><td>攀枝花</td><td>86.37%</td><td>24</td><td>西安</td><td>96.68%</td><td>12</td></tr>
<tr><td rowspan="4">广西</td><td>南宁</td><td>97.28%</td><td>5</td><td rowspan="2">14</td><td rowspan="2">新疆</td><td>克拉玛依</td><td>96.75%</td><td>11</td><td rowspan="2">10</td></tr>
<tr><td>北海</td><td>97.20%</td><td>6</td><td>乌鲁木齐</td><td>92.31%</td><td>21</td></tr>
<tr><td>桂林</td><td>96.88%</td><td>10</td><td rowspan="2"></td><td rowspan="2">甘肃</td><td>金昌</td><td>96.55%</td><td>13</td><td rowspan="2">5</td></tr>
<tr><td>柳州</td><td>94.47%</td><td>19</td><td>兰州</td><td>94.80%</td><td>18</td></tr>
<tr><td rowspan="2">云南</td><td>曲靖</td><td>91.10%</td><td>22</td><td rowspan="2">1</td><td rowspan="2">宁夏</td><td>石嘴山</td><td>94.22%</td><td>20</td><td rowspan="2">4</td></tr>
<tr><td>昆明</td><td>90.67%</td><td>23</td><td>银川</td><td>95.73%</td><td>16</td></tr>
<tr><td>重庆</td><td>重庆</td><td>98.74%</td><td>2</td><td>0</td><td>青海</td><td>西宁</td><td>95.85%</td><td>15</td><td>0</td></tr>
</table>

同时，值得注意的是，丝绸之路经济带各区域内部城市绿色经济增长效率也普遍存在差距，而且部分省区内的差距还十分明显。就各省区内部而言，城市绿色经济增长效率排名差距最大的是四川（相距 23 位），其次是广西（相距 14 位）、新疆（相距 10 位）、陕西（相距 9 位）、甘肃（相距 5 位）、宁夏（相距 4 位）和云南（相距 1 位）（表 30－2）。

二　丝绸之路经济带城市绿色经济增长效率的影响因素分析

从上文的分析结果可以看出，丝绸之路经济带城市绿色经济增长效率存在显著的差异。那么，如何理解这种城市间的绿色经济增长效率差异，具体有哪些因素导致了城市间存在绿色经济增长效率的差异，是我们需要进一步关注的问题。接下来，本文将选取可能影响城市发展效率的因素进行回归分析并解释其中的原因。

城市化（URB）：城市化的本质是人口、产业在空间的优化配置与集聚，与绿色经济增长具有内在一致性，是城市绿色经济增长的重要影响因素之一。本文从人口城市化、空间城市化、经济结构城市化三个方面来测度不同城市的城市化水平。具体而言，人口城市化指标选用“城市非农人口数占总人口数的比重”表示，空间城市化指标选用“城市市辖区建成区面积占市辖区总面积的比重”表示，经济结构城市化指标选用“城市非农经济生产总值占城市生产总值的比重”表示。而总体城市化数据由三种城市化指标进行标准化后，加权而得，每种权重为1/3。另外，为考察城市化与城市绿色经济增长效率的非线性关系，本文在回归时加入了城市化的二次型（URB^2）。

工业集聚（LQ）：城市是工业的聚集地，工业经济是一种规模经济和集聚经济，工业生产资料和劳动力的聚集还会带来人口、消费、财富和政治的集中，这正是城市形成与发展的必要前提。因此，工业集聚会对城市绿色经济增长效率产生影响。工业集聚程度通常以工业区位熵（LQ，Location Quotient）衡量。从城市的角度来看，即可考察j城市i产业在该地区的地位与j城市所有产业在该地区的地位之间的差异，具体公式为：$LQ=(s_{ij}/s_i)/(s_j/s)$。LQ的分子指j城市工业GDP在该地区工业GDP中所占的份额，分母是指j城市的地区生产总值占地区生产总值的份额。

环境规制（Regulation）：环境规制是指政府通过强制性的环境制度安排，迫使企业达到环境标准而提高生产技术水平，从而实现技术创新，获得环境红利，环境规制将能够促进城市的环境保护与污染物防治，对城市绿色经济增长效率也有重要影响。本文选取工业二氧化硫去除率来代表环境规制强度。

控制变量：除了城市化水平、工业集聚和环境规制以外，还有很多因素会对城市绿色经济增长效率产生影响，本文主要考虑了4个方面的影响，并加入了相关的控制变量。第一，考虑城市经济发展水平（lnPerGDP）的影响：使用不变价格的人均GDP的对数来表示；第二，考虑外商直接投资水平（FDI）的影响：使用外商直接投资占城市GDP的比重来表示；第三，考虑城市人力资本水平（lnHR）的影响：使用万人在校大学生数的对数来表示；第四，考虑城市人口密度（lnPD）的影响：使用城市人口密度的对数来表示。

综合考虑以上影响因素，本文采用Bootstrap方法进行回归分析。模型1、2、3分别在控制变量组下考察了城市化水平、工业集聚水平和环境规制水平对城市绿色经济增长效率的影响，模型4考察了全部指标与城市绿色经济增长效率的关系（表30－3）。

表30－3 绿色经济增长效率与各影响因素的关系估计结果

变量	模型1	模型2	模型3	模型4
URB	－0.068＊＊ (4.90)			－0.078＊＊ (3.88)
URB^2	0.546＊＊ (5.87)			0.718＊＊ (4.29)
LQ		2.609＊＊ (0.88)		3.757＊＊ (0.84)
Regulation			－0.615＊＊＊ (0.05)	－0.579＊＊＊ (0.06)
lnPerGDP	0.034＊＊＊ (2.74)	0.044＊＊＊ (3.45)	0.027＊＊＊ (5.64)	0.032＊＊＊ (2.14)
FDI	0.008 (0.81)	0.006 (－0.55)	－0.016 (0.97)	0.004 (0.65)
lnHR	－0.014 (－1.34)	0.021 (2.78)	－0.026 (－2.43)	－0.018 (－2.01)
lnPD	－0.287＊＊ (－5.67)	－0.378＊ (－6.34)	－0.306＊＊ (－6.05)	－0.187＊＊ (－3.47)
R^2	0.922	0.879	0.844	0.839

注：＊＊＊、＊＊、＊分别表示估计系数在1%、5%、10%的水平上显著，Bootstrap的次数为2000次。

结果显示，不同影响因素会对城市绿色经济增长效率产生不同的影响。

就城市化而言，在模型1和模型4中，URB的系数均为负、URB^2的系数均为正，这说明城市绿色经济增长效率与城市化水平呈现出明显的U形关系，即随着城市化的不断推进，城市绿色经济增长效率呈现出先下降后上升的趋势。这说明城市化初期的加速推进，人口产业空间的快速扩张可能会给当地生态环境带来显著的负面影响，但当城市化水平提高到一定程度，城市的聚集经济和辐射效应将逐渐抵消负面影响，并最终导致城市绿色经济增长效率的提高。

就工业集聚而言，回归结果显示工业集聚与城市绿色经济增长效率呈现显著的正相关关系。工业集聚可以降低资源的消耗、减少污染物排放、提高生产效率，提高城市绿色经济增长效率。

就环境规制而言，回归结果显示政府环境规制与城市绿色经济增长效率呈现显著的负相关关系，这与我们的一般理解并不一致。我们认为，环境规制事实上体现政府对市场主体环境行为的引导和干预，但是规制的力度是否合适则不好把握，因此，丝绸之路经济带城市政府环境规制与城市绿色经济增长效率的负相关关系可能由于过度的环境规制抑制了市场机制的作用而产生的。

控制变量对城市绿色经济增长效率也产生不同的影响：（1）城市的经济发展水平与城市绿色经济增长效率呈现出显著的正相关关系，说明绿色经济增长是绿色与发展的高度结合，经济发展仍然是城市绿色经济增长的基础；（2）城市外商直接投资水平也有助于绿色经济增长效率的提高，但并不显著。城市外资一般注入城市内发展潜力高、生产技术领先的产业，促进了城市产业结构的优化和升级，因此间接地提高了城市绿色经济增长效率；（3）城市人力资本水平与城市绿色经济增长效率呈现负相关关系，但不显著，这可能是由于丝绸之路经济带多数城市还处于投资驱动型，尚未进入知识和创新驱动的发展阶段；（4）城市人口密度与城市绿色经济增长效率呈现显著的负相关关系，说明人口密度过高会抑制城市绿色经济增长效率的提高。

三　战略建议

第一，全面提升丝绸之路经济带城市绿色经济增长水平和效率，打造丝绸之路城市绿色经济增长带。重点在顶层设计和制度设计上做出统一安排，坚持生态底线，持续优化生态环境，丰富丝绸之路经济带城市绿色经济增长的具体内容，继续加大对丝绸之路经济带城市绿色经济增长的支持力度，避免丝绸之路经济带沿线城市为争资源、争政策而忽视城市绿色经济增长，鼓励各城市在功能定位、产业选择、空间布局方面体现绿色经济增长理念，强化资源节约集约利用，推动绿色经济增长实践，从整体上提升丝绸之路经济带城市绿色经济增长水平，以丝绸之路城市绿色经济增长支撑和带动丝绸之路经济带建设。

第二，立足城市绿色经济增长非均衡特征，确定丝绸之路经济带城市开发开放的重点。具体而言，对成都、重庆等绿色经济增长效率较高的城市，应着力提升城市绿色经济增长质量，发挥资源环境和绿色产业优势，建设高端制造业、清洁能源、高技术产业、现代服务业基地，打造丝绸之路经济带的绿色增长极，构建国际绿色产业和技术合作的高端平台。而对于绿色经济增长效率较低的城市，应注重夯实绿色经济增长基础，加强绿色基础设施投入、加快绿色产业体系建设，将开放开发与经济发展方式转变结合起来，在国内外合作交流中实现转型升级。

第三，促进丝绸之路经济带区域内部城市绿色经济增长合作互动。丝绸之路经济带战略是一种新的制度安排和区域合作新模式，不仅需要外部合作更要内部合作，而且外部合作还要以内部合作为基础。这需要我们正视丝绸之路经济带区域内部城市绿色经济增长差距，在促进区域城市之间铁路、公路、航空、电信、电网、能源管道等基础设施的互联互通网络的同时，加强绿色经济增长合作机制建设，塑造地区城市专业化分工体系，完善区域城市生态环境保护联防联控制度，建立区域城市生态补偿、碳排放权交易、排污权有偿使用和交易、水权交易等机制，推进城市群生态环境规划、环境保护设施、管理监督机制、景观生态格局和环保产业发展的一体化，形成平等互利、合作共赢、统一联动的城市“绿色经济增长共同体”。

第四，优化丝绸之路经济带城市绿色经济增长的主要路径。丝绸之路经济带城市绿色经济增长需要走新型城镇化和新型工业化道路，继续提升城市化的水平和质量，完善工业向园区集中和污染企业淘汰退出机制，保持城市经济稳定增长，持续扩大对外开放。同时，要促进城市绿色治理体系和治理能力现代化，积极引入社会力量和市场化机制来完善绿色治理模式。进一步转变发展方式，优化人力资本配置，实现绿色经济增长由投资驱动向知识和创新驱动转变。保持城市资源环境承载力与城市人口规模匹配，防止人口过度集中引发“城市病”问题。

大数据时代的中国城市治理模式

钱明辉[*]、黎炜祎[**]

新型城镇化建设的推进对如何提高我国城市治理水平提出了新的挑战。大数据时代，如何有效利用大数据切实转变政府职能，提升公众参与度，加强城市公共服务管理能力是各国政府亟待解决的问题。本文结合国外发达国家利用大数据提高城市治理能力的实际案例，梳理总结其发展模式，针对我国目前地方城市利用大数据提升治理能力的实际情况，提出完善利用大数据提升城市治理能力的政策优化意见。

一　引言

城市治理是治理理论在城市公共事务管理方面的应用。近年来，中国政府大力推动城市化进程，一方面原有城市的规模和功能不断扩张，另一方面新兴城市高速发展壮大，提高城市治理的水平和能力成为一项迫切的任务。

大数据时代，数据成为核心资产，呈现出战略化、资产化和社会化的特征，既潜藏着广泛的公共需求与公共问题，又蕴涵着巨大的管理价值与能量，已经成为国家的重要资产，进入公共事物管理领域。大数据使信息的处理传播更为便捷，政府部门与公众间的互动性不断增强，信息沟通与反馈机制逐步落实，部门之间相互联系程度持续加深。通过对大数据的利

---

* 钱明辉，副教授，博士生导师，中国人民大学智慧城市研究中心副主任。

** 黎炜祎，中国人民大学信息资源管理学院研究生。

用提高我国城市治理能力，对于解决我国经济转型过程中的现实问题，促进城市健康发展具有重大战略意义。

二　国际基于大数据的城市治理模式

2012 年 5 月，联合国“全球脉动”计划发布《大数据开发：机遇与挑战》报告，呼吁各国加强对大数据的应用。2014 年 8 月，联合国开发计划署建立大数据实验室，探索利用大数据解决全球性问题，重点针对环保、健康、教育和灾害等议题。目前，国际上在应用大数据提升城市治理水平领域做的较好的国家主要包括美国、澳大利亚和新加坡等，其根据自身的特点和发展需求，有针对性地进行了战略部署，并形成了相应的模式。

（一）技术引领模式：以美国为例

技术引领模式是指政府通过鼓励先进科技的发展，以高新技术促进城市治理能力的提升。大数据作为信息技术不断发展的产物，其生成、处理与应用都离不开技术的支持，只有将技术水平提高，才能更好的分析利用数据，为提升城市治理能力提供动力。

2010 年美国政府建立网络平台向公众开放高价值数据集，让公众、组织、社区和其他社会成员在现有数据的基础上产生新的创新性认知。同时，美国政府在“大数据计划”中，为公众提供健康信息、税务信息、能耗信息及学习信息的数据内容，让公众参与到城市治理中。以硅谷地区为例，其在城市治理领域充分吸收和学习当地企业管理的先进经验，以高科技公司、产业的各种需求为导向，不断改善基础设施优化生活环境，为高科技产业发展提供良好的软环境 。该模式具有以下特点：第一，政府提出科技研发计划，并配套投入充足的资金支持相关技术的研发。第二，在特殊的领域与科技商业公司进行相关技术的合作开发。第三，由联邦政府牵头实施，面向对象为联邦各政府机构，鼓励地方政府可以根据具体需求独立或者合作研发相关的大数据技术促进地区城市治理能力的提高。

（二）产业促进模式：以澳大利亚为例

产业促进模式是指政府通过发展地区优势产业，加强与行业协会的联合，根据产业发展过程中的需求反馈来进一步完善基础设施建设，加强产业发展监管等，从而提升城市利用大数据的治理水平。

澳大利亚是全球第四大农产品出口国，是世界上放养绵羊数量和出口羊毛最多的国家，整体经济依托于农业发展。2009—2014 年，澳大利亚政府发布了大量与大数据相关的政策，设立以公共服务为主，着重发展农业并同步发展各个领域的目标，注重宏观监控，鼓励发挥市场机制对农业的积极作用，引导农业生产发展，促进行业协会发挥自我约束机制，充分利用已有的农业信息管理系统、地理信息系统。同时，政府负责在农业发展过程中涉及澳大利亚公众健康、环境、资源管理等问题的相关法律、法规、政策及标准的制定，确保整体行业健康有序发展。

以澳大利亚新南威尔士州为例，政府为当地的农场建立智能管控系统，提供监控温度、湿度及土壤电导性等数据的服务，为农场发展决策提供支持，同时农场工作人员可依据数字地图上数据的变化进行远程操作，实现资源的合理调配，针对各类问题向专家进行咨询。该地区政府网站还为市民提供各种各样的生活服务，小到游泳池登记，大到政府文件的公开，并建立专门的网站为人们提供各种优质的公共服务。

（三）项目驱动模式：以新加坡为例

项目驱动模式是指政府从实际发展需要出发，根据大数据应用的发展目标、策略与重点，发布具体项目，利用大数据解决实际生产生活中各个领域的问题，直接提升城市治理的效率与公共服务的水平。

新加坡在对大数据应用的战略规划上，政府是战略的制定者，以国家信息与通信发展管理局为领导，各专业部门相互配合。在战略实施过程中，政府是主要的发起者，各个部门亲身参与到战略实施过程中。企业、个人在新加坡大数据利用过程中属于合作者、参与者的地位，在政府的引导下进行工作。新加坡对大数据的应用是以改善民生为基础，以推动社会发展为出发点，以建立智慧城市为目标，直接解决面临的问题，一个项目的发起、推进过程本身就是对相关领域问题的研究与解决的过程。在项目实施过程中集中社会资源与力量，吸引有能力的个人、企业与政府部门展开合作，各成员权责明确，便于实时掌握进行，实施效率较高。

三　我国基于大数据的城市治理政策分析

大数据对城市治理的影响，核心在于运用大数据的理念和意识创新决策机制，实现“数据驱动决策”，同时使公众实质性的参与到政府决策中，使政府的决策更加科学化，政府行政的效率进一步提升，更好的提供公共服务，有效增强政府风险预警能力。目前，我国已经认识到大数据在城市治理领域的巨大作用，从2012年开始，便陆续有相关政策发布，涉及科技、经济、基础设施、政府建设等多个领域（表31－1）。

表31－1　全国层面应用大数据提升政府治理能力的政策发布情况

政策名称	发布时间	发布机构	侧重领域	政策类型
《国家电子政务“十二五”规划》	2012.4	国务院	建立政府公共平台，实现政府职能转变，技术提高，实现政府信息公开	综合类政策
《国务院关于大力推进信息化发展和切实保障信息安全的若干意见》	2012.6	国务院	宽带中国战略的实施，信息发展的基础性设施建设，信息安全的保障要求	技术类政策
《关于促进信息消费扩大内需的若干意见》	2013.8	国务院	增强信息产品供给能力，鼓励智能终端产品创新发展	经济、技术类政策
《大数据白皮书》	2014.5	工信部	大数据发展形势分析，发展中的问题分析，发展方向建议	综合类政策
《大数据标准化白皮书》	2014.6	电子技术标准化研究院	大数据解读，大数据技术的标准化建设，大数据技术发展的建议和指导	综合、技术类政策
《关于促进智慧城市健康发展的指导意见》	2014.8	发改委	智慧城市建设情况分析和建议	综合类政策
《关于加快建立国家科技报告制度的指导意见》	2014.9	科技部	建设基础数据平台，科技报告制度，利用数据平台实现科技学术的共享	技术类政策
《国务院关于加强审计工作的意见》	2014.10	国务院	加大数据集中力度，构建国家审计数据系统	信息利用类政策
《国务院关于加快科技服务业发展的若干意见》	2014.10	国务院	支持科技咨询机构、知识服务机构、生产力促进中心等积极应用大数据、云计算、移动互联网等现代信息技术	经济、技术类政策

总体来看，目前我国发布的大数据政策涉及层面广，既有大方向上的发展建议，也有小角度的具体性建设指导。但是政策总量相对较少，相关的法律法规有待进一步完善，对城市治理中大数据发展的具体目标和建设方法还没有明确发布相关政策，大数据的战略地位也有待进一步提高。

四 我国主要城市的大数据城市治理实践

目前，北京、上海、广州等地率先展开了推进大数据在城市治理中的实践探索，以建设智慧城市为契机，实施大数据战略，推动大数据提升城市治理能力的研究。

（一）北京：完善基础设施建设，大力发展高新科技

北京市近年来致力于利用大数据提高城市治理能力，提出“城市信息化”“智慧北京”“科技北京”等战略部署与目标，希望通过实现以上目标改善城市运行管理体系，提升人民生活水平。自 2010 年以来，有关于北京市利用大数据提升治理能力的相关政策文件与新闻共有 20 余份，这些文件中主要侧重于提高相关领域的科学技术水平，完善基础设施，搭建信息化平台，即通过科学技术提高政府智力水平。例如依托智能调度、一卡通数据分析、交通模型和电子站牌等技术，强化政府监管、完善企业运营、服务社会公众；通过开展面向特大城市的交通体系规划研究、提升城市交通智能化水平；建设地面公交智能运营系统、智能车辆管理系统及综合枢纽一体化信息服务系统和建设公众出行信息服务系统、推广应用动静态信息采集新技术新产品、完善公众出行信息一体化服务来提升城市运行效率。

（二）上海：构建城市信息管理系统，完善数据共享平台

上海市通过提出“智慧城市”“城市网格化管理”“创新型城市”等战略部署与目标提升整体治理能力。自 2012 年以来，有关于上海市利用大数据提升政府治理能力的相关政策文件与新闻共有 20 余份，侧重于实现各领域、各部门管理信息系统的互联互通，建设信息共享平台，完善数据共享体系，向社会组织有序开放政府信息资源。例如在《上海市国民

经济和社会信息化“十二五”规划》中，上海市政府强调用5年时间，基本建成以城市网格化管理信息系统为核心，与“12345”市民服务热线相衔接，与“12319”城建服务热线相融合，与其他相关行业管理信息系统联通的城市综合管理信息平台，完善数据共享平台，全面提升政府管理水平；在深入推进企业质量建档工作中上海市人民政府提出要完善质量信用信息公开系统，健全企业质量信用信息收集与发布制度，以组织机构代码为基础，完成信息共享和管理体系建设，实现本市各相关部门有关信用信息的实时交换与共享。

（三）广州：推动信息技术与产业结合，促进新兴产业发展

广州市是全国率先启动大数据发展战略的城市之一，依托广东省发布《广东省实施大数据战略工作方案》、建立省大数据战略工作领导小组的发展导向，围绕改善民生、促进消费升级、产业转型等方面，侧重于发挥企业应用示范效应，推动社会数据资源的开发和大数据应用，促进广州市的产业转型与发展。发展目标是到2015年，实现信息技术与传统产业深度融合，大数据和商业智能试点示范应用成效明显，公共服务和社会管理电子化、网络化全面普及，信息化有效推动产业转型升级和生产方式转变，信息化成果惠及全市人民。广州市政府希望以建设智慧城市为契机，通过加快信息技术与传统产业的融合，推动产业转型升级，促进新型产业高速发展，利用大数据对经济领域实施有效监管，使全市经济向着又好又快的方向发展，提升城市整体治理水平。

五　完善我国大数据城市治理的政策建议

政府政策体现了政府的战略规划和目标要求，通过对政策制定的建议可以为未来大数据发展的方向和途径提供依据。本文结合国外发达国家在利用大数据提升城市治理能力方面的已有经验和我国目前正在进行的实践，为我国制定相关政策提出如下建议。

（一）明确大数据发展战略，扩大政策涉及领域

在国家层面，亟待形成具有统筹把握大数据发展趋势、推进大数据应用的整体发展规划。由于我国地域辽阔，地区间发展不平衡，城乡差异较

大，不能“一刀切”的用强制性政策进行规划。扩大政策涉及领域，在技术与综合类政策之外，结合中国当前法制建设实际情况，从数据开放、信息安全、大数据技术、产业等多方面入手，制定完善法律法规。只有在国家层面上重视大数据提升城市治理能力的价值，地方在实际操作中才能更有针对性地进行发展。

（二）提升大数据技术水平，培养吸纳优秀人才

先进的信息技术是大数据时代提升治理能力的基本保障，地方政府应积极与本地科技企业、高校进行联合技术研究，吸纳培养优秀人才，提升整体技术水平实力。这一点上可以借鉴美国的经验，美国政府为促进大数据技术发展，发布了一系列支持技术开发的政策，这些政策中既包括对政府部门研究计划的支持，又包括对高新科技企业研究项目的扶持。

（三）鼓励行业协会积极参与，加快产业升级转型

提升政府公共服务能力是利用大数据提升城市治理能力中的重要组成部分，面对我国大量的传统行业，政府可以与当地重点产业相结合，共同促进产业升级转型的完成。在这一方面可以参考以澳大利亚为代表的产业促进模式，在促进产业基础服务发展时，通过增强经济支持，形成经济驱动的方式，建立以政府为主导，产业协会共同发展的服务组织体系，以产业化、市场化为方向，打破数据垄断，建立以市场为主导的政府数据资源运行机制。

（四）因地制宜发布项目，保障政策实施效果

提升城市治理能力就是要提升地区整体解决实际问题的能力。对于我国发展较快较好的地区来说，可以学习以新加坡为代表的项目驱动模式，在利用大数据过程中，针对具体问题分配资源，发布项目进行有针对性的处理，统筹安排，高效的利用大数据促进公共服务水平的提升。建立健全数据管理机制，成立数据资源监管机构，积极发挥社会组织的作用。

2012 年以来，我国对大数据的研究与应用经过了 3 年的发展，已逐渐深入各个行业与领域，产生巨大的变革之力。2014 年 8 月，发改委等八部委印发《关于促进智慧城市健康发展的指导意见》，提出到 2020 年

建成一批特色鲜明的智慧城市的任务目标。在利用大数据提升城市治理能力领域，各个国家均处于探索时期，我国应抓住机遇，通过政策促进大数据的发展与利用，提升行政效率，转变政府职能，优化资源配置，推动地区发展。

京津冀城市绿色发展：从“环境先行”到“治理突围”

刘彦平*

绿色发展是城市治理绩效的重要指标之一，受到学界和城市管理者越来越密切的关注。事实上，城市要实现绿色发展，与更大空间范围内的跨区域综合治理息息相关。京津冀地区的城市环境治理就是典型的案例。近年来，京津冀区域“城市病”集中暴发，水资源短缺、交通拥堵、房价高企、空气污染等问题备受舆论诟病。重度雾霾频发更是严重影响到区域内的经济、社会和民生。比如河北有多个城市连年上榜中国十大污染城市排名，京津二市也深陷雾霾困扰，京津冀的城市，显然已成为我国环境污染的重灾区。显然，各自为政的发展模式已难以为继，必须加以直面和扭转。

2014 年 2 月，习近平提出京津冀协同发展的七点要求，酝酿已久的《京津冀协同发展规划》也出台在即。这标志着京津冀一体化发展已上升为国家战略，区域整合出现了历史性的转机。本文拟从环境倒逼压力切入，探讨京津冀城市绿色发展及其治理创新问题。

一　APEC 蓝：环境倒逼下的京津冀城市生态环境协同发展探索

进入 2014 年以来，京津冀地区的环境污染联防联治一直是舆论关注的焦点之一。特别是在 APEC 会议期间，京津冀及周边区域采取了一系列

* 刘彦平，中国社会科学院财经战略研究院城市与房地产经济研究室副主任、副研究员。

措施。比如，北京工地停工，车辆单双号限行，公车停驶70%，污染企业停产。北京周边的河北、天津、山东等地也在一段时间内实施最高级别应急减排措施。其中河北停产限产企业达到8430家，停工工地5825家。甚至山东济南等6市停止所有建筑、道路、拆迁工地的施工作业，停止除保障群众基本生活必需之外的一切向大气排放污染物的生产活动，等等。经过一系列的努力，APEC会议期间北京等地空气质量明显好转，其中北京市空气中各项污染物平均浓度均达到近5年同期最低水平，“APEC蓝”迅速成为传媒热词。人们由此得到至少两点启示，一是雾霾是可以战胜的，二是治理雾霾需要京津冀及周边地区进行更加有效的联合行动。显然，留住“APEC蓝”成为民众和政府共同的迫切期待。

事实上，近年来京津冀地区在环境联防联控方面，已经进行了许多的探索和努力。比如2013年9月，多部门联合发布了《京津冀及周边地区落实大气污染防治行动计划实施细则》。同时，三地环保部门也签署了《跨区域环境联合执法工作制度（暂行）》等。2014年12月，京冀两地甚至启动跨区域碳排放权交易市场建设，并将承德市作为河北省的先期试点，在环境区域治理的市场机制创新方面迈出了可喜的步伐。目前，国家也正在紧锣密鼓地编制《京津冀区域协同发展生态环境保护规划》，这也将是京津冀城市环境协同治理的顶层权威规划。

然而，京津冀城市的生态保护和建设无疑将是一个长期的综合性工程，不可能一蹴而就。三地发展阶段不一、产业结构不同，地区治理观念和能力也存在较大的差异。在城市生态协同治理方面，京津冀迄今也未形成统一的排放、耗能标准以及相应的产业准入要求。综合来看，达成城市环境协同治理预期的效果，还面临诸多困难和挑战。

二　京津冀城市生态环境协同治理面临的主要挑战

京津冀地区在我国经济版图中占据重要的战略地位。然而，京津冀的一体化进程却可谓一波三折。虽已经过30余年的努力，三地在一体化或协同发展方面，却一直未能取得实质性进展，区域整合现状与预期存在较大差距，区域一体化水平也远滞后于长三角和珠三角地区。京津冀一体化进展缓慢，有着诸多的历史、文化和体制原因。长期以来，本区域计划经济体制的影响相对较深，官本位思想和小农意识浓厚，接受市场意识和市场经济的洗礼远不及长三角和珠三角彻底。加之缺乏有效的合作机制，造城诸多与协同发展背道而驰的现实，其中城市生态环境的恶化就是直接的例证。

（一）一体化发展的内在动力不足

长期以来，京津冀三地关注各自的“一亩三分地”，没有形成区域的整体利益诉求和共同发展愿景，区域一体化发展的深层内驱力严重不足，直接或间接地造成三地功能分散、经济联系度差，发展水平也严重失衡。京津冀城市功能定位也缺乏战略关联，既未形成交通等基础设施的无缝对接，也未形成产业链的互补和配套，往往是竞争大于合作，甚至陷入重复投资和重复建设的恶性循环。同时，从人口、经济和城镇的规模和密度来看，京津冀城市与长三角、珠三角城市相比，存在着明显差距，尚未充分发挥国家三大经济圈之一的城市群战略支撑作用；此外，三地经济发展水平不均、落差甚大，比如河北的人均 GDP 甚至不及北京的 10%。

（二）缺乏有效的府际协调平台

京津冀三地城市画地为界，各自的利益诉求与区域整体发展利益存在不少冲突。然而在政府和社会层面，却长期缺乏权威有效的区域协调治理体系。现有的许多合作机制和政策不少都流于形式，而且缺乏相互间的配套和衔接，如何构建有效的政府间的协同治理体系始终是一个瓶颈问题。

（三）缺乏有效的市场协调机制

京津冀城市在市场层面也未建立区域性市场协调机制，在基础设施、产业体系、市场制度等方面，一体化进程非常缓慢。区域范围内生产要素如土地、自然资源、人力资源和资本等的资源流动和配置存在着广泛的市场壁垒，直接制约着京津冀地区的城市体系构建和产业协同发展。

（四）区域及城市形象吸引力不彰

京津冀地区的城市，大多历史积淀深厚，人才济济、人文荟萃。区域内拥有全国政治和文化中心北京，以及北方经济中心城市天津，河北的保定、承德、正定、邯郸以及秦皇岛的山海关等，都是中国历史文化名城。

然而由于长期缺乏功能和产业统筹，未能形成城市群经济社会发展的合力，城市活力普遍不足。加之生态环境急剧蜕化，更使该区域城市形象雪上加霜。区域和城市形象的矛盾、弱势，极不利于京津冀城市的整合及发展。

三 京津冀城市生态环境协同治理要破解四大命题

2014 年初以来，京津冀区域治理问题引发密集讨论，见仁见智。官方也释出交通、生态和产业“三个先行”的策略。然而从现实挑战出发并且立足长远的战略视角来看，京津冀城市生态环境的协同治理乃至一体化发展，尚需突破若干关键的治理命题，包括区域使命重构、区域市场体系创新、区域治理制度建设以及地区形象塑造等。

（一）重构区域使命和发展愿景，打造世界级城市群和北方优质生活圈

区域协同发展要求区域使命、目标、资源和能力要与迅速变化的竞争环境之间保持必要的战略适应。确定使命和发展愿景应是区域协同发展规划的基础。京津冀尚未形成分工协调、功能互补的定位，三地在竞合博弈中“负和”效应常常大于“正和”效应是不争的事实。究其深层原因，主要在于区域使命的缺失和共同发展愿景的模糊。

首先，立足国际竞争，确立打造世界级城市群和经济圈的区域使命，应是京津冀功能与目标定位的基本出发点。以往京津冀区域的城镇经济联系松散，京津二市的中心城市辐射带动能力也不强，甚至对周边地区的资源产生“虹吸效应”。京津周边 24 个县组成的环京津贫困带，就是区域城市化不协调、城市体系不合理的一个佐证。珠三角带动了大珠三角的整合乃至泛珠三角地区的发展，长三角也已成为长江经济带的龙头。同样，京津冀一体化的目标也不仅限于实现三地的协同发展与经济增长，而是要更好地引领中国北方地区的经济社会发展，进而承担起支撑中国参与国际竞争的战略使命。京津冀是环渤海经济区的龙头，向东联动东北经济区和山东，向西辐射中原经济区和大西北，是我国北方“一带一路”的战略性中枢所在。因此，未来要从打造世界级城市群的战略高度出发，重构京

津冀的功能与产业布局，结合交通等基础设施规划与建设，重点通过功能分区和产城融合，来形成大中小城市功能互补、合理布局的新型城镇网络，支撑起京津冀协同发展的城市体系龙脉。

其次，树立建成中国北方优质生活圈的新愿景，是京津冀打造世界级城市群使命的内在要求。京津冀以占全国2.3%的土地和8%的人口，创造出占全国11%的国内生产总值，未来区域人口集聚和经济产出仍将持续提升。目前，京津冀的生态治理、空气污染治理已成为区域协同发展进程的重头戏。所谓“APEC蓝”更像是区域环境治理的一次联袂演习。除此之外，京津冀功能与产业定位的讨论也日趋深化，三地之间就产业协同已经或正在达成多方面的共识和协议。加之“四大功能区”及“两核三轴一带三重点”的京津冀空间总体规划也已基本成型，以往扭曲、错乱的区域功能和产业布局有望逐步得以改进。然而必须看到，当今世界级城市群无不是先进制造业、高科技产业和生产性服务业的高地，更是人才的乐土和宜居的中心。优质、宜居的生活环境，是京津冀在国际竞争中成为人才洼地的基本条件之一。因此，京津冀协同发展的目标，不仅要合力打造高技术经济、服务经济和知识经济的基地，更要迎难而上，把京津冀建设成为中华民族的北方优质生活圈。

（二）创新区域市场体系，奠定京津冀一体化发展的基石

以往京津冀一体化的讨论和实践，过多聚焦于政策的顶层设计，而对市场机制和市场平台的建设却未给予足够的重视。未来京津冀要大力推进区域市场体系建设，特别是区域市场机制和市场平台的建设。一方面创新区域要素市场平台，构建区域性共同市场。比如建设京津冀产权交易平台、统一的金融服务和银行结算平台、京津冀人力资源市场、京津冀技术与知识产权交易品牌、京津冀资产交易平台等区域性市场平台，真正实现区域生产要素的畅流无阻。另一方面，培育和鼓励区域性行业协会、中介组织等的发展，鼓励社会和民间力量参与，通过政府、社会和企业的合力，推进区域市场的信息沟通平台和市场协调平台建设。

构建京津冀区域市场机制与市场平台的意义，固然是要走出以往行政手段“拉郎配”的误区，打破区域要素内部分配和内部循环的狭隘观念。但更重要的是，为京津冀充分利用国际国内两种资源、国际国内两个市场创造良好的制度条件，进而将京津冀地区的开放带动战略推进到制度化阶段。

（三）建设区域治理的“制度厚度”，提升京津冀协同治理效能

当前，推进国家治理体系和治理能力现代化已成为中央政府的一项重大治国方略，地方层面的治理体系和治理能力打造与提升也无疑被提上议事日程。长久以来，京津冀区域治理乏力是一个公认的瓶颈问题。2014年8月，国务院成立“京津冀协同发展领导小组”，意味着京津冀区域治理上升到国家权威层面。而本区域历年来所搭建的诸多政府间协同治理体系也亟待重新梳理。如何达成各级、各类区域治理体系和政策的无缝对接和有机配套，建设和优化区域治理的“制度厚度”，已成为京津冀区域治理所面临的关键任务。

“制度厚度”是经济地理学制度转向中的一个重要概念，强调四个可测量的非经济因素。一是强烈的制度存在。这不仅包括地区政府，也应包括其他相关各类组织，如企业、商会、上下级政府部门、研发与创新机构等的代表性或提供服务的功能；二是区域组织间的互动、交流和合作，营造出协同的社会氛围和信任关系；三是在共同事业中相互了解和认同，增强动员力；四是支配性和联合体系，即将部门主义最小化（Amin &Thrift，1994）。Coulson & Ferrario（2007）等学者认为制度厚度概念对地区经济发展极富解释力和指导性。比如“强烈的制度存在”即有5个衡量指标，包括“密度”（参与治理的组织数量）“承诺”（各组织对治理议题的资金投入比例）“所有权”（公共组织及公私合作组织在参与者中所占的比例）“空间规模”（即国家、地区和本地的参与）和“责任”（不同组织对本地的责任和义务界定）等，对区域协同治理体系建设也颇具启发价值。

总之，加强京津冀区域治理的制度厚度建设，就是要围绕经济、社会、文化、生态和民生等广泛领域，不断生成各种正式和非正式的治理制度与运行机制，进而增强区域治理的制度支撑。同时，创新和完善京津冀区域治理组织体系，充分赋予并发挥治理组织体系的决策、协调和执行功能，确保各级、各类治理组织的互动性和整体效能，最终形成信息透明、平等对话、议而有决、决而必行的京津冀区域治理新模式。

（四）塑造区域及城市品牌形象，拉升京津冀一体化发展的信心和预期

当前，地区品牌化已成为全球化时代地区管理的重要战略之一，在促

进地区经济社会发展、增强地区竞争力方面发挥着日益重要的作用。改革开放以来，珠三角和长三角的形象带动作用有目共睹，甚至香港也通过积极营销“大珠三角”的区域形象，有力地支撑了其“亚洲国际都会”的城市品牌价值。

京津冀作为我国三大增长极之一备受世人青睐，一个正面、美好的京津冀形象符合大众的期待。然而，京津冀一体化进程坎坎坷坷，加之环境蜕化、空气污染，区域形象可以说蒙上了一层阴影。良好的区域形象和城市形象，对外是信心杠杆，能够提升地区投资、旅游和人居的吸引力；对内则是凝聚的力量，增加区域内居民和企业的自信心和自豪感。未来京津冀生态环境协同治理的重要任务之一就是加强区域品牌形象的塑造。通过专业化的形象设计、塑造、沟通和维护，打造京津冀一体化发展的形象引擎，有力拉升区域发展的信心和预期，为京津冀区域的生态环境协同治理和一体化发展提供强大助力。

第五篇　战略篇

亚太城市绿色发展战略

亚太城市绿色发展战略课题组

在过去的一个世纪里，城市成为了人类的主要居住地。根据联合国的统计，在1900年，全球15亿人口的15%居住在城市。到2000年，全球60亿人口的47%居住在城市。1900年，北京、东京、德里和伦敦大约有人口100万。到了2000年，人口在100万—1000万之间的城市有100个，超过了1000万人口的大都市有20个。据估计，到2030年，世界人口的60%将居住在城市地区。而其中，亚太地区城市发展更为迅速。世界正在经历着新一轮动荡，经济复苏仍然任重道远。亚太地区是最具增长活力和发展潜力的地缘经济板块，也是公认的世界经济增长引擎，但亚太地区城市也面临挑战和风险，不少城市经济转型升级和结构调整任务艰巨，增长内生动力不足，有的还面临中等收入陷阱风险。亚太地区城市选择什么样的发展道路，能否实现绿色发展，不仅对亚太地区城市而言具有重要的战略意义，同时也深刻的影响着世界城市化和经济发展的格局。目前，世界各国都在总结千年发展目标经验基础上，共同推动公平、包容、可持续的2015年后发展议程的实施。面向2030年，尽管面临的机遇与挑战不同，但资源环境和社会公平问题是亚太城市共同面对的发展难题，没有一个国家城市能够在全球资源环境恶化和社会动荡中独善其身，绿色发展是亚太地区城市共同的发展需要、发展愿望和发展责任，亚太地区城市有必要重新审视自身发展态势，明确绿色发展目标并形成发展路径，共同促进区域乃至全球的绿色发展。

一 亚太地区城市绿色发展的战略目标

对亚太任何一个国家的城市而言，绿色发展都是至关重要的。亚太城市应携手致力于建设绿色未来，以“绿色认同”为前提，坚持“命运共同”与“和而不同”相统一，形成共建共享机制，把亚太城市的多样化、差异性转化为绿色发展潜力和动力，将城市自身利益与其他城市普遍利益结合起来，共同参与和通力合作，打造愿景一致、多元发展、共同进步的亚太城市绿色发展的命运共同体。

建设亚太城市绿色发展命运共同体的目标主要包括三层涵义。

1. 要强调亚太城市绿色发展的“绿色认同”

“绿色认同”是亚太城市绿色发展的基础与前提。亚太城市绿色发展是人与自然、经济与社会、政府与市场、城市与国家关系的集中体现，反映了城市尊重自然、顺应自然、保护自然、平等发展、公平发展的文明的进步，在这方面，亚太城市具有共同认同的价值和理念，在对传统发展道路的反思、现实发展道路的认识和未来的发展道路选择上具有共通性，那就是促进城市宜居、富裕、包容、善治发展，建设绿色城市家园。

2. 要强调亚太城市绿色发展的“命运共同”

“命运共同”是亚太城市绿色发展的目标和方向。亚太城市同享一片天空，共处一个世界，你中有我、我中有你相互依存、休戚与共，应摒弃我赢你输、赢者通吃的零和思维，树立利益共同体意识，求同存异，充分体现绿色发展的共赢属性和责任属性，坚持平等发展、合作共赢、共同进步，在共同发展中寻求各方利益的最大公约数，构建以共建共享、合作共赢为核心的命运共同体。

3. 要强调亚太城市绿色发展的“和而不同”

“和而不同”是亚太城市绿色发展的方式和途径。亚太城市绿色发展命运共同体，并不意味着整齐划一发展，这既不符合城市绿色发展的规律，也不具有现实可操作性。亚太城市绿色发展，应坚持在“命运共同”基础上的“和而不同”发展，充分体现了绿色发展的多元属性和包容属性。在推动亚太城市绿色发展的过程中，要尊重亚太地区不同国家、不同发展阶段、不同文化特征的城市的差异性，促进兼收并蓄的城市绿色发展理念和文明交流，支持不同国家城市进行符合自身实际的绿色发展探索，通过亚太城市相互交流、互鉴、融合，实现整个亚太地区乃至全球城市绿色发展的宏伟目标。

二 亚太城市绿色发展的战略路径

亚太城市绿色发展战略路径主要包括一个核心、一个重点、四个支持。即促进亚太城市绿色发展，要以完善亚太城市绿色治理体系为核心，以提升发展中国家城市绿色发展能力为重点，构建亚太城市绿色创新支持体系、亚太城市绿色经济支持体系、亚太城市绿色金融支持体系、亚太城市绿色知识支持体系。

（一）完善亚太城市绿色治理体系

日益严峻的自然资源与生态环境挑战是亚太地区城市面临的共同问题。从目前的情况来看，亚太城市生产、消费和贸易活动所产生的许多生态环境危险虽然往往集中发生在一些国家的一些城市，但已跨越国界，已经演变成区域乃至世界性的问题，不管是发达国家城市还是发展中国家城市，不管能否从这些活动中获益，所面临的压力和挑战是共同不可回避的。长期来看，在城市绿色发展方面，空间界限已经变得容易模糊，以致具有地区、国家、国际意义的发展问题不在是单一国家或城市的问题，关于绿色发展的治理体系也需要与之相适应。促进亚太城市绿色发展，特别需要从整个亚太地区发展的角度出发，以开放交流、合作治理为主题，完善亚太城市绿色治理机制。

一方面，亚太城市绿色发展需求的一致性，要求有一个有效的多边系统。因此，亚太城市绿色发展，要在整体上，重点整合亚太地区各种双多边合作机制，尽可能合作面临众多跨国界、跨洲界、跨领域的治理问题，重点围绕贫困、卫生、教育等城市居民基本生存的问题和气候变化、能源资源安全、经济增长乏力等现实挑战，消除治理机制低效率、碎片化的现象，完善多边机制，连通太平洋沿岸国家城市，对接新兴与发达经济体，共同构建面向未来的亚太城市绿色发展伙伴关系、共同打造开放型亚太经济格局、让“亚太”从地理概念演变为一个影响全球绿色发展的发展综合体。

另一方面，要重点建立亚太城市区域生态环境保护协调机制，在跨区域、跨国生态环境核心问题上建立协调机制，推动亚太各国城市共同推进制定跨区域生态环境保护规划，推进亚太城市区域范围内共同划定生态保护区域，划定跨界城镇群的共同生态管制区，统筹山、海、林、水等环境要素，构建城市生态安全格局，并确定阶段性工作要求、工作重点和主要任务，在应对和处理城市生态环境问题时高效沟通、快速反映、联合行动，既考虑各国各城市的具体情况的特殊性，又兼顾生态环境保护方面的共同要求，解决共同面对的环境问题。

（二）提升亚太地区发展中国家城市绿色发展能力

尽管在亚太区域中，发达国家和发展中国家城市都面临着绿色发展问题。但我们必须意识到，木桶的短板是影响整体发展的最重要的因素，发展中国家城市绿色发展能力提升至关重要。正如世界环境与发展委员会在《我们共同的未来》中指出的，许多工业国家的城市也面临着问题——公共设施的老化、环境的退化、市区的污秽和邻里关系的破裂，但大部分工业国家具有处理这种问题的手段和资金，因此对它们是一个政治和社会选择的问题。而发展中国家城市政府往往缺乏能力、资金和人员能向迅速增长的人口提供像样的生活所需要的土地、服务和设施。结果是非法居民区迅速出现，那里只有原始的设备、过度的拥挤和不卫生环境造成的疾病的猖獗，他们面临的是一个重大的城市危机。[①] 在推动亚太城市绿色发展进程中，应高度重视发展中国家城市绿色发展能力问题，特别应重视发展中国家的欠发达城市的绿色发展。

首先，在处理区域绿色发展问题时要明确“共同但有区别”的责任。毫无疑问，应对生态危机、消减环境损害、促进社会公平是亚太各国城市所需要履行的共同责任。但是，绿色发展问题不是一个时点问题，而是一个历史、现实和未来结合的时序问题。历史上，不平等的国际经济关系形成了城市发展的不均衡特征，发展中国家城市是国际经济技术状况的被动接受者，而不是国际经济技术发展和标准的引领者和影响者。在这种情况下，发展中国家城市往往处于产业链的下游，自然资源和初级产品的出口占了很大的比例，而又不能影响国际资源产品的价格体系，往往使得这些城市成为了资源环境损害的直接受害者。而旧国际秩序的延续，加上金融

---

① 世界环境与发展委员会：《我们共同的未来》，吉林人民出版社1997年版，第20页。

危机条件下各国城市经济增长率急剧下降、债务负担的加重和发达国家保护主义的滋长，也加剧了发展中国家城市的不利地位，导致环境恶化和资源枯竭的影响仍然存在并在有些地方相当严重。因此，亚太城市绿色发展仍需要考虑发展中国家城市的特点，在责任承担上有所区别，特别在绿色发展目标、路径和进度安排方面，给予发展中国家城市更多的回旋余地和发展空间。

其次，应加强发达国家城市和发展中国家城市之间的合作，鼓励发达国家城市在转变不可持续的消费模式和经济结构，减少自身对资源、能源的过度消耗和对环境生态的影响，并积极履行其应当履行的国际责任的同时，向发展中国家城市提供资金、技术支持，通过培训、经验交流、知识转让、技术援助等多种形式，帮助发展中国家城市实现绿色发展。

最后，发展中国家城市应相互协作，联合自强，为共同面临的城市危机寻找解决方案。发展中国家城市大多具有相似的发展阶段，也面临相似的人口资源环境问题和挑战。促进亚太城市绿色发展，也要加强南南城市相互之间与绿色发展相关的经济、贸易、投资、技术、人才等方面的合作与协调，通过在互相尊重、平等互利的原则上的合作与交流，拓宽合作领域，提高合作质量，实现资源的重新组合，弥补因发达经济体减速而导致的资金、技术和市场等资源的损失，共同走向绿色发展。

（三）构建亚太城市绿色发展支持体系

亚太城市绿色发展支持体系主要包括亚太城市绿色创新支持体系、亚太城市绿色产业支持体系、亚太城市绿色金融支持体系和亚太城市绿色知识支持体系四个方面。

1. 构建亚太城市绿色创新支持体系

推动亚太城市绿色发展，需要努力通过科技创新提升城市绿色发展能力。应围绕亚太城市能源、建筑、水、电、交通、基础设施等，利用改良设备的贸易、技术转让协议、专家协定和合作研究等方式，通过共同建设城市绿色科技园区、产业基地、大学科技园等创新载体，共同推进科学和技术创新，重点开展资源环境、气候变化、新能源、新材料、绿色建筑等领域的基础性研究，并培育新兴产业技术源，为未来城市高技术更新换代和新兴产业发展奠定基础。加快可再生能源和污染治理方面应用型新产品、新技术的发展，加强城市安全设计和控制、事故预防、应急计划、减轻损害的技术研发与推广，不断提高亚太城市资源利用效率、污染物排放的控制能力、废弃物的资源化利用能力和危害防控能力。

同时，推动亚太城市绿色发展，还应建立发达国家城市和发展中国家城市的技术转让机制，建设多层次、多渠道、多元化的技术援助对接平台、技术交易市场、技术转移中心，将具有重要应用前景的绿色技术进行系统化、配套化和工程化研究开发，推动生物技术、电子信息技术、新能源技术等关键技术在发展中国家城市污染治理、低碳循环、环境监测预警等领域的示范应用，并在保护知识产权的前提下，推动并支持满足发展中国家城市实际需求的科技成果研发、传播和专利转让，降低发展中国家城市利用科技促进绿色发展的现实门槛。

2. 构建亚太城市绿色经济支持体系

面对全球金融危机的冲击，亚太城市所面临共同的经济压力，都不同程度的存在城市收入下降、城市支出激增、城市融资困难、城市投资减少的问题。在这种情况下，亚太城市应把发展绿色经济作为应对危机的主要措施，通过发展绿色经济，形成高端引领、创新驱动、绿色低碳的经济发展模式，提升高科技含量、高人力资本投入、高附加值、高产业带动力、低资源消耗、低环境污染的绿色经济发展水平，推动传统产业转型升级，带动产业绿色化发展，并寻找新的经济增长点，催生新兴绿色业态和产业链，拓展市场需求，刺激投资和消费需求。同时，在促进亚太城市绿色发展过程中，要维护自由、开放、非歧视的全球贸易体系，推进贸易投资自由化和便利化，消除贸易和投资壁垒，反对和抵制借用绿色发展而形成的各种现实和隐蔽的保护主义。需要注意的是，城市经济往往表现为企业集群经济，在亚太城市绿色经济支持体系的构建中，那些跨国公司往往能够对其它国家城市的环境及资源施加很大的影响。因此要重视跨国企业的作用，推动跨国企业特别如能源、化学品、金属制造、造纸、制药和汽车制造业等跨国企业，在研发、生产、销售、服务各环节采用切实可行的最高的环境安全和健康保护标准，分享前沿绿色技术，履行企业推动绿色发展的社会责任。

3. 构建亚太城市绿色金融支持体系

重点把绿色发展的理念贯穿到亚太国际金融机构，特别是亚洲基础设施投资银行、亚洲开发银行等，应建立和完善环境保护、资源利用、社会发展的投融资原则与指南，将生态环境、社会公平充分地纳入经济、贸易、能源、基础设施投融资项目中，使得跨国信贷资金更多的用于提高城市环境和资源部门的生产率的投资，更多地考虑比稳定财政更为广泛和更长期的社会和环境影响目标。同时，面对全球经济下行形势下各国城市经济增长乏力造成很多环境和社会发展目标被搁置的情况，国际金融机构应更多关注城市就业、卫生、教育、绿色技术研发与应用、公共交通和智能交通、能源供应与需求管理、生态环境保护与治理、城乡一体化发展等领域，不仅为不景气条件下的城市绿色发展提供金融支持，更为城市长期绿色发展注入动力。

4. 构建亚太城市绿色知识支持体系

亚太城市绿色发展离不开知识和智力的支持。专家学者往往通过科学研究和学术讨论来验证城市活动造成的明显的环境危险和变化，大量非政府组织和社会团体，在提高公众环境意识和施加政治压力以促进城市政府采取行动方面也发挥着重要作用。构建亚太城市绿色知识支持体系，应重点增强亚太城市科学界和非政府组织的作用，加强科研机构、大学和学术团体对城市绿色发展问题的研究，并鼓励和支持其向各城市公共部门和私营部门提供绿色发展方面的建议和帮助。同时，积极发挥非政府组织在识别城市生态危险、评价城市环境影响、制定与实施处理措施、协调公众与城市政府关系方面的优势，保护非政府组织了解和取得环境和自然资源信息的权利，参与协商的权利，以及参与对环境可能有重大影响的活动决策的权利，扩大同城市政府与非政府组织在绿色发展项目计划、监测、评价、等面的合作，共同为城市绿色发展提供智力保障。

中国城市绿色发展战略

中国城市绿色发展战略课题组

中国城市化经历了一个以速度扩张、数量增长为主的发展时期，1978年，中国的城镇化率仅为17.9%，到2014年已经达到54.7%，城镇化率在过去的36年中提高了36.8个百分点，以平均每年1个百分点以上的速度推进。目前，中国已经正式进入了城市主导型社会。伴随着城乡二元结构的变迁，大量农村人口流向城市，为中国城市发展提供充足廉价的劳动力，带来了巨额的“人口红利”，有力的支持了中国经济增长的奇迹。但是，尽管在经济社会发展方面取得了巨大成就，中国仍是一个发展中国家，中国城市化的快速推进主要建立在环境承载严重压力的基础之上，过多地依靠扩大投资规模和增加物质投入，使有限的自然供给能力和生态环境承载能力日渐削弱，环境、经济、社会发展不协调问题日益显现，发展不平衡、不协调、不可持续问题依然突出，环境污染、生态破坏、人口拥挤、交通堵塞、就业困难、住房紧张、贫富分化等“城市病”日趋严重，经济萎缩、人口流失、文化凋敝等“乡村病”也日益加剧。长远来看，推进城市有质量有效益可持续的绿色发展，不仅是中国城市化进程的主要方向，也是促进中国经济社会发展的重要途径。面向未来，中国城市应坚持以人为本的发展导向，实现人与自然、经济与社会、政府与市场、城市与国家的关系的协调与均衡，建设宜居、富裕、包容、善治、国强的城市绿色发展体系。

一　宜居战略

城市绿色发展的宜居战略，核心在于通过全面深化改革，在加强城市环境治理和资源节约的基础上，以法治为基础，构建完善的城市绿色发展制度体系，通过制度转变城市产业和空间发展方式，激励和引导城市绿色发展。

（一）加大城市空气、水和土壤环境治理

重点解决城市大气、水、土壤污染等损害城市居民身体健康、影响城市居民生产生活的突出环境问题，营造天蓝、地绿、水净的美好家园。（1）治理大气污染。大幅下降城市 PM2.5 年均浓度。深入实施机动车污染控制工程。大力推广使用清洁能源汽车，加快建设充电设施。加强城市扬尘污染控制。（2）治理水污染。加强饮用水保护，全面排查饮用水水源地保护区、准保护区的污染源，强力推进水源地环境整治和恢复，不断改善饮用水水质。要积极修复地下水，强化源头治理、末端修复。大力治理地表水，进一步提高生活污水的处理能力和工业污水的排放标准。（3）治理土壤污染。着力控制污染源，在抓好现有重污染企业达标排放的同时，对土壤环境保护优先区域实行更加严格的环境准入标准。

（二）推进城市能源节约利用与资源循环利用

重点在全社会、全领域、全过程都加强节约，控制资源能源消耗总量，提高资源能源利用效率和效益。（1）促进城市能源节约、集约利用。以建材、住宅等行业为重点，加快节能新技术、新产品和新装备的应用推广，积极推广太阳能光热、地热等可再生能源在城市建筑中的应用。大力发展利用清洁能源，以分布式能源、新能源汽车供能设施、智能电网为重点推动城市供能方式变革。大力推行合同能源管理等节能新机制。（2）完善城市资源循环利用体系。以提高资源利用率为目标，加快构建覆盖城市生产和消费全过程的资源循环利用体系。在生产制造全过程推进“源头减量、过程控制、末端再生”的循环型生产方式，通过绿色设计、改善工艺流程、提高技术装备水平等措施，从源头减少能源资源消耗与废弃物产生。完善城市废旧物资回收利用网络，不断提高废旧物资分拣、处理与利用水平。提高生活垃圾无害化处置和回收利用水平。

（三）完善城市绿色发展制度体系

制度对城市绿色发展具有重要意义。1952 年伦敦烟雾事件夺去了 4000 人的生命，鉴于此，1956 年英国制定了《清洁空气法案》。政府强制人们使用无烟煤并把发电厂迁移出城市，使得伦敦空气质量显著提高，

成为了一个更加适合居住的城市。对中国城市而言，也应把改革创新作为推进城市绿色发展的基本动力，通过深化改革，完善城市绿色发展制度体系，把“软引导”与“硬约束”结合起来，营造一个规范的、长期的、稳定的城市绿色发展制度环境，形成保障绿色发展的长效机制。重点清理修订与绿色发展相冲突或不利于城市绿色发展的地方性法规、规章和规范性文件，树立“生态优先”的生态价值观和生态发展观；秉持红线思维，做好前端的制度设计；以法律为保障，加强过程的制度管控；以考核体系为导向，完善激励约束机制，最终建立起系统完整的城市绿色发展制度体系。具体来看，中国城市绿色发展制度建设需要建立和健全的5个主要方面、25项具体的制度（如图33－1所示）。

中国城市绿色发展制度体系建设是一个复杂而艰巨的历史任务。从属性上讲，“生态优先”的发展观和价值观是中国城市绿色发展制度建设的软引导、软环境；而绿色发展法律、政策等是城市绿色发展的硬约束。中国城市绿色发展制度体系建设既需要有发展理念和价值观的支撑，又需要有法律、政策的约束和引导。从流程上看，中国城市绿色发展制度体系包含前端的制度设计、过程的制度约束和结果的制度奖惩三个基本阶段，在每一个阶段中，又需要建立多个具体的制度。从内容上看，中国城市绿色发展制度体系要求生态制度与经济制度、政治制度、文化制度和社会制度全面融合，形成五位一体的总体布局。从区域发展上看，城市在建设绿色发展制度体系时，还要充分考虑到自身在区域和全国的功能定位，以引领和带动周边地区绿色发展。

二　富裕战略

城市绿色发展的富裕战略，核心在于通过创新驱动，转变城市经济发展模式，促进产业的绿色化和绿色产业化，激发劳动者和企业的创新动力、能力和活力，实现高效率、高质量增长基础上的绿色发展。

（一）形成创新驱动城市经济发展模式

当前，适应和引领发展新常态是中国城市绿色发展的重要内容。经济发展新常态是经济运行渡过增速换挡期、转入中高速增长后的一种阶段性特征，其实质是经济发展迈向更高水平的新阶段，要求更高质量的绿色发

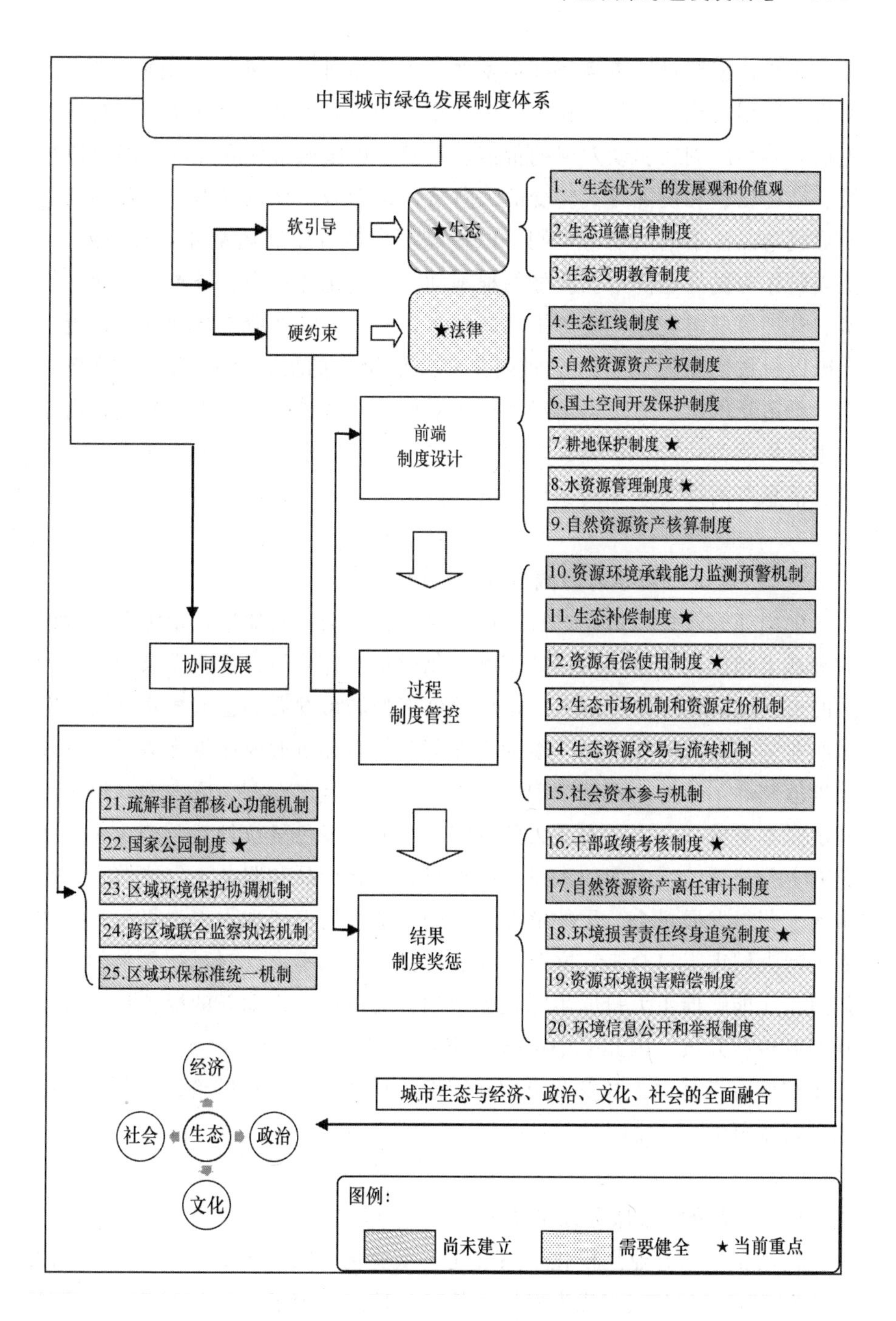

图 33－1　中国城市绿色发展制度体系图

展。而科技创新对城市经济社会发展的支撑和引领作用日益增强，进一步增强自主创新能力，掌握新一轮全球竞争的战略主动，比以往任何时候都更加需要突出创新驱动发展的价值。着眼于中国城市化和经济发展阶段转换、结构调整和发展方式转变的大背景，推动城市绿色发展，最重要的是要形成与以往不同的动力机制，以提高城市经济发展质量和效益为中心，把创新作为提高经济增长质量的根本动力，优化劳动力、资本、土地、技术、管理等要素配置，统筹推动新技术、新产业、新业态蓬勃发展，更加突出以科技创新为核心的全面创新对经济增长的促进和影响，释放新需求，创造新供给，通过创新经济模式对传统经济模式的根本性替代，由原来主要依靠劳动力、资金、资源能源等一般性要素，向主要依靠人才、技术、信息等高级要素驱动城市发展转型。

（二）建设内需导向的城市创新系统

中国拥有众多人口超过百万的大城市，与全球其他进入稳定发展阶段的大都市相比，中国城市仍处于城市化质量提升阶段，创新需求和创新产品的市场空间仍然十分巨大。国内外创新型城市发展的主流模式是嵌入全球产业链和城市网络，以外需为主在部分低端环节形成比较优势后，逐步向价值链高端延伸。而就中国的城市特别是大城市而言，巨大的人口和经济规模本身就是一个富有潜力的内需市场，对绿色科技创新及产业化应用影响十分显著。一方面，大量的绿色科技创新产品和服务不仅能够在外部市场上获得发展机会，更能够在巨大的本地市场上实现占得先机；另一方面，特大城市人口众多、文化多元、经济发展水平高，对科技创新的需求强烈，还能够催生大量原生绿色创新型产业发展，推动新的绿色技术进步和产业转型升级。因此，中国城市应着力建设内需导向的城市创新系统，更多挖掘自身潜力，激发城市创新需求，加强城市创新供给，提升城市绿色创新竞争力。

（三）提升城市服务经济质量

推动城市服务业规模化、高端化、专业化、国际化发展，提升现代服务业发展水平。在城市优先发展以软件和信息、金融、电子商务、文化创意、旅游休闲为代表的现代服务业和集约高效、绿色低碳的生产性服务业，并可大力发展由网络技术和通信技术的融合催生的新兴服务业，建设现代服务业集聚区，培育形成水平高、业态新、品牌优的服务业龙头企业，推动现代服务业高端化发展，优化服务业发展体系机制环境，提升现代服务业创新发展和国际化水平，完善以服务经济为主的现代城市产业体系。

（四）促进工业绿色转型升级

重点围绕产业链部署创新链，发展新能源、新材料、生物技术和新医药、节能环保等战略性新兴产业，着力形成战略性新兴产业市场规模优势和技术领先优势。以科技研发为依托，坚持工业化和信息化深度融合，用高新技术和先进适用技术改造推动传统产业的绿色化改造，提高清洁生产和污染治理水平，推动传统优势产业转型升级，向高端、绿色、低碳方向发展。持续淘汰落后产能，加大对污染类企业整治力度，关停并转污染大、能耗高、效益差的工业企业。实施最严格的产业政策与节能环保标准，严格控制高耗能、高污染工业项目。

（五）增强城市绿色人才竞争力

人才是城市绿色发展的灵魂。从国际城市发展经验来看，支撑城市绿色产业发展的最大资源可能不在于自然资源和物质条件是否丰裕，而在于城市是否具有不可复制的人才和知识优势。促进中国城市绿色产业发展，应“择天下英才而用之”，真正将人才资源比较优势转化为人力资本竞争优势。重点培育有利于城市绿色产业发展的各类高层次、复合型人才和具有相关职业技能的专门性人才，集聚具有全球视野和较强创新意识的国际性专业人才和优秀企业家，最大限度激发人才的创造热情和创新活力，并把城市绿色产业人才培养的重点方向、绿色产业导向与产业结构升级的整体规划紧密衔接，增强人才结构与产业转型升级的互动融合。同时，深入推进人才评价体系和激励机制改革与创新，充分尊重企业、研究机构、高校人才的价值追求，重点建立短期激励与长期激励结合、收入与业绩合理挂钩、充分体现人才价值和贡献的人才回报机制，健全人才创新创业支撑体系，为城市绿色产业发展提供坚实的人才保障。

（六）增强城市绿色企业竞争力

企业是绿色产业发展的主体，要提升城市绿色产业竞争力，就必需要有领先的绿色企业。近百年世界产业发展的历史表明，真正起作用的技术几乎都来自那些行业领军企业，而重大的产品、技术及商业模式创新也几乎都发生在企业。重点企业既是绿色技术成果商业化价值的最终实现者，同时又是整个绿色生产和创新活动的主要投入者和执行者。所以，城市促进绿色经济增长，实现绿色发展，就要增强重点绿色企业在城市、区域乃至全球绿色产业活动中的投入竞争力、技术成果产出和应用竞争力、市场竞争力。特别值得重视的是，绿色中小企业往往是绿色经济发展创新的“星火”，绿色中小企业的发展状况也是绿色经济竞争力的重要表现之一。长远来看，只有形成有若干重点领先企业带动、大量中小企业参与的绿色企业体系，才能真正形成富有竞争力的城市绿色经济体系。

（七）重视创新中心城市建设

由于信息化的发展，全球和地区科技创新资源、要素、商品与服务正越来越便捷在全球流动，科技全球化趋势明显。这使得中国城市有更多的机会和可能在更高层次上参与全球科技创新分工，分享全球科技创新成果，在构建全球创新治理新秩序中发挥影响力。与此同时，由于科技创新资源的高度流动性和科研活动的空间集聚性，谁拥有世界级的科技创新中心，谁就能最大程度吸引全球创新要素，进而在国际竞争和创新治理体系建设中获得战略主动权。当前，积极谋划建设全国乃至全球创新中心成为许多国家和地区应对新一轮科技革命和增强国家竞争力的重要举措。英国于2004年就确定将约克、纽卡斯尔、曼彻斯特三个城市作为“科学城”，2005年增加伯明翰、诺丁汉和布里斯托三个城市，旨在通过加强产业和科学基地之间的联系，将英国发展成为世界上最适合创新的地区；美国则试图借助新科技革命带来的先发优势引导产业回流以重构全球分工体系，并于2012年制定了打造“东部硅谷”的宏伟蓝图，计划在曼哈顿以东创建一个与加州硅谷并驾齐驱的应用科学园，力图成为“全球科技创新领袖”。在全球化的背景下，中国城市要实现创新驱动发展，构建绿色经济体系，也特别需要积极主动承担体现国家创新战略、创新能力、创新水平、创新文化和国际创新竞争力的历史使命，面向全球，构建具有国际影响力和竞争力的创新体系，做好中国乃至世界创新驱动绿色发展的示范者和先行者。

三 包容战略

城市绿色发展的包容战略，核心是要更多的支持弱势群体发展能力建设，进一步减少贫困、改善福利、加强教育，让更多的人能够共同参与和分享城市绿色发展的机会和成果。

（一）减少城市贫困

城市的绿色发展将取决于更密切地与城市大多数穷人合作，因为他们往往是城市中真正的建设者。城市贫困是经济性和社会性的统一。经济贫困主要体现在食物、衣服、住房以及其他一些生活必需品的短缺。城市发展应该关注城市贫困人口的基本生活保障问题，为贫困人口提供更加干净的水、食物和基础的生活设施同时，贫困程度不仅代表一种生理需要，它还是一种社会需求，并且同样具有社会含义。如果一个人缺乏参与社会活动所需要的资源，那么即便他的生理需要已经得到满足，他仍然是贫困人口中的一员。[①] 因此，建设城市贫困，需要更多的从关注经济贫困向关注社会融入转变，建立体现社会公平正义原则的发展成果分享机制，帮助贫困人口提升改善经济活动的知识和技能，为贫困人口在城市发展提供更多的发展机会。

（二）提升城市福利水平

促进城市经济增长与居民福利水平的同步提升，加快推进以改善民生为重点的城市社会建设，实现城市居民“学有所教、劳有所得、病有所医、老有所养、住有所居”。同时增强城市发展公平性、适应城市流动性，不分人口户籍和来源，为全体城市居民提供统一、公平、普惠的基本福利保障。进一步完善包括教育、医疗、养老、社会救助等各主要福利项目的制度框架，建立公共服务和社会保障均等化制度，将更多的各类非正规就业人群，进城农民，社会贫困人群和各类边缘群体纳入城市社会福利体系，提供与市民同等的就业、子女上学、就医等公共服务和各种福利。特别要加快棚户区改造，推动中低价位、中小套型等普通商品房供应，规

---

① ［加］彼得·A. 维克托：《不依赖增长的治理》，中信出版社 2012 年版，第 194—195 页。

范发展住房市场，抑制房价过快上涨，满足不同层次居民住房需求，避免早期西方国家和目前一些发展中国家出现的“贫民窟”问题。

（三）服务城市民生需求

克服以往城镇化过程中存在的见物不见人的发展方式，推动城市发展由“物的城镇化”向“人的城镇化”转变，首先，要促进产城融合，避免“空城”、“鬼城”等“有城无人”的城市发展，从城市环境资源条件出发，促进人口城镇化、产业城镇化和空间城镇化协调发展，将产业发展与人口集聚、城镇建设结合起来，在城市产业和空间规划设计上充分考虑人的生活和发展需求。其次，要提升城市的承载和服务能力，因地制宜、科学规划，构建合理的城市、城际、城乡空间布局，围绕城市居民最关心、最直接、最现实的住房、交通、教育、医疗等民生需求，完善基础设施、提供公共服务，提高城市生活质量，提升城市发展品质。

（四）改善城市教育质量

一方面要强化绿色发展价值理念教育。改变城市居民对环境和发展的价值观和态度，强化个人和集体对环境、社会以及在促进人类与环境、社会的协调关系中应负的责任意识，提高城市社会的整体责任感。另一方面要提高教育质量，必须增强对城市不同发展阶段的适应性。要积极完善教育的内容和方式，传授广泛的社会科学、自然科学和人文科学知识，增加可用于改善传统生产活动、加强保护自然资源、促进社会和谐发展的方法教育，使城市居民更加深刻理解自然生态与城市生活之间、经济发展与资源环境、社会进步之间的相互作用。同时，要支持和鼓励多元化的绿色发展理念创新、思路创新、方法创新，努力将城市建设成为绿色发展新思想、新产品、新技术和新文化的重要创新策源地。

（五）提升科技创新社会带动力

工业革命以后，全球城市发展过程中都会遇到各种各样的问题，甚至患上“城市病”。解决这些问题的过程也是科技创新的过程，如轨道交通、楼宇智能化、社会管理信息化等新解决方案的不断兴起。同样，中国城市不能总采取“限购”“限行”“涨价”“收费”这些纯政府或纯市场的手段来管理城市，要将科技创新手段摆在更为突出的位置，使科技创新在城市社会民生中发挥更为突出的作用。重点围绕城市居民最关心、最直接、最现实的民生和社会发展重大需求，集中力量推动信息基础设施、食品安全、医疗卫生与健康、科技交通、节能与新能源、城市安全与应急保障等解决“城市病”重点领域的技术研发与集成示范，加快成果转化和应用，让科技创新成果真正惠及民生，全面提升科技对经济社会发展的支撑能力。

四　善治战略

城市绿色发展的善治战略，核心是构建健全而有活力的城市绿色治理体系，以城市绿色发展共同目标为导向，将城市治理主体能力、治理机制、治理手段和治理绩效结合起来，通过“好的治理”实现“好的发展”。

（一）推进城市政府治理能力现代化

首先，要更好的发挥政府在城市绿色发展中的作用。一是实施自然资源用途管制制度。对用途进行管制，明确各类国土空间开发、利用及保护的边界，实现能源、水资源及矿产资源按质量进行分级，实现梯级利用。二是完善生态红线制度，划定并严守生态红线。三是严格准入制度，实行严格的土地用途管理、资源节约管理，强化规划，严格审查，禁止不符合用途管制和节约标准的开发活动。其次，提升城市政府科学决策水平。将绿色发展纳入经济和社会发展规划，贯穿于城市经济社会发展全过程。积极推进政策评价、战略评价与规划评价，建立经济、环境与社会发展综合决策机制。在城市规划、能源资源开发利用、产业布局、土地开发等重大决策过程中，优先考虑生态效益和社会效益，对可能产生重大环境和社会影响的事项采取“一票否决”，避免出现重大决策失误。最后，完善发展成果考核评价体系。要按照城市绿色发展要求，将资源消耗、环境损害、社会效益指标全面纳入经济社会考核评价体系并加大权重，建立体现绿色发展需要的目标体系、考核办法、奖惩机制。强化对城市领导的综合目标考核，加大资源消耗、环境损害、社会效益、科技创新的考核权重，明确城市绿色发展责任主体、责任目标和责任范围，建立损害责任终身追究制。

（二）建立公私合作治理伙伴关系

鼓励社会资本进入生态环保和社会服务市场，通过合作模式，增进城市公共服务供给，改善城市公共服务质量。同时，充分发挥政府政策的市场激励作用，加快自然资源及其产品价格改革，全面反映市场供求、资源稀缺程度、生态环境损害成本和修复效益，通过水权、排污权、碳排放权等机制设计，促进企业和个人降低资源和环境成本，推进技术创新，共同促进城市绿色发展。

（三）积极发挥社会组织的作用

从国内外实践来看，社会组织有助于动员资源、沟通渠道，为普通公众提供专业、便捷的服务。同时，社会组织还可以发动、组织和资金，或共同自助去解决该城市的安全、环境和健康等问题，来弥补城市地府机构服务的不足。在城市绿色发展过程中，也应积极引导、大力扶持设计环境保护、社会民生的社会组织发育成长，鼓励社会组织就恢复、保护和改进城市绿色发展的措施和方法提供咨询、建议和指导，对城市绿色发展变化情况进行定期的监测、评价和报告，对影响城市绿色发展的重要问题进行科学研究，对政府和企业的相关人员进行教育和培训，对城市绿色发展的具体行动和活动进行组织和开展。

（四）公众参与城市治理

城市绿色发展需要社会的了解和支持，需要公众更多地参与影响自然环境和社会发展决策的过程。因此，推动城市绿色发展，完善治理机制，需要激发城市公众的主动性，并给予各类合法注册和开展活动的公众组织以参与权力，真正吸收代表民意的人与关于城市发展与环境影响的公众听证会和咨询会，为公众自由地取得有关信息和提供各种技术的资料源提供便利。加大公众参与法律援助工作力度，建立纠纷调解与法律援助对接机制，引导和帮助公众通过法治渠道解决问题，切实维护好公众的合法参与权益。同时，探索建立网上征集、网上听证等方式，加大市民对区域公共政策制定过程的参与和行政管理过程的参与，让更多的市民参与到政府政策执行的监督过程中，引导激发市民参政、议政的积极性，真正促进政府的科学决策、民主决策和执政为民。

（五）加强电子治理

推动城市绿色发展的电子治理，要将互联网条件下的电子治理理念、方法结合起来。首先，要充分把握互联网时代特点，贯彻公共服务和"以市民为中心"的理念，创新治理机制，以便捷、分享、互动、高效的治理模式，实现功能定位的精确化和政府管理的人性化，从根本上改变"政府提供什么，市民接受什么"的传统服务方式，围绕"市民需要什么，政府提供什么"，提高信息服务内容和方式的主动性。其次，要采用先进大数据、云计算、新媒体等信息技术工具，建设标准统一、功能完善、安全可靠的信息网络基础设施，建设高效快捷、功能完善、便民利民、覆盖面广、安全可靠的电子政务应用系统，整合政府职能，优化业务流程，建设一个跨部门、一体化、支持前台（政府网站）和后台（包括政府内部管理信息系统、电子办公系统、数据库、安全平台和业务平台以及决策支持系统等）无缝集成的一个整体化的、面向客户需求目标的系统。第三，要形成一套保障电子治理顺利运行的机制，破除部门分割的管理体制，加强政府部门之间的统筹，使信息能够在政府部门之间、政府部门与公众之间自动流转、便捷反馈、有效共享。最后，强化网络安全体系建设，以保护个人隐私和保障公共安全为重点，采用先进的安全技术，并完善信息安全保障、系统安全保障、安全审计、病毒及有害信息防治等配套工作制度，建立网络安全预警和应急处理工作机制。

（六）塑造城市绿色品牌

奎尔奇（Quelch）和琼兹（Jocz）曾在他们的研究中，提出五条发展城市品牌的建议，即（1）发展一个清晰的城市品牌定位，这可以给各个利益相关者（旅游者、外部顾客、外部投资者等）发出一个卓越宣言（这个城市如何才能更好）以及卓越宣言可信的理由；（2）管理城市品牌定位推广的过程，特别是要监控目标顾客对城市品牌的认知情况；（3）与私人部门合作；（4）协调各个环节与部门；（5）要把城市高级领导者包括进来。[①] 在塑造城市绿色发展品牌过程中，也应进一步明确城市的绿

---

① J. Quelch & K. Jocz.，"Positioning the Nation - state." *Place Branding*，2005，1，3：229 - 237.

色发展定位，并广泛征求各方意见，形成系统的城市绿色发展品牌定位、推广、评估方案，并通过定位于方案凝聚政府、企业、社会组织的力量，通过塑造城市品牌，将城市公共政策方针、地方规划、私人和国内投资、品牌战略、有效营销以及沟通的执行和工具等方面的发展有机地结合起来，使城市的利益相关者改变他们固有的观点，并彼此分享新的观念，使他们同意并且愿意为城市更加美好的绿色发展愿景投资和努力。

五 协调战略

城市绿色发展的协调战略，核心是打破一城一地发展的界限，在全球化和区域一体化的视角下，将国家战略、区域战略和城市战略结合起来，统筹城际、城乡、区域、国际关系，实现城市与国家绿色发展的共同进步。

（一）构建系统的绿色城镇化发展体系

绿色城镇化强调城镇化发展的全面可持续性，是一种注重长远和均衡的发展模式。中国应立足自身仍处在城镇化加速阶段和人民生活质量需要改善的实情，寻求绿色发展与城镇化增长的最佳均衡区域，避免空谈绿色概念或盲目促进城镇化增长现象，实现城市绿色发展速度和结构质量效益相统一，走绿色化与城镇化融合的绿色城镇化道路，从整体上提升国家城市绿色发展能力。重点从城镇体系布局、城市功能布局、规划、建设、管理等各层面，构建与城市绿色发展需要相匹配的绿色政策制定、执行和评估体系，加强总体设计、科技创新、体制改革和政策支持，实现城市发展思路由单纯追求产出能力和规模向提高发展质量和效益转变，从单纯追求经济增长向人口、资源、环境、社会多元进步的目标转变，实现从城市经济社会的全面绿色转型。

（二）促进中国城市绿色发展的空间均衡

空间发展过程是不平衡性会因基础发展条件不同而现实存在，但仍可通过协调空间关系，最终实现均衡发展。① 对中国城市而言，应重点缩小绿色城市发展阶段和空间层次差距。对于具有领先优势的城市，要推进绿

① ［美］艾伯特·赫希曼：《经济发展战略》，经济科学出版社1991年版，第122—148页。

色与城镇化的协调发展，应加强、巩固已有的发展成果，提升发展质量，以城市群为核心完善区域空间城镇化战略格局，深化不同规模城市的分工协作，推进城市群落从发展趋同走向绿色协同，抢占新一轮全球城市绿色发展的制高点，积极培育能够参与全球竞争并体现国家竞争力的若干世界级绿色城市。对于发展相对落后的城市，要进一步夯实绿色发展基础，以产业绿色化为核心，从“要素推动”转向“创新驱动”，使城镇化发展始终建立在稳固的绿色产业基础之上，逐步缩小与领先绿色城市之间的差距。

（三）重大区域战略实施注重城市绿色发展

在“一带一路”、长江经济带、京津冀协同发展等重点国家区域战略实施过程中，要重视城市绿色发展的作用，在规划设计和实施机制上做出统一安排，以城市为核心，打破行政区划限制和生态资源相互切割、管理标准不一、政策机制不一的体制弊端，统一区域产业准入和环境管理标准，实施环境信息共享，推进生态环境联防联控体系建设，共同构建城市大绿色发展格局。同时，丰富区域不同城市绿色发展的具体内容，鼓励各城市在功能定位、产业选择、空间布局方面体现绿色发展理念，实现资源共享和优势互补，避免城市为争夺资源、争夺政策而引起的恶性竞争而忽视城市绿色发展目标。

（四）以城市群作为区域绿色发展突破口

将城市群绿色发展作为区域绿色发展的突破口。根据城市群发展特点，以绿色发展为主线，充分注重城市空间的资源和环境承载力，全面优化和改善城市空间功能，坚持质量优先，积极构建强大的、市场化运作的、具有国际竞争力的高端产业力量，积极发展和自身城市体系和产业体系相匹配的分层次、有分工的科技创新体系，实现经济要素和创新活动的优势聚集，坚持产业、创新与空间的有机结合与良性互动与协调发展，不断增强城市发展的全面性、协调性和可持续性，建设一批拥有强大经济实力、创新能力和空间承载与服务能力的现代绿色城市群。

（五）推动城乡绿色发展一体化

农村地区和城市不是两块磁铁，还有第三种选择“城市—乡村磁铁”，可以把一切最生动活泼的城市生活的优点和美丽，愉快的乡村环境和谐地组合在一起，这种愉快的结合将迸发出新的希望、新的生活、新的文明。[①] 城市绿色发展不能加剧城乡分割而应该加速城乡一体。应加强城乡规划统筹，科学布局生产空间、生活空间和生态空间，将控制城市增长边界、推进农村城镇化进程与城乡生态保护统一起来，重点在城市通风走廊、绿道、河流水系和湿地等具有重要生态价值的地区加强生态建设，加强公园绿地、防护绿地、城市绿廊、城市湿地及城郊大环境营造，重点推动城市产业园区、居民住区的绿色化改造，促进生产空间集约高效、生活空间宜居适度、生态空间山清水秀，营造宜居宜业的城市发展环境。同时高度重视乡村环境恶化落后问题，加强城市反哺功能，推动乡村生态保育和生态修复，提高乡村自然生态系统服务功能，并将城乡重要生态功能保护区、河流水系、自然山体、生态绿地、产业园区进行有机连接，构建城乡绿色发展一体化格局。在推进城乡绿色发展一体化的进程中，要高度重视“城市之尾、乡村之首”的县域发展，支持他们主动参与建设城市群、都市圈区域多渠道、多形式、网络化的协同格局，构建功能互补、分工合理的区域发展体系，在区域城镇体系中承接来自大中城市的技术、资本、人才、信息、管理等要素辐射溢出，促进城乡之间研发、生产、服务、销售等方面的交流融合，打通城乡绿色发展的通道。

（六）提升城市绿色发展的国际影响力

要继续发挥城市对国家绿色发展的带动作用，通过提升城市绿色发展的国际影响力带动国家绿色发展影响力的增强。重点要引导城市保持和发展自身在集聚绿色资源、创造绿色活力、实现绿色增长、促进绿色发展的聚集辐射作用，提升城市对国家绿色发展的贡献度。同时，要支持和鼓励城市以全球视野谋划和推动绿色发展，充分把握全球绿色技术和产业发展方向，凝聚、整合和利用全球人才、资本资源，“走出去”与“引进来”结合，促进一批城市成为全球绿色技术和产业发展网络的枢纽和节点城市，形成以一批中国城市为核心的跨区域、跨领域、跨机构的绿色技术流通与转化新格局，在世界绿色技术和产业标准方面走在前列，在推广的创新政策和执行机制方面率先突破，凸显国家绿色发展影响力。

---

① ［英］埃比尼泽·霍华德：《明日的田园城市》，商务印书馆2010年版，第6—9页。

附录一

城市绿色发展评估相关研究文献综述

绿色发展是时代的潮流，是理论和实践界尤其是实际部门关注的核心问题。而对绿色发展的评估则有助于分析一个区域同其他区域相比较所存在综合发展条件，以使居民、政府、企业更好的了解他们所在地区的绿色发展现状、福利水平和未来机会。目前，许多国际组织、地方政府、研究机构都根据自己的理解，从不同的角度、使用不同的指标和方法对绿色发展水平进行评估，形成了很多有价值的思路和方法。在这里，我们主要从学科和方法层面介绍部分有影响的绿色发展评估研究成果，以为开展城市绿色发展评估提供借鉴和参考。

一　绿色核算评价

绿色核算主要是指把资源和环境因素纳入国民经济统计中所建立的资源环境与经济一体化核算体系。绿色核算将形成考虑资源消耗成本和环境损失成本基础上的经济活动核算数据和结果，用以表示社会真实财富的变化和资源环境状况，为经济社会可持续发展的分析、决策和评价提供依据和参考。

绿色核算来源于人类对自然环境变化的认识和对可持续发展的探索，是在现行国民经济核算体系的基础之上发展和完善起来的。20 世纪 60 年代以来，面对自然资源短缺、生态环境恶化等问题给人类带来的挑战，人口、资源、环境协调发展的可持续发展观逐渐在全球范围内得到广泛认同。经济的可持续发展要求各国改变衡量评价国民经济社会成果的核算体系，以便更好地反映国民经济生产活动中的真实收益和成本耗费，促使人们珍惜资源和保护环境，以实现福利最大化目标。而传统的国民经济核算体系主要测算国民经济活动的经济效应，却没有反映自然资源消耗对经济发展的贡献和生态环境恶化带来的经济损失。在这一背景下，国际组织、各国政府和研究机构围绕绿色核算开展了一系列建设性工作，试图对传统的国民经济核算体系进行修正与完善，构建一个综合考虑资源与环境因素的、真实的、可行的、科学的核算体系，来衡量一个国家和区域的真实发展水平和进步程度。

联合国和世界银行在绿色国民经济核算工作中做出了很多努力。1983年，联合国统计署正式开展环境与资源核算工作。1989 年，联合国等国际组织研究并界定了资源环境核算的概念。1993 年，联合国统计署和世界银行合作，将环境问题纳入正在修订的国民经济账户体系框架中，形成了一个系统的环境经济账户（System of Integrated Environmental and Economic Accounting，SEEA），首次提出了把环境核算纳入国民经济核算基本思路。经过联合统计署的研究和试算，SEEA 的体系逐渐完善，2003 年联合国统计署又推出了系统环境经济账户最新版本 SEEA2003，作为世界各国进行环境与经济核算的指导性范本。

不少国家和地区已经积极尝试建立自己的包含资源环境核算的国民经济绿色核算体系。较早开展了对自然资源的核算工作的国家是挪威、芬兰。早在 1978 年，挪威就开始建立能源、矿产资源、森林资源以及空气和水污染的核算。1987 年出版的挪威自然资源核算报告，为挪威的绿色国民经济核算体系奠定了重要基础。根据 SEEA 的基本框架，美国也建立了经济与环境一体化卫星账户，该账户将资源环境作为生产资本，对与资本和库存相关的资源环境进行核算，建立了详细的经济核算类别标准。欧盟统计局也设计了欧盟绿色国民经济核算体系，同样以卫星账户的方式将环境保护活动与国民经济核算账户连接。欧盟绿色国民经济核算体系包含环保支出账户、资源使用及管理账户两个卫星账户和一个居中的资料收集与处理系统。加拿大统计局（2006）从其自身国情出发，在 SEEA 框架的基础上创建了资源环境核算体系，包括自然资本存量核算、自然资源使用和废弃物排放核算，以及环境保护支出核算。由于当前绿色国民经济核算相关理论方法尚不成熟，再加上资源环境问题本身较为复杂，所以很多国家选择某一个单一领域着手对局部进行核算，也取得了很好的成果，比如法国、瑞典、德国、芬兰等国家。

中国对绿色国民经济核算的研究起步较晚，1998 年开始，中国国家统计局与挪威统计局合作，编制了1987年、1995年及1997年中国能源生产与使用账户，测算了8种大气污染物的排放量。中国国家统计局于2001年首次开展了自然资源的核算工作，编写了2000年全国土地资源、矿产资源、森林资源以及水资源实物量表，并且把海南等城市设定为中国绿色核算试点城市，对工业污染损失和水污染等问题进行了核算。随后，国家统计局先后开展了“中国森林资源核算及纳入绿色GDP研究”“将环境污染损失核算纳入绿色GDP研究”等工作。期间，部分大学也开展了绿色核算课题研究。2004年，中国国家环境保护总局和统计局共同完成了《中国绿色国民经济核算体系框架》、《中国绿色国民经济核算研究报告（2004）》等研究成果，计算了中国的绿色GDP估算值，并且对31个省市和不同行业部门产生的水污染、气体污染和固体污染进行了具体核算。中国科学院可持续发展课题组提出了绿色GDP的测算方法，即绿色GDP为扣减自然部分的虚数和人文部分的虚数，其中自然部分的虚数从环境污染所造成的环境质量下降；自然资源的退化与配比的不均衡；长期生态质量退化所造成的损失；自然灾害所引起的经济损失；资源稀缺性所引发的成本；物质、能量的不合理利用所导致的损失六个因素中扣除。北京大学课题组在联合国SEEA基本框架和资源—经济—环境一体化投入产出核算通用框架的基础上，提出了一套绿色投入产出核算体系，结合中国国民核算特点，设计了环境经济综合核算矩阵和绿色社会核算矩阵，对中国1992年、1995年、1997年、2000年和2002年资源—能源—经济—环境状况进行了全面综合核算并做了初步核算分析。

绿色核算是在现行国民经济核算体系的基础之上发展和完善起来的，是从人类可持续发展的角度计量生产活动成果核算方式。绿色核算不仅考虑了经济要素，也以同样的重要性考虑了自然资源与生态环境要素，反映了资源环境与经济增长之间的关系，不仅可以增强和完善国民经济核算体系的功能，更有助于国民经济社会的长期可持续发展。从核算方法上看，绿色核算主要建立资源、环境与经济一体化核算体系，在计算国内生产总值时，将自然资源损耗、环境治理费用等按照一定方法折算为货币扣除，得到经过环境调整的国内生产总值。目前普遍采取的绿色核算的具体方法有两种：一是自然资源核算法，它注重实物量的核算，关注材料、能源和自然资源的实物资产平衡，是在国民经济核算框架基础上，运用实物单位建立不同层次的实物量账户，核算与经济活动对应的自然资源和污染物的产生、去除、排放等的存量和流量；二是价值量核算法，主要估算各种资源消耗、环境污染和生态破坏造成的货币价值损失，把由生产活动引起的环境成本纳入生产成本。价值量核算法具体主要包括治理成本法和污染损失法。污染治理成本法是指基于环境治理成本的估价方法，主要计算为避免环境污染所支付的已经发生的实际治理成本和按照现行治理技术和水平全部治理所需支出的虚拟治理成本。污染损失法是指基于环境损害的评估方法，主要借助一定的技术手段和污染损失调查，计算环境污染所带来的种种损害。

需要注意的是，尽管许多国际组织和众多国家在绿色核算方面进行了有益的探索，但由于资源环境成本估价方法和基础数据资料来源存在巨大困难，目前在全球范围内绿色核算仍然没有形成一套通行统一的绿色核算体系，现有的绿色核算结果也还不能完整反映出环境污染和生态破坏损失。长期来看，如何构建一个更加科学可行的绿色核算体系仍然是一个需要我们进一步深化研究的重要课题。

二 生态足迹评价

生态足迹是一种测量和比较人类社会经济系统对自然生态系统服务的需求和自然生态系统的承载力之间差距的生物物理测量方法。通过生态足迹需求与生态足迹供给（亦即自然生态系统的承载力）进行比较，进而定量地判断区域目前的生态发展状态。“生态足迹”最早由加拿大不列颠哥伦比亚大学规划与资源生态学教授里斯（Rees）于1992年提出。生态足迹是指能够持续地提供资源或消纳废物的、具有生态生产力的地域空间，是维持一个人、地区、国家或者全球的生存所需要的，或者能够消纳人类所排放的废物的，具有生态生产力的地域面积，而所谓的“生态生产力”，是指生态系统从外界环境中吸收生命过程所必需的物质和能量，从而实现物质和能量积累的能力。它既是既定技术条件和消费水平下特定人口对环境的影响规模，是人口目前所占用的生态容量，又代表既定技术条件和消费水平下特定人口持续生存对生态环境资源提出的需求，是人口所需要的生态容量。

根据生态经济最佳规模的观点，增长是有成本的，并不是免费的。从本源上讲，生态足迹理论遵循如下的思路：人类要维持生存必须消费各种产品、资源和服务，其每一项最终消费的量都可以追溯到提供生产该消费所需的原始物质与能量的生态生产性土地的面积。所以，人类系统的所有消费在理论上都可以折算成相应的生态生产性土地的面积。由于考虑了人均消费水平和技术水平，生态足迹涵盖了人口对环境的总体和平均影响力。生态足迹理论主要基于以下六个前提假设，即：（1）人类社会的生产和消费过程同时也是一种将自然资源转变为废弃物的过程；（2）该过程中的资源或废物流能够被转换为生产或消纳它们的生产面积；（3）具有生态生产力的6种土地（即可耕地、草地、森林、建筑用地、水域和化石能源用地）可以根据各自产量的大小，折算成标准单位“全球公顷”（global hectare，单位全球公顷的生物生产力相当于当年全球土地平均生物产量）；（4）各种土地类型的划分不存在重复交叉，在空间上是互斥的；（5）生态系统服务流量和有形自然资源的存量也能够由生态生产面积进行表达；（6）生态足迹有可能超过生态承载力，由此产生的生态赤字依赖于从其他地区输入资源、在其他区域处置废弃物或耗竭区域内部的自然资本存量等。

生态足迹的计算基于以下两个基本事实：（1）人类可以确定自身消费的绝大多数资源及其产生的废弃物的数量；（2）这些资源和废弃物能换算成相应的生态生产面积。计算过程主要考虑6种类型的土地：可耕地、草地、森林、建筑用地、水域和化石能源用地，并将这6类生态生产面积进行加权求和。其计算公式为：$EF = N \times ef = N \times r_j \times \Sigma\ (aa_j) = N \times r_j \times \Sigma\ (c_i/p_i)$

公式中：EF为总的生态足迹；N为人口数；ef为人均生态足迹；aa_j为人均i种交易商品折算的生物生产性土地面积，i为消费商品和投入的类型；r_j为均衡因子，因为单位面积可耕地、草地、森林、建筑用地、水域和化石能源用地等的生物生产能力差异很大，为了使计算结果转化为一个可比较的标准，有必要在每种类型生物生产面积前乘上一个均衡因子（权重），以转化为统一的、可比较的生物生产面积；j为生物生产性土地类型；c_i为i种商品的人均消费量；p_i为i种消费商品的平均生产能力。[①]

生态足迹评价分析的方法与思想同样也适用于单一生态对象的研究。从生态系统角度来讲，除了土地外，水、空气、能量等也是基本生态对

① 参见Wackernagel M, and Rees W E., *Our ecological footprint: reducing human impact on the earth*, Gabriola Island: 1996, New Society Publishers。

象。同时，在重视碳排放及全球气候变化问题的今天，碳足迹研究也较为集中。世界自然基金会（WWF）、全球生态足迹网络组织（GFN）等机构均有对碳足迹、水足迹的单独评估。从2008年起，中国环境与发展国际合作委员会（CCICED）等与WWF同步发表中国生态足迹报告。其中，2010年发表的《中国生态足迹报告2010——生态承载力、城市与发展》指出，与全球生态足迹的组成相似，中国2007年的碳足迹占生态足迹的54%。此外，在生态足迹研究内容和问题分析范围的拓展上，还有一些学者也开展了对诸如采矿业、交通运输业、学校、土地规划、荒漠化等小尺度、特定产业或部门乃至具体项目的生态足迹研究。

当然，对于生态足迹评价，也存在一些争议，主要包括以下几方面：第一，生态足迹假设生态生产面积只有一种用途，各种用地在空间上是互斥的，这一假设可能使得生态足迹计算结果存在偏差。第二，生态足迹强调了人类发展对环境和资源系统的影响及其可持续性，而没有充分考虑经济、社会方面的可持续性，特别未考虑技术进步对发展及生态足迹的影响。第三，人类的福祉是多方面的，不宜用单一指标表示，而且根据研究结果，当把生态足迹用于国家或地区层面的可持续发展评价时常常会出现这样的状况，即某地区经济越不发达，人们生活水平越低，可持续性越强，这与每个人具有发展的权力的可持续性理念是相违背的。①

三 绿色经济评价

近年来，绿色经济已成为经济转型发展的重要理念和方式。2009年，经济合作组织（OECD）制定了绿色增长战略，并且为各国制定了一个综合经济、环境、社会的分析框架，提出要以经济的发展解决环境污染、破坏以及气候变化等问题。为了指导和评估绿色增长，OECD发布了《走向绿色增长：测度进展》报告，构建了一套完整的涵盖经济、环境和人类福祉等方面的指标体系。该体系以经济活动中的环境和资源生产率、自然资产基础、生活质量的环境因素、经济机遇和政策响应、社会背景和经济增长特征这等核心要素为一级指标。整体来看，OECD

① Nathan F., Measuring Sustainability: Why the Ecological Footprint is Bad Economics and Bad Environmental Science, *Ecological Economics*, 2008, 67: 519-525.

绿色增长战略框架关注经济增长，强调从经济活动的过程中来实现资源环境保护（表附1－1）。

表附1－1　　OECD绿色经济增长测度指标

核心指标	具体指标
环境与资源生产率	碳与能源生产率 资源生产率：材料、养分、水分、废物环境调整后的全要素生产率
自然资产基础	可再生自然资产存量：水、森林、渔业资源 不可再生类自然资产存量：矿产资源生物多样性与生态系统
生活质量的环境维度	环境健康与风险 环境服务与设施
经济机会与政策响应	技术与创新 国际金融流动：FDI，援助等 税收，价格与转让 规制与管理办法 技能与培训 环境商品与服务
社会经济背景与增长特征	经济增长与结构 生产率和贸易 劳动市场，教育与收入 社会—人口模式

联合国环境规划署（UNEP）也一直在探索绿色经济衡量框架，并完成了《绿色经济进展测度》（Measuring Progress Towards a Green Economy）和《绿色经济指标操作手册》（Green Economy Indicators：An Operational Manual），为各国政策制定者发展绿色经济提供及时和实用的指导。UNEP绿色经济衡量框架主要涵盖3个方面的内容，议题设置指标（环境问题与目标）、政策制定指标（政策干预，成本与效果）、政策评价指标（对福利和公平的影响），范围包括了经济转型、资源效率、社会进步和人类福祉。其中，经济转型是迈向绿色经济的核心。当前投资大多集中于高污染、高排放、高消耗产业，而绿色经济的目标则是将这些投资转移至低碳、清洁、资源节约的产业；经济转型成功的显著标志之一就是资源利用效率的提高；社会进步和人类福祉是发展绿色经济的最主要目标（表附1－2）。

表附 1 - 2 **UNEP 绿色经济指标框架**

议题设定指标	气候变化	碳排放量/可再生能源（占能源供给份额）/人均能源消费
	生态系统管理	林地面积/水资源压力/土地和海洋保护区
	资源效率	能源生产率/物质资源生产率/水资源生产率/CO_2排放量
	化学品和废物管理	废物收集/循环和再用率/废物产生或掩埋量
政策制定指标	绿色投资	R&D 投资/EGSS 投资
	财政改革	化石燃料，水和渔业补贴/化石燃料税/可再生能源补贴
	定价	碳价/生态系统服务价值（如供水）
	绿色采购	可持续采购支出/政府运行生产率
	绿色工作技能培训	培训费用/培训人数
政策评价指标	就业	建筑业/运行和管理/创收/基尼系数
	环境商品和服务部门绩效	增加值/就业/物质生产力
	总财富	自然资源存量价值/年均净值/识字率
	资源可获得性	现代能源/水资源/卫生设施/医疗
	健康	饮用水中有害物质比例/空气污染致病人数/交通伤亡人数

此外，国际咨询公司 Dual Citizen 开发了全球绿色经济指数（Global Green Economy Index，GGEI），构建了包括领导力、政策、清洁技术投资、可持续旅游业在内的四类指标，测度国家在发展绿色经济方面的政策行动与绩效。目前第 3 版 GGEI 包含 27 个国家及其城市，主要采用满意度调查的方式测度（基于 1440 个调查样本）（表附 1 - 3）。

表附 1 - 3 **国际咨询公司 Dual Citizen 全球绿色经济指数**

类别	指标	权重%
领导力	国家元首	15
	媒体报道	10
	国际论坛	55
	国际援助	20

续表

类别	指标	权重%
政策	对可再生能源的承诺	20
	清洁能源政策	25
	排放	40
	可再生能源目标	15
清洁技术投资	投资额	30
	清洁技术商业化	30
	清洁技术创新	30
	投资便利化	10
可持续旅游业	旅游业竞争力	45
	认证计划	45
	教育部评估	10

总的来看，联合国环境规划署绿色经济衡量框架的设计理念类似于OECD绿色增长战略框架，都涉及了经济、社会和环境领域，目标都是为了能够降低环境压力。但这两者间同时也存在着许多不同之处，例如OECD更加关注经济增长，强调从经济活动的过程中来实现资源环境保护，而UNEP则更加强调环境保护，将更多的资金投资于环境领域。其次，UNEP在框架设计和指标构建中更多体现了社会进步和人类福祉，而OECD则较少关注这方面，更多关注了政策对于经济活动的影响。而国际咨询公司Dual Citizen全球绿色经济指数则没有采用客观统计数据评价，为纯主观评价测度，在评估绿色经济效果方面具有一定价值，但评估结果往往也更容易受到调查样本数量和覆盖范围的限制。

四　绿色指数评价

目前，比较有影响的绿色指数主要有两个，分别是1991年由美国学者鲍勃·霍尔和克尔提出的美国各州环境质量“绿色指数”和2008年由美国《国家地理》杂志与加拿大的GlobeScan公司联合推出的消费者环境保护“绿色指数”。

1991 年，美国学者鲍勃·霍尔等在《1991—1992 绿色指数——对各州环境质量的评价》一书中明确提出了“绿色指数”，运用测度环境健康的综合方法，评价了美国 50 个州的环境质量并对其进行排名，最后提出了改善环境状况的政策和方针。绿色指数评价指标体系分为一、二、三级指标共 256 个指标。其中，一级指标分为两大类：其一是绿色状态指标，由空气污染、水污染、能源消费和交通、有毒物质、危险品和固体废弃物、社区卫生和工作环境、农林渔业和娱乐等 7 个二级指标共计 179 个三级指标构成；其二是绿色政策指标，由政府指导、政策促进等 2 个二级指标共计 77 个三级指标构成，突出了政府在促进环境质量提高方面的作用。该绿色指数将各个指标的原始数据转换成人均数据、地均数据或相关比率，以尽量减少因各州面积或人口数量差异所产生的影响。在权重选择方面，绿色指数中每个指标被赋予了相同的权重，缺失值用适当的数值替代。所有的指标计算得到其单项排名，指标分类加总后得到综合排名。绿色指数测算结果显示：经济公平、公共卫生与整体环境三者之间存在着重要的关系，社会如果失去其中一环，就会面临出现危机的风险。[①]

2008 年，美国《国家地理》杂志与加拿大的知名民意调查公司 GlobeScan 公司合作发起了一项名为“绿色指数”的全球调查，调查重点关注消费者行为中与环境密切相关的部分。该调查从消费者的视角来构建绿色指数，包括住房、交通、食品和其他商品四个部分，四部分的权重分别为 30%、30%、20%、20%。2008 年针对 14 个国家的 14000 个消费者进行了首次调查。2009 年，调查扩展至 17 个国家。绿色指数的排名，印度、巴西、中国和阿根廷名列前四名，而美国、加拿大、日本和英国则排名靠后。

五 治理绩效评价

基于环境治理绩效评价的代表性研究主要由耶鲁大学和哥伦比亚大学在 2000 年开发的环境可持续指数（Environmental Sustainability Index，ESI），之后改名为环境绩效指数（Environmental Performance Index，EPI）。

---

① 参见［美］鲍勃·霍尔、［美］玛丽·李·克尔《绿色指数：美国各州环境质量的评价》，北京师范大学出版社 2011 年版。

该指数体系对不同国家基于环境保护的可持续发展程度进行衡量。2006年，研究团队首次发布了包括16个基础指标的环境绩效指数替代环境可持续指标，并先后改进、公布了包括两大目标、10个政策类别和25个基础指标的2008EPI、2010EPI和2012EPI。其中，两大目标为环境健康和生态系统生命力；10个政策类别包括空气污染对人类健康的影响、水对人类健康的影响、疾病环境负担、空气污染对生态系统的影响、水对生态系统的影响、生物多样性与栖息地、森林、渔业、农业和气候变化；25个基础指标中，人均二氧化硫排放、人均氮氧化物排放、人均挥发性有机化合物排放、人均二氧化碳排放、单位GDP二氧化碳排放、单位发电量二氧化碳排放6个指标体现了各国节能减排的效率。对于指标的权重，EPI一般通过混合运用主成分分析法、等权法、德尔菲法来确定，但由于标准不统一，因此指标权重每年都在不断调整变化中（表附1－4）。

表附1－4 **环境绩效指数指标框架**

<table>
<tr><th>目标</th><th>类别</th><th colspan="2">基础指标</th></tr>
<tr><td rowspan="3">环境健康</td><td>空气污染对人类健康的影响</td><td>室内空气污染</td><td>PM2．5</td></tr>
<tr><td>水对人类健康的影响</td><td>饮用水可获得性</td><td>医疗卫生可获得性</td></tr>
<tr><td>疾病环境负担</td><td>婴儿死亡率</td><td></td></tr>
<tr><td rowspan="11">生态系统活力</td><td>空气污染对生态系统的影响</td><td>人均二氧化硫排放量</td><td>二氧化硫排放强度</td></tr>
<tr><td>水对生态系统的影响</td><td>水总量的变化</td><td></td></tr>
<tr><td rowspan="2">生物多样性与栖息地</td><td>生物群落保护区</td><td>海洋保护区</td></tr>
<tr><td>重要栖息地保护区</td><td></td></tr>
<tr><td rowspan="2">森林</td><td>森林破坏损失</td><td>森林覆盖率变化</td></tr>
<tr><td>森林储蓄量变化</td><td></td></tr>
<tr><td>渔业</td><td>沿海大陆架的渔业压力</td><td>鱼类资源过度开发</td></tr>
<tr><td>农业</td><td>农业补贴</td><td>农药监管</td></tr>
<tr><td rowspan="2">气候变化和能源</td><td>人均二氧化碳排放量</td><td>二氧化碳排放强度</td></tr>
<tr><td>单位发电量二氧化碳排放</td><td>可再生能源发电</td></tr>
</table>

六 综合福利评价

（一）人类发展指数

人类发展指数（Human Development Index，HDI）是由联合国开发计划署（UNDP）在《1990年人文发展报告》中提出的，用以衡量联合国各成员国经济社会发展水平的指标，是对传统的GNP指标挑战的结果。1990年，联合国开发计划署（UNDP）创立了人文发展指数（HDI），即以“预期寿命、教育水准和生活质量”三项基础变量，按照一定的计算方法，得出的综合指标，并在当年的《人类发展报告》中发布。人类发展指数的特点：一是能测量人类发展的基本内涵；二是只包括有限的变量，便于计算并易于管理；三是一个综合指数而非众多独立指标；四是既包括经济又包括社会选择；五是保持指数范围和理论的灵活性。

（二）包容性财富指数

包容性财富指数（Inclusive Wealth Index，IWI），主要由联合国环境规划署（UNEP）提出，根据制造资本、人力资本以及自然资本存量的价值计算财富。其中自然资本包括农地、森林资源、渔业资源、化石燃料资源、金属及矿产资源等，并通过碳损失、石油资本收益、全要素生产率等指标进行调整（表附1－5）。

表附1－5 包容性财富指数指标体系

自然资本	指标
农地	农作物产量与价格、租金率、作物收获面积、长期作物用地面积、永久牧场土地面积
森林资源	森林储量、森林商用蓄积、木材生产、木材生产价值、租金率、森林面积、NTFB价值，用于提取NTFB的森林面积百分比、折扣率
渔业资源	渔业的股票，价值捕捞渔业，捕捞数量，出租率
化石燃料资源	储量，产量，价格，租金率
金属及矿产资源	储量，产量，价格，租金率

从指标上来看，包容性财富指数主要强调自然资本在财富创造中的作用 。目前，包容性财富指数已经涵盖的国家包括澳大利亚、巴西、加拿大、智利、中国、哥伦比亚、厄瓜多尔、法国、德国、印度、日本、肯尼亚、尼日利亚、挪威、俄罗斯联邦、沙特阿拉伯、南非、美国、英国和委内瑞拉。

（三）真实进步指标

真实进步指标（Genuine Progress Indicator，GPI）是由国际发展重新定义组织（Redefining Progress）的柯布（Cobb）等人于 1995 年提出的。真实进步指标旨在衡量一个地区的真实经济福利。该指标扩展了传统的国民经济核算框架，其中，包括社会、经济和环境三个帐户，并且首先在美国、加拿大和英国得到应用。

真实进步指数与国内生产总值（GDP）拥有相同的考察模式，又有一些重要的不同。例如，GDP 把用于因犯罪、自然灾害、家庭解体等造成社会无序和发展倒退的“支出”均视为社会财富，没有对增加福利和减少福利的经济活动进行区分，忽略了非市场交易活动的贡献，如家庭和社区、自然环境等。真实进步指数对国内生产总值忽略的 20 多个方面进行估计，增加了家庭以及志愿工作对于经济的贡献，把非市场服务如家庭工作和自愿活动进行货币化，从经济角度对国家福利进行测算，考虑了自然和社会资本的耗竭，计算了经济活动中消耗的服务以及产品价值。具体来看，真实进步指数对 GDP 的调整主要体现在三个方面的支出扣除，即防御支出、社会成本和环境资产、自然资源的消耗 。

GPI 对 GDP 中忽略的 20 多个经济方面的因素进行了估计，有助于衡量生活良好状态程度以及更好地理解经济增长是否确实产生了实际进展，在一定程度上弥补了国内生产总值的缺陷，并把市场和非市场活动的价值都包含在一个简明的、综合的框架中。同时，由于非市场性的货物和服务很难测算，需要一个修正的核算体系，加之确定 GPI 中某一因素对 GDP 的调整方向时，究竟是正是负往往比较主观，对测量结果的准确性也有很大影响。

（四）美好生活指数

美好生活指数（YOUR BETTER LIFE INDEX）是由经济合作及发展组织（OECD）创立的，主要从福利的角度对个人生活质量进行评价。美好生活指数包括自然资本、经济资本、人力资本、社会资本四个大类，包含了 11 个具体方面的指标，即工作与生活平衡、健康状况、教育与技能、社会联系、公民参与及治理、环境质量、个人安全、主观满意度、收入与财富、就业与收入、住房。目前美好生活指数被用来对对经济合作组织成员国以及巴西、俄罗斯等 36 个国家的指数进行测算（表附 1－6）。

表附 1－6　　美好生活指数指标体系

类别	指标
住房	人均住房
	住房支出
	基础设施
就业与收入	家庭可支配收入
	家庭金融资产
就业与收入	就业率
	长期失业率
	个人收入
	工作安全
社会联系	支持网络质量
教育与技能	教育程度
	受教育年限
	学生数学、阅读与自然科学技能
环境质量	空气污染
	水资源质量
公民参与及治理	投票率
	规则制定咨询
健康状况	预期寿命
	自我报告健康
主观满意度	主观生活满意度
个人安全	谋杀率
	袭击率
工作与生活平衡	长时工作职员
	休闲和个人护理时间

七 绿色城市评价

1990年印度的R. 麦由尔（Rashmi Mayur）博士在《绿色城市》一书中强调了绿色城市应该是城市规划的根本原则，是对我们创建的畸形、丑陋、病态、不适宜居住的城市的一个自然反应，不仅注重生态平衡、自然保护，而且注重人类健康和文化发展，阐明了绿色城市的本质，认为绿色城市应该超越城市建设与自然环境相协调的层面，不仅强调生态平衡、保护自然，还强调人类健康和文化发展。并重点强调绿色城市应具备的必备条件是：生物材料和文化资源以最和谐的关系相联系，生机勃勃、自养自立、生态平衡；自然环境具有完全的生存能力，能量平衡，甚至输出剩余的能量产生价值；自然资源得到保护，尽量消除或减少废物，对废弃物循环再生利用；自然空间广阔，与人类同居共存的其他物种丰富多样；维护人类健康，鼓励健康的生活方式；各组成要素要按美学关系规划安排，聚居地优美而有韵律感文化发展全面，充满欢乐与进步；提供面向未来文明进程的人类生存地和新空间。

美国经济学家马修·卡恩认为绿色城市应该拥有清洁的空气和水、干净的街道和公园。在面对自然灾难时，绿色城市有自我复原的能力，这些城市传染病的发病率也比较低。绿色城市同时鼓励绿色行为，比如鼓励人们使用污染相对较少的公共交通工具。马修·卡恩构建了一个绿色城市指数，将绿色城市定义为无论从当地还是从世界范围来评估都能得到高分的城市，也就是说，在享受当地新鲜的空气和干净的水时，绿色城市的居民也要避免给其他地区的居民带来负的外部性影响。

绿色城市指数 =（b1X 与环境相关的发病率）+（b2X 与环境相关的死亡率）+（b3X 污染规避支出）+（b4X 当地的不舒适度）+（b5X 生态印迹）

其中，b代表指数的权重。这一指数较低的城市就为“绿色城市”，这一指数较高的城市我们称之为“棕色城市”。该方程中的与环境相关的发病率，指的是由于受到城市环境的污染，城市居民人均生病的天数。同样，与环境相关的死亡率，指的是由于受到环境的威胁，城市居民人均增加的死亡风险。污染规避支出指的是人均保护投资量，如瓶装水，该投资量随着污染的加重而增加。当地的不舒适度指的是那些降低了当地的环境质量，但不必然增加与环境相关的发病率和死亡率的因素。最后，生态印迹指的是人均二氧化碳的排放量（以吨计）。[①] 尽管绿色城市指数很多数据带有主观性，并不容易获得，但其也给我们提供了一个判断城市是否绿色的标准。

还有一些学者从城市绿色政策的角度建立了评价指标体系。肯特·波特尼（Kent Portney）构建了三十多个城市的绿色政策指标，对一些城市通过“精明增长”政策来抗衡城市蔓延及其对环境的影响的成就进行总结。这些指标包括，城市是否再开发棕色地带，是否通过区划确定环境敏感区，是否对有利环境的交通给予税收优惠，是否限制停车场的面积，是否购买和租赁节能汽车等。以这些指标为基础，波特尼计算了 24 个城市的可持续性得分。比如，在 30 个指标中，如果一个城市在 17 个指标中表现良好，得分就为 17 分。运用这种方法，波特尼得出了 7 个最具可持续发展潜力的城市：西雅图、斯科茨代尔、圣何塞、博尔德、圣莫尼卡、波特兰和旧金山。这 7 个城市的得分都在 23 分以上。[②]

在实际操作层面，美国对于绿色城市的评定走在世界的前列，美国环境保护署从 2005 年即开始进行该项评选工作。评选统一采取美国人口调查局和美国国家地理协会绿色指南中的数据，数据涵盖空气质量、能源和交通方式等三十多个门类共四大类，每一大类赋予一定的权重，每个城市获得的这四大类分数的总和决定绿色城市指数的高低。四个大类分别是：第一，能源。主要测量城市是否使用风能、太阳能、生物能及水力发电等可再生的能源。同时，也考察城市是否实行激励居民使用可再生能源的相关政策。第二，交通。考评空气质量、城市公共交通方式的出行比例，以及是否鼓励居民合伙用车等。第三，绿色生活方式。主要考评城市内通过美国律师建筑协会认定的绿色建筑数量，及城市内公共的公园及自然保护区面积。第四，循环利用及绿色战略的覆盖情况。主要考量城市的循环利用计划的实施情况及城市居民如何看待环境问题等内容。

---

① ［美］马修·卡恩：《绿色城市》，中信出版社 2008 年版，第 29—33 页。

② 参见 Portney, Kent., Taking Sustainable Cities Seriously: Economic Development, the Environment, and Quality of Life in American Cities. MIT Press, 2003。

八 中国绿色发展评价

为促进中国绿色发展，在区域范围内形成资源节约与环境友好的空间格局、生产方式、产业结构和生活方式，建设生态文明，北京师范大学、国家统计局等单位于2010年开始，在不断完善与修正下，连续六年推出中国绿色发展指数，测度中国省际和城市的绿色发展情况。中国绿色发展指数由经济增长绿化度、政府政策支持度和资源环境承载潜力三个一级指标构成，共包括绿色增长效率指标、第一产业指标、第二产业指标、第三产业指标、环境压力与气候变化指标、资源丰裕与生态保护指标、绿色投资指标、基础设施指标和环境治理指标9个二级指标和60个三级指标，评价了中国30个省（区、市）和100个重点城市的绿色发展。中国绿色发展指数突出了绿色与发展的结合，并强调了政府在绿色管理的引导作用，加强了绿色生产的重要性（表附1－7）。

表附1－7 **中国城市绿色发展指数指标体系**

一级指标	权重	二级指标	权重（占一级指标）
经济增长绿化度	33%	绿色增长效率指标	50%
		第一产业指标	5%
		第二产业指标	30%
		第三产业指标	10%
资源与环境承载潜力	34%	资源丰裕与生态保护指标	5%
		环境压力与气候变化指标	95%
政府政策支持度	33%	绿色投资指标	25%
		基础设施指标	45%
		环境治理指标	30%

总的来看，国际组织、政府机构和学术单位等对绿色发展问题进行了很多有价值的研究，有关绿色发展评价指标体系在不断发展和完善过程中，逐渐形成了理论框架和方法体系，各指标体系均试图全面捕捉和反映绿色发展，对理论和实践都具有积极意义。但目前的研究仍然存在一些有

待解决的问题。比如，在内容上，现有评估体系中大多指标更加强调资源和环境内容，而缺乏对资源环境、经济发展和社会福祉的综合评价；在国民经济核算评价中，强调绿色 GDP 核算、净经济福利指标、扩展的财富等；在生态环境方面，多强调评价环境质量或环境可持续性的“绿色指数”；在资源能源方面，则强调全球替代能源指数等；在评价对象上，大多指标的适应范围主要是国家，而专门针对城市的研究还相对较少。未来，如何界定城市绿色发展，怎么衡量城市绿色发展，如何更好地建立反映自然、经济、社会、治理、城市与国家关系的评估指标体系，如何使城市绿色发展评估指标体系能更有效的引导决策和管理实践，仍然是需要进一步探索和研究的问题。

附录二

城市绿色发展指标解释与数据来源

指标名称	指标解释	数据来源
气候指数	由气温、湿度和晴好天数三个指标合成	城市官方网站
环境指数	PM10（毫克每立方米）	世界卫生组织
人口指数	人口密度（每平方公里人口数）	城市官方网站
增长指数	人均 GDP（美元）	城市官方网站
创新指数	专利数量	世界知识产权组织
企业指数	福布斯创新企业名单	福布斯杂志
安全指数	犯罪率	城市官方网站及所在国家统计年鉴
生活指数	本地居民人口生活成本	新加坡南洋理工大学、美世人力资源咨询公司等研究报告
教育指数	泰晤士报 400 强大学数量	英国泰晤士报
e 政指数	政府部门网站访问流量	Alexa 网站
品牌指数	城市品牌	专家打分
NGO 指数	主要国际环保组织办公室所在地	主要国际环保组织网站
收入指数	不平等调整后收入指数	联合国国际发展计划署
信息指数	国际互联网接入率	世界银行
卫生指数	获得改善卫生设施的人口所占总人口的百分比	世界卫生组织
能耗指数	GDP 单位能源消耗	世界银行
排放指数	人均二氧化碳排放	世界银行
净水指数	获得改善水源的城市人口所占百分比	世界卫生组织

附录三

亚太主要国家内部城市绿色发展指数排名分析

第一，中国。

从亚太城市绿色发展指数综合排名情况来看，中国43个城市的绿色发展指数内部排名依次是：香港、上海、北京、长沙、深圳、成都、台北、台中、新竹、台南、武汉、澳门、广州、高雄、西安、厦门、南京、长春、基隆、青岛、杭州、天津、太原、宁波、重庆、昆明、南昌、合肥、大连、福州、海口、济南、南宁、呼和浩特、石家庄、郑州、沈阳、银川、乌鲁木齐、兰州、西宁、哈尔滨、贵阳。

其中，中国城市绿色发展指数得分高于亚太城市总体平均分的城市有9个，分别是：香港、上海、北京、长沙、深圳、成都、台北、台中、新竹，分别在亚太所有城市中排名第4、15、21、36、40、43、45、47和51位（表附3－1）。

表附3－1　　中国主要城市绿色发展综合指数排名

城市	得分	国内排名	亚太城市平均得分	亚太城市总体排名
香港（Hong Kong）	0．611	1	0．466	4
上海（Shanghai）	0．550	2	0．466	15
北京（Beijing）	0．526	3	0．466	21
长沙（Changsha）	0．487	4	0．466	36
深圳（Shenzhen）	0．480	5	0．466	40

续表

城市	得分	国内排名	亚太城市 平均得分	亚太城市 总体排名
成都（Chengdu）	0．477	6	0．466	43
台北（Taipei）	0．475	7	0．466	45
台中（Taichung）	0．474	8	0．466	47
新竹（Hsinchu）	0．466	9	0．466	51
台南（Tainan）	0．463	10	0．466	52
武汉（Wuhan）	0．457	11	0．466	54
澳门（Macau）	0．451	12	0．466	56
广州（Guangzhou）	0．449	13	0．466	59
高雄（Kaohsiung）	0．448	14	0．466	60
西安（Xi'an）	0．447	15	0．466	61
厦门（Xiamen）	0．437	16	0．466	65
南京（Nanjing）	0．436	17	0．466	66
长春（Changchun）	0．432	18	0．466	67
基隆（Keelung）	0．420	19	0．466	70
青岛（Qingdao）	0．410	20	0．466	72
杭州（Hangzhou）	0．410	21	0．466	73
天津（Tianjin）	0．405	22	0．466	75
太原（Taiyuan）	0．403	23	0．466	76
宁波（Ningbo）	0．400	24	0．466	77
重庆（Chongqing）	0．399	25	0．466	78
昆明（Kunming）	0．393	26	0．466	80

续表

城市	得分	国内排名	亚太城市平均得分	亚太城市总体排名
南昌（Nanchang）	0.392	27	0.466	81
合肥（Hefei）	0.389	28	0.466	82
大连（Dalian）	0.388	29	0.466	83
福州（Fuzhou）	0.386	30	0.466	84
海口（Haikou）	0.385	31	0.466	85
济南（Jinan）	0.381	32	0.466	87
南宁（Nanning）	0.372	33	0.466	89
呼和浩特（Huhehot）	0.370	34	0.466	90
石家庄（Shijiazhuang）	0.368	35	0.466	91
郑州（Zhengzhou）	0.365	36	0.466	92
沈阳（Shenyang）	0.364	37	0.466	94
银川（Yinchuan）	0.361	38	0.466	95
乌鲁木齐（Urumqi）	0.355	39	0.466	96
兰州（Lanzhou）	0.346	40	0.466	97
西宁（Xining）	0.343	41	0.466	98
哈尔滨（Harbin）	0.337	42	0.466	99
贵阳（Guiyang）	0.337	43	0.466	100

第二，美国。

从亚太城市绿色发展指数综合排名情况来看，美国19个城市绿色发展指数内部排名依次是：纽约、华盛顿、圣何塞、休斯敦、旧金山、洛杉矶、西雅图、圣迭戈、芝加哥、费城、达拉斯、凤凰城、迈阿密、波士顿、亚特兰大、拉斯维加斯、丹佛、底特律、巴尔的摩。

其中，美国有18个城市的城市绿色发展指数得分高于亚太城市总体平均分，只有一个城市——巴尔的摩低于平均分，表明美国在绿色发展方面的整体实力较强（表附3-2）。

表附3-2　　美国主要城市亚太绿色发展综合指数排名

城市	得分	国内排名	亚太城市平均得分	亚太城市总体排名
纽约（New York）	0.650	1	0.466	3
华盛顿，（Washington，D. C.）	0.611	2	0.466	5
圣何塞（San Jose）	0.580	3	0.466	8
休斯敦（Houston）	0.578	4	0.466	9
旧金山（San Francisco）	0.556	5	0.466	12
洛杉矶（Los Angeles）	0.551	6	0.466	14
西雅图（Seattle）	0.540	7	0.466	16
圣迭戈（San Diego）	0.535	8	0.466	19
芝加哥（Chicago）	0.527	9	0.466	20
费城（Philadelphia）	0.507	10	0.466	24
达拉斯（Dallas）	0.506	11	0.466	25
凤凰城（Phoenix）	0.504	12	0.466	27
迈阿密（Miami）	0.496	13	0.466	30
波士顿（Boston）	0.494	14	0.466	31
亚特兰大（Atlanta）	0.485	15	0.466	37
拉斯维加斯（Las Vegas）	0.484	16	0.466	38
丹佛（Denver）	0.473	17	0.466	48
底特律（Detroit）	0.468	18	0.466	50
巴尔的摩（Baltimore）	0.461	19	0.466	53

第三，日本。

从亚太城市绿色发展指数综合排名情况来看，日本9个城市绿色发展指数内部排名依次是：东京、大阪、京都、名古屋、横滨、广岛、福冈、札幌、神户。

其中，日本所有9个城市绿色发展指数得分均高于亚太城市总体平均分，表明日本在绿色发展方面的整体实力很强，但是日本城市绿色发展水平分布不太均衡，东京遥遥领先于日本其他城市（表附 3－3）。

表附 3－3 日本主要城市亚太绿色发展综合指数排名

城市	得分	国内排名	亚太城市平均得分	亚太城市总体排名
东京（Tokyo）	0．707	1	0．466	1
大阪（Osaka）	0．540	2	0．466	17
京都（Kyoto）	0．536	3	0．466	18
名古屋（Nagoya）	0．524	4	0．466	22
横滨（Yokohama）	0．501	5	0．466	29
广岛（Hiroshima）	0．493	6	0．466	33
福冈（Fukuoka）	0．490	7	0．466	34
札幌（Sapporo）	0．478	8	0．466	41
神户（Kobe）	0．478	9	0．466	42

第四，韩国。

从亚太城市绿色发展指数综合排名情况来看，韩国 5 个城市绿色发展指数内部排名依次是：首尔、釜山、大田、大邱、仁川。

其中，只有首尔的城市绿色发展指数得分高于亚太城市总体平均分。韩国城市绿色发展水平非常不均衡。首尔城市绿色发展指数在亚太城市总体排名中位居第 2 位，其他韩国城市则都排在 50 位之外（表附 3－4）。

表附 3－4 韩国主要城市亚太绿色发展综合指数排名

城市	得分	国内排名	亚太城市平均得分	亚太城市总体排名
首尔（Seoul）	0．669	1	0．466	2
釜山（Busan）	0．457	2	0．466	55
大田（Daejeon）	0．450	3	0．466	58
大邱（Daegu）	0．446	4	0．466	62
仁川（Incheon）	0．437	5	0．466	64

第五，澳大利亚。

从亚太城市绿色发展指数综合排名情况来看，澳大利亚 4 个城市绿色发展指数内部排名依次是：悉尼、墨尔本、布里斯班和堪培拉。

其中，澳大利亚所有 4 个城市绿色发展指数得分都高于亚太城市总体平均分。城市之间分布相对较为均衡。悉尼和墨尔本略微领先，绿色发展指数分别排在亚太城市总体的第 6 位和第 13 位。布里斯班和堪培拉略微落后，绿色发展指数分别排在亚太城市总体的第 35 位和第 44 位（表附 3－5）。

表附 3－5　**澳大利亚主要城市亚太绿色发展综合指数排名**

城市	得分	国内排名	亚太城市平均得分	亚太城市总体排名
悉尼（Sydney）	0．600	1	0．466	6
墨尔本（Melbourne）	0．555	2	0．466	13
布里斯班（Brisbane）	0．490	3	0．466	35
堪培拉（Canberra）	0．475	4	0．466	44

第六，加拿大。

从亚太城市绿色发展指数综合排名情况来看，加拿大 3 个城市绿色发展指数内部排名依次是：渥太华、多伦多、温哥华。

其中，加拿大所有 3 个城市绿色发展指数得分均高于总体平均分。城市之间分布相对较为均衡。渥太华城市绿色发展指数排在亚太城市总体的第 11 位，多伦多城市绿色发展指数排在第 26 位，温哥华城市绿色发展指数排在第 49 位（表附 3－6）。

表附 3－6　**加拿大主要城市亚太绿色发展综合指数排名**

城市	得分	国内排名	亚太城市平均得分	亚太城市总体排名
渥太华（Ottawa）	0．560	1	0．466	11
多伦多（Toronto）	0．506	2	0．466	26
温哥华（Vancouver）	0．471	3	0．466	49

第七，俄罗斯。

从亚太城市绿色发展指数综合排名情况来看，俄罗斯 3 个城市绿色发展指数内部排名依次是：莫斯科、符拉迪沃斯托克、圣彼得堡。

其中，俄罗斯只有莫斯科的城市绿色发展指数得分高于亚太城市总体平均分。城市之间绿色发展水平差距较大。莫斯科绿色发展指数排在亚太城市总体的第 28 位，符拉迪沃斯托克绿色发展指数排在第 71 位，圣彼得堡绿色发展指数排在第 88 位（表附 3 –7）。

表附 3 –7　**俄罗斯主要城市亚太绿色发展综合指数排名**

城市	得分	国内排名	亚太城市平均得分	亚太城市总体排名
莫斯科（Moscow）	0．502	1	0．466	28
符拉迪沃斯托克（Vladivostok）	0．410	2	0．466	71
圣彼得堡（Saint Petersburg）	0．377	3	0．466	88

第八，印度。

从亚太城市绿色发展指数综合排名情况来看，印度 4 个城市绿色发展指数内部排名依次是：班加罗尔、德里、加尔各答、孟买。

其中，印度所有 4 个城市绿色发展指数得分均低于亚太城市总体平均分，表明印度城市目前绿色发展整体实力较为落后。班加罗尔绿色发展指数排在亚太城市总体第 74 位，德里绿色发展指数排在第 79 位，加尔各答绿色发展指数排在第 86 位，孟买绿色发展指数排在第 93 位（表附 3 –8）。

表附 3 –8　**印度主要城市亚太绿色发展综合指数排名**

城市	得分	国内排名	亚太城市平均得分	亚太城市总体排名
班加罗尔（Bangalore）	0．405	1	0．466	74
德里（Dehli）	0．398	2	0．466	79
加尔各答（Calcutta）	0．385	3	0．466	86
孟买（Mumbai）	0．364	4	0．466	93

第九，新西兰。

从亚太城市绿色发展指数综合排名情况来看，新西兰2个城市绿色发展指数内部排名依次是：惠灵顿和奥克兰。两个城市的绿色发展指数得分均高于亚太城市总体平均分，分别排在亚太城市总体第10位和第32位（表附3－9）。

表附3－9　**新西兰主要城市亚太绿色发展综合指数排名表**

城市	得分	国内排名	亚太城市平均得分	亚太城市总体排名
惠灵顿（Wellington）	0.577	1	0.466	10
奥克兰（Auckland，NZ）	0.494	2	0.466	32

主要参考文献

[1]［美］阿尔·戈尔：《濒临失衡的地球》，中央编译出版社 2012 年版。

[2]［美］阿兰·V. 尼斯、［美］詹姆斯·L. 斯威尼：《自然资源与能源经济学手册》，经济科学出版社 2010 年版。

[3]［美］阿尼尔·马康德雅：《环境经济学辞典》，上海财经大学出版社 2006 年版。

[4]［美］阿瑟·奥沙利文：《城市经济学（第 8 版）》，北京大学出版社 2015 年版。

[5]［美］阿瑟·刘易斯：《经济增长理论》，上海三联书店 1995 年版。

[6]［美］艾本·佛多：《更好，不是更大：城市发展控制和社区环境改善》，清华大学出版社 2012 年版。

[7]［美］艾伯特·赫希曼：《经济发展战略》，经济科学出版社 1991 年版。

[8]［英］埃比尼泽·霍华德：《明日的田园城市》，商务印书馆 2010 年版。

[9]［美］爱德华·格莱泽：《城市的胜利：城市如何让我们变得更加富有、智慧、绿色、健康和幸福》，上海社会科学院出版社 2012 年版。

[10]［德］奥斯瓦尔德·斯宾格勒：《西方的没落》，商务印书馆 2001 年版。

[11]［英］巴顿：《城市经济学：理论和政策》，商务印书馆 1984 年版。

[12]［美］鲍勃·霍尔、［美］玛丽·李·克尔：《美国各州环境质量的评价》，北京师范大学出版社 2011 年版。

[13]［美］保罗·克鲁格曼：《发展、地理学与经济理论》，北京大学出版社、中国人民大学出版社 2000 年版。

[14]［美］保罗·诺克斯、［美］琳达·迈克卡西：《城市化》，科学出

版社 2009 年版。

[15] 北京师范大学科学发展观与可持续发展研究基地、西南财经大学绿色经济与可持续发展研究基地、国家统计局中国经济景气监测中心：《2015 中国绿色发展指数年度报告－省际比较》，北京师范大学出版社 2015 年版。

[16] [加] 彼得·A. 维克托：《不依赖增长的治理》，中信出版社 2012 年版。

[17] [德] 彼得·巴特姆斯：《数量生态经济学》，社会科学文献出版社 2010 年版。

[18] [英] 彼得·巴特姆斯、[英] 埃贝哈德·K. 塞弗特：《绿色核算》，经济管理出版社 2011 年版。

[19] [美] 彼得森：《城市极限》上海人民出版社 2012 年版。

[20] [美] 布赖恩·贝利：《比较城市化——20 世纪的不同道路》，商务印书馆 2008 年版。

[21] [美] 查尔斯·哈珀：《环境与社会——环境问题中的人文视野》，天津人民出版社 1998 年版。

[22] [英] 大卫·皮尔斯：《绿色经济的蓝图——衡量可持续发展》，北京师范大学出版社 1996 年版。

[23] [美] 道格拉斯·C. 诺斯：《制度、制度变迁与经济绩效》，上海三联书店 1994 年版。

[24] [美] 德内拉·梅多斯、[美] 乔根·兰德斯、[美] 丹尼斯·梅多斯：《增长的极限》，机械工业出版社 2013 年版。

[25] [美] 戴利：《新生态经济：使环境保护有利可图的探索》，上海科技教育出版社 2005 年版。

[26] [美] H. 钱纳里、[美] S. 鲁宾逊、[美] M. 赛尔奎因：《工业化和经济增长的比较研究》，上海三联书店 1995 年版。

[27] [美] 哈维：《叛逆的城市：从城市权利到城市革命》，商务印书馆 2014 年版.

[28] [美] 赫尔曼·E. 戴利：《生态经济学——原理与应用》，黄河水利出版社 2007 年版。

[29] [美] 詹姆斯·古斯塔夫·斯佩思：《世界边缘的桥梁》，北京大学出版社 2014 年版。

[30]［英］詹姆斯·拉伍洛克：《盖娅：地球生命的新视野》，上海人民出版社 2007 年版。
[31]［英］吉拉尔德特：《城市·人·星球：城市发展与气候变化（第二版）》，电子工业出版社 2011 年版。
[32]［美］加里·贝克尔：《人力资本——特别是关于教育的理论与经验分析》，北京大学出版社 1987 年版。
[33]［美］简·雅各布斯：《城市与国家财富》，中信出版社 2008 年版。
[34]［美］杰弗里·希尔：《自然与市场》，中信出版社 2006 年 1 版。
[35] 杰里·本特利、赫伯特·齐格勒：《新全球史：文明的传承与交流》，北京大学出版社 2007 年版。
[36]［美］杰里米·里夫金：《第三次工业革命：新经济模式如何改变世界》，中信出版社 2012 年版。
[37]［美］科特金：《全球城市史》，社会科学文献出版社 2014 年版。
[38]［美］理查德·瑞吉斯特：《生态城市——重建与自然平衡的城市（修订版）》，社会科学文献出版社 2010 年版。
[39]［澳］莱曼：《绿色城市法则（向可持续发展城市转变）》，电子工业出版社 2014 年版。
[40] 联合国开发计划署：《中国人类发展报告 2002：绿色发展，必选之路》，中国财政经济出版社 2002 年版。
[41]［美］刘易斯·芒福德：《城市发展史》，中国建筑出版社 2005 年版。
[42]［美］马克·戈特迪纳、［英］莱斯利·马德：《城市研究核心概念》，江苏教育出版社 2013 年版。
[43]［加］马里奥·波利斯：《富城市，穷城市：城市繁荣与衰落的秘密》，新华出版社 2011 年版。
[44]［美］马修·卡恩：《绿色城市》，中信出版社 2008 年版。
[45]［美］迈克尔·P. 托达罗：《经济发展》，中国经济出版社 1999 年版。
[46]［法］孟德拉斯：《农民的终结》，社会科学文献出版社 2005 年版。
[47]［英］米香：《经济增长的代价》，机械工业出版社 2011 年版。
[48]［英］诺南·帕迪森：《城市研究手册》，上海人民出版社 2009 年版。
[49] 倪鹏飞、卡尔·克拉索：《全球城市竞争力报告（2011 - 2012）》，

社会科学文献出版社 2012 年版。

[50] [法] 皮埃尔·雅克、[印] 拉金德拉. K. 帕乔里、[法] 劳伦斯·图比娅娜:《城市:改变发展轨迹(看地球 2010)》,社会科学文献出版社 2010 年版。

[51] [美] 乔尔·科特金:《全球城市史》,社会科学文献出版社 2006 年版。

[52] [挪威] 乔根兰·德斯:《2052:未来四十年的中国与世界》,译林出版社 2013 年版。

[53] [法] 让-皮埃尔·戈丹:《何谓治理》,社会科学文献出版社 2010 年版。

[54] [美] 萨克斯:《共同财富:可持续发展将如何改变人类命运》,中信出版社 2010 年版。

[55] 盛馥来、诸大建:《绿色经济:联合国视野中的理论、方法与案例》,中国财政经济出版社 2015 年版。

[56] 世界银行:《国民财富在哪里:绿色财富核算的理论、方法、政策》,中国环境科学出版社 2006 年版。

[57] 世界环境与发展委员会:《我们共同的未来》,吉林人民出版社 1997 年版。

[58] [美] 汤姆·蒂滕伯格:《环境与自然资源经济学(第七版)》,中国人民大学出版社 2011 年版。

[59] [美] 西奥多·W. 舒尔茨:《论人力资本投资》,北京经济学院出版社 1990 年版。

[60] [美] 雅各布斯:《美国大城市的死与生》,译林出版社 2006 年版。

[61] [古希腊] 亚里士多德:《政治学》,商务印书馆 1965 年版。

[62] [英] 伊恩·莫法特:《可持续发展-原则、分析和政策》,经济科学出版社 2002 年版。

[63] [美] 约翰·F. 沃克、[美] 哈罗德·G. 瓦特:《美国大政府的兴起》,重庆出版社 2001 年版。

[64] B. Derudder、M. Hoyler、P. J. Taylor and F. Witlox (eds), *International Handbook of Globalization and World Cities*. Cheltenham, UK: Edward Elgar, 2012.

[65] Bresnahan、Brian、Mark Dickie and Shelby Gerking, "Averting Behavior

and Urban Air Pollution." *Land Economics*, 3: 340 - 57. 1997.

[66] Bairoch、Paul, *Cities and Economic Development: From the Dawn of History to the Present*, Chicago: The University of Chicago Press. 1988.

[67] Beatley, T., *Green urbanism: Learning from European cities*, Island Press. 2000.

[68] Bob Hall, Mary Lee Kerr, *1991 - 1992 green index: a state - by - state guide to the nation's environmental health*, Island Press. 1991.

[69] Chay Kenneth and Michael Greenstone., The Impact of Air Pollutionon Infant Mortality: Evidence from Geographic Variation in Pollution Shocks Induced by a Recession. *Quarterly Journal of Economics* 3; 1121 - 1167. 2003.

[70] Cooke P.、Uranga M. and Etxebarria G., Regional innovation systems: Institutional and organizational dimensions, *Research Policy*, 26, 4 - 5: 475 - 491. 1997.

[71] Daly, H., Comments on "population growth and economic development." *Population and Development Review*, 12: 583 - 585. 1986.

[72] Friedman、John and Wolff、Goetz, World City Formation: An Agenda for Research and Action, *International Journal of Urban and Regional Research*, 6, 3: 309 - 344. 1982.

[73] Florida、Richard, *The Rise of the Creative Class*, New York: Basic Books. 2002.

[74] Henderson、J. V, Anthony J. Venables., The dynamics of city formation, *Review of Economic Dynamics*, 12: 233 - 254. 2009.

[75] Henderson, J. V., Optimum City Size: The External Diseconomy Question, *Journal of Political Economy*, 82: 373 - 388. 1974.

[76] Hill, D. M. (ed.), *Citizens andCities*, New York: Harvester Wheatsheaf. 1994.

[77] Kahn, M. E. and I. NetLibrary, *Green cities: Urban growth and the environment*, Cambridge University Press. 2006.

[78] Masahisa Fujita、Paul Krugman and Tomoya Mori, On the evolution of hierarchical urban systems, *European Economic Review*, 43, 2: 209 - 251. 1999.

[79] Meadows, D. H.、Meadows, D.、L. & Randers, J, *Beyond the limits*, Toronto: McClelland and Stewart. 1992.

[80] Nathan F., Measuring Sustainability: Why the Ecological Footprint is Bad Economics and Bad Environmental Science, *Ecological Economics*, 67: 519 - 525. 2008.

[81] Nicholson - Lord, D. Green cities and why we need them, *New Economics Foundation*, London. 2003.

[82] Northman, R. M., *Urban Geography*, New York: John Wiley &Sons, Inc. 1975.

[83] OECD, Cities and Green Growth: A Conceptual Framework, *OECD Regional Development WorkingPapers*, OECD Publishing, Paris. 2011.

[84] P. Kotler、D. Haider、I. Rein, *Marketing Places*, *Attracting Investment*, *Industry and Tourism to Cities*, *States and Nations*, New York: Maxwell Macmillan Int. 1993.

[85] Paul Ehrlich and John Holdren, Impact of Population Growth, *Science*, 171: 1212 - 1217. 1971.

[86] Pfaff、Alexander S. P.、Shubham Chaudhuri and H. Nye, Household: Production and Environmental Kuznets Curves: Examining the Desirabilityand Feasibility of Substitution. *Environmental and Resource Econotnics*, 2: 187 - 200. 2004.

[87] Porter, Michael E, Location, Competition and Economic Development: Local Clusters in a Global Economy, *Economic Development Quarterly*, 1: 15 - 34. 2000.

[88] Portney, Kent, *Taking Sustainable Cities Seriously*: *Economic Development*, *the Environment*, *and Quality of Life in American Cities*, MIT Press. 2003.

[89] Puppim de Oliveira、Jose Antonio, *Green Economy and Good Governance for Sustainable Development*: *Opportunities*, *Promises and Concerns*, United Nations University Press, 2012.

[90] R. Paddison, City Marketing, Image Reconstruction and Urban Regeneration. *Urban Studies*, 2: 339 - 350. 1993.

[91] Rees, W., Ecological footprints and appropriated carrying capacity:

What urban economics leaves out, *Environment and Urbanization*, 2: 121 -130. 1992.

[92] Richardson, Robert, *Building a Green Economy*: *Perspectives from Ecological Economics*, Michigan State University Press. 2013.

[93] Romer, P. M., Endogenous technological change, *Journal of Political Economy*. 98: 71 -102. 1990.

[94] UNCHS, *Cities in a Globalising World*: *Global Report on Human Settlements*, Earthscan, London. 2001.

[95] WCED, *Our common future. World Commission on Environment and Development*, Oxford: Oxford University Press. 1987.

[96] Weber、Adna Ferrin, *The growth of cities in the nineteenth century*: *a study in statistics*, New York: Cornell University Press. 1899.

后　记

生活在城市时代，总会有所向往。我们期待的城市，可以有宏伟的地标、壮观的广场、高耸的大楼，但更应该有清新的空气、宜人的花香、便捷的交通、互联的网络、更多的机遇、舒心的笑容和从容的脚步。人类最伟大的成就始终是她所缔造的城市。人们来到城市，是为了让生活更加美好。《亚太城市绿色发展报告》的编写初衷，就是希望在充满挑战和变革的城市时代，通过思想和观点的碰撞与交流，汇聚更多的智慧和实践，探讨使城市变得更加健康的发展模式和方法，激发和实现城市绿色发展的梦想。

亚太城市绿色发展问题是一个国际性问题，为了更好地探索和研究这一重要命题，我们的研究团队也汇聚了国内外专家的力量，力图通过全球化与本土化结合，形成服务城市绿色发展的思想库和智囊团。报告的创作团队由中外专家共同组成。外方专家主要来自美国、澳大利亚、俄罗斯、新加坡、泰国、马来西亚、英国、瑞典等国家的知名智库、国际组织和大学，中方专家则以中国社会科学院、国务院发展研究中心、北京师范大学、清华大学、中国人民大学等中国高水平研究机构为主，他们大多为各机构的中青年研究骨干，具有宽广的国际视野、良好的教育背景和丰富政策研究经验。各位专家的共同努力使得报告不仅能够较好地体现国际化研究的特色，也为研究亚太城市绿色发展问题构建了一个合作交流的平台，使我们能够对亚太城市绿色发展的理论与现实问题形成更加全面而系统的理解与认识。

本报告为亚太绿色发展中心的重点支持成果。北京师范大学、亚洲理工学院亚太地区资源中心、新加坡国立大学东亚研究所均为亚太绿色发展中心的共建单位。感谢北京师范大学学术委员会副主任李晓西教授，北京师范大学经济与资源管理研究院院长关成华教授，亚洲理工学院亚太地区资源中心主任 Osamu Mizuno 先生，新加坡国立大学东亚研究所所长郑永年教授，华南理工大学公共政策研究院执行院长杨沐教授，北京师范大学人才工作办公室杨红英主任的大力支持。2015 年 10 月 26—28 日，亚太绿色发展中心主办召开了“城市绿色发展与科技创新研讨会”，邀请来自联合国环境规划署、美国佛蒙特大学、马里兰州国土资源部、亚洲理工学院、新加坡国立大学、国家环境保护部等国内外机构的专家学者，共同就城市绿色发展问题开展研讨，与会专家对亚太城市绿色发展报告的研究给予了充分肯定并提出了宝贵意见，对报告的修改和完善发挥了重要作用，在此表示感谢。

报告的研究离不开众多专家学者一直以来的关心与支持。国务院发展研究中心原副主任卢中原研究员、中国城乡发展国际交流协会副会长张小济研究员、中国社会科学院城市与竞争力研究中心主任倪鹏飞研究员、国务院发展研究中心社会发展部副部长李建伟研究员、国务院发展研究中心金融研究所副所长张丽平研究员、中国科技战略研究院宋卫国研究员、亚洲理工学院维拉斯（Vilas）博士、英国萨塞克斯大学科学及技术政策研究中心的山姆·吉尔（Sam Geal）研究员等都对报告研究提出了许多宝贵的建议。

感谢中国社会科学院城市与竞争力研究中心的数据分享与支持。同时在报告研究数据搜集、分析及写作过程中，还得到了国内外众多城市政府和社会组织的大力支持，许多国际学者也对我们的研究工作给予了无私的帮助。在此表示感谢！

报告能够在中国社会科学出版社出版发行，深感荣幸。责任编辑郭鹏先生认真而热情，在本书的编辑和出版过程中，付出了许多细致而辛勤的劳动，在此深表谢意。

本报告试图将理论、案例、方法与战略结合起来，融合参考书、实用手册、行动指南为一体，不仅宣扬城市绿色发展理念，更要推进城市绿色发展实践，重在帮助和引导读者进一步考察城市绿色发展的本质问题，思考城市绿色发展的实现途径。同时，尽管课题组在研究与创作过程中反复推敲，但仍然难免有错误和不妥之处。敬请大家不吝批评指正。

赵峥
2016 年 4 月